橡胶材料及工艺学

Rubber Materials and Processing

◆ 傅 政 编著

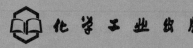

化学工业出版社

·北京·

该书本着系统性、理论性和实践性相结合的原则，系统地介绍了橡胶材料与工艺学方面的基本理论和技术。全书共分 5 章，详细地对橡胶本体材料、橡胶材料的化学反应、橡胶材料结构与性能、橡胶材料设计基础、橡胶材料加工过程与技术进行了概括。

本书可供橡胶工业系统从事科研和生产的科技人员以及有关高分子材料工作者，作为进修和参考资料之用；也可作为高等学校中与橡胶相关专业的研究生及高年级学生的教学参考书。

图书在版编目（CIP）数据

橡胶材料及工艺学/傅政编著. —北京：化学工业出版社，
2013.9（2021.1重印）
ISBN 978-7-122-18119-0

Ⅰ.①橡… Ⅱ.①傅… Ⅲ.①橡胶加工-原料②橡胶加工-工艺学 Ⅳ.①TQ330

中国版本图书馆 CIP 数据核字（2013）第 177493 号

责任编辑：赵卫娟 文字编辑：冯国庆
责任校对：边　涛 装帧设计：张　辉

出版发行：化学工业出版社（北京市东城区青年湖南街 13 号　邮政编码 100011）
印　　装：涿州市般润文化传播有限公司
787mm×1092mm　1/16　印张 18½　字数 490 千字　2021 年 1 月北京第 1 版第 3 次印刷

购书咨询：010-64518888 售后服务：010-64518899
网　　址：http://www.cip.com.cn
凡购买本书，如有缺损质量问题，本社销售中心负责调换。

定　　价：68.00 元

前　言

进入 21 世纪后，我国经济逐渐全面融入全球化市场竞争之中，激发我国橡胶工业迅速发展，呈现出橡胶工业大国的强劲势头。但是，在产品与质量、技术与装备、信息化制造与管理等方面尚未达到国际先进水平，仍需依靠科技进步和技术创新从根本上提升我国橡胶工业的竞争实力。

橡胶材料与橡胶工业有内在的渊源关系，生产实践中的难题、市场竞争中的关键技术和技术创新都蕴藏着深刻的学术问题，从而促进了橡胶材料科学与技术的提高和升华，并成为橡胶产业发展新材料、新技术和新产品中的理论基础及技术支撑。现代橡胶材料科学与技术已经发展为多种学科和多种技术相互渗透及交叉的综合性学科，因此从事橡胶材料与加工工艺方面的教育、科研、工程技术和管理人员必须不断扩大自己的知识面及理论水平，尽量涉猎到其他领域的科技活动，并善于解决与其他学科相关的问题。基于这种想法与认识，编者在 10 年前编撰了《橡胶材料性能与设计应用》一书，受到业内人士的关注与支持，对书中内容提出不少宝贵意见，编者在此基础上收集了近年来相关专著及文献资料，重新编撰了此书。本书力图突出系统性、理论性和实践性相结合的特点，力求概念清晰，较全面、系统地阐述橡胶科学技术领域的基本理论和技术，注重反映出现的新理论、新材料和新技术，奢望能反映当前国内外橡胶科学与材料的水平和概貌。

本书的内容分为两部分。第 1 部分（第 1～3 章）主要从微观结构和细观结构研究橡胶材料的结构特征与性能间的关系，深入地讨论了橡胶材料的主要物理机械性能。其中第 1 章讲述了天然橡胶和合成橡胶的分子链结构特点、分类及应用性能；第 2 章讨论了橡胶材料的化学反应特性，重点讲述化学改性反应、交联反应与老化现象；第 3 章较为翔实地阐述了橡胶材料的微、细观结构层次与性能之间的内在关系及规律。材料性能是结构特征的宏观反应，特别侧重于和实际应用较密切的主要性能，包括相容性、热转变、高弹性、破坏与强度、加工流变性及传热与传质等方面内容。第 1 部分内容揭示了材料结构与性能间关系的内涵和外延，是橡胶材料设计的理论基础。第 2 部分（第 4～5 章）阐述橡胶材料设计原理及其加工过程与技术，体现材料工程的有效性和经济性原则。其中第 4 章研讨了如何按材料的使用性能要求，设计出具有一定可控结构的橡胶材料，包括多种橡胶和配合剂的特性与选择，某些高性能和功能性材料的设计原理及原则；第 5 章是橡胶材料加工过程与技术，许多性能优异的材料往往由于加工工艺与技术问题而影响其性能不能充分发挥，因此从材料加工过程的动态化学与物理变化及影响因素角度，探讨了基本加工过程单元的加工原理、设备特征与工艺条件的制订等相关问题，诸如塑炼、混炼、压延、挤出、骨架材料的黏合及硫化等，同时阐述了材料加工过程的控制和质量管理的概念以及生产信息集成化和全面质量管理方面的进展。

编者的初衷是为读者提供一本较为系统、完整的基础性读物，由于水平所限，本书尚有不妥之处，恳请读者予以批评和指正。

本书在编写过程中得到了青岛科技大学高性能聚合物研究院同事们的倾力协助和化学工业出版社的关心与支持，在此表示衷心感谢。

编著者

2013 年 7 月

目　录

绪　论

0.1　橡胶材料与橡胶工业

　　橡胶材料的利用价值在农业经济时代被人们视为一种"奇异物质"而得到原始的应用。关于人类文明与橡胶的最早文献记载，是 16 世纪西班牙征服者描述了中南美洲印第安人对天然橡胶的应用，例如，他们从橡胶树上收集树汁涂到脚上，干燥后形成一双靴子；或者将树汁刷在帽子上，使其不透水等。更令人惊骇的是 2010 年美国国家地理杂志报道了麻省理工学院研究人员最新研究成果。中南美洲早在古玛雅文明时期（公元前 1800～公元 1524 年），人类就掌握了从橡胶树中获取的树汁与从牵牛花藤蔓得到的汁液混合，制造出固态化的高弹性橡胶。牵牛花的藤蔓中含有一种化学成分，使橡胶固化交联，表明玛雅古代文明比 1839 年 C. Goodyear 偶然发明的"硫化橡胶"至少早了 1000 多年。麻省理工学院的研究人员按照不同的比例将两种不同树汁混合制造出传说中的古代中美洲"足球"，如图 0-1 所示。据玛雅文史资料记载，玛雅人笃信宗教，当时的"足球"游戏具有宗教色彩，主要目的是祈福辟邪，"足球"游戏最终以人祭的形式结束，按照宗教礼仪将输的一方斩首。这项研究成果并非美妙神奇的故事，说明橡胶与人类社会的物质文明密切相关，而且在远古时期就出现"橡胶工业"的先驱。

图 0-1　古玛雅文明时期的橡胶"足球"

　　天然橡胶是从橡胶树上采集的树胶。由于天然橡胶采自多年生长的树木，产量随季节性变动，不能在短期内调整供应，市场变化周期较长，因此作为主要原料和战略物资的天然橡胶，历来都对世界经济和重大政治事件有着强烈的反应。橡胶资源包括天然橡胶和合成橡胶，天然橡胶基于其上佳的综合性能，在轮胎和乳胶制品中处于不可替代的位置。从 20 世纪初开始，天然橡胶需求量不断增加，促使价格不断上涨，因此德国、英国、俄罗斯等国家的科学家加紧研究合成橡胶的工业化方法。第一次世界大战爆发时，对德国实行天然橡胶禁运，德国人于 1917 年采取乙炔路线，由丙酮先合成 2,3-二甲基丁二烯，再由金属钠引发聚合反应生产出甲基橡胶。也就是说，第一次世界大战前没有工业化生产的合成橡胶，历经了两次世界大战以后，期间的政治、经济事件和科学技术发展的综合影响，刺激了合成橡胶的生产，相继开发出聚硫橡胶、丁苯橡胶、氯丁橡胶、丁腈橡胶和丁基橡胶等通用橡胶及特种橡胶。1954 年，Zigeler-Natta 烯烃、双烯烃配位聚合催化剂的发现，使世界合成橡胶发展到一个新的时期，这种立体定向聚合催化剂的应用，开发出顺丁橡胶、乙丙橡胶和异戊橡胶的新胶种。从 1962 年起，合成橡胶的产量超过了天然橡胶的产量。

自从哥伦布及其探险队把天然橡胶从南美洲带到东半球以后，橡胶材料的研究引起人们的兴趣。直到 19 世纪初期，H. Staudinger（1824 年）首先明确天然橡胶的化学结构，提出天然橡胶是高分子量大分子的概念；进而 Kuhn（1836 年）根据高斯链的统计假设，提出橡胶弹性分子理论，揭示了橡胶高弹性的本质；C. Goodyear（1839 年）发明硫化技术，T. Hancock（1862 年）发明了双辊炼胶机和塑炼，为橡胶材料科学和工业奠定了基础。橡胶工业的真正兴起，应该从 1888 年 J. Danlop 发明了充气轮胎和 1904 年 S. L. Mole 发现炭黑的补强作用开始，随着汽车工业的发展而快速发展，至今已经渡过了 100 多年的光辉历程。目前，橡胶材料的优异性能使其在许多领域得到广泛应用，据估计，世界橡胶制品的品种规模的总数有 10 万多种，这在其他产业是极为罕见的。随着现代航天航空、电子和汽车工业的发展，对橡胶材料性能的要求更加苛刻，高性能橡胶材料和功能橡胶材料的研究开发速度大大加快，成为橡胶工业发展的新的经济增长点。

我国橡胶工业始于 1915 年广东兄弟树胶公司的创立，已有近百年的历史。经过多年的曲折发展，特别是改革开放以后，是我国橡胶工业有史以来持续发展最为光辉的时期。通过引进技术与设备，强化企业技术改造等措施，生产技术有了明显的进步，并出现了一批独资、合资以及合作生产的橡胶企业，我国橡胶工业的国际地位也从鲜为人知到如今举世瞩目。目前，我国的橡胶消耗量，合成橡胶和天然橡胶的产量，以及轮胎制品的产量等项指标均处世界各国前列位置，有关橡胶科学技术的国际交流逐年增多。但是，在品种质量、生产效率、经济效益和高新技术的应用等方面与发达国家仍有一定差距。例如，我国轮胎产量自 2005 年起居世界第一位，但是在原材料、工艺技术、废旧轮胎循环利用、民族品牌美誉度、轮胎装备制造水平等方面仍存在很多问题。面对经济全球化的加速发展，我国橡胶工业的技术水平必须在较短的时间内达到国际先进水平，依靠科技进步，充分利用高新技术完成由劳动密集型向技术密集型生产转变，从根本上提升我国橡胶工业的竞争实力。

0.2　橡胶科学技术与工业展望

科学技术是第一生产力。橡胶科学技术是直接面向国民经济，并在国民经济发展的推动下形成了基础科学与技术科学相结合的综合性学科，它的发展又直接促进了橡胶工业的发展，两者紧密相关，形成了基础研究、应用研究、技术开发与产品制造紧密结合的四大环节。通过这四个相互联系的环节来提高产品的科技含量和更新换代，在工业发达国家已经行之有效，成为人们的普遍认识。

基础研究是橡胶产业技术发展的基础和先导，是从多学科角度研究橡胶材料的结构与性质、现象和行为，探求新规律、新原理、新方法以及收集基本数据，从而为橡胶工业提供新材料和新技术。主要包括研究具有光、声、电、生物等橡胶功能材料；研究具有高强度、耐高（低）温和耐极端条件等高性能结构材料；研究通用橡胶的改性与性能优质化；研究橡胶材料在加工过程中受力场、热场和电磁场等作用发生的化学反应规律；以及研究一般环境或极端环境下橡胶材料结构的动态变化与物理机械性能的关系等内容。使人们对橡胶材料的认识从宏观进入微观，从定性进入半定量或定量，从而达到"可设计材料"的目标，接近或做到按人们的愿望去设计、制备出预定性能的新材料，以满足社会需求。

应用研究主要研究橡胶材料的使用性能，即服役中材料的性能。研究范围非常广泛，涉及结构分析、形变能力与强度、加工或使用过程中的物理和化学变化、新的成型理论和技术以及失效评价等；重视探讨在各种物理场和化学因素的作用下，材料的结构变化及其热力学和动力学原理，以达到预测、控制和优化材料的使用性能，确保橡胶制品质量的目的。在某些发达国家，由于重视基础研究与应用研究的紧密联系，加强功能橡胶和高性能橡胶材料的开发应用，使精细橡胶制品的发展取得令人瞩目的成就。除了普通轮胎以外，高科技含量的高附加值精细橡胶制品的比重逐年扩大。

技术开发研究主要包括技术引进消化和技术创新两个方面。对引进技术（包括设备）进行消化吸收是企业技术改造及增强竞争活力的主要措施。但更重要的是技术创新，在商品市场的激烈竞争中，技术创新是企业的生命线。企业必须以市场为导向，以产品质量为中心，实施技术创新研究。在基础研究与应用研究的基础上，不间断地研究开发新工艺、新产品和新装备；研究高精度生产技术和在线检测技术、计算机辅助设计（CAD）和计算机辅助制造（CAM）技术以及基于神经网络系统的"智能加工系统"等。以轮胎为例，近几年来国外轮胎产品设计日趋科学化和计算机辅助化，利用辅助设计软件可以进行新产品的并行设计和仿真实验，预测新产品的使用性能及应用效果，评估新产品在投放市场后对环境的影响等。随着设计技术的进步和测试手段日趋齐全，使轮胎产品的开发周期由过去的 $3\sim4$ 年缩短到 $1\sim2$ 年。

产品制造是指如何通过智力资源、生产信息和高新技术制造出高附加值的产品，如何通过现代化管理来解决指挥决策、资金、技术、市场和风险等问题，达到在最短的时间生产出市场急需的产品，提供最佳的质量、最低的成本和最好的服务，实现提高劳动生产率的目的。目前国际上出现将企业的决策指挥、控制、信息和制造综合一体化的集成技术，又称为CIMS工程技术（computers integrate manufacturing system），即计算机集成制造系统。这种技术是以人为本，以计算机为媒体，将传统的制造技术与现代信息技术、管理技术、自动化技术和系统工程技术等有机结合，使人、管理和技术三要素及其信息流、物流和价格流有机集成并优化运行，更有效地综合诸如市场研究、产品设计、加工制造、质量控制、销售和服务等生产经营活动，以达到产品上市快，高质低耗，服务环境好，实现产品制造的全面优化。

由于橡胶科学技术与橡胶工业有着内在的渊源，生产实践中的难题，市场竞争的关键技术往往涉及重要的学术问题。因此密切学术界和产业界的联系，从生产实践中提炼和升华橡胶科学技术的水平非常必要。在发展新材料、新技术和新产品的过程中，基础研究、应用研究、技术开发和产品制造这四个环节不可分割地交织在一起，它们之间的界线正变得越来越模糊。因此，对橡胶工业而言，欲达到由劳动密集型向技术密集型发展的目的，必须走产、学、研一体化的道路。加强企业与高等院校和科研院所之间的技术合作，建立技术研发中心，或建立科技创新战略联盟，通过产、学、研相结合形成科技创新平台，推进科技成果转化，培育科技创新团队，使产、学、研各方面在科技创新过程中相互促进，共同提高，形成吸引人才、培养人才、成就人才、共赢发展的长效产、学、研机制。我国橡胶工业只有通过产、学、研相结合，强化科技资源开放共享，建立基础研究、应用研究、技术开发和成果转化协调发展的创新机制，才能在产品质量、技术与装备、信息化制造与管理等方面提高企业自主创新能力，才能实现我国由橡胶工业大国迈向橡胶工业强国的发展目标。

第 1 章　橡胶本体材料

1.1　引　言

橡胶材料包括橡胶本体材料和以本体材料为基体的复合材料，本体材料即天然橡胶和合成橡胶，泛称橡胶。天然橡胶基于其上佳的综合性能，迄今在橡胶工业中仍处于不可替代的位置，天然橡胶在我国约占总耗胶量的 60%。

橡胶作为战略物资，经过两次世界大战的影响和刺激，在科学技术和工业上得到了快速发展，进入 20 世纪中叶，世界经济迎来了新的发展时期，特别是 K. Ziegler 和 G. Natta 发明的定向聚合技术，开拓了合成橡胶的新天地，相继出现了乙丙橡胶、顺丁橡胶、异戊橡胶和热塑性橡胶等。我国合成橡胶工业始于 1958 年，经过了 50 多年的发展，产量和质量逐年提高，其中顺丁橡胶和丁苯橡胶的质量达到国际先进水平，并具有自己的体系和特色，但在产量和品种方面与发达国家仍有差距。

天然橡胶和合成橡胶是低分子单体通过生物合成及化学合成反应制备的。单体结构是组成橡胶分子的结构单元。橡胶的种类很多，所以单体的品种及类型也很多，合成橡胶的主要单体见表 1-1。

表 1-1　合成橡胶的主要单体

名　　称	分子式	名　　称	分子式
乙烯	$H_2C{=}CH_2$	氯丁二烯	$H_2C{=}C(Cl){-}CH{=}CH_2$
丙烯	$H_2C{=}CH{-}CH_3$	二元胺	$H_2N{-}R{-}NH_2$
异丁烯	$H_2C{=}C(CH_3)_2$	二元酸	$HOOC{-}R{-}COOH$
苯乙烯	$H_2C{=}CH(C_6H_5)$	二元醇	$HO{-}R{-}OH$
丙烯腈	$H_2C{=}CHCN$	二氯二烷基硅	$H_3CSi(Cl)_2CH_3$
甲基丙烯酸甲酯	$H_2C{=}C(CH_3)COOCH_3$	环氧丙烷	$H_2C{-}CH{-}CH_3$ 〔O〕
丙烯酸酯	$H_2C{=}CHCOOR$	环氧乙烷	$H_2C{-}CH_2$ 〔O〕
四氟乙烯	$F_2C{=}CF_2$		
三氟氯乙烯	$F_2C{=}CFCl$		
1,3-丁二烯	$H_2C{=}CH{-}CH{=}CH_2$	二异氰酸酯	$OCN{-}R{-}NCO$
异戊二烯	$H_2C{=}C(CH_3){-}CH{=}CH_2$	环氧氯丙烷	$H_2C{-}CH{-}CH_2Cl$ 〔O〕

橡胶的合成反应可分为三种类型。第一种是加成聚合反应（加聚反应），烯烃和双烯烃单体通过打开双键相互连接而形成高聚物，其反应机理主要是连锁聚合反应，多数合成橡胶是加聚反应的产物，如丁苯橡胶、氯丁橡胶、丁腈橡胶、顺丁橡胶和异戊橡胶等。第二种是缩合聚合反应（缩聚反应），是具有两个或两个以上官能团的单体相互作用而逐步生成高聚物，其反应机理主要是逐步聚合反应，诸如硅橡胶、聚硫橡胶等特种橡胶均是通过缩聚反应制备的。第三种是开环聚合反应，是以环状化合物为单体经开环聚合而生成高聚物，其机理可以是逐步聚合反应，也可以是连锁反应，一般环状化合物单体含有一个以上的杂原子（如 O、N、S、P 等），某些杂链结构的橡胶如氯醚橡胶等是通过开环聚合制备的。合成反应的

条件及反应机理是极为复杂的问题，每种合成方法随所用单体以及引发剂、催化剂、调节剂、乳化剂等助剂的不同，可以合成出不同结构和性能迥异的橡胶材料。

1.2　天然橡胶

天然橡胶是由从巴西橡胶树上采集的树胶制成的。一般在树龄 5～7 年的橡胶树皮上倾斜切口后采得乳胶，如图 1-1 所示，然后经防腐（加入氨、甲醛、亚硫酸钠等）和凝固干燥等处理过程制备成固体橡胶。橡胶树一般可采集 25～30 年。

巴西橡胶树生长需要高温多雨的环境，一般年平均温度为 26～32℃，年平均降雨量在 2000mm 以上。因此其产地主要分布于南北纬 10°以内的亚洲、非洲和拉丁美洲等地区，其中东南亚地区占世界种植面积 80% 以上。我国主要集中在海南岛、雷州半岛和云南的西双版纳地区，为世界种植面积的 6%。

能产出天然橡胶的植物种类很多，有乔木、灌木、藤本科以及草本科（如银菊、橡胶草）等植物。由于产量、质量及经济效益的原因，目前仍然以巴西橡胶树为主。

（1）分子链结构特征　天然橡胶是在橡胶树体内生物合成的聚异戊二烯。虽然早在 1826 年 Faraday 首先测定天然橡胶分子的化学式为 C_5H_8，但其分子结构和含量的研究直到红外光谱和高分辨率核磁共振仪的出现才得以证实，即天然橡胶分子结构是顺式-1,4-聚异戊二烯（图 1-2），其含量高达 99%。

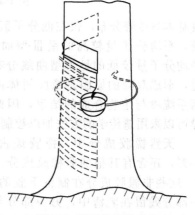

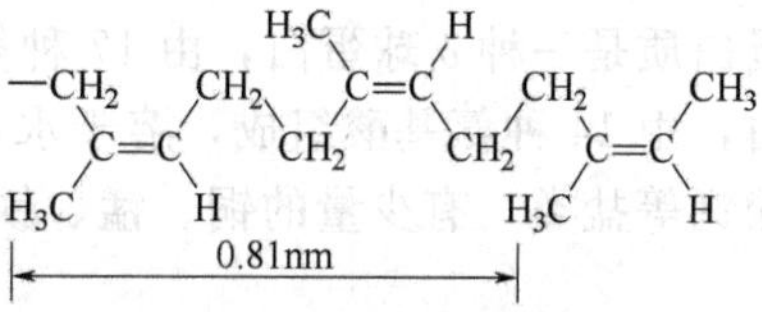

图 1-1　天然橡胶的采集

图 1-2　天然橡胶分子结构

生物合成的顺式-1,4-聚异戊二烯橡胶不同于化学合成的顺式-1,4-聚异戊二烯橡胶，其生物合成过程十分复杂，从 20 世纪中期通过采用液体培养、组织培养、示踪原子及其他先进的实验和测试手段，使橡胶生物合成实验才有所进展。1960 年生物化学研究表明橡胶形成过程的链增长是由糖类的代谢物在酶的参与作用下生成的异戊烯基二磷酸酯（isopentenyl diphosphate，IDP），然后 IDP 发生异构化作用产生二甲基烯丙基二磷酸酯（dimethylallyl diphosphate，DMADP），由此在酶的催化下，逐步形成橡胶分子链。

1980 年利用 ^{13}C-NMR 和 ^{1}H-NMR 研究天然聚异戊二烯结构，发现橡胶分子链的两个末端基，一端是由 IDP 或 DMADP 产生反式加成，仅 2～3 个反式异戊二烯链节键接在二甲基烯丙基上，并进一步反应生成带有肮基（protein）的二甲基烯丙基衍生物结构，即

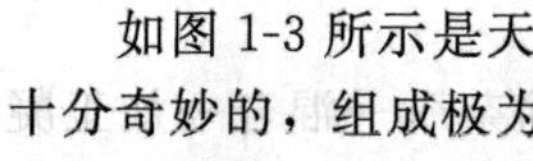

protein⎯⎯⎯⎯⎯⎯⎯⎯⎯[2~3]；另一端是磷酯类结构（OPR）。

如图 1-3 所示是天然橡胶生物合成的历程示意。可以看出生物合成橡胶分子的精确性是十分奇妙的，组成极为统一规整。目前对其生物合成的途径和机理仍在进一步探讨之中。

天然橡胶的分子量及分布与树种品系有关，呈明显的多分散性。无性系胶树（是指由单株无性繁殖得到的橡胶树）的数均分子量 $\overline{M}_n$ 范围为 $2.55×10^5～27.09×10^5$，重均分子 $\overline{M}_w$ 的范围为 $3.4×10^6～10.17×10^6$，分子量分布指数（$\overline{M}_w/\overline{M}_n$）为 3.63～10.94。

天然橡胶的分子量分布一般呈双峰分布规律，如图 1-4 所示。图中 I 型曲线是清晰的双峰分布，两峰高度相差不大；II 型曲线也呈双峰分布，但在低分子量区域的峰较低；III 型曲

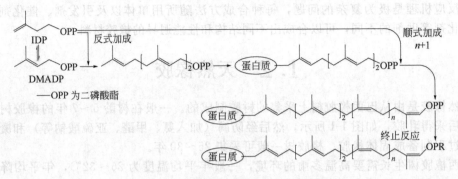

图 1-3　天然橡胶生物合成的历程示意

线基本是单峰分布，仅在低分子区域可呈现肩形的扁平峰。不同品系的无性胶树所产的橡胶，平均分子量较高的呈 Ⅲ 型曲线分布；平均分子量较低的呈 Ⅰ 型曲线分布。据报道，形成双峰的原因是橡胶树体内有两种酶系参与生物合成的结果，因此这些差异可以采用遗传学的方法加以控制。

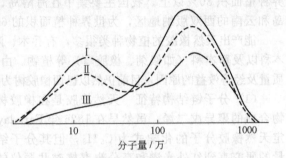

图 1-4　天然橡胶分子量分布曲线类型

天然橡胶成分中，橡胶烃占 92%～95%，还含有其他的非橡胶成分，见表 1-2。这些非橡胶成分在制备干胶的过程中，一部分残留在乳清中，另一部分与橡胶烃一起凝固在干胶中。丙酮抽出物是橡胶中能溶于丙酮的物质，主要是类酯及其分解物等，包括脂肪、蜡类、甾醇、甾醇酯和膦酯等。蛋白质是一种 α 球蛋白，由 17 种氨基酸组成，不溶于水，含硫和磷较低；另一种是橡胶蛋白，由 14 种氨基酸组成，溶于水，含硫量较高。灰分主要是无机盐类物质，如磷酸镁、磷酸钙等盐类，有少量的铜、锰、铁等金属化合物。

表 1-2　天然橡胶的成分

成分名称	含量/%	成分名称	含量/%
橡胶烃	92～95	灰分	0.2～0.5
丙酮抽出物	1.5～4.5	水分	0.3～1.0

（2）主要性能　天然橡胶是生物合成的产物。由于化学组成、分子结构及分子量与分布等方面的特征，使其综合物理性能比合成橡胶优越，应用面更加广泛。比如，天然橡胶是一种结晶型高分子，在形变下易产生诱导结晶，具有很好的力学性能和加工性能。纯胶硫化胶的拉伸强度为 17～25MPa，炭黑补强的硫化胶可达 25～35MPa；具有良好的高弹性，弹性模量为 2～4MPa，回弹率可达 85% 以上，弹性伸长率可达 1000%；但天然橡胶的不饱和度较高，化学性质较活泼，耐老化性能较差。表 1-3 列出天然橡胶与几种合成橡胶的性能比较。

（3）质量分级　从橡胶种植园收集的乳胶经过乳胶的保存→清除杂质→混合→加工凝固→洗涤→压片或造粒→干燥→检验和包装等工序制成各种片状和颗粒状的固体天然橡胶。可分为标准胶、烟胶片、绉胶片、风干胶片、浓缩胶和胶清橡胶等，最常用的是标准胶（standard rubber）和烟胶片（ribbed smoked sheet，RSS）。由于产地不同，天然橡胶的种类和等级标准各国不同，名称各异。基本上有两种分级方法：一种是按外观质量分级，是烟胶片、绉胶片和风干胶片等片状胶的分级方法；另一种是按橡胶的理化性能项目和指标进行分

表 1-3　天然橡胶与几种合成橡胶的性能比较

项　目	天然橡胶	异戊橡胶		丁苯橡胶		聚丁二烯橡胶	三元乙丙橡胶
		高顺式	低顺式	乳聚	溶聚		
耐冷流性	优	优	良	良	良	中	中
胶料强度	优	中	差	中	差	中	差
胶料黏着性	优	优	优	差	中	良	差
包辊性	优	优	良	良	优	良	中
压出性	优	良	良	良	良	良	中至差
压延性	优	良	良	良	良	良	良
硫化速率	优	良	良	中	中	良	差
拉伸强度/MPa	约32.0	约30.0	约28.0	约30.0	约30.0	约20.0	约20.0
撕裂强度	优	优	优	中	中	中	中
回弹性	优	优	优	良	良	优	良
永久压缩变形	良	良	良	良至优	良至优	良至优	良至优
耐磨性	良	良	良	良	良	优	良
生热性	优	优	优	差	差	优	良
耐崩花掉块性	良至优	良	中	中	中	差至中	中
耐刺扎性	良至优	良	中	中	中	中	中
耐热性(最高使用温度)	中(120℃)	中(120℃)	中(120℃)	中(130℃)	中(130℃)	中(130℃)	良(150～180℃)
耐屈挠龟裂性							
龟裂发生	差	差	差	良	良	良	良至优
龟裂增长	良	良	良	差	差	良	良至优
耐老化性							
热	中	中	中	良	良	良	优
氧	中	中	中	良	良	良	良
光	中	中	中	中	中	中	良
臭氧	差	差	差	差	差	差	良
耐寒性							
T_g/℃	-72	-72	-72	-52	-52	-79	-40～-60
脆化温度/℃	-50～-70	-50～-70	-50～-70	-30～-60	-30～-60	-70	良
耐油性							
脂肪烃	差	差	差	差	差	差	差
芳香烃	差	差	差	差	差	差	差

级，称为标准天然橡胶（简称标准胶）。凡使用国际标准规定的理化性能分级的橡胶都称为国际标准天然胶。

　　① 国际标准天然橡胶分级　国际标准 ISO 2000—2003 规定了五个等级的国际标准胶（见表 1-4）。生胶的各个质量（技术）等级是以其最高杂质含量的数字定名的，并用特定的色带标识。

表 1-4　国际标准天然橡胶的质量分级

性　能		原　料				
		胶乳及胶乳制胶片		胶园田园生产的凝固胶		杯凝胶及其他凝胶
		等　级				
		5L绿带	5绿带	10褐带	20红带	50黄带
杂质含量/%	≤	0.05	0.05	0.10	0.20	0.50
塑性初值	≥	30	30	30	30	30
塑性保持率/%	≥	60	60	50	40	30
氮含量/%	≤	0.6	0.6	0.6	0.6	0.6
挥发分/%	≤	0.8	0.8	0.8	0.8	0.8
灰分/%	≤	0.6	0.6	0.75	1.0	1.5

20 世纪 60 年代发展起来的颗粒橡胶（granular rubber）使用按生胶理化性能分级，达到了合理区别橡胶内在质量、优质优用的目的。

② 国产标准天然橡胶的分级　我国参照国际标准的理化数据制订了国家标准 GB/T 8081—2008，国产标准胶（SCR）分为四个等级，即一级 SCR5 号，二级 SCR10 号，三级 SCR20 号，四级 SCR50 号。它们分别相当于国际标准中的 5 号、10 号、20 号和 50 号标准胶。国标中暂无 5L 浅色等级。

③ 国际烟胶片和绉胶片分级　烟胶片的分级标准只限于使凝固法制成的胶片，经严格地干燥和熏烟。按外观质量从高到低分为六个等级；即特一级烟胶片（RSS 1X 号）、一级烟胶片（RSS 1 号）、二级烟胶片（RSS 2 号）、三级烟胶片（RSS 3 号）、四级烟胶片（RSS 4 号）和五级烟胶片（RSS 5 号）。

绉胶片包括以乳胶为原料制成的白绉胶片和浅色绉胶片，以及低级的其他杂胶绉胶片。与烟胶片一样分为若干等级。白绉胶片分为特一级（WC1X 号），一级（WC1 号）；浅色绉胶片分为特一级（PC1X 号），一级（PC1 号），二级（PC2 号）和三级（PC3 号）。

风干胶片与烟胶片除在熏烟和热空气干燥不同外，其他工序完全相同。

④ 国产烟胶片和绉胶片的分级　国家标准 GB 8090—2007 将烟胶片分为：一级烟胶片、二级烟胶片、三级烟胶片、四级烟胶片、五级烟胶片和等外级烟胶片共六个等级，质量依此递减。国家标准 GB 8090—2007 将白绉胶片和浅色绉胶片分为：特一级薄白绉胶片、一级薄白绉胶片、特一级薄浅色绉胶片、一级薄浅色绉胶片、二级薄浅色绉胶片、三级薄浅色绉胶片共六个等级。

目前国际市场两种分级方法各成系统，互不干扰。但片状胶也可以按理化性能分级。例如，"标准胶-5-烟胶片"标志，表示该胶是烟胶片，按理化性能分级为 5 号标准胶，依此类推。

（4）杜仲橡胶　杜仲橡胶和古塔波橡胶（gutta percha）都是天然橡胶的同分异构体，即反式-1,4-聚异戊二烯天然聚合物，仅因产地不同而称谓各异。但其物理形态及性能与天然橡胶迥然不同，前者常温下就有较高的结晶度，表现为硬质塑料，而并非弹性体。这种反式结构分为 α 型和 β 型两种，如图 1-5 所示，其结晶熔融温度分别为 56℃和 65℃。

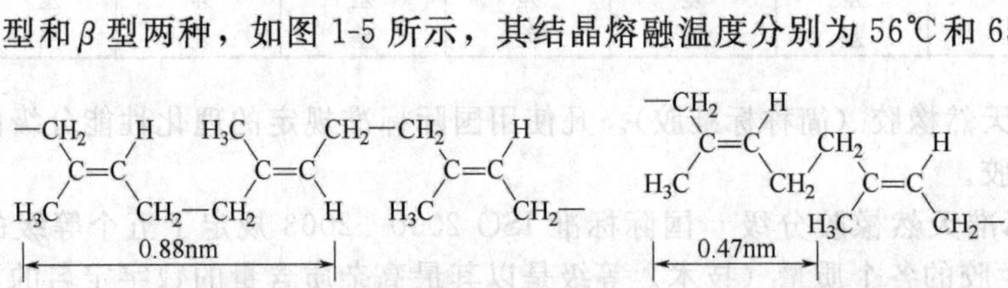

(a) 反式 -1,4- 加成结构　　　　　(b) 反式 -1,4- 加成结构
α 型（α- 古塔波橡胶）　　　　　β 型（β- 古塔波橡胶）

图 1-5　古塔波橡胶的分子结构

杜仲橡胶的硫化根据交联度的不同可呈三种不同性能的材料。未交联的杜仲橡胶是线型热塑性结晶高分子；低交联度的杜仲橡胶为网状热弹性结晶高分子；当达到某一临界交联度后，杜仲橡胶便成为无定形网状弹性橡胶。

杜仲橡胶有优良的加工性能，即易与塑料共混，又易与其他橡胶共混，所含的双键既可参与硫化，也可不参与硫化，共混时它能以双重身份出现，从而可得到性能不同、用途各异的材料。

杜仲橡胶的故乡在中国，又称中国古塔波橡胶。古塔波橡胶产于东南亚，巴拉塔橡胶产于巴西、圭亚那等国家。但唯有杜仲树的适应性强，种植范围广泛，杜仲树可在我国南起两广，北至长城沿线十余省的广大地区（包括山区）种植。从资源开发利用的角度，杜仲橡胶的前景不可低估。杜仲橡胶既可以作为医用功能材料和形状记忆材料，又可作为工程材料而应用。另外杜仲本身还是有名的中医药材。

1.3　丁苯橡胶

丁苯橡胶（通称 SBR）是 1929 年德国首先研制生产的，这种乳液聚合橡胶，取名 BunaS。美国 1942 年生产了丁苯橡胶，此时的丁苯橡胶是约 50℃下的共聚物，称为热法聚合丁苯橡胶。20 世纪 50 年代初出现了性能优异的冷法（约 5℃）聚合丁苯橡胶，冷法丁苯橡胶随着汽车工业的发展而快速发展，并采用新的缩写 E-SBR 表示。热法丁苯橡胶已趋于淘汰。由于阴离子聚合技术的发展，20 世纪 60 年代出现了溶液聚合的丁苯橡胶（S-SBR），提高了丁苯橡胶的品质，应用范围进一步的扩大。

丁苯橡胶是合成橡胶中消耗量最大的胶种。

（1）分子链结构特征　丁苯橡胶是以丁二烯和苯乙烯为单体，在乳液或溶液中经共聚合反应制备的弹性体。由于丁二烯和苯乙烯共聚合方法和所用的引发剂或催化剂的不同，丁苯橡胶分为乳液聚合丁苯橡胶和溶液聚合丁苯橡胶两大类。其结构通式如下：

$$+CH_2-CH=CH-CH_2+_x+CH_2-CH+_y+CH_2-CH+_z$$

丁苯橡胶的性能主要取决于丁二烯单体单元和苯乙烯单体单元的键接方式和序列结构以及分子量及其分布等因素。表 1-5 综合了几个典型的丁苯橡胶的结构特征。

表 1-5　典型的丁苯橡胶的结构特征

丁苯橡胶的类型	支化	大分子结构			微观特征			
		交联（凝胶）	$\overline{M}_n$	$\overline{M}_w/\overline{M}_n$	苯乙烯	丁二烯		
						顺式/%	反式/%	乙烯基/%
乳液热法聚合橡胶（1000系列）	大量	大量的微粒凝胶	100000	7.5	23.4	16.6	46.3	13.7
乳液冷法聚合橡胶（1500系列）	中等	少量	100000	4～6	23.5	9.5	55	12
溶液法聚合物（线型）	线型		150000	1.6	25			
溶液法支化无规聚合物（Solprene 1204）	有控制的支化		150000	1.5～2.0	25	24	31	20
溶液法支化嵌段聚合物（Solprene 1205）	有控制的支化		85000约95000		25	28.5	40.5	6

苯乙烯与丁二烯理论上可按人们所希望的任何比例进行共聚合反应，但苯乙烯单体单元含量对性能（例如玻璃化温度 T_g 等）有较大影响，苯乙烯单体单元含量在 23.5% 左右具有最佳的综合性能。丁苯橡胶分子链中单体单元是无规排列，含有苯环，体积效应大，不能结晶，是非晶高分子材料。

（2）主要性能

① 乳液聚合丁苯橡胶　乳液聚合丁苯橡胶（E-SBR）是通过自由基引发的共聚合反应生产的。热法乳聚丁苯橡胶是第一代乳聚丁苯橡胶，这种丁苯橡胶的分子链支化程度较高，凝胶含量大，性能较差，应用范围日趋缩小。冷法乳聚丁苯橡胶是第二代乳聚丁苯橡胶。其聚合反应采用氧化-还原引发体系，聚合温度为 5～8℃。

乳聚丁苯橡胶按生产方法和成分作为分类依据。根据这种分类法，将热法和冷法聚合产品以及充油、充炭黑、充油充炭黑等类型划分在不同的品级系列中,见表1-6。每一品级系列的产品,按其门尼黏度、苯乙烯含量和所用助剂的不同,又分为不同牌号,如1500系列可分为1500、1502、1507等牌号;1700系列可分为1712、1778等牌号。

表 1-6　乳聚丁苯橡胶的不同品级系列

1000 系列	热法聚合无填料丁苯橡胶	1600 系列	冷法聚合充炭黑母炼胶
1100 系列	热法聚合充炭黑母炼胶	1700 系列	冷法聚合充油母炼胶
1200 系列	热法聚合充油母炼胶	1800 系列	冷法聚合充油充炭黑母炼胶
1300 系列	热法聚合充油充炭黑母炼胶	1900 系列	其他丁苯橡胶,如含高苯乙烯树脂的母炼胶等
1500 系列	冷法聚合无填料丁苯橡胶		

例如,1500丁苯橡胶是最具有代表性的丁苯橡胶品种。因其所用的防老剂有污染性,不适用于浅色制品,但其黏着性和加工性好,物理机械性能也好,因此用于轮胎、胶管、胶带等工业制品。1502丁苯橡胶是非污染性、不变色的丁苯橡胶,物理机械性能与1500丁苯橡胶相当,可用来制造浅色或透明的制品。

② 溶液聚合丁苯橡胶　溶液聚合丁苯橡胶(S-SBR)是使用烷基锂催化体系在有机溶剂中进行阴离子共聚合反应的产物。与乳液聚合丁苯橡胶相比较,溶聚丁苯橡胶具有分子量分布窄、支化结构少、顺式含量高和非橡胶成分低等特点。

溶聚丁苯橡胶是一种滚动阻力很小、抗湿滑性和耐磨性好的胶种,适合制造子午线轮胎,有利于汽车节能降耗和满足安全性的要求。特别是可以根据用户的需要进行胶种的分子设计与性能调整。比如控制苯乙烯单体单元含量、顺式-1,4结构含量、反式-1,4结构含量和乙烯基的含量,以及通过加入偶联剂如四氯化锡或4,4'-双二乙基氨基二苯甲酮(EAB)等,减少大分子链末端的自由基数,使分子链末端引入锡化物或氨基等含氮化合物进行偶联改性。借此使轮胎获得高抗湿滑性、低滚动阻力和优异的综合使用性能。

在用量最大的轮胎行业中,乳聚丁苯橡胶虽有较好的安全性,但其滚动阻力大,行驶时能耗偏高,因此国外乳聚丁苯橡胶的生产能力已不再发展,而溶聚丁苯橡胶的生产能力逐年有所增长。目前国际上溶聚丁苯橡胶根据苯乙烯单体单元含量、顺式含量、污染与非污染、充油和充炭黑等方面的不同,牌号规格多达80余种。

(3) 丁苯橡胶的进展　为了节省能源,人们正努力开发既能降低滚动阻力,减少生热,又能提高抗湿滑阻力及耐磨性和行驶安全的新型丁苯橡胶,满足新型"绿色环保"轮胎的需要。

① 无规星型溶聚丁苯橡胶　这种橡胶是以溶聚丁苯橡胶为基础,通过分子设计方法进行化学改性,改性方法是采用无规星型聚合使分子量可调,并对分子链末端以锡化合物偶联或用EAB作链终止剂进行改性。这种改性S-SBR分子量可呈双峰分布,EAB改性S-SBR比Sn偶联改性S-SBR的性能要好,特别是在高温下,具有较高的弹性和较低的生热性。改性S-SBR可使轮胎的滚动阻力降低25%,抗湿滑性提高5%,耐磨耗性能提高10%。

② 苯乙烯-异戊二烯-丁二烯橡胶(SIBR)　SIBR是由苯乙烯、异戊二烯和丁二烯三元共聚而成的高性能的橡胶。它集中了SBR、BR、NR三种橡胶的特点,是一种集成橡胶。SIBR具有较好的抗湿滑性,较低的滚动阻力和较好的耐磨性,是一种较理想的、综合性能好的、低滚高牵型轮胎材料。

SIBR可以分成线型无规(L-SIBR)、星型无规(S-SIBR)、线型嵌段(L-B-SIBR)和星型嵌段(S-B-SIBR)四种类型。例如L-B-SIBR橡胶,是将单体苯乙烯(St)、异戊二烯(I)和丁二烯(Bd)投入反应器后,控制聚合温度在30℃以下,通过在聚合过程中加入极性添加剂来调节共聚物的结构和组成。由于聚合温度较低,此时单体I的竞聚率远小于St和Bd,单体I几乎不参加反应,只有当St和Bd几乎全部反应后,单体I才开始引发反应,产物实际上是由 St-Bd 共聚物（SBR）与 I 均聚物（IR）组成的两嵌段共聚物（SBR-IR），并且两嵌段之间还存在 St-Bd 共聚序列向 I 均聚序列过渡的共聚序列。这种 L-B-SIBR 橡胶具有微观相分离结构，可呈现两个玻璃化温度，特别适合制造高性能的轮胎。

1.4　顺丁橡胶

聚丁二烯橡胶（简称顺丁橡胶，BR）早期是乳液聚合丁二烯橡胶，由于加工性能与物理机械性能较差，已被淘汰。1954 年 Ziegler-Natta 配位聚合催化体系出现后，溶液聚合丁二烯橡胶获得迅速发展，已经成为通用合成橡胶中第二大胶种。

（1）分子链结构特征　聚丁二烯橡胶是以丁二烯为单体的均聚物，聚合反应中，丁二烯单体单元在分子链中的键接形式可有三种类型的异构体，即顺式-1,4 结构、反式-1,4 结构和 1,2 结构。聚丁二烯分子链以哪一种结构为主及各种结构的比例，主要取决于所用的催化剂体系、聚合温度、溶剂种类以及其他添加剂等因素。实际应用的聚丁二烯橡胶大都是上述几种结构的无规共聚物，并以顺式-1,4 结构为主。

$$H_2C\!=\!CH\!-\!CH\!=\!CH_2$$

（顺式 -1,4 结构）

（反式 -1,4 结构）

（1,2 结构）

齐格勒-纳塔催化体系是由烷基铝和过渡金属化合物组成的。目前世界各国工业化聚丁二烯橡胶所采用的催化体系有钴、钛、锂、镍和稀土钕等系列，其中以镍系聚丁二烯橡胶的生产规模最大。表 1-7 是各种催化剂体系所得橡胶的主要性能比较。

表 1-7　各种催化剂体系所得聚丁二烯的主要性能比较

性　　能	锂系	钛系	钴系	镍系	稀土钕系
顺式-1,4 结构含量/%	40	95	95	96	>98
T_g/℃	−93	−105	−107	−107	−109
压缩永久变形/%	32	25	17	17	—
冷流(50℃)/(g/min)	14	4	6	4	10
分子量分布指数($\overline{M}_w/\overline{M}_n$)	1.9~2.0	2.1~2.4	2.8~3.5	3.0~5.0	7.5
加工性能	不包辊	不易包辊	好	好	好

镍系聚丁二烯橡胶具有一系列好的性能，我国在 1964~1970 年间开发出独具特色的镍系顺丁橡胶生产技术。催化体系由环烷酸镍［Ni(naph)₂］·三氟化硼乙醚络合物［BF₃·OEt₂］·三异丁基铝［Al(i-Bu)₃］组成，溶剂为己烷/庚烷混合脂肪烃。

以稀土钕系催化剂合成的钕系顺丁橡胶，由于可以广泛控制分子结构参数的变化，可以控制生胶和硫化胶的性能，受到人们的关注。已经商品化的一些钕系顺丁橡胶，具有良好的使用性能。

顺丁橡胶与天然橡胶分子结构的差别只是分子链上没有甲基，天然橡胶由于甲基的存在，降低了分子链的柔性，也促使 α-位置上的氢原子比较活泼，而顺丁橡胶的分子链比天然橡胶更柔顺、化学稳定性也较好。因此顺丁橡胶低温性能好（$T_g = -110℃$），弹性大，滞后生热低，压缩变形小，耐磨性好，老化性能也好。但力学性能，如定伸应力、拉伸强度、撕裂强度及抗裂口扩大等性能较差。

（2）主要性能　目前工业化的顺丁橡胶根据顺式-1,4 结构含量可分为下列两种。

① 高顺式丁二烯橡胶（HCBR）　由钴系或镍系催化剂制得的，顺式-1,4 结构含量为96%～98%，称为高顺式丁二烯橡胶（简称高顺丁），是目前工业生产的主要品种。通常所谓顺丁橡胶主要是指高顺丁，但有时也笼统地把顺式-1,4 结构含量大于90%的都叫顺丁橡胶。

钴系和镍系催化剂的优点是催化活性高，顺式-1,4 结构含量高，质量均匀，分子量易调节，分子量分布较宽，橡胶的综合物理机械性能较好，加工性能好，冷流倾向较小。其中镍系催化剂稳定性更好，聚合速率快，反应过程易控制，我国顺丁橡胶均采用镍系催化剂。

钛系催化剂制备的顺丁橡胶，顺式-1,4 结构含量为90%～94%。

由于高顺丁的分子结构比较规整，分子链柔性好，与其他合成的通用橡胶相比，突出的特性是弹性高，耐磨性好，耐低温性能优异，耐屈挠和生热小。主要缺点是强度低于 NR 和SBR，抗湿滑性差等。目前，不仅在轮胎中广泛应用，而且在各类橡胶制品中的应用也日趋广泛。表 1-8 是 BR、NR 和 SBR 的某些性能对比。

表 1-8　BR、NR 和 SBR 的某些性能对比

性　能	BR	NR	SBR
T_g/℃	-105	-72	-57
T_b/℃	-75	-50	-45
耐磨耗/[cm³/(kW·h)]	260	800	300
冲击弹性/%	52	40	33
吸水性① (75℃×28d)ΔV/%	2.22	2.71	5.53
拉伸强度（未补强）/MPa	0.98～9.8	17.0～24.5	2.1～2.7
拉伸强度（补强）②/MPa	19.1	—	25.5
撕裂强度（补强）/(kN/m)	30～55	100	50

① 被试三种橡胶配方中均含有 20% 的高苯乙烯树脂。
② 一等品的国家标准指标。

② 乙烯基丁二烯橡胶（VBR）　乙烯基丁二烯橡胶主要是由锂系或钛系催化剂制得的，分子链中含有较多的 1,2 结构而形成乙烯基侧基。目前用于轮胎制造中的中乙烯基丁二烯橡胶（MVBR），乙烯基含量一般为 35%～55%，由于抗湿滑性能及热老化性能优于高顺丁，其产量日渐增加。据介绍，用 MVBR 制造的轮胎，其滚动阻力和综合性能都很好，而且乙烯基含量为 50%～70% 的乙烯基丁二烯的综合性能更好。

（3）顺丁橡胶的进展　近年来，针对顺丁橡胶存在的弱点，通过分子设计对其结构进行改性，出现了一些聚丁二烯的新胶种。

① 超高顺式聚丁二烯　超高顺式聚丁二烯是指顺式-1,4 结构含量超过 98% 以上的顺丁橡胶。这种橡胶由于分子链规整性好，支化度低，拉伸时结晶速率快，分子量分布较宽，因此拉伸强度、弹性、生热性、耐磨耗、耐疲劳性以及加工性能等均较高顺式聚丁二烯好。其原因可以这样理解：当顺式-1,4 结构为 98% 时，相当于每 49～50 个顺式-1,4 链节间隔一个反式-1,4 结构或 1,2 结构链节；当顺式-1,4 结构含量为 99% 时，则平均每 99～100 个顺式-1,4 结构链节才间隔一个反式-1,4 结构或 1,2 结构链节。也就是说，顺式-1,4 结构链节的平均序列长度增加了一倍。所以分子链结构中支化更少，规整性更高，拉伸时更易结晶，且结晶速率快，其结晶温度为 -20℃，与天然橡胶相当。

目前超高顺式聚丁二烯的工业化品种有两种：一种是采用钕系催化体系生产的超高顺式

聚丁二烯，简称为 U 胶；另一种是采用稀土钕系催化剂生产的超高顺式聚丁二烯，简称为 Nd-BR。

超高顺式聚丁二烯由于抗湿滑性能不太理想，可用作轮胎胎侧和胎体胶，在胎面胶中不宜单用，可与 NR 或 SBR 并用。

② 高乙烯基聚丁二烯橡胶（HVBR）　在一定的条件下，由钴、钛、钒、钼和钨等催化体系均可合成出高乙烯基聚丁二烯。目前工业化生产的 HVBR，乙烯基含量在 70% 左右。由于乙烯基含量高，橡胶的耐热氧老化性能好，氧化诱导期延长，但乙烯基含量增加，会使橡胶的耐低温性、回弹性、疲劳性和耐磨性都会有所下降。研究发现，乙烯基含量高，能改善生热性，在室温下的回弹性虽然随乙烯基含量的增加而降低，但与滚动阻力密切相关的高温下回弹性却几乎不随乙烯基含量的增加而降低。总之，乙烯基含量高的 HVBR 不仅生热少，抗湿滑性好，而且高温回弹性的降低很少。

③ 高顺式丁二烯-异戊二烯橡胶　高顺式丁二烯-异戊二烯橡胶（CBIR）是指顺式结构摩尔分数大于 90% 的丁二烯与异戊二烯的共聚物。目前主要是稀土催化体系的无规共聚物和嵌段共聚物。据报道，CBIR 具有优异的耐低温性能、耐磨性和低温下滚动阻力低等特点。

1.5　异戊橡胶

聚异戊二烯橡胶是指顺式-1,4-聚异戊二烯，简称异戊橡胶（IR），又称"合成天然橡胶"。虽然在 1860 年已经知道天然橡胶通过裂解得到异戊二烯，而且不久即开始研究从异戊二烯合成天然橡胶，但直至 1955 年才出现聚异戊二烯的工业合成方法。

由于异戊二烯单体的成本较丁二烯等单体贵，故异戊橡胶的发展较缓慢。随着石油化学工业的发展，促进了异戊橡胶的发展，已经成为四大通用合成橡胶之一。

(1) 分子链结构特征　聚异戊二烯是异戊二烯的均聚物，由于分子链中的单体单元的构型和键接方式的不同，可能出现一系列的异构体。

异戊二烯聚合反应的催化剂体系在工业生产中主要采用钛系或锂系催化剂。表 1-9 是不同催化剂体系对异戊橡胶结构的影响。

表 1-9　不同催化剂体系对异戊橡胶结构的影响

催化剂体系	顺式-1,4 结构/%	反式1,4 结构/%	1,2 结构/%	3,4 结构/%	$M_w/\times 10^5$	M_w/M_n	支化	凝胶/%
天然橡胶(SMR-5)	99	—	—	—	3.35	1.85	支化	11
钛系 Ziegler 催化剂	96~97	—	—	2~3	0.75	2.09	支化	24
丁基锂	93	—	—	6	1.2	1.56	线型	0

顺式-1,4 结构含量直接影响异戊橡胶的性能。锂系催化剂制备的低顺式异戊橡胶（顺

式含量约 93%），在贮存时有冷流倾向；钛系催化剂制备的中顺式异戊橡胶（顺式含量约 96%），由于支化较多，凝胶含量较高，冷流倾向较小。

（2）主要性能　异戊橡胶具有许多与天然橡胶类似的特性，如优良的弹性、耐磨性、耐热性（超过天然橡胶）和低温屈挠性等。但是，生胶的强度和加工性能等不如天然橡胶。天然橡胶的分子量大于异戊橡胶，且分子量分布呈双峰，有超高分子量部分存在，而异戊橡胶的分子量及分布因催化剂体系和聚合条件的不同而异，平均分子量较天然橡胶低，且呈单峰分布。

异戊橡胶和天然橡胶虽然在链节的排列上是相同的，但天然橡胶含有蛋白质、树脂及其他非橡胶成分，而异戊橡胶则为纯粹的碳氢化合物，故在稳定性与交联速率上有所不同。表 1-10 是异戊橡胶与天然橡胶的性能比较。

表 1-10　异戊橡胶与天然橡胶的性能比较

配方与性能	配方标号		
	1	2	3
配方/质量份			
异戊橡胶	100①	100②	—
天然橡胶	—	—	100③
氧化锌	6.0	3.0	5.0
硬脂酸	4.0	3.0	2.0
防老剂	1.0	1.0	1.0
硫黄	3.0	1.5	2.75
促进剂 MBTZ	0.8～1.2		
促进剂（三乙醇胺-妥尔油反应产物）		0.2～0.4	
促进剂（庚醛-苯胺反应产物）		0.05～0.15	
促进剂 CZ		0.2～0.4	
促进剂 BTDS（二硫化苯并噻唑）			0.8～1.2
促进剂 TMTD			0.05～0.15
合计	114.8～115.2	108.95～109.45	111.60～110.75
硫化胶性能			
硫化条件	121℃×60min	145℃×15min	142℃×15min
拉伸强度/MPa	27.9	26.5	30.7
伸长率/%	735	910	730
300%定伸应力/MPa		1.2	2.1
500%定伸应力/MPa	5.4	—	—
硬度（邵尔 A）	42	35	41

① 顺式-1,4 结构含量为 96%～97%。

② 顺式-1,4 结构含量为 91%～93%。

③ 顺式-1,4 结构含量在 99%以上。

为了进一步提高异戊橡胶的物理机械性能和加工性能，开展了异戊橡胶的改性研究，通过在聚合阶段引入少量官能团进行改性，比如羧基异戊橡胶、羟基异戊橡胶和氨基异戊橡胶等。

（3）反式-1,4-聚异戊二烯　反式-1,4-聚异戊二烯（简称 TPI）也可称合成古塔波橡胶或杜仲橡胶。1955 年出现第一个合成 TPI 的专利，后来相继开发了多种合成 TPI 的催化剂体系。工业化生产主要是钒系或钒-钛混合系催化剂，因催化剂效率较低，生产成本较高，影响其推广应用。文献报道采用钛系高效催化剂合成 TPI 的新方法，催化效率高，聚合体系黏度低，工艺流程简单，反式-1,4 结构含量可达 98%以上，为 TPI 的开发展示了良好的前景。

表 1-11 列举了几种高聚物的玻璃化温度和结晶熔融温度，从左到右逐渐提高，TPI 正好处在典型橡胶（NR）和典型塑料（PE）之间。由于 TPI 常温下结晶，因而只能作塑料用，而 NR 常温下难结晶，为弹性体。

表 1-11　几种高聚物的玻璃化温度（T_g）和结晶熔融温度（T_m）值

性　能	硅橡胶	顺丁橡胶	天然橡胶	TPI	聚乙烯	反式聚丁二烯	聚丙烯
T_g/℃	−123	−85	−73	−53	−20	−14	5
T_m/℃	−85	−4	25	64	120	145	180

特别有意义的是当 TPI 交联密度一旦达到某一临界值时，其室温结晶受阻，而成为弹性体，与普通硫化橡胶无差别，而且 TPI 硫化胶的动态疲劳性能很好。从表 1-12 可看出，三种橡胶中 TPI 的动态拉伸疲劳性能最好。

表 1-12　三种不同橡胶动态拉伸疲劳性能

胶　　　种	TPI	天然橡胶	顺丁橡胶
动态拉伸疲劳(100％定伸,200 次/min)	>2h	约 1h	<20min

TPI 可以通过控制交联度或与其他橡胶共混共交联而成为弹性体。这种橡胶具有耐疲劳性能好、滚动阻力小、内耗低等独特性能，在轮胎中应用前景良好。TPI 除用作通用橡胶外，还可以作为特种橡胶用于医用材料、形状记忆功能材料等方面。

1.6　丁基橡胶

丁基橡胶是由异丁烯和少量异戊二烯合成的共聚物，简称 IIR。1941 年开始工业化生产。丁基橡胶最明显的特点是耐透气性、耐热和耐臭氧性能均好于天然橡胶和丁苯橡胶等通用橡胶。

（1）分子链结构特征　丁基橡胶是一种线型无凝胶的共聚物，是异丁烯和少量异戊二烯（1.5～4.5mol）单体通过阳离子聚合反应制备的。

由于异丁烯分子中有两个供电子的甲基，使其端基（＝CH_2）的亲核性增加，在以路易斯酸（如 $AlCl_3$ 或 BF_3）为主催化剂，以水或醇等为助催化剂的条件下，聚合反应速率极快，可在 1min 左右完成放热反应，因此反应必须在 −100℃ 左右、快速搅拌下进行。丁基橡胶的聚合反应可简单地表示为：

$$H_3C-\underset{\underset{CH_3}{|}}{C}=CH_2 + H_2C=\underset{\underset{CH_3}{|}}{C}-CH=CH_2 \xrightarrow[-100℃]{AlCl_3 + 0.002\%H_2O} \left(\underset{\underset{CH_3}{|}}{\overset{\overset{CH_3}{|}}{C}}-CH_2\right)_x\left(CH_2-\underset{}{\overset{\overset{CH_3}{|}}{C}}=CH-CH_2\right)_y$$

少量异戊二烯单体单元在分子链中的分布是无规的，一般是单个存在的。实验表明异戊二烯单体单元在分子链中是以反式-1,4 结构键接的，大约主链上平均每 100 个碳原子才有一个双键，而天然橡胶主链每 4 个碳原子便有一个双键，所以丁基橡胶的不饱和度很低。通用丁基橡胶约含有 1.5％（摩尔分数）的不饱和度。

（2）主要性能　丁基橡胶分子链具有高度的饱和性，而且分子链中由于甲基密集排列，降低了链的柔顺性。这些结构特殊性使丁基橡胶具有优良的耐候性、耐热性、耐碱性，特别是具有气密性好、阻尼大、易吸收能量等性能。

① 气密性　丁基橡胶的气密性在烃类橡胶中是最好的，如图 1-6 所示。气密性取决于气体在橡胶中的溶解度和扩散速率。丁基橡胶的气体溶解度与其他烃类橡胶相近，但它的气

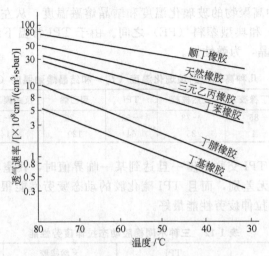

图 1-6　各种橡胶在不同温度下的气密性

1bar=10⁵Pa

体扩散速率比其他橡胶低得多。这与丁基橡胶分子链的螺旋形构象使分子链柔顺性下降有关。

表 1-13 列出丁基橡胶内胎与天然橡胶内胎的气密性对比。

表 1-13　丁基橡胶内胎与天然橡胶内胎的气密性对比

内胎材料	原始压力/MPa	压　降/MPa		
		1 周	2 周	3 周
NR	0.193	0.028	0.056	0.114
IIR	0.193	0.003	0.007	0.014

② 耐老化性能　丁基橡胶不饱和度很低，使丁基橡胶具有良好的耐热和耐热氧老化性能。丁基橡胶抗臭氧性能比不饱和度较高的天然橡胶和丁苯橡胶等约高 10 倍，耐候性很突出，在给定的应变条件下，长时间暴露于阳光下，裂纹产生较少，而且增长速率比较缓慢。

③ 阻尼性能　丁基橡胶在 -30～50℃的温度范围内有良好的减振性能，在玻璃化温度（-73℃）时，仍具有屈挠性。用于缓冲或防震制品能很快使自由振动衰减。

丁基橡胶的其他性能，诸如耐介质、耐水性及电绝缘性等均相当突出。丁基橡胶是可以结晶的自补强橡胶，结晶熔点 $T_m=45℃$，丁基橡胶在低温下不易结晶，但在拉伸过程中容易结晶。

（3）卤化丁基橡胶　虽然丁基橡胶有突出的性能，但存在与其他不饱和橡胶相容性差、自黏性和与其他橡胶或金属的黏合性能差等缺点。主要是分子结构中缺乏极性基团所致。由于轮胎工业的发展，对无内胎轮胎的气密层以及内胎和轮胎硫化胶囊等提出更高要求，因此出现了卤化丁基橡胶，包括溴化丁基橡胶和氯化丁基橡胶。

以 10 倍于丁基橡胶的 CCl₄ 为溶剂，在 25℃加入 5%～10%（质量分数）的溴，作用 2h，可以得到含溴量为 2.5%～3%的溴化丁基橡胶。基本上溴化反应都发生在异戊二烯单体单元部分。

丁基橡胶的氯化似乎更复杂一些。用 CHCl₃ 为溶剂，SO₂Cl₂ 作氯化剂，相当于 2%～6%（质量分数）的氯，作用 16h，可以得到含氯量为 1%～2%的氯化丁基橡胶，反应在 25℃下进行时放出 HCl。

工业化的卤化丁基橡胶卤化程度均较低。典型的氯化丁基橡胶含 1.1%～1.3%（质量分数）的氯；典型的溴化丁基橡胶含 $1.8\%\sim2.4\%$（质量分数）的溴。

卤化丁基橡胶比丁基橡胶硫化速率快，而且溴化丁基橡胶硫化速率比氯化丁基橡胶快。卤化丁基橡胶与各种橡胶的相容性均较好，黏合性能有所改善。

1.7　乙丙橡胶

乙丙橡胶是配位聚合催化剂体系出现后开发的一种合成橡胶。1955 年 Natta 等以乙烯和丙烯为单体首先合成了二元乙丙橡胶（EPM）。从 1963 年开始，世界各国相继开发出含有少量非共轭二烯类第三单体的三元乙丙橡胶（EPDM）。

（1）分子链结构特征　二元乙丙橡胶是乙烯与丙烯的二元共聚物，其分子链中丙烯结构单元含量为 $40\%\sim60\%$（摩尔分数）。

$$-\!\!\left(CH_2\!-\!CH_2\right)_{\!x}\!\!\left(CH_2\!-\!CH\right)_{\!y}$$
$$\qquad\qquad\qquad\qquad CH_3$$

为了达到用硫黄硫化体系进行交联的目的，开发了三元乙丙橡胶，在分子链中引入少量非共轭二烯类单体单元，提供了不饱和度，其用量为总单体重量的 $3\%\sim8\%$。表 1-14 列出了用于工业化生产的三种非共轭双烯单体，因此三元乙丙橡胶分类为 D 型、E 型和 H 型。

表 1-14　用于工业化生产的三种非共轭双烯单体

单　　体	在三元高聚物中的主要结构
双环戊二烯 (结构式)	(DCPD-EPDM) D 型 (结构式)
亚乙基降冰片烯 (结构式)	(ENB-EPDM) E 型 (结构式)
1,4-己二烯　$H_2C\!=\!CH\!-\!CH_2\!-\!CH\!=\!CH\!-\!CH_3$	(HD-EPDM) H 型 $-CH_2\!-\!CH-$ $CH_2\!-\!CH\!=\!CH\!-\!CH_3$

由于亚乙基降冰片烯三元乙丙橡胶（ENB-EPDM）的硫化速率快，硫化效率高，发展较快，是三元乙丙橡胶的主要品种。

从单体单元在分子链中的序列来说，完全没有嵌段型倾向的序列是乙丙交替共聚物，可与天然橡胶结构比较如下。

$$-CH_2\!-\!\!\!\!\!\quad\!\!CH_2\!-\!CH_2\!-\!\!\!\!\!\quad\!\!CH_2\!-$$

可以看出乙丙橡胶实质上是"饱和的天然橡胶"，因此耐老化性能很好。

乙丙橡胶分子链中乙烯和丙烯两种单体单元呈无规则排列分布，引入非共轭二烯类第三单体单元使侧链上存在双键，提高了交联活性，达到用硫黄硫化的目的。但主链结构几乎没有变化，所以二元乙丙与三元乙丙橡胶的主要性能变化不大。

（2）主要性能　由于乙丙橡胶主链是饱和碳链，分子链中无极性取代基，仅在侧链中含有少量双键。因此分子间内聚能低，分子链柔顺性好，具有极高的化学稳定性。主要表现在如下方面。

① 耐老化性能优异　在通用橡胶中，乙丙橡胶是耐老化性能最好的。乙丙橡胶有突出的耐臭氧性能，优于耐老化性能很好的丁基橡胶。例如在含臭氧100×10^{-6}的介质中，乙丙橡胶经 2430h

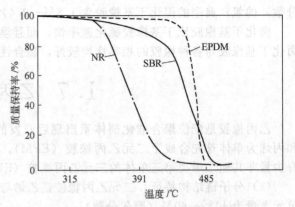

图 1-7　几种橡胶在氮气中的热失重曲线

仍不龟裂，而丁基橡胶仅 534h 即产生裂口。乙丙橡胶耐候性好，可长期在日光暴晒、潮湿、寒冷等苛刻的自然环境中使用，是比较理想的屋面防水材料。乙丙橡胶有较高的热稳定性。在氮气环境中，热失重温度高于天然橡胶和丁苯橡胶，如图 1-7 所示。在通常情况下，可以在 130℃的环境中长期使用，150℃条件下可间歇使用。当温度高于 150℃时，开始缓慢地分解。

② 耐介质性良好　乙丙橡胶呈非极性，不饱和度很低，化学稳定性高，因此对各种极性化学药品如醇、酸（乙酸、盐酸等）、强碱、氧化剂（H_2O_2、$HClO$ 等）、洗涤剂、动植物油、酮和某些酯类等，有很好的稳定性。乙丙橡胶具有疏水性，耐过热水和水蒸气性能相对突出。

③ 电绝缘性好　乙丙橡胶具有非常好的电绝缘性能和耐电晕性，其体积电阻率和丁基橡胶相当，击穿电压和介电常数也较高，特别是浸水后电性能变化很小，适于制造电气绝缘制品及水中的电线、电缆，见表 1-15。

表 1-15　乙丙橡胶浸水前后的电绝缘性能

性　　能	浸水前	浸水后	性　　能	浸水前	浸水后
体积电阻率/Ω·cm	1.03×10^{17}	2.48×10^{16}	介电常数(1kHz,20℃)	2.27	2.48
击穿电压/(MV/m)	32.8	40.8	介电损耗(1kHz,20℃)	0.0023	0.0085

（3）乙丙橡胶的进展

① 丁丙交替共聚橡胶　丁二烯-丙烯橡胶是一种新型的交替共聚橡胶。由于丙烯来源广，价格低廉，丁丙橡胶又具有良好的综合性能，将会成为一种较好的通用橡胶。1969 年古川淳二等以钒-铝、钛-铝等催化剂研究了乙烯、丙烯、丁烯等烯烃与丁二烯等共轭双烯的共聚，得到了交替共聚物。

丁丙橡胶的生胶强度处于异戊橡胶和丁苯橡胶之间，加工性能与天然橡胶相近，并易与其他橡胶共混，而且具有密度小、耐热、耐候性等优点，是一种可应用于轮胎的胶种。

② 改性乙丙橡胶　改性乙丙橡胶是将乙丙橡胶进行溴化、氯化、氯磺化、接枝丙烯腈或丙烯酸酯而制得，即溴化乙丙橡胶、氯化乙丙橡胶、氯磺化乙丙橡胶、丙烯腈改性乙丙橡胶和丙烯酸酯改性乙丙橡胶。通过引入不同极性基团，达到提高乙丙橡胶的黏合性能、强度、耐溶剂性能和提高其硫化速率和性能等目的。

1.8　氯丁橡胶

氯丁橡胶（简写 CR）是氯丁二烯的均聚物，于 1931 年实现工业化生产，是最早开发的合成橡胶之一，是应用面比较广泛的合成橡胶。

（1）分子链结构特征　氯丁橡胶一般是乳液聚合的产物，由引发剂过硫酸钾引发的自由基反应，以水为介质，以松香酸皂为乳化剂，聚合温度为 40～42℃。氯丁橡胶主要是反式-1,4 结构，约占 80％ 以上，顺式-1,4 结构约占 10％，其余为 1,2 结构和 3,4 结构。

在氯丁二烯的聚合反应中，易生成支链和交联结构，所以必须在聚合反应中加入调节剂，控制分子量和结构。通常将调节剂分为硫调节剂和非硫调节剂，所形成的氯丁橡胶分别称为 G 型氯丁橡胶和 W 型氯丁橡胶。

G 型氯丁橡胶聚合过程中采用硫黄作为调节剂，用秋兰姆类（如二硫化四乙基秋兰姆，TETD）作稳定剂。通过对含有放射性硫黄的氯丁橡胶分子链的研究，表明有少量的硫黄已结合到主链上。

$$\left[CH_2-\underset{\underset{Cl}{|}}{C}=CH-CH_2 \right]_{\!x} S_x - \qquad \left[CH_2-\underset{\underset{Cl}{|}}{C}=CH-CH_2 \right]_{\!n}$$

G 型　　　　　　　　　　　　　　W 型

式中，$x=2\sim6$；$n=80\sim110$。

G 型氯丁橡胶由于主链含有多硫键，S—S 键是弱键，在一定条件（如热、氧和光）的作用下易裂解，生成新的活性基团，导致发生交联，所以贮存稳定性较差。

W 型氯丁橡胶聚合过程中采用硫醇（如正十二硫醇）或用调节剂 J（二硫化二异丙基黄原酸酯）作为调节剂。由于分子链不含 S 原子，所以贮存稳定性较好，加工性能好。表 1-16 是 G 型和 W 型氯丁橡胶的对比。

表 1-16　G 型和 W 型氯丁橡胶的对比

项　目		类　型	
		G 型	W 型
	调节剂	分子中含有硫黄，采用二硫化秋兰姆作稳定剂	不含硫黄，采用硫醇作调节剂
原料	生胶稳定性	除 GT 之外，比 W 型差	很稳定
加工性	促进剂	不用也可硫化	必须用
	塑炼效果	有效，根据品种不同，也可使用塑解剂	塑炼效果不大
	黏性	大	小
	胶料挺性	因塑炼而减小	除 WB 外，均较大
	压出状态	可压出光滑表面	塌瘪崩裂少
	硫化速率	受促进剂的影响比 W 型小	随促进剂的种类和用量不同而变化较大
物理机械性能	撕裂强度	比 W 型强	
	弹性	比 W 型大	
	伸长率	比 W 型大	
	压缩永久形变		在高温下比 G 型好
	耐热性		比 G 型好
	耐屈挠龟裂性	比 W 型好	
	拉伸强度	含胶率高时比 W 型大	高填充时比 G 型好
	触感	近似于天然橡胶	
	黏合性	和天然橡胶、丁苯橡胶的黏合性比 W 型好	
	其他性质	如耐候、耐臭氧、耐燃性等两者相当	
应　用		需要黏合的未硫化胶制品，要求胶料柔软的制品以及复杂制品要求在高温下有较高撕裂强度时（如脱膜时）应用	在压出制品中，要求硫化中变形小的制品，强调耐热的制品，要求高温稳定性好的制品

（2）主要性能　氯丁橡胶分子链结构有两大特点：一是以反式-1,4 结构为主，因此分

子链的规整性高，易于结晶，结晶温度范围为－35～50℃；二是含有电负性较高的 Cl 原子，Cl 原子中未偶联的 p 电子与 P 键形成 p-p 共轭，因此双键和氯原子的反应活性均下降，化学稳定性提高。这种分子链结构的特征，决定了氯丁橡胶的特性。

① 强伸性能　氯丁橡胶的强伸性能与天然橡胶相近，属自补强橡胶，易拉伸结晶，分子间作用力较强，所以有很高的拉伸强度和拉断伸长率，见表 1-17。

表 1-17　氯丁橡胶与天然橡胶性能比较

胶　料	纯胶配合		炭黑配合	
	拉伸强度/MPa	拉断伸长率/%	拉伸强度/MPa	拉断伸长率/%
氯丁橡胶	20.6～27.5	800～900	20.6～24.0	500～600
天然橡胶	17.2～24.0	780～850	24.0～30.9	550～650

② 耐老化性能优良　由于化学稳定性较好，不易受热、氧和光的作用，特别是耐候性和耐臭氧性能在通用橡胶中仅次于乙丙橡胶和丁基橡胶。耐热性能较好，可在 90～110℃下长期使用。

③ 阻燃性高　含卤素的高聚物都具有不自燃的特点，氯丁橡胶的阻燃性是通用橡胶中最好的。接触火焰时可以燃烧，隔离火焰即自行熄灭。主要是燃烧过程可以分解出氯化氢气体而使火熄灭，所以氯丁橡胶燃烧所放出的气体有腐蚀性和窒息性。

④ 耐油和化学介质性　通用橡胶中，氯丁橡胶的耐非极性油类性能仅次于丁腈橡胶。耐化学介质性也很好，除强氧化性酸外，其他酸、碱对其几乎没有影响。

⑤ 黏合性　氯丁橡胶被广泛用作胶黏剂。粘接强度高，耐老化、耐油、耐化学腐蚀，使用简单，适用范围广。

（3）改性氯丁橡胶　易加工型 CR 和耐寒 CR 是近年来开发的性能优良的新型氯丁橡胶。易加工型 CR 是由凝胶型 CR 与溶胶型 CR 乳液共混而成。凝胶型 CR 是制造 CR 胶乳时加入一定量的交联剂，使 CR 产生交联，形成预凝胶体。易加工型 CR 具有胶料混炼快，生热小，不粘辊；挤出和压延速率比较快，挤出口型膨胀率低；挤出产品表面光滑；硫化时模内流动性好等优点。

耐寒 CR 主要是氯丁二烯与二氯丁二烯的共聚物。由于在聚氯丁二烯分子链上引入 2,3-二氯丁二烯单元，破坏了聚氯丁二烯的规整性，显示出优良的抗结晶性能，提高了耐寒性。

1.9　丁腈橡胶

丁腈橡胶（简称 NBR）是丁二烯和丙烯腈的乳液共聚合产物。1937 年由德国开始工业化生产。早期的丁腈橡胶是高温（30～50℃）乳液聚合产物，由于分子链的支化度较高，性能较差，现在已被低温（5～30℃）乳液聚合丁腈橡胶所替代。

（1）分子链结构特征　丁腈橡胶是自由基引发的聚合反应产物，聚合过程采用氧化还原体系引发剂（如过氧化氢和二价铁盐组成的催化体系），以硫醇作为调节剂（链转移剂）控制分子量，聚合温度为 5～30℃。

$$H_2C{=}CH{-}CH{=}CH_2 + H_2C{=}CH{-}CN \longrightarrow \underset{\displaystyle \overset{|}{CN}}{{+}(CH_2{-}CH{=}CH{-}CH_2)_n CH_2{-}CH{+}_x} \underset{\displaystyle \overset{|}{\overset{CH}{\underset{CH_2}{\|}}}}{CH_2{-}CH{+}_y}$$

丁腈橡胶分子结构中两种单体单元的键接是无规的，其中丁二烯主要以反式-1,4 结构键合，例如在 28℃下聚合制得的含 28% 丙烯腈的丁腈橡胶，反式-1,4 键合占 77.6%，顺式-1,4 键合占 12.4%，1,2 键合占 10.5%。

丁腈橡胶是非结晶态的高聚物,其丙烯腈的含量一般在 15％～50％范围内。工业化商品牌号依据丙烯腈含量多少分为若干种类。例如我国的丁腈橡胶分为 NBR1704、NBR2704和 NBR3604 等牌号。

(2) 主要性能　丁腈橡胶由于分子结构中含有电负性很大的氰基(—CN)而具有极性,且随丙烯腈单体单元含量的增加,分子链的不饱和烃类特性下降而极性增加,从而对丁腈橡胶的性能产生极大的影响,见表 1-18。

表 1-18　丙烯腈含量对丁腈橡胶性能的影响

基 本 性 能	丙烯腈低含量→高含量	基 本 性 能	丙烯腈低含量→高含量
拉伸性	低→高	耐热性	差→好
耐磨性	小→大	弹性	大→小
耐油性(非极性)	低→高	耐寒性	好→差
耐化学介质性	低→高	透气性	好→差

丁腈橡胶是非结晶型的,本身强度较低,必须经补强后才具有使用价值。

丁腈橡胶有以下突出优点。

① 耐油性好　丁腈橡胶具有强极性,因此对非极性和弱极性油类及溶剂有优异的抗耐性,且丙烯腈单体单元含量越高,耐油性越好,优于氯丁橡胶。比如耐汽油、脂肪族油、植物油和脂肪酸等,但不耐芳香族溶剂、卤代烃及酯类等极性溶剂。

② 抗静电性好　具有半导体性能,丁腈橡胶的体积电阻率等于或低于半导体材料的体积电阻率 $10^{10}\Omega\cdot cm$ 数量级,是目前橡胶中唯一的半导体材料,可制作抗静电制品。

③ 耐热性和耐老化性能较好　丁腈橡胶分子中的氰基吸电子性能较强,使烯丙基位置上的氢比较稳定,故耐热性和耐老化性能随—CN 基团含量增加而提高,可在 120℃以下温度中长期使用,短时耐温可达 150℃。

④ 耐化学品腐蚀性较好　丁腈橡胶对碱和弱酸具有良好的抗耐性,但对强氧化性酸的抵抗能力较差。

其他诸如气密性和耐水性均较好,它的气密性仅次于丁基橡胶。

(3) 丁腈橡胶的进展　尽管丁腈橡胶在性能价格比和耐油、耐热性等方面具有优势,但随着石油和汽车工业的发展,对丁腈橡胶的性能提出了更加苛刻的要求,促进了丁腈橡胶化学改性的研究。

① 丁腈交替共聚橡胶　这种丁腈橡胶是单体丙烯腈和丁二烯在 $AlR_3\text{-}AlCl_3\text{-}VOCl_3$ 催化体系下,于 0℃下经聚合而成。

$$\left[CH_2-CH=CH-CH_2-\underset{\underset{CN}{|}}{CH}-CH_2\right]_n$$

分子链由丁二烯单体单元和丙烯腈单体单元交替排列而成。丙烯腈单体单元含量为 48％～49％,单体单元的交替度达 96％～98％,几乎全部丁二烯单体单元(97％～100％)都呈反式-1,4 结构键接,是一种有规立构高聚物。

丁腈交替共聚橡胶的分子链序列结构规整,由于丙烯腈单体单元均匀分布在分子链内,减弱了分子链间的相互作用,提高了分子链的柔性。与相同丙烯腈含量的无规丁腈橡胶相比较,具有较大的拉伸强度、伸长率和回弹性,抗裂口增长性接近于天然橡胶。总之它是一种耐油性优良、物理机械性能好的合成橡胶。

② 羧基丁腈橡胶(X-NBR)　羧基丁腈橡胶由含羧基单体(丙烯酸或甲基丙烯酸)与丁二烯、丙烯腈三元共聚而成。丙烯腈单体单元含量一般在 31％～40％,羧基含量为 2％～3％,在分子链中 100～200 个碳原子中含有一个羧基。

$$+CH_2-CH_{\overline{)m}}(CH_2-CH=CH-CH_2)_n CH_2-CH-$$
$$\quad\quad CN \quad\quad\quad\quad\quad\quad\quad\quad\quad COOH$$

羧基的引入，增加了丁腈橡胶的极性，进一步提高了耐油性和强度，改善了黏着性和耐老化性能，特别是热力学性能比 NBR 有较大的提高。由于羧基活性较高，故交联速率快，易焦烧。若将羧基 NBR 与氧化锌配制成 50∶50 的母炼胶，则门尼焦烧可提高 1 倍左右。

③ 氢化丁腈橡胶（HNBR） 氢化丁腈橡胶也称高饱和丁腈橡胶，首先由日本 Zeon 公司于 1975 年开发研制并投入批量生产。

氢化丁腈橡胶由于主链趋于呈饱和状态，因此，除保持其优异耐油性外，橡胶的弹性、耐热性、耐老化性均有很大的提高。少量 C＝C 键的存在，使其仍可用硫黄硫化。丁腈橡胶为非结晶橡胶，但氢化后成为拉伸结晶型橡胶。表 1-19 是丙烯腈单体单元含量为 38％的氢化丁腈橡胶的氢化率与性能的关系。

表 1-19 丙烯腈单体单元含量为 38％的氢化丁腈橡胶的氢化率与性能的关系

性　能	氢化率/%					
	0	93	95	97.7	99	＞99.5
胶料黏度[ML(1＋4)100℃]	83	121	117	127	107	120
老化前物理性能(硫化 180℃×16min)						
硬度(邵尔 A)	75	78	80	78	79	81
100％定伸应力/MPa	7.6	8.3	9.2	6.8	5.9	7.6
拉伸强度/MPa	20.7	22.1	23.0	22.8	23.4	21.5
拉断伸长率/%	190	220	220	260	270	250
压缩变形(硫化 180℃×31min,150℃,70h)/%	18	15	19	22	24	29
在 150℃,老化 1000h 后性能变化						
硬度(邵尔 A)	脆化	＋13	＋9	＋7	＋10	＋8
拉伸强度变化率/%	脆化	−33	−3	−12	−8	−9
拉断伸长率/%	脆化	−86	−75	−73	−63	−64
在 ASTM8 号油中浸泡(150℃,168h)						
硬度变化(邵尔 A)	−1	−9	−6	−11	−10	−13
100％定伸应力变化率/%	—	＋1	0	−26	−27	−26
拉伸强度变化率/%	−67	−1	−10	−20	−9	−4
拉断伸长率变化率/%	−61	−14	−16	−12	−26	0
体积变化率/%	＋13	＋17	＋12	＋18	＋19	＋17

氢化丁腈橡胶由于优异的耐热、耐氧化及耐油性能，被广泛用于汽车、油田开采、航空航天等工业领域。

1.10 氟 橡 胶

第二次世界大战期间，军事工业的发展促进了氟橡胶（简写 FPM 或 FKM）的开发研究。1948 年出现第一种氟橡胶，即聚-2-氟代-1,3-丁二烯，以后陆续开发出品种繁多、性能各异的氟橡胶。目前氟橡胶的主要品种可以粗略分为三大类：含氟烯烃类；亚硝基类；其他类氟橡胶等。

（1）分子链结构特征 各种氟橡胶性能取决于氟原子的数量、分布以及主链结构等。表 1-20 是各类氟橡胶的结构与性能。

① 氟原子的特性 氟原子的电负性极高，由于在侧基上的氢原子几乎完全被氟原子取

代，使氟橡胶具有优良的化学稳定性和极佳的耐燃性，如亚硝基氟橡胶甚至在纯氧中也不燃烧。

氟原子的半径（0.064nm）相当于 C—C 键长的一半，因此能够紧密地排列在碳原子周围，对 C—C 键产生了屏蔽作用，使分子结构具有很高的热稳定性和化学惰性。

C—F 键的键能随碳原子氟化程度不同在 $435\sim485kJ/mol$ 之间变化，由于键能较高，故氟橡胶具有高度稳定性，很高的耐热性和耐化学品性。

② 主链元素组成的特性　亚硝基类氟橡胶和磷腈氟橡胶、三嗪氟橡胶等属于杂链高分子，因而具有一些特性。比如亚硝基氟橡胶，由于 N—O 键较 C—C 键键能低，虽然热稳定性稍差，但主链柔顺性较好，降低了玻璃化温度；全氟三嗪橡胶中的共轭体系，提高了耐辐射性；磷腈氟橡胶主链中 P 和 N 原子的存在，表现为半无机橡胶的特征，因而具有宽广的耐温范围（$-75\sim180℃$），并且有优异的耐油、耐燃、耐水解性能。

（2）烯烃类氟橡胶　烯烃类氟橡胶主要是偏氟乙烯（$H_2C{=}CF_2$）与六氟丙烯（$F_2C{=}CF$）、四氟乙烯（$F_2C{=}CF_2$）、三氟氯乙烯（$F_2C{=}CF$）以及丙烯等单体的共聚物。
　　　　　　　　　 |　　　　　　　　　　　　　　　　　　　　　　　　　　　|
　　　　　　　　 CF₃　　　　　　　　　　　　　　　　　　　　　　　　　Cl

多数是采用氧化还原体系引发剂，在高温高压下通过乳液聚合制得。主要品种如下。

① 26 型氟橡胶　偏氟乙烯/六氟丙烯的共聚物，是常用的氟橡胶品种。国外牌号为 Viton A 型氟橡胶。

② 246 型氟橡胶　偏氟乙烯/四氟乙烯/六氟丙烯的共聚物。国外牌号为 Viton B 型氟橡胶。

③ 23 型氟橡胶　偏氟乙烯/三氟氯乙烯的共聚物，是较早开发的氟橡胶品种，性能比 26 型氟橡胶差。国外牌号为 Kel-F 型氟橡胶。

④ 四丙氟橡胶　偏氟乙烯/丙烯的共聚物。由于丙烯单体价格低廉，所以它除具有氟橡胶的性能外，加工性好、密度小且价格低。国外牌号为 Aflas 型氟橡胶。

另外还有 GH 型氟橡胶，是在 26 型或 246 型的二元共聚或三元共聚的基础上，在主链上再引入少量可提供活性交联点的另一种含氟单体，是一种能够采用有机过氧化物体系硫化的氟橡胶。

烯烃类氟橡胶开发历史早，目前仍是氟橡胶的主导品种，性能优异，具体表现如下。

① 在特种橡胶中，具有较高的拉伸强度，摩擦系数低。

② 耐热老化性能优异，26 型氟橡胶可在 $200\sim250℃$ 下工作。

③ 具有极优异的耐化学介质性能，对有机物质（如燃料油、溶剂、液压介质等）、浓酸（硝酸、硫酸、盐酸）、高浓度过氧化氢和其他强氧化剂均具有很好的稳定性，见表 1-21。

④ 耐高真空性能极佳，可以应用在超高真空的场合。

⑤ 耐候、耐臭氧性能好，对日光、臭氧和气候的作用十分稳定，实验证明经过 10 年自然老化后仍保持较好的性能。

⑥ 耐燃性好，卤素含量高，属于自熄型橡胶。

（3）亚硝基类氟橡胶　亚硝基类氟橡胶是主链上含有—N—O—结构的氟橡胶，有二元亚硝基氟橡胶和三元亚硝基氟橡胶之分。

二元亚硝基氟橡胶是三氟亚硝基甲烷（CF_3NO）与四氟乙烯（$F_2C{=}CF_2$）的悬浮共聚物。

三元亚硝基氟橡胶是除上述两种单体外，引入少量第三单体（亚硝基全氟丁酸或亚硝基全氟丙酸）的三元共聚物，又称为羧基亚硝基氟橡胶。由于羧基的引入，可以发生交联反应，因此三元共聚物已取代二元共聚物。

表 1-20　各类氟橡胶的结构与性能

名称		商品牌号	结构式	物理机械性能			使用温度范围/℃	特性
				拉伸强度/MPa	拉断伸长率/%	硬度(邵尔A)		
含氟烯烃类橡胶	偏氟乙烯与三氟氯乙烯共聚物	Kel-F3700 Kel-F5500 23型氟橡胶	$+CH_2-CF_2)_x(CF_2-CF)_y]_n$ Cl	10.8~24.5	250~500	50~80	-50~250	耐热、耐硝酸(特别耐发烟硝酸),但不耐双酯类油
	偏氟乙烯与六氟丙烯共聚物	Viton A Viton A-HV Fluorel 2140 CKΦ-26 26型氟橡胶	$+CH_2-CF_2)_x(CF_2-CF)_y]_n$ CF$_3$	9.8~21.6	180~350	65~70	-55~315	耐热、耐各种化学试剂及高温油腐蚀性好
	偏氟乙烯、四氟乙烯与六氟丙烯三元共聚物	Viton B 246型氟橡胶	$+CH_2-CF_2)_x(CF_2-CF_2)_z(CF_2-CF)_y]_n$ CF$_3$	15.7~17.6	310~390	72~74	-55~315	耐热、耐各种化学试剂及高温油腐蚀性均较Viton A好,耐双酯类油好
	四丙氟橡胶	Aflas100 Aflas150 TP-2型氟橡胶	$+CF_2-CF_2)_x(CH_2-CH)_y]_n$ CH$_3$	9.81~14.7	150~250	60~70	-0~230	耐热、耐酸、耐各类试剂,但与23型氟橡胶相同,但耐发烟硝酸略差
亚硝基类氟橡胶	二元氟橡胶	Nitroso	$+N-O-CF_2)_n$ CF$_3$	14.7	600	55	-70~200	耐N$_2$O$_4$性突出,耐燃、低温性好

续表

名　称		商品牌号	结　构　式	物　理　机　械　性　能			使用温度范围 /℃	特　性
				拉伸强度 /MPa	拉断伸长率 /%	硬度 (邵尔 A)		
亚硝基类氟橡胶	三元氟橡胶	CNR	$-(N-O-CF_2-CF_2)_{99}(N-O-CF_2-CF_2)-$ $\quad CF_3 \quad\quad (CF_2)_3$ $\quad\quad\quad\quad\quad COOH$	9.81~14.7	300~500	60~75	−70~200	耐 N_2O_4 性突出、耐燃、低温性好、较三元橡胶能也较易交联、硫化胶性能也较好
其他类氟橡胶	全氟醚橡胶	Kalrez	$-(CF_2-CF_2)_m(CF_2-CF)_n(CF_2-CF)_p-$ $\quad\quad\quad\quad\quad\quad O \quad\quad OR_f$ $\quad\quad\quad\quad\quad\quad CF_3$ R_f—全氟脂肪或芳香基	9.81	100	89	−10~320	耐热、耐溶剂、耐化学试剂性能很好、但加工困难
	全氟三嗪橡胶		$m=6$ 或 8；$n=3$ 或 4；$R_1=H$ 或 F；$R_2=-CN$ 或 $-COOH$	6.4~9.8	400~550	—	−5~420	最耐热、耐辐射、电绝缘性好、低温性能较差
	氟化磷腈橡胶	PNF-200 PNF-381	$-(P=N)_n-$ $\quad OCH_2CF_3$ $\quad OCH_2C_3F_6CF_2H$	9.81~11.8	100~180	65~80	−50~180	高低温性能好、耐燃油、液压油、润滑油性好

表 1-21　几种橡胶的耐腐蚀性比较

项　目	胶　种				
	氟橡胶(Kel F5500)	丁腈橡胶	氯丁橡胶	氯磺化聚乙烯	丁基橡胶
拉伸强度保持率(在发烟硝酸中,室温浸泡2h)/%	100	裂开 (30min)	裂开 (60min)	裂开 (20min)	裂开 (30min)
体积膨胀率(在二异辛烷与甲苯70:30混合液中,室温浸泡24h)/%	4	20	60	60	200
体积膨胀率(在发烟硝酸中,室温浸泡24h)/%	0.5	碳化	碳化	碳化	—

　　亚硝基类氟橡胶由于碳原子完全氟化,没有与氧化剂作用的基团,因此具有比烯烃类氟橡胶更高的化学稳定性,如耐强酸和 N_2O_4 等。耐燃性突出,即使在纯氧中也不燃烧。由于主链中含有 N、O 元素,增加了分子链的柔顺性,比烯烃类氟橡胶的耐寒性好。由于 N—O 键的键能较低,故耐热性较烯烃类氟橡胶差。

　　羧基亚硝基氟橡胶的电绝缘性特别好,优于硅橡胶,可与优良的电绝缘材料——聚四氟乙烯相媲美。

　　(4) 其他类氟橡胶　全氟醚橡胶是一种不含有 C—H 键的高聚物,是四氟乙烯与40%全氟甲基乙烯基醚 (F_2C＝$CFOCF_3$) 和少量含硫化点的第三单体的三元共聚物。第三单体主要是全氟-4-氰基乙烯基醚、全氟-2-苯氟桉基丙基乙烯基醚和全氟苯乙烯等。全氟醚橡胶由于侧基—OCF_3 的存在,破坏了结构的规整性,使大分子链不易结晶,而增加了弹性。它不但具有聚四氟乙烯特有的耐化学药品稳定性,而且具有橡胶的弹性,几乎能承受一切化学试剂的侵蚀,耐热性优异,且应用温度范围很宽 (−45～316℃)。全氟醚橡胶的发展很快,在一些发达国家,用它替代了在苛刻条件下使用的氟橡胶制品。有资料报道,美国和俄罗斯在一些液体燃料火箭和导弹上,普遍应用全氟醚弹性体密封材料,但它的价格相当高。例如商品化 Kalrez 系列全氟醚弹性体,具有优异的耐强氧化剂性能(四氧化二氮、液氢和液氧等),能耐几乎所有的化学试剂。

　　磷腈氟橡胶是一种以磷 (P) 和氮 (N) 原子为主链的杂链高分子,是一种半有机橡胶。

　　磷腈氟橡胶是通过聚氯化磷腈与三氟乙醇钠和七氟丁醇钠反应制得。磷腈氟橡胶具有极好的耐臭氧、耐溶剂、耐油和耐酸性能,有极好的水解稳定性,与羧基亚硝基氟橡胶一样,即使在纯氧气中也不燃烧。在 −75～180℃ 范围内性能基本不改变。

　　氟橡胶中耐热性最好的是全氟三嗪醚橡胶,可在300℃下稳定工作,短时间使用温度可达371℃。但价格昂贵,应用受限。

1.11　其他烯烃类橡胶

　　随着聚烯烃类塑料的发展,通过其改性拓宽了橡胶的新品种。目前工业化的这类弹性体有氯磺化聚乙烯、氯化聚乙烯和丙烯酸酯橡胶等。

1.11.1　氯磺化聚乙烯

　　氯磺化聚乙烯 (CSM) 是1952年首先由美国 Du Pont 公司以 Hypalon 为商品名投入市场的。氯磺化聚乙烯是聚乙烯的衍生物,是聚乙烯经氯化和磺化反应后的产物,是将聚乙烯溶解在四氯化碳、四氯乙烯或六氯乙烷中,以偶氮二异丁腈为催化剂或在紫外线照射下,通入 Cl_2 和 SO_2 的混合气进行反应的产物。其结构式可表示为:

$$\left[(CH_2-CH_2-CH_2-\underset{\underset{Cl}{|}}{CH}-CH_2-CH_2)_{12}CH_2-\underset{\underset{SO_2Cl}{|}}{CH} \right]_n$$

其中，$n \approx 17$。

为了确保氯磺化聚乙烯的强度，所用的聚乙烯分子量在 2 万～10 万之间。

氯原子的引入降低了分子链的规整性，减弱甚至消除了其结晶性，增加弹性。适宜的氯含量为 35%～37%，产物的耐油性、耐溶剂性和耐老化性均较好，高温强度也较好。

分子链中的亚磺酰氯基（—SO_2Cl）主要起交联活性点的作用。—SO_2Cl 基含量过高，胶料易于焦烧，一般为 1%～2%。

氯磺化聚乙烯是饱和的碳链高分子，因此耐日光老化、耐热老化和化学稳定性均优于不饱和的碳链橡胶。由于分子链中含有氯原子，起阻燃作用，是仅次于氯丁橡胶的耐燃橡胶。

氯磺化聚乙烯不溶于酸、脂肪烃及其他非极性溶剂。

1.11.2　氯化聚乙烯

氯化聚乙烯（CPE）是聚乙烯经氯化反应的产物。由于取代的氯元素在分子链中呈无规分布，破坏了聚乙烯分子结构的规整而成为弹性体。氯化聚乙烯最初是作为塑料改性剂出现的，后来开发出氯化聚乙烯弹性体。

在相同的氯化条件下，聚乙烯的品种及性能决定了氯化聚乙烯的加工性能和物理机械性能。一般用密度为 $0.93 \sim 0.96 \text{g/cm}^3$、平均分子量为 5 万～25 万、熔体流动速率在 $0.01 \sim 2.0 \text{g/10min}$ 之间的聚乙烯为原料制备氯化聚乙烯。

含氯量对氯化聚乙烯的性能影响很大。含氯量在 16%～24% 时主要是作为塑料改性剂使用的热塑性弹性体；含氯量在 25%～48% 之间为橡胶状弹性体。

氯化聚乙烯中氯的分布随氯化反应条件的变化而发生较大变化，导致弹性体的性能不同。因此，可根据氯化工艺的不同，通过改变反应条件来控制氯元素的分布，得到含氯量相同，但性能不同的氯化聚乙烯。

氯化聚乙烯是含有—Cl 的饱和碳链高分子，具有良好的耐候性、耐臭氧、阻燃性、耐油性和化学稳定性等性能。由于—Cl 呈无规分布，在受热作用时不致引起连锁脱氯反应，因此氯化聚乙烯比聚乙烯热稳定性优越。

1.11.3　丙烯酸酯橡胶

丙烯酸酯橡胶（ACM）是 1948 年实现工业化生产的。ACM 具有优良的耐臭氧老化、抗紫外线辐照和耐热油性能，尤其在含氯、硫、磷化合物等极性添加剂的热油中，具有其他橡胶与之无可比拟的特殊性能，是介于丁腈橡胶与氟橡胶之间的特种橡胶。

丙烯酸酯橡胶是以丙烯酸酯类化合物为主要单体，与少量具有交联反应活性基团的单体共聚而成的弹性体。比较典型的单体有丙烯酸丁酯、丙烯酸乙酯和甲基丙烯酸甲酯。

已知聚丙烯酸由于羧基增大了分子间的力与内旋转的空间位阻，分子链呈刚性，常温下是一种塑料或纤维材料。而聚丙烯酸酯由于烷基（—R）的存在，屏蔽了极性基，降低了分子间的力，增大了分子链的柔性，而呈弹性体。

聚丙烯酸酯的低温性能较差。研究证明在取代酯侧链中引入—O—键，可在保持良好的耐烃类介质性能的同时，提高耐低温性能。这类丙烯酸烷氧基酯单体主要有丙烯酸甲氧基乙酯和丙烯酸乙氧基乙酯。

$$H_2C=CH \qquad\qquad\qquad H_2C=CH$$
$$COOCH_2CH_2OCH_3 \qquad\qquad COOCH_2CH_2OC_2H_5$$

丙烯酸甲氧基乙酯　　　　　　　丙烯酸乙氧基乙酯

目前，国外一些丙烯酸酯橡胶多是占总组分 20%～40% 的这类单体与丙烯酸乙酯或丙烯酸丁酯单体的共聚物。

丙烯酸酯的均聚物难以发生交联反应，需要与少量能提供硫化位置的单体共聚以解决硫化问题。这类交联单体主要有四种：烯烃环氧化物，使丙烯酸酯橡胶分子侧链上引入环氧基作为交联点，可在羧酸铵盐等物质作用下，打开环氧基，使分子间发生交联反应；含卤素单体，可用金属皂/硫黄等各种硫化体系硫化；含非共轭双烯烃单体，可以像三元乙丙橡胶一样用硫黄硫化体系硫化；酰胺类化合物单体，可获得在一定温度下，本身产生自交联反应的橡胶。

由于含有不同交联单体单元的丙烯酸酯橡胶，其硫化体系不同，因此成为丙烯酸酯橡胶商品牌号的分类基础。目前市场上主要是活性氯型和环氧型两种。

丙烯酸酯橡胶分子链是饱和碳链结构，含有极性酯基侧链，因此耐热氧化性能和耐油性能很好。在热油中丙烯酸酯橡胶的性能远优于丁腈橡胶，在低于150℃的油中，有接近氟橡胶的耐油性能，但丙烯酸酯橡胶耐芳烃油性能较差。

丙烯酸酯橡胶属于非结晶型，自身强度较低，经补强后，拉伸强度最高可达12～17MPa，在高温条件下强度虽然下降，但弹性却提高了。这一特点对动态条件下使用的橡胶配件（如密封圈）非常有利。

由于酯基易水解，丙烯酸酯橡胶的耐水性能较差。由于分子链柔顺性差，该胶的耐寒性也较差，但通过改性技术已出现耐寒和超耐寒的ACM胶种。

1.12　硅　橡　胶

硅橡胶（简称SiR或QR）的分子主链由硅原子和氧原子组成（—Si—O—Si—），其侧链主要是烷基、苯基、乙烯基、氰基和含氟基等。通常用氯硅烷制备，先将氯硅烷水解，生成羟基化合物，再经缩合生成聚合物，示意如下：

$$\underset{R}{\overset{R}{Cl{-}Si{-}Cl}} \xrightarrow{\text{水解}} \underset{R}{\overset{R}{HO{-}Si{-}OH}} \xrightarrow{\text{缩合}} \underset{R}{\overset{R}{\{Si{-}O\}_m}} + H_2O$$

由于分子主链是由硅原子和氧原子构成的，因此具有无机高分子的特征。Si—O键的键能（370kJ/mol）比C—C键（240kJ/mol）大得多，具有很高的热稳定性。由于侧基是有机基团，又赋予硅橡胶一系列的优异性能。硅橡胶的主要特征是卓越的耐高低温性、优异的耐臭氧和耐候性、优良的电绝缘性和透气性以及特殊的生理惰性和生理老化性能等。经过改性的硅橡胶还能耐油、耐燃、耐辐射以及作为功能高分子使用，主要有以下几个基本类型。

(1) 甲基硅橡胶（MQ）　甲基硅橡胶是二甲基硅氧烷的均缩聚物，称为二甲基硅橡胶，是早期的品种。由于硫化活性低，工艺性能差等原因，已经逐渐被淘汰。其结构式为：

$$\underset{CH_3}{\overset{CH_3}{\{Si{-}O\}_n}} \quad n=5000\sim10000$$

(2) 甲基乙烯基硅橡胶（MVQ）　甲基乙烯基硅橡胶是由二甲基硅氧烷与少量乙烯基硅氧烷共缩聚而成，简称乙烯基硅橡胶。其结构式为：

$$\underset{CH_3}{\overset{CH_3}{\{Si{-}O\}_m}}\underset{CH{=}CH_2}{\overset{CH_3}{\{Si{-}O\}_n}} \quad \begin{matrix}m=5000\sim10000\\n=10\sim20\end{matrix}$$

少量乙烯基的引入改善了工艺性能和耐热老化性能，使用温度范围为−70～300℃，是硅橡胶中产量最大、应用最广的品种。

(3) 甲基乙烯基苯基硅橡胶（MPVQ）　甲基乙烯基苯基硅橡胶主要是在乙烯基硅橡胶的分子链中引入二苯基硅氧烷（或甲基苯基硅氧烷）结构单元，简称为苯基硅橡胶，其结构式为：

$$+\underset{CH_3}{\overset{CH_3}{Si}}-O+_m\underset{C_6H_5}{\overset{C_6H_5}{Si}}-O+_n\underset{CH=CH_2}{\overset{CH_3}{Si}}-O+_p$$

按分子链中苯基含量分为低苯基硅橡胶［苯基含量 5%～15%（摩尔分数）］、中苯基硅橡胶［苯基含量 15%～25%（摩尔分数）］和高苯基硅橡胶三种。

苯基硅橡胶工作温度范围为－100～350℃，应用在要求耐低温、耐烧蚀、耐高能辐射和隔热等场合。

（4）氟硅橡胶 氟硅橡胶主要是在乙烯基硅橡胶分子链中引入氟代烷基（一般为三氟丙烷），其结构式为：

$$+\underset{CH_2CH_2CF_3}{\overset{CH_3}{Si}}-O+_m\underset{CH=CH_2}{\overset{CH_3}{Si}}-O+_n$$

这种硅橡胶比乙烯基硅橡胶具有良好的耐油性能和耐溶剂性，特别是耐热油性能良好，工作温度范围为－50～250℃。

（5）腈硅橡胶 腈硅橡胶的分子链中含有甲基-β-腈乙基硅氧烷（或甲基-γ-氰丙基硅氧烷）结构单元，结构式为：

$$+\underset{CH_3}{\overset{CH_3}{Si}}-O+_m\underset{(CH_2)_2CN}{\overset{CH_3}{Si}}-O+_n\underset{CH=CH_2}{\overset{CH_3}{Si}}-O+_p$$

基本性能与氟硅橡胶相似，仅耐寒性较好。

（6）亚苯基硅橡胶 亚苯基硅橡胶是在分子主链中引入苯环结构的硅橡胶，其结构式为：

$$+\underset{CH_3}{\overset{CH_3}{Si}}-\underset{}{\overset{}{\bigcirc}}-\underset{CH_3}{\overset{CH_3}{Si}}-O+_m\underset{C_6H_5}{\overset{C_6H_5}{Si}}-O+_n\underset{CH_3}{\overset{CH_3}{Si}}-O+_p\underset{CH=CH_2}{\overset{CH_3}{Si}}-O+_r$$

主要性能特征是强度较高、耐 γ 射线，工作温度为－20～300℃。

以上六种硅橡胶主要采用有机过氧化物硫化，故统称为热硫化型硅橡胶。热硫化型硅橡胶市场上以生胶或混炼胶的形式出售，国内外公司一般配制成具有各种特征的胶料供用户选择，品种牌号繁多。

还有一类具有较低分子量的液体硅橡胶，属于室温硫化型硅橡胶，是分子量较低、具有活性端基或侧基的液体橡胶，在常温下可固化成型。

1.13 聚硫橡胶

聚硫橡胶（简称 TR）是最早工业化的合成橡胶（1929 年），是分子主链上含有硫原子的饱和杂链橡胶。目前大部分聚硫橡胶利用二卤化合物和多硫化钠经缩聚反应而制得。

$$nCl-R-Cl+nNa_2S_x \longrightarrow +R-S_x \frac{}{}_n+2nNaCl$$

式中，x 值称为结合硫数，取决于多硫化钠中的 x 值，实际上 $2 \leqslant x \leqslant 4$。也可以用两种或两种以上二卤化物单体，还可以加入少量的三官能团卤化物以形成微交联和支化产物。

聚硫橡胶具有卓越的化学惰性（耐溶剂性）、良好的耐油性、耐老化性、低气透性及良好的低温屈挠性和粘接性等性能。

聚硫橡胶主要分为固态和液态两类。固态聚硫橡胶主要用于不干性密封腻子、衬里、印刷油墨胶辊、密封制品等；液态聚硫橡胶主要用于弹性胶黏剂、密封材料、防腐蚀材料和涂层等。一些新型聚硫橡胶多为环硫化合物的共聚物，在强度、耐油性、耐老化和耐高温性方面有较大提高。

1.14 聚醚类橡胶

聚醚类橡胶是分子主链中含有醚键（—C—O—C—）的杂链橡胶。由于—C—O—C—中的单键旋转的位垒比 C—C—C 键低，故这类大分子链的柔性较好。目前工业化的聚醚类橡胶主要有两种，即环氧丙烷橡胶和氯醚橡胶。

（1）环氧丙烷橡胶 环氧丙烷橡胶简称 PO 橡胶，是环氧丙烷和少量提供硫化位置的单体（如烯丙基缩水甘油醚）的缩聚物，其结构式为：

$$\left[CH-CH_2-O\right]_m\left[CH-CH_2-O\right]_n$$
$$CH_3 \qquad O$$
$$CH_2-CH=CH_2$$

这种橡胶有良好的低温性能和动态性能，在很宽的温度范围内，性能稳定，但耐油性中等。

（2）氯醚橡胶（也称氯醇橡胶） 氯醚橡胶分为均聚物和共聚物两类。

均聚氯醚橡胶（简称 CO 橡胶）是环氧氯丙烷单体的均聚物。

$$CH_2-CH-CH_2 \longrightarrow \left[CH_2-CH-O\right]_n$$
$$Cl \quad O \qquad CH_2Cl$$

共聚氯醚橡胶（简称 ECO 橡胶）是环氧氯丙烷和环氧乙烷的开环共缩聚产物。

$$CH_2-CH-CH_2 + CH_2-CH_2 \longrightarrow \left[CH_2-CH-O\right]_n\left[CH_2-CH_2-O\right]_m$$
$$Cl \quad O \qquad O \qquad CH_2Cl$$

由于引入了极性氯元素，氯醚橡胶的耐油性较环氧丙烷橡胶提高。但为了改变其硫化性能和综合性能，出现了三元共聚物，即引入第三单体烯丙基缩水甘油醚。

$$CH_2-CH-CH_2-O-CH_2-CH=CH_2$$
$$O$$

在其侧基上导入可供硫化的双键，可用硫黄硫化。

氯醚橡胶的主链含有醚键，侧基含有氯甲基，因此具有良好的耐热老化性能和耐臭氧性，动态力学性能和耐寒性好于丁腈橡胶。极性基团的存在使其具有良好的耐油性和优异的耐气透性能。可作为无内胎轮胎的气密层和各种气体胶管。

1.15 热塑性橡胶

热塑性橡胶泛称热塑性弹性体（缩写 TPE），是在高温下能塑化成型、常温下显示橡胶弹性的材料。

热塑性橡胶有三大特点：热塑性橡胶的交联结构是以"物理交联"为主，具有可逆性的特征，当温度升至某熔融温度时，物理交联消失，显示出热塑性塑料的性能，而当冷却到室温时，物理交联恢复，显示出硫化橡胶的性能；具有热塑性塑料易加工的特点，如注射、吹塑等成型工艺，工艺操作较通用橡胶加工简单，生产周期短，生产效率高；由于热力学不相容的原因，热塑性橡胶的形态结构属于多相体系，故工业上也称为高分子合金。

热塑性橡胶按其结构特征主要分为嵌段型、接枝型和共混型三大类。

1.15.1　嵌段型热塑性橡胶

嵌段型热塑性橡胶通常用阴离子聚合反应制备。由于没有自发的链终止反应，所以这种"活性聚合物"分子链可以通过不断引入单体而增长，最终获取分子量分布窄且易于控制的嵌段共聚物。

嵌段型 TPE 可分为线型嵌段和星型嵌段两种，如图 1-8 所示，其制备反应历程因单体结构和催化剂结构不同而异。

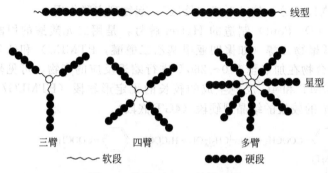

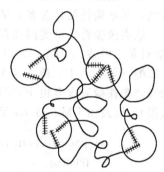

图 1-8　嵌段型 TPE 结构示意　　　　　　　　图 1-9　SBS 的结构示意

两种工业化生产的嵌段型热塑性弹性体简介如下。

(1) 聚苯乙烯热塑性弹性体　聚苯乙烯类热塑性弹性体市场上有两种：一种是苯乙烯与丁二烯的三嵌段共聚物，简称 SBS；另一种是苯乙烯与异戊二烯的三嵌段共聚物，简称 SIS。

在聚苯乙烯类热塑性橡胶中，聚苯乙烯嵌段为硬段（塑料段），聚丁二烯（或聚异戊二烯）嵌段为软段（橡胶段），因此呈微观相分离，并有各自的玻璃化温度，分别为 $T_{g_S} \approx 70 \sim 80℃$，$T_{g_B} \approx -100℃$。由于这种串联的硬段和软段结构，当弹性体从熔融态过渡到固态（常温）时，分子间作用力较大的硬段首先凝聚成不连续相形成物理交联区，如图 1-9 所示。物理交联区的大小、形状随硬段与软段的结构数量比的不同而异。这种由硬段和软段形成的交联网络结构与普通硫化橡胶的网络结构有相似之处，所以常温下显示出硫化橡胶的特性，高温下发生塑性流动。

表 1-22　线型和星型嵌段 TPE 的性能比较

性能		嵌段型式			
		BS	SBS	(SB)₃R	(SB)₄R
纯物料性能	苯乙烯/丁二烯(S/B)	40/60	40/60	40/60	40/60
	生胶门尼黏度[ML(1+4)100℃]	9	14	81	76
	熔体流动速率/(g/10min)	476	270	0.93	0.93
	重均分子量 M_w(GPC)/万	6.7	7.4	19.8	24.5
	拉伸强度(49℃)/MPa	1.7	4.3	12.4	16.2
	拉断伸长率/%	<100	850	680	650
	溶液黏度(5.32%)/Pa·s	4×10^{-3}	5×10^{-3}	14×10^{-3}	15×10^{-3}
混合陶土填充料性能	胶料门尼黏度[ML(1+4)100℃]	6	15	74	73
	拉伸强度/MPa 　25℃	0.8	3.2	12.8	11.7
	49℃	低	0.7	3.7	3.7
	拉断伸长率/%	<100	410	910	860
混合炭黑填充料性能	胶料门尼黏度[ML(1+4),100℃]	10	17	60	62
	拉伸强度/MPa 　25℃	0.8	4.2	17.6	17.9
	49℃	0.3	0.8	4.5	5.3
	拉断伸长率/%	<100	510	970	900

图 1-8 中标注：三臂　四臂　多臂　线型　星型　～～～软段　●●●●硬段

由表 1-22 可见，星型 TPE 的门尼黏度和拉伸强度均高于线型 TPE，且随温度升高，前者拉伸强度的下降幅度较后者小，说明耐热性较好。

嵌段型 TPE 中苯乙烯单体单元含量对材料的力学性能有重要影响，实验证明苯乙烯单体单元含量对材料的强度有明显影响，随着苯乙烯单体单元的增加，其拉伸强度和定伸应力增高，拉断伸长率下降，说明苯乙烯嵌段既起交联作用又起补强剂的作用。

（2）聚酯类热塑性橡胶　聚酯类热塑性橡胶是一种线型嵌段共聚物，是通过缩聚反应制备的，其结构特征是含有易结晶的嵌段组分，使其形成"硬区"，起物理交联作用。

这类橡胶首先是美国杜邦公司（Du Pont）制造的 Hytrel 牌号，是用二元羧酸的甲酯（如对苯二甲酸二甲酯，DMT）与低聚物二醇（如聚四亚甲基乙二醇醚，PTMEG）和低分子二醇（如 1,4-丁二醇，4G）的混合物在加热至 240～260℃进行缩聚反应的产物，可见聚酯类热塑性橡胶含有由 PTMEG、DMT 和 4G 反应生成的较长的无定形软段（PTMEG/T 嵌段），以及由 DMT 与 4G 反应生成的较短的结晶型硬段（4GT 嵌段）。

$$HO\left[(CH_2)_4 O\right]_x H + H_3COOC \longrightarrow COOCH_3 + HO\left[(CH_2)_4\right]OH + H_3COOC \longrightarrow COOCH_3$$

（PTMEG）　　　　　　（DMT）　　　　　　　（4G）

$$\left[(CH_2)_4 O \cdot CO \longrightarrow COO\right]_n \left[(CH_2)_4 OOC \longrightarrow COO\right]_m$$

PTMEG/T 软段　　　　　　　　　　　4GT 硬段
分子量约为 1132　　　　　　　　　分子量约为 220

嵌段型热塑性橡胶还有热塑性硅橡胶、热塑性氟橡胶和热塑性聚氨酯等品种。表 1-23 是代表性热塑性弹性体与三元乙丙橡胶的性能比较。

表 1-23　代表性热塑性弹性体与三元乙丙橡胶的性能比较

性　能	聚苯乙烯类	聚烯烃类	聚氨酯类	聚酯类	三元乙丙橡胶
密度/（g/cm³）	0.92～0.94	0.88～0.91	1.11～1.23	1.12～1.22	0.85～0.89
拉伸强度/MPa	11～32.5	4.5～14.5	21～70	19～39	7～18
拉断伸长率/%	880～1300	200～400	300～700	450～800	100～600
硬度（邵尔 A）	35～93	65～96	80～99	89～98	30～95
耐磨耗性	+～++	+～++	+++	+++	+++
耐压缩变形	—	—～+	+～++	+～++	+++
低温脆挺温度/℃	约—40	约—51	约—29	约—50	—29～—46
软化温度/℃	约 66	约 120	约 95	约 150	因交联橡胶无软化温度
电性能	++	+++	—	+	

注：+++为优；++为良；+为满意；—为不满意。

1.15.2　接枝型热塑性橡胶

接枝型热塑性橡胶主要采用接枝共聚的方法在橡胶分子主链上引入塑料分子链作为支链，但必须严格控制接枝点的数目和接枝链的长度，橡胶分子链（软段）起连续相的作用，塑料分子链（硬段）起分散相的作用，常温下硬段聚集起来形成物理交联，如图 1-10 所示。例如丁基橡胶接枝聚乙烯热塑性橡胶。这类橡胶可表示为 IIR-g-PE，是将聚乙烯链接枝到丁基橡胶分子链上。丁基橡胶分子链为软段，聚乙烯分子链为硬段，利用聚乙烯的结晶性能形成物理交联。

1.15.3　共混型热塑性橡胶

共混型热塑性橡胶是由橡胶与塑料共混制备的，分为交联类（TPV）和非交联类（TPO）两种。其中动态硫化热塑性橡胶发展较快。目前已商品化的共混型热塑性橡胶主要是 EPDM/PP、NR/PP、NR/PE、NBR/PP 以及 NBR/PVC 等烯烃系列热塑性弹性体，其

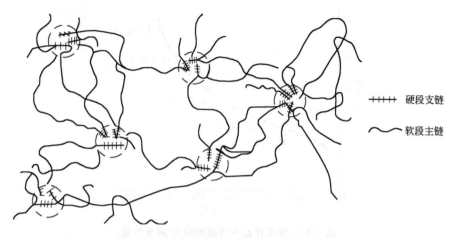

图 1-10　接枝型热塑性弹性体两相分离示意

中 EPDM/PP 热塑性橡胶是产量最大的品种。

TPV 在力和温度场中通过动态硫化作用，使橡胶组分成为分散相，分散在塑料组分构成的连续相之中，分散相的粒径为 $0.2\sim2.0\mu m$。形态分析表明，在强烈的机械剪切作用下，橡胶组分开始呈纤维状或胶丝状，然后被破坏，转为液滴状。动态硫化的作用在于使橡胶由纤维状转为液滴状的过程中发生硫化，最终在塑料连续相中产生分散性极好的硫化橡胶微粒，如图 1-11 所示。

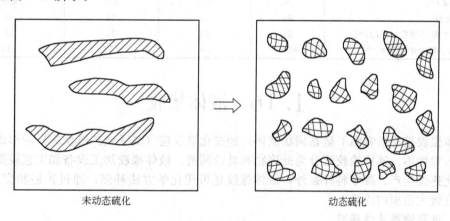

未动态硫化　　　　　　　　　　　　　　动态硫化

图 1-11　动态硫化热塑性弹性体橡胶相的结构

研究表明，完全硫化的橡胶粒子的数均粒径对 TPV 的应力-应变性能有明显的影响（图1-12），粒径越大，性能越差，只有在 $1\mu m$ 左右时，TPV 才具有普通硫化胶的应力-应变特征。

共混型热塑性橡胶的性能既取决于制造设备所提供的力场与温度场（如双螺杆挤出机、密炼机或开炼机以及温度控制），也取决于动态硫化体系的设计。动态硫化体系的选择和用量直接决定了分散相的交联结构及性能，文献中报道较多的动态硫化体系是硫黄硫化体系、有机过氧化物硫化体系和树脂硫化体系。EPDM/PP（60/40）共混弹性体采用不同动态硫化剂对性能的影响见表 1-24。

共混型热塑性橡胶中的分散相和连续相之间应该具有良好的相容性，此时分散相粒径小且分布均匀，没有明显的界面，具有良好的物理机械性能和其他性能。若共混组分之间的相容性较差时，需加入第三组分——增容剂，以改善其相容性，提高性能。

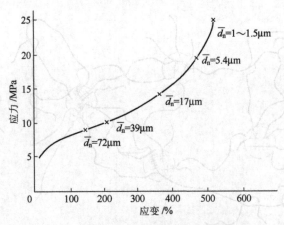

图 1-12　热塑性乙丙橡胶的应力-应变性能
与粒径的关系（图中×表示"断裂"）

表 1-24　EPDM/PP（60/40）共混弹性体采用不同动态硫化剂对性能影响

性　　能	硫　化　体　系			
	未经硫化	硫黄体系	酚醛树脂体系	有机过氧化物体系
100%定伸应力/MPa	4.83	8.00	9.72	8.07
拉伸强度/MPa	4.96	24.3	25.6	15.9
拉断伸长率/%	190	530	350	450
硬度(邵尔 D)	36	43	44	39
压缩永久变形(100℃×22h)/%	91	43	24	32
在 ASTM 3 号油中膨胀率/%	溶解	194	109	225

1.16　液体橡胶

　　液体橡胶是泛指常温下呈黏稠状液体，经过化学反应（交联或扩链反应）后形成三维网状结构的弹性体。液体橡胶可分为低聚物和乳胶两类。液体橡胶加工设备和工艺较简单，易于自动化连续生产。除填料补强外，液体橡胶还可用化学方法补强，通过扩链和交联反应，使性能在较大范围内改变。

1.16.1　低聚物类液体橡胶

　　低聚物类液体橡胶的分子量一般在 2000～10000。这类液体橡胶分为分子链两端带官能团的和不带官能团的两种。分子链两端带官能团的液体橡胶称为遥爪橡胶，是重点发展的品种；分子链两端不带官能团的液体橡胶，主要用作涂料和改性剂等。

　　（1）聚丁二烯类液体橡胶　这类液体橡胶包括遥爪液体聚丁二烯以及丁二烯与其他单体的低聚物，主要商品化产品有：

　　① 端羟基液体聚丁二烯（HTPB）；

　　② 端羧基液体聚丁二烯（CTPB）；

　　③ 端羟基丁二烯-丙烯腈液体共聚物（HTBN）；

　　④ 端羧基丁二烯-丙烯腈液体共聚物（CTBN）；

　　⑤ 端溴基液体聚丁二烯（BTPB）；

　　⑥ 端巯基液体聚丁二烯（MTPB）。

　　遥爪液体橡胶是通过官能团间反应来实现固化（交联）的，与普通的橡胶比较，它形成的网络结构中不存在对物理机械性能没有贡献的自由链末端（图 1-13）。因此理论上网络结构中没有这种缺陷，性能就更加优良。对不同官能团的液体橡胶，采用不同的固化剂才能得到完整的网络，遥爪聚丁二烯的固化剂列于表 1-25。

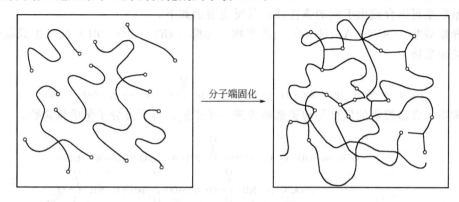

图 1-13　遥爪液体橡胶的交联网络

表 1-25　遥爪聚丁二烯的固化剂

官能团	固化剂①	官能团	固化剂①
—COOH	环氧树脂＋叔胺 氮丙啶化合物 金属氧化物(ZnO,MgO) 烯酮亚胺	—SH	环氧树脂＋叔胺 多异氰酸酯 金属氧化物
—OH	多异氰酸酯(TDI,MDI,PAPI,IPDI) 磷酸及其衍生物(如焦磷酸,P$_2$O$_5$)	—Br	胺类(—NH$_2$，—NHR，—NR$_2$) 金属氧化物
—NCO	多元醇(丁二醇,Isonol) 多元胺(MOCA)	—CH$_2$=CH$_2$	—SiH，光 过氧化物

① TDI——甲苯二异氰酸酯；MDI——二苯基甲烷二异氰酸酯；PAPI——多苯基多亚甲基多异氰酸酯；IPDI——异佛尔酮二异氰酸酯；Isonol——二-N(2-羟丙基)-苯胺；MOCA——4,4′-二氨基-3,3′-二氯二苯基甲烷。

聚丁二烯类低聚物应用范围很广。可用于火箭的复合固体推进剂，压注橡胶制品，改性剂、特种涂料和胶黏剂等。

（2）液体氯丁橡胶（LCR）　液体氯丁橡胶目前商品化的品种有端黄原酸酯基、端巯基、端羧基和端羟基等。例如端黄原酸酯基液体氯丁橡胶的合成，端基的引入靠二硫化双甲硫羰异丙酯（简称调节剂丁），调节剂丁分解得到自由基。

$$(CH_3)_2CH-O-\overset{S}{\underset{\|}{C}}-S-S-\overset{S}{\underset{\|}{C}}-O-CH(CH_3)_2 \xrightarrow{\triangle} 2(CH_3)_2CH-O-\overset{S}{\underset{\|}{C}}-S\cdot$$

再通过链转移和偶合终止，得到含黄原酸酯 $(CH_3)_2CH-O-\overset{S}{\underset{\|}{C}}-S-$ 基的液体氯丁橡胶。

LCR 的固化机理也与液体聚丁二烯基本相同。固化剂有金属氧化物、有机过氧化物、多异氰酸酯和胺类聚合物等。LCR 保持了固体 CR 的耐化学溶剂、耐油、耐老化、耐臭氧等优点，可直接用于注射成型或浇注成型。它既可作橡胶的反应性软化剂，又可作无溶剂胶黏剂、密封剂和塑料等高分子材料的改性剂等。

（3）聚氨酯橡胶（PU 或 UR）　聚氨酯橡胶是一种分子主链上含有较多氨基甲酸酯

（—NH—$\overset{O}{\underset{\|}{C}}$—O—）结构单元的弹性体。聚氨酯实际上是一种介于橡胶与塑料之间的高分子

材料，既具有橡胶的高弹性，又具有塑料的高强度。具有硬度调节范围广、耐磨和耐油等优异性能。

聚氨酯是低聚物二元醇与二异氰酸酯和扩链剂的反应产物。不同的低聚物二元醇和不同的二异氰酸酯可以合成出不同的弹性体，其反应表示如下。

二异氰酸酯（OCN—A—NCO）与低聚物二元醇（HO〜〜R〜〜OH）反应生成以—NCO为端基的预聚物。

$$2OCN-A-NCO + HO\text{〜〜}R\text{〜〜}OH \longrightarrow OCN-A-NH-\overset{\displaystyle O}{\overset{\|}{C}}-O\text{〜〜}R\text{〜〜}O-\overset{\displaystyle O}{\overset{\|}{C}}-NH-A-NCO$$

预聚物与含活泼氢的低分子醇类或胺类进一步扩链，得到高分子量的聚合物。

$$OCN-A-NH-\overset{O}{\overset{\|}{C}}-O\text{〜}R\text{〜}O-\overset{O}{\overset{\|}{C}}-NH-A-NCO + HO\text{〜}R'\text{〜}OH \longrightarrow$$

$$\begin{array}{l}OCN-A-NH-\overset{O}{\overset{\|}{C}}-O\text{〜}R\text{〜}O-\overset{O}{\overset{\|}{C}}-NH-A-NH-\overset{O}{\overset{\|}{C}}\\ \quad\quad\quad\quad\quad\quad\quad\quad\quad\quad\quad\quad\quad\quad\quad\quad\quad\quad\quad\quad\quad\quad R'\\ OCN-A-NH-\overset{O}{\overset{\|}{C}}-O\text{〜}R\text{〜}O-\overset{O}{\overset{\|}{C}}-NH-A-NH-\overset{O}{\overset{\|}{C}}\end{array}$$

或
$$OCN-A-NH-\overset{O}{\overset{\|}{C}}-O\text{〜}R\text{〜}O-\overset{O}{\overset{\|}{C}}-NH-A-NCO + H_2N\text{〜}R'\text{〜}NH_2 \longrightarrow$$

$$\begin{array}{l}OCN-A-NH-\overset{O}{\overset{\|}{C}}-O\text{〜}R\text{〜}O-\overset{O}{\overset{\|}{C}}-NH-A-NH-\overset{O}{\overset{\|}{C}}-NH\\ \quad\quad\quad\quad\quad\quad\quad\quad\quad\quad\quad\quad\quad\quad\quad\quad\quad\quad\quad\quad\quad\quad\quad\quad R'\\ OCN-A-NH-\overset{O}{\overset{\|}{C}}-O\text{〜}R\text{〜}O-\overset{O}{\overset{\|}{C}}-NH-A-NH-\overset{O}{\overset{\|}{C}}-NH\end{array}$$

聚氨酯橡胶按加工特点分为三类，即浇注型、混炼型和热塑性聚氨酯橡胶。

浇注型聚氨酯橡胶（CPU）的加工过程分为两步进行，故又称两步法。首先将低聚物二元醇和过量的二异氰酸酯反应，生成—NCO基团封端的预聚物，然后将预聚物与扩链剂反应生成弹性体，即：

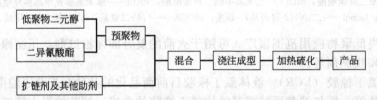

CPU 的品种最多、产量最大，是一种应用范围很广的液体橡胶，约占聚氨酯橡胶总量的 50%，其物理机械性能十分优良，加工工艺简便。用这种固化方法可制造胶辊、橡胶弹簧等。

热塑性聚氨酯橡胶（TPU）呈线型嵌段结构。柔性嵌段链段为聚酯（或聚醚）段，相对较长，多由亚甲基（—CH$_2$—）和醚键（—O—）或酯基（ —$\overset{O}{\overset{\|}{C}}$—O— ）组成，内聚能较小。刚性嵌段链段为含有氨基甲酸酯基（ —NH—$\overset{O}{\overset{\|}{C}}$—O— ）或脲基（ —NH—$\overset{O}{\overset{\|}{C}}$—NH— ）的链段，由于极性大，内聚能较高。在分子链中刚性链段所含的极性基团通过氢键和偶极的相互作用，形成物理交联点，在室温下呈现交联网络的物理特性和力学行为。柔性链段赋予弹性及低温性能。TPU 加工一般采用注压成型的方法。

混炼型聚氨酯橡胶（MPU）的分子量为 2 万～3 万，在分子链的两端不存在—NCO 基团，否则会影响贮存稳定性。根据硫化机制的不同有三种类型：在分子链中带双键的为硫黄硫化型；不带双键的为过氧化物硫化型；不带双键但末端基为羟基时可用异氰酸酯硫化，称异氰酸酯硫化型。混炼型聚氨酯橡胶的用量较少，仅占聚氨酯橡胶总量的 10％左右，其最大优点是能采用通用橡胶机械加工成型，添加炭黑及填充剂也很容易，可用作汽车防尘罩、传动带、油封等工业制品。

（4）液体硅橡胶　液体硅橡胶主要是指室温硫化硅橡胶（RTV），是以带有羟基或乙酰氧基等活性端基的链状硅氧烷低聚物为基础原料，在一定条件下（催化剂和固化剂），形成网络结构。分为双组分型和单组分型两种，前者用固化剂交联，后者用空气中的水分交联，见表 1-26。按交联机理分为缩合型和加成型室温硫化硅橡胶。

表 1-26　室温硫化硅橡胶的种类

种类	交联机理	硅氧烷低聚物的端基	固化剂	用途
双组分	缩合型 缩合型 加成型	—SiOH —SiOH —Si—CH＝CH₂	正硅酸乙酯 羟氨基硅烷 含 SiH 基聚硅氧烷	成型印模、包封、灌封 填缝密封 成型印模、包封
单组分	湿气交联	—SiOH	乙酰基硅烷 肟基硅烷 烷氧基硅烷 氨基硅烷 酰氨基硅烷	填缝密封

缩合型双组分室温硫化硅橡胶由两个组分构成：一个组分是基础胶料，含有填料，也可含有一种固化剂或催化剂；另一个组分是催化剂或固化剂，或者同时包含催化剂和固化剂。使用时将两组分混合均匀即可。

加成型 RTV 与缩合型 RTV 不同，是通过乙烯基封端的硅氧烷与低分子量含氢硅油在催化剂存在下交联成网络的。反应过程中不产生副产物，交联速率随温率升高而加快。

单组分 RTV 的交联先从胶料表面开始，通过湿气不断扩散到内部产生交联反应，交联速率随环境的温度和相对湿度的增加而增大。显然对较厚制品不适用。

RTV 可根据使用要求制成不同黏度的胶料，一般分为流体级、中等稠度级和稠度级。流体级适宜浇注和喷枪操作；中等稠度级可获得表面光滑的制品，适于涂胶和浸胶；稠度级为油灰状，主要用于密封剂。

室温硫化硅橡胶具备硅橡胶所固有的耐高温、耐候、电绝缘等性能，但强度等物理机械性能不及热硫化型硅橡胶。主要用作密封材料、绝缘和包覆涂料等方面。

（5）液体聚硫橡胶　液体聚硫橡胶是由有机多卤化合物［如双（2-氯乙基）缩甲醛］和无机聚硫物（如多硫化钠）通过缩聚反应制成的。为了得到端基带有巯基的遥爪聚硫橡胶，需将获得的聚硫高分子降解，进行降解的试剂为氢硫化钠和亚硫酸钠。反应示意如下：

$$\sim\sim\sim RSSR\sim\sim\sim + NaSH \longrightarrow \sim\sim\sim RSH + NaSSR$$
$$\sim\sim\sim RSSNa + Na_2SO_3 \longrightarrow \sim\sim\sim RSNa + Na_2S_2O_3$$

通过调整氢硫化钠和亚硫酸钠的用量，可以控制液体聚硫橡胶的分子量。

液体聚硫橡胶有许多优良的性质，如耐水、耐油、耐老化、耐盐雾，并且在很宽的温度范围内保持柔韧和很好的黏结性等。它的主要用途是用作弹性密封剂。

1.16.2　乳胶

乳胶是具有一定稳定性的胶体分散体系，包含天然橡胶的乳胶和合成橡胶的乳胶。目前世界乳胶的年消耗量约占世界生胶总耗量的 16％。已经形成单独的加工技术体系。在乳胶制品中，具有代表性的产品是浸渍制品，特别是高伸缩的弹性薄膜制品，迄今尚无其他材料能够取代。例如探空 3 万米以上的气象气球、直径小于 0.2mm 的弹力胶丝以及防生化毒剂的手套、面具等。近年来在涂覆纸、无纺布以及在医疗诊断和化妆品等方面的应用得到迅速发展。

（1）天然橡胶乳胶　天然橡胶乳胶习惯称为天然胶乳。天然胶乳是一个复杂的胶体多分散体系，除了主要的橡胶烃之外，还有几十种其他非胶物质。从橡胶树采割出来的新鲜胶乳是由连续相和分散相构成的。

连续相 $\begin{cases}水 \\ 水溶性物质——蛋白质、糖、有机酸和无机盐等\end{cases}$

分散相 $\begin{cases}橡胶粒子——0.02\sim3\mu m\ 的球形粒子，被一层由蛋白质和类脂物 \\ \qquad\qquad 组成的薄膜保护，占胶乳体积的\ 20\%\sim50\%。 \\ 黄色体——由薄膜包裹的球体，直径为\ 2\sim5\mu m，内部是水溶液，含有 \\ \qquad\qquad 机酸、无机盐、蛋白质、糖类和多酚氧化酶等。 \\ FW\ 粒子——亮黄色的球形粒子，含有类胡萝卜素等。\end{cases}$

可见，在鲜胶乳中，除了绝大部分是水和橡胶烃之外，还有一些有机物和无机物，诸如蛋白质、类脂物、糖类及无机盐等。大致比例如下。

橡胶烃	20%～40%	水溶物	1%～2%
蛋白质	1%～4%	灰分	<1%
类脂化合物	1%～2.5%	水分	55%～75%

天然胶乳的胶体化学结构非常复杂，变异性很大，常随橡胶树的品系、树龄、割胶部位、气候、土壤和环境的不同而有不同程度的变异。

天然胶乳按浓度可分为低浓度胶乳、中等浓度胶乳和高浓度胶乳。低浓度胶乳一般指加入氨（保存剂）的田间胶乳，胶乳浓度较低（总固形物含量为 35%～40%），黏度小，稳定性较高。中等浓度胶乳一般指由离心法和膏化法制备的浓缩胶乳，黏度较高，稳定性较低，适应性较强，乳胶工业主要用此类胶乳。高浓度胶乳一般指由蒸发法制备的浓缩胶乳，浓度高（总固形物含量 70% 以上），黏度大，非胶物质含量高，稳定性最低。

天然胶乳按使用性能可分为通用胶乳和专用胶乳两类，专用胶乳有纯化胶乳、耐寒胶乳、接枝胶乳、恒黏胶乳以及低模数胶乳(LR)、中模数胶乳(MR) 和高模数胶乳(HR)等。

（2）合成橡胶乳胶　合成橡胶乳胶习惯简称合成胶乳。由于合成胶乳弥补了天然胶乳的来源不足，同时又能满足制品的某些特殊性能要求，如耐油、耐透气性、耐老化性等。所以合成胶乳得到迅速发展，合成胶乳的用量已占全部胶乳用量的 70% 以上。

用乳液聚合方法制备的主要胶乳有丁苯胶乳、丁腈胶乳、氯丁胶乳、聚硫胶乳、丁吡胶乳、丁苯吡胶乳及羟基丁苯胶乳等。

用分散技术制备的溶液聚合的胶乳主要有丁基胶乳、乙丙胶乳和异戊胶乳等。所谓分散技术就是先将橡胶用溶剂溶解，再用乳化剂分散，然后除去溶剂，可得到胶乳。表 1-27 显示了几种合成胶乳的性能和主要用途。

表 1-27　几种合成胶乳的性能和主要用途

胶乳名称	单体比例	乳化剂	总固形物含量/%	表面张力/(mN/m)	黏度/mPa·s	用　　途
丁苯胶乳 30	70∶30	油酸钾	55～60	40～50	<30	胶乳海绵
丁苯胶乳 50	50∶50	乳化剂 DP	42～45	50～55	<70	印染
丁苯胶乳 70	30∶70	歧化松香	40～42	38～40		造纸
羧基丁苯胶乳			≥43		20～70	地毯、背衬、胶黏剂
丁腈胶乳 40	60∶40	十二烷基磺酸钠	35～40	40～42		耐油制品、浸渍制品
丁苯吡胶乳	70∶15∶15	混合皂	40～43	41～43	<20	帘线浸胶
通用型氯丁胶乳		松香皂	49～50	30～45	<25	浸渍制品
氯苯胶乳	少量苯乙烯		≥48	30～45	<25	浸渍制品
阳离子氯丁胶乳		十二烷基二甲基氯化铵	40～50	35	<30	胶乳水泥
羧基聚丁二烯胶乳	97∶3	乳化剂 OP	25～30	38～42	4～5	浸渍制品、轮胎

合成胶乳除具有胶乳的胶体性能外，都具有同类固体胶的特性。

合成胶乳作为胶体分散体系，其分散相是由橡胶粒子组成的，分散介质主要是由水组成的，其中还含有制备胶乳和使胶乳稳定所必需的助剂和其他物质，如乳化剂、引发剂、调节剂和终止剂等。

与天然胶乳相比较，合成胶乳虽然也是复杂的胶体分散体系，但其组分的含量、组成等都可以在制备时加以控制调节，黏度和粒子大小等也可以根据需要调节。因而其物理化学性质和工艺性能的变异性比天然胶乳小。

参考文献

[1]　[英] 布赖德森著 J A. 橡胶化学. 北京：化学工业出版社，1985.
[2]　橡胶工业手册（第一册）. 北京：化学工业出版社，1993.
[3]　杨清芝主编. 现代橡胶工艺学. 北京：中国石化出版社，1997.
[4]　Bateman L. The Chemistry and Physics of Rubber——liek Substances. 1963，35-36.
[5]　Blackly D C. Synthetic Rubbers：Their Chemistry and Technology. England：Applied Science Publishers，1983.
[6]　李克友主编. 高分子合成原理及工艺学. 北京：科学出版社，1999.
[7]　黄葆同，沈之荃等著. 烯烃双烯烃配位聚合进展. 北京：科学出版社，1998.
[8]　张庆余，韩孝族，纪奎江著. 低聚物. 北京：科学出版社，1994.
[9]　Tanak Y. J. App. Polym. Sci.，1989，44 (1).
[10]　Tanak Y. Rubb. Chem. Techno.，1990，63 (1).
[11]　Eng A H. J. Appl. Polym. Sci.，1994，53 (5).
[12]　Tanak Y. International Rubber Conference (IRC)，1999，99second (Korea).
[13]　严瑞芳. 橡胶工业，1992，39 (10)：620.
[14]　李扬等. 合成橡胶工业，1998，21 (1)：7.
[15]　渡边浩志. 日本ゴム協会誌，1983，56 (7)：48.
[16]　仲崇琪，武玉斌，唐学明. 合成橡胶工业，1996，9 (6)：338.
[17]　杨彩云，郑玉莲，王佛松. 合成橡胶工业，1987，10 (6)：409.
[18]　杜凯等. 特种橡胶制品，2005，26 (2)：37.
[19]　黄宝琛等. 高分子学报，1992，2 (1)：116.
[20]　张学义. 特种橡胶制品，1996，7 (4)：14.
[21]　许建雄. 特种橡胶制品，1996，17 (4)：14.
[22]　李柏林等. 合成橡胶工业，1998，21 (6)：355.
[23]　杨始燕等. 橡胶工业，2000，47 (12)：716.
[24]　谢洪泉. 合成橡胶工业，1982，5 (1)：48.
[25]　贡长生. 弹性体，1998，8 (3)：57.
[26]　Coram A Y，Patel R P. Rubb. Chem. Tech.，1980，53 (1)：141.
[27]　郭红革，傅政. 弹性体，1998，8 (3)：49.
[28]　飛田雅之. 日本ゴム協会誌，1991，64 (6)：346.
[29]　游长江，魏秀萍. 合成橡胶工业，1992，15 (2)：115.
[30]　李锦山. 合成橡胶工业，1994，17 (3)：181.
[31]　张祥福，洪代之，朱玉堂，张隐西. 橡胶工业，1993，40 (8)：452.
[32]　聚合物文摘（日文），1981，33 (9)：39.
[33]　David Given. Rubber World，1985，(9)：45.

第**2**章　橡胶材料的化学反应

2.1　引　言

橡胶分子的化学结构决定了它们的化学反应特征。利用橡胶分子的化学转变既可以对天然橡胶和合成橡胶进行改性，提高性能，也可以延缓橡胶老化现象的产生，提高橡胶的使用寿命。橡胶材料的化学反应主要分为化学改性反应、交联反应和老化反应。

化学改性反应是基于橡胶分子链中带有各种反应基团，有一定的反应活性。这些具有反应活性的原子或基团可以发生取代反应、加成反应和接枝反应等，其反应机理与低分子化合物之间的反应机理基本上是一样的。这种功能性基团的反应已经成为各种橡胶改性或者功能化的重要手段。从分子设计角度对橡胶的化学结构进行有序控制，或者在分子链末端和两侧引入各种功能性基团的研究已引起人们的高度重视。

交联反应与老化反应是橡胶的突出化学特征之一。橡胶分子链通过交联反应生成网络状结构，从而具有优异的高弹性和使用价值。老化降解反应使橡胶分子链降解和网络结构破坏，从而失去高弹性能和使用价值，是橡胶老化现象中的主要反应之一。所以交联反应和老化反应是橡胶材料设计和应用中最根本的化学因素。

橡胶的化学反应比较复杂，其化学反应性具有自身的特征。第一是反应的复杂性。低分子有机反应中，反应物与产物的结构是不同的，但橡胶并非完全如此。交联反应是分子链由线型变成三维网络结构，而分子主链的化学结构基本不变；橡胶的降解反应主要是分子量的大小变化，有少量新产物形成；反应的复杂性还体现在交联与降解反应或功能性基团反应往往同时发生，存在主次之分。第二是反应产物的不均一性。高分子的反应往往不是作为一个整体参加反应，而只是分子链中某些结构单元发生的局部反应，而且分子链中反应基团较多，存在空间位阻效应、邻基效应和静电效应等，以及分子链的构象变化等，使反应具有随机性，反应产物必然具有不均一性。第三是扩散因素影响明显。进行化学反应的必要条件是反应物之间充分扩散，产生有效碰撞才能反应。影响分子链扩散速率的因素很多，诸如分子量及分布、结晶效应、溶解度效应、构象效应以及温度与时间等因素均对分子链的扩散有明显的影响。第四是物理化学因素影响突出。橡胶的化学反应往往是在力场、温度场和环境介质中进行的，这些物理化学因素，激发了橡胶分子链的反应活性，使橡胶分子产生力化学反应、热降解以及氧化反应等，对橡胶的性能和稳定性有重要影响。

2.2　化学改性反应

化学改性反应是改变分子链上的原子或原子基团的种类及其结合方式的一类反应，主要包括分子链基团反应、接枝共聚反应、嵌段共聚反应和力化学反应等。橡胶通过改性反应分子链结构发生了变化，从而赋予其新的性能，扩大了材料的应用领域。

2.2.1　分子链基团反应

分子链基团反应主要是加氢反应、卤化反应和环化反应，通过引入新的原子或基团达到改性的目的。

（1）加氢反应　天然橡胶、顺丁橡胶、丁腈橡胶等都是以双烯烃单体为基础的，分子链中含有双键，通过加氢反应可变成饱和的碳链橡胶，提高其化学稳定性和老化性能。加氢反应的关键是寻找加氢催化剂，如钯等贵金属类。

$$\sim\sim CH_2CH=CHCH_2\sim\sim +H_2 \xrightarrow{\text{钯}} \sim\sim CH_2-CH_2-CH_2-CH_2\sim\sim$$

例如氢化丁腈橡胶是将丁腈橡胶溶于适当溶剂中，在钯的催化下，经高压氢化还原而制得，选择加氢反应的关键是控制氰基不氢化，仅使丁二烯单体单元产生部分氢化。

（2）卤化反应　卤化反应包括氯化、氢氯化和溴化反应。聚丁二烯的氯化与加氢反应相似，比较简单，天然橡胶和丁基橡胶的氯化反应及溴化反应比较复杂。

天然橡胶的氯化可在四氯化碳或氯仿溶液中在 80～100℃ 下进行，产物含氯量可高达65%（相当于每一个重复单元含有 3.5 个氯原子），除在双键上加成外，还可在烯丙基位置取代和环化，甚至交联。

氯化橡胶不透水，耐无机酸、耐碱和大部分化学品。氯化天然橡胶能溶于四氯化碳，氯化丁苯橡胶却不溶，但两者都能溶于苯和氯仿中。

天然橡胶还可以在苯或氯代烃溶液中与氯化氢进行亲电加成反应。按 Markovnikov 规则，氯加在三级碳原子上。

$$\sim\sim CH_2C(CH_3)=CHCH_2\sim\sim \xrightarrow{H^+} \sim\sim CH_2C^+(CH_3)CH_2CH_2\sim\sim \xrightarrow{Cl^-} \sim\sim CH_2CCl(CH_3)CH_2CH_2\sim\sim$$

碳阳离子中间体也可能环化。氢氯化橡胶对水汽的阻透性好。

（3）环化反应　环化反应是在分子链中引入环状结构，橡胶的环氧化是在分子链中引入可继续反应的环氧基团。环氧化可以采用过氧乙酸或过氧化氢作氧化剂。

环氧化天然橡胶（epoxidize nature rubber，ENR）是乳胶在一定条件下与过氧乙酸反应的产物，表示如下：

由于分子链上有环氧基极性基团，只要控制一定的环氧化程度，便可以达到既能保持天然橡胶原来的物理机械性能和加工性能，又能明显改善耐油性、气密性及白炭黑的增强作用，是目前较热门的改性品种。

国内的产品规格有 ENR-10、ENR-25、ENR-50 和 ENR-75，分别表示环氧化程度达10%、25%、50% 和 75%。

实验表明，ENR 的主要物理性能与天然橡胶接近，优于丁基橡胶。表 2-1 是室温下ENR 的硫化胶的透气性能。可看出 ENR 的透气性随环氧化程度的提高而下降，ENR-50 的透气性接近于丁基橡胶，而 ENR-75 则低于丁基橡胶。

表 2-2 表明，随环氧化程度的提高，ENR 溶胀率下降，ENR-60 的耐油性接近于丁腈橡胶。

表 2-1　室温下 ENR 硫化胶的透气性

透气性	NR	ENR-25	ENR-50	ENR-75	IIR
透气性系数/[×10^{-18}m²/(Pa·s)]	15.8	5.1	1.9	0.95	1.3
相对透气性/%	100	32	12	6	8

注：1. 室温 20℃测试。

2. 相对透气性以 NR 透气系数为基准进行比较。

表 2-2　NR、ENR、NBR 的溶胀性　　　　　　　　　　单位：%

胶　　种	汽　　油		煤　　油		机械油 30#	
	增重率	相对值	增重率	相对值	增重率	相对值
NR	142.89	100	216.32	100	42.41	100
ENR-30	85.60	59.99	73.54	34.00	8.91	21.00
ENR-40	42.81	30.00	36.77	17.00	4.67	11.01
ENR-50	35.70	25.01	23.80	11.00	1.27	3.00
ENR-60	28.54	20.00	15.14	7.00	0.85	2.00
NBR	29.96	21.00	10.82	5.00	0.85	2.00

注：1. 油浸 4d，室温 25℃。

2. 相对值取 NR 溶胀率为 100%。

2.2.2　接枝共聚反应

接枝（graft）共聚是分子链上通过化学键结合适当的支链或功能性侧基的反应，产物为接枝共聚物，记为 A-g-M，M 为支链或功能性侧基。接枝共聚物的性能取决于主链和支链的组成、结构、长度以及支链数。

接枝共聚反应关键要通过引发剂或催化剂在分子链上产生活性接枝点，橡胶材料接枝改性中常用的方法是应用自由基向分子链转移，形成链自由基，进而产生接枝反应；也可利用分子链中的侧基引发接枝反应。多数橡胶主链中含有双键和烯丙基氢（或叔氢原子），容易形成活性接枝点。

$$\sim\!\!\sim\!\!A\!-\!A\!-\!A\!\sim\!\!\sim \xrightarrow[-RH]{R\cdot} \sim\!\!\sim\!\!A\!-\!\dot{A}\!-\!A\!\sim\!\!\sim \xrightarrow{RM} \sim\!\!\sim\!\!A\!-\!A\!-\!A\!\sim\!\!\sim$$
$$\underset{\displaystyle |}{} M_{n-1}M$$

在接枝共聚物中，通常含有未接枝的分子链、已接枝的分子链及单体的自聚物等。因此接枝效率的大小影响接枝共聚物的性能，接枝效率与自由基的活性有关，显然引发剂的选用非常关键。

天然橡胶接枝甲基丙烯酸甲酯（MMA）是乳胶在一定条件下与 MMA 发生接枝共聚的产物（NR-g-MMA），简称天甲橡胶。天甲橡胶有两种：一种是甲基丙烯酸甲酯含量为 49% 的，称为 MG49；另一种是甲基丙烯酸甲酯含量为 30% 的，称为 MG30。这种改性橡胶的拉伸强度较高，抗冲击性、耐屈挠龟裂性、动态疲劳性以及黏着性均较好，可用于无内胎轮胎中作为不透气的内贴层、纤维与橡胶的强力黏合剂等。天甲橡胶的性能受 MMA 的含量和 MMA 分子链的长短及分布的影响较大。

在 60℃，用过氧化二苯甲酰为引发剂时，天然橡胶与 MMA 的接枝共聚反应 60%±5% 属于双键加成反应，40%±5% 属于夺取烯丙基氢的反应。

2.2.3　嵌段共聚反应

嵌段共聚反应的产物是由至少两种不同单体聚合而成的长链段构成的线型分子链。橡胶材料常见的是 A_m-B_n 二嵌段聚合物和 A_m-B_n-A_m 三嵌段聚合物。

嵌段共聚反应可粗分为两类。

① 某单体在另一活性分子链上继续聚合，增长成新的一段链长，然后终止反应。其中

活性阴离子聚合机理应用最多。

$$A_n^* \xrightarrow{B} A_nB^* \xrightarrow{mB} A_nB_m^* \xrightarrow{\text{终止}} A_nB_m$$

② 两种组成不同的活性分子链段键合在一起，包括链自由基的偶合、双端基预聚体的缩合等。

$$A_n^* + B_m^* \longrightarrow A_nB_m$$

两式中"＊"表示活性中心（自由基、阴离子等）。

热塑性橡胶 SBS 便是苯乙烯与丁二烯两种单体由活性阴离子聚合反应而得到的三嵌段共聚物。其中 S 代表苯乙烯链段，分子量为 1 万～1.5 万，B 代表丁二烯链段，分子量为 5 万～10 万。工业上生产 SBS 采用丁基锂（C_4H_9Li）-烃类溶剂体系，经三步法合成。即依次加入苯乙烯、丁二烯、苯乙烯相继聚合形成三个嵌段。

$$R^- \xrightarrow{mS} RS_m^- \xrightarrow{nB} RS_mB_n^- \xrightarrow{mS} RS_mB_nS_m^- \xrightarrow{\text{终止}} RS_mB_nS_m$$

2.2.4　力化学反应

力化学是研究各种状态的物质，由于受到机械力作用（力场）而处在激发态所引发的各种化学反应。橡胶材料加工中的塑炼、混炼、挤出，由于加工设备剧烈的力场强度使分子链断裂而产生自由基和离子等活性中心，引发化学反应。这种力化学的反应动力学比较复杂，涉及化学、流变学以及凝聚态物理学等方面。所谓反应性加工就是利用这种力化学反应完成材料的化学改性，获得高性能、高附加值的新材料。

橡胶材料中的力化学反应主要是接枝反应、嵌段共聚反应、偶联反应、可控降解反应及功能化反应等。特别是在共混改性和改善相容性方面得到了广泛的应用。

在共混改性中，两种橡胶或橡胶/塑料共同塑炼或混炼，当剪切力足够大时，两种分子链中会有部分断裂，产生两种链自由基，交叉偶合终止便生成嵌段共聚物。

$$\sim\!\!\sim\!A\!-\!A\!\sim\!\!\sim \xrightarrow{\text{力}} 2\sim\!\!\sim\!A\cdot$$
$$\sim\!\!\sim\!B\!-\!B\!\sim\!\!\sim \xrightarrow{\text{力}} 2\sim\!\!\sim\!B\cdot$$
$$\sim\!\!\sim\!A\cdot + \cdot B\!\sim\!\!\sim \xrightarrow{\text{偶合终止}} \sim\!\!\sim\!A\!-\!B\!\sim\!\!\sim$$

通过力化学接枝改性，可以在分子链中接枝不同的官能团或单体，改善了分子链的反应活性和相容性等性能。参加反应的单体应含有可进行接枝反应的官能团，如双键、羧基、酸酐基、环氧基、酯基和羟基等；热稳定性好，在加工温度范围内单体不分解，没有异构化反应；对引发剂不起破坏作用。常用的单体有马来酸系单体，如马来酸（MA）、马来酸酐（MAH）、马来酸二乙酯（DEM）等；丙烯酸系单体，如丙烯酸（AA）、甲基丙烯酸（MAA）、甲基丙烯酸缩水甘油酯（GMA）等；不饱和硅烷类，如乙烯基三甲氧基硅烷（VTMS）、乙烯基三乙氧基硅烷（VTES）等。例如三元乙丙橡胶（EPDM）与甲基丙烯酸甲酯（MMA）在过氧化物引发剂存在下，进行反应挤出，可形成含有 EPDM、PMMA 及 EPDM-g-MMA 三种组分的共混物。

2.3　交联反应

交联反应是橡胶分子由线型结构变为三维网络结构的化学转变。这种结构的转变引起宏观上物理机械性能和化学稳定性的重大变化，使橡胶具有了广泛的应用价值。如图 2-1 所示为交联反应对橡胶性能的影响。

实现交联反应的主要方法有三种：一种是交联剂参与的交联反应，包括硫黄及其同系物、树脂、胺类化合物等有机化合物为交联剂；另一种是自由基引发剂引发的交联反应，例

如过氧化物交联和辐射交联等；还有一种是利用
活性基团间的交联反应，例如金属氧化物交联
等。有时为提高交联效率或调节交联反应速率，
还可以应用催化剂或交联助剂等。因此橡胶的交
联反应是非常复杂的化学反应。

1839 年 C. Goodyear 获得了以硫黄作为交联
剂，使天然橡胶生成三维网络结构的专利。这种
交联方法最早用于橡胶工业，称为硫化。硫黄是
第一例用于高分子领域的交联剂，至今硫黄交联
剂在橡胶工业中仍占据统治地位。因此在橡胶工
业中把所有交联剂习惯上统称为硫化剂，交联助
剂称为硫化助剂，交联反应统称为硫化反应。本
书中为了阐述方便，交联与硫化两词混用。

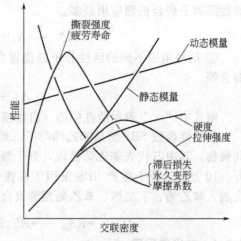

图 2-1　交联反应对橡胶性能的影响

2.3.1　硫黄及同系物的交联反应

（1）硫黄和橡胶的反应　双烯烃类橡胶都可以与硫黄及其同系物发生硫化反应，反应机
理取决于硫黄和橡胶本身的反应性。

室温下，硫黄不与橡胶分子反应。当温度升高至 159℃时，环状结构的硫黄（S_8）被活
化裂解，可以均裂成自由基或异裂成离子。

$$\cdot S\text{—}S_6\text{—}S \cdot \text{ 或 } \cdot S_x \cdot + \cdot S_{8-x} \cdot$$

$$^+S\text{—}S_6\text{—}S^- \text{ 或 } S_m^+ + S_n^-$$

（均裂／异裂）

双烯烃类橡胶分子链中存在双键，双键的 π 电子云反应活性很高。当受到外界离子影响
时，双键电子云偏转产生离子化；当受到自由基影响时，则产生双键的自由基化。

由于双键的存在，与双键相邻的 α-碳原子上的氢（即烯丙基氢）也具有较高的反应活性，都
是交联反应的活性点。

由此可见，橡胶与硫黄的硫化反应机理有两种可能性：自由基反应机理和离子型反应机
理。橡胶硫化技术已有 100 余年的历史，但这一过程的机理至今仍然没有彻底弄清楚。以前
曾提出自由基反应机理，但经过对模拟化合物的反应研究，发现采用自由基捕捉剂并不影响
硫化反应，用电子顺磁共振（EPR）技术也没有发现自由基的存在，同时硫化反应能被某些
有机酸或碱加速等现象，都说明硫化过程可能是离子型机理。大致过程如下。

① 硫异裂生成正离子 S_m^+，因具有亲电性而与双键作用；生成𬭩离子（sulfonium），并
夺取分子链中的氢原子形成烯丙基碳阳离子。

$$\sim CH_2\text{—}CH=CH\text{—}CH_2\sim + S_m^+ \longrightarrow \sim CH_2\text{—}\overset{H}{\underset{}{C}}\text{—}\overset{H}{\underset{}{C}}\text{—}CH_2\sim$$

𬭩离子

$$\longrightarrow \sim CH_2\text{—}CH\text{—}CH\text{—}CH_2\sim + {}^+CH\text{—}CH=CH\text{—}CH_2\sim$$

（用 R—S_m^+ 表示）

② 大分子 R—S_m^+ 与分子链双键反应，通过氢原子转移而发生交联。

$$R\text{—}S_m^+ + \sim CH_2\text{—}CH\text{=}CH\text{—}CH_2\sim \longrightarrow \sim CH_2\text{—}\overset{H}{\underset{\underset{R}{S_m}}{\overset{}{C}}}\cdots\overset{H}{\underset{}{C}}\text{—}CH_2\sim$$

$$\sim CH_2\text{—}\overset{H}{\underset{\underset{R}{S_m}}{\overset{}{C}}}\cdots\overset{H}{\underset{}{C}}\text{—}CH_2 + \sim CH_2\text{—}CH\text{=}CH\text{—}CH_2\sim \longrightarrow \sim CH_2\text{—}CH_2\text{—}CH\text{—}CH_2\sim + \sim CH_2\text{—}CH\text{=}CH\overset{+}{\sim}$$

③ 烯丙基碳阳离子与硫黄作用，并进一步反应而交联。

$$\sim CH_2\text{—}CH\text{=}CH\text{—}\overset{+}{CH}\sim \xrightarrow{S_8} \sim CH_2\text{—}CH\text{=}CH\text{—}\underset{S_m^+}{CH}\sim \xrightarrow{\sim CH_2\text{—}CH\text{=}CH\text{—}CH_2\sim}$$

$$\sim CH_2\text{—}CH\text{=}CH\text{—}\underset{\underset{CH_2\text{—}\underset{H}{\overset{H}{C}}\text{—}CH_2\sim}{S_m}}{CH}\sim \xrightarrow{\sim CH_2\text{—}CH\text{=}CH\text{—}CH_2\sim} \sim CH_2\text{—}CH\text{=}CH\text{—}\underset{S_m}{CH}\sim + \sim CH_2\text{—}CH\text{=}CH\overset{+}{\sim}$$

④ 反应中硫黄异裂产生的 S_n^- 可与橡胶分子反应生成硫醇（$R\text{—}S_nH$），然后再与橡胶分子中的双键加成而形成交联。

$$\sim CH_2\text{—}\underset{S_nH}{CH}\text{—}CH\text{=}CH\sim + \sim CH_2\text{—}CH\text{=}CH\text{—}CH_2\sim \longrightarrow \underset{\sim CH_2\text{—}\underset{}{CH}\text{—}CH_2\text{—}CH_2\sim}{\overset{\sim CH_2\text{—}CH\text{—}CH\text{=}CH\sim}{\underset{S_n}{|}}}$$

实质上橡胶与硫黄的反应机理非常复杂，还有许多副反应，例如内环化反应和并行交联反应等。最终的硫化橡胶结构是各种交联和硫环化等结构的综合，如图 2-2 所示。

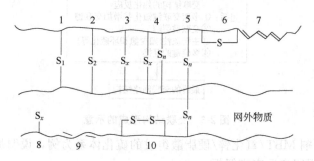

图 2-2　硫黄硫化的二烯烃橡胶硫化胶结构示意

1—单硫交联键；2—双硫交联键；3—多硫交联键（$x=3\sim6$）；

4—连位交联键（$n=1\sim6$）；5—双交联键；6—分子内一硫环化物；

7—共轭三烯；8—侧挂基团；9—共轭二烯；10—分子内二硫环化物

单纯使用硫黄作交联剂，硫化反应时间很长，而且硫化结构中以环化和多硫交联为主，硫化橡胶的物性很差，因此出现了由有机硫化促进剂和活性剂构成的交联助剂。

（2）加交联助剂的硫黄硫化　在橡胶硫化中，除硫化剂外，还需要加入促进剂和活性剂等，统称交联助剂。凡能加快橡胶与硫化剂反应速率的物质都为硫化促进剂。加入少量的促进剂，可以大大加快橡胶与硫化剂之间的交联反应，提高硫化速率，降低硫化温度，缩短硫化时间，减少硫化剂的用量，同时硫化胶的物理机械性能、化学性质以及外观质量也能得到相应的改善。表 2-3 列举了几种常用有机硫化促进剂。

表 2-3　几种常用有机硫化促进剂

分类	反应速率	实例缩写	分类	反应速率	实例缩写
胺-醛(缩合物)	慢		二硫代磷酸盐	快	ZBDP
胍类	中等	DPG，DOTG	和黄原酸盐		
苯并噻唑类	中快	MBT，MBTS	秋兰姆类	非常快	TMTD，TMTM，TETD
磺酰胺和	快，有延	CBS，TBBS，MBS，DIBS，TBSI			
次磺酰胺	迟作用				

硫化活性剂是一些能充分发挥促进剂效力的化合物或混合物。加入少量的活性剂除对硫化反应有很强的活化作用外，还可提高交联密度和硫化胶的耐热性。常用的活性剂为氧化锌和硬脂酸等。

由硫黄、促进剂和活性剂组成的硫化体系其交联机理非常复杂，不明之处甚多，大体的反应过程如图 2-3 所示。

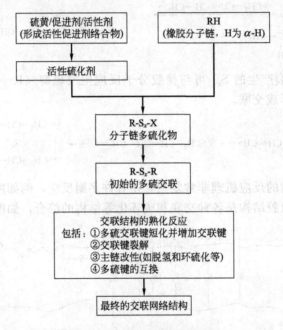

图 2-3　交联结构形成的示意

现以硫黄/促进剂 MBT/氧化锌/硬脂酸组成的硫化体系为例，说明加促进剂的硫黄硫化体系反应机理。可用四步反应来解析。

第一步是活性硫化剂的形成。促进剂（XSH）与氧化锌和硬脂酸（RCOOH）首先形成一种活性促进剂络合物（或称螯合物）：

将上述络合物简写为 XS—Zn—SX，该络合物的活性比原来的促进剂高得多，其溶解度
也得到增加。

活性促进剂络合物与硫黄（S_8）作用，将硫环打开，在由亲核的 S 原子形成的 S—Zn
弱键处产生加成，形成活性硫化剂，即多硫-硫醇盐络合物。开环的机理是离子型的，表示
如下。

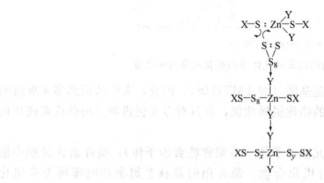

多硫-硫醇盐络合物

第二步是活性硫化剂与橡胶分子（RH）中的 α-H 作用，生成带有活性侧基的分子链多
硫化物 $R-S_x-SX$，表示如下。

$$X-S-S_x \overset{Zn \cdots S}{\underset{R \vdots H}{\frown}} S_y-X$$

$$XS-S_x-R + H-S_y-X + ZnS$$

许多研究已经证实了这些中间产物，即含硫和促进剂的分子链多硫化物的存在。当这些
中间产物的浓度达到最大值后，橡胶的交联反应就很快进行。

第三步是完成橡胶分子间的交联反应，生成初始的多硫交联 $R-S_x-R$。

$$\begin{array}{c} R-S_x-SX \\ R-S_x-SX \end{array} \xrightarrow{ZnS} R-S_x-R + X-S_x-Zn-S_y-X$$

$$R-S_x-SX + RH \longrightarrow R-S_x-R + HS_x$$

第四步是通过交联结构的熟化反应达到最终的交联网络结构。在初始形成的交联网络
中，大多是多硫交联，在活性促进剂的存在下，发生交联键的"短化"与增加新的交联键，
变成—S—或—S_2—等较短的交联键，说明活性促进剂还是有改善交联结构和提高交联密度
的作用的。在此过程中还伴随发生热裂解反应、主链改性及硫环化等反应。最终硫化橡胶的
网络结构比较复杂且不均一。如图 2-4 所示是加促进剂的硫黄硫化体系的硫化网络结构示
意，其中 A 表示硫黄用量较低，促进剂用量较高的硫化体系，B 表示硫黄用量较高，促进
剂用量较低的硫化体系。

总体上可以认为加促进剂后硫化反应的本质是离子型反应，但有时析出的活性硫又是自
由基形式，出现一些矛盾现象，通过对自由基捕捉剂的长期研究，基本倾向于离子型反应机
理或混合型反应机理。

各类促进剂都含有不同的官能基团，在橡胶的硫化过程中发挥不同的作用。有的促进剂

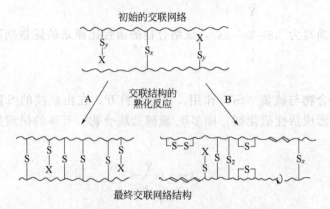

图 2-4　加促进剂的硫黄硫化体系的硫化网络结构示意

还同时含有促进基团、活性基团和硫化基团（如 TMTD 等），因此，人们认识到多元促进剂并用的硫化体系将赋予硫化橡胶优异的物理机械性能，并且对多元促进剂并用的硫黄硫化机理的研究也引起了重视。

（3）用硫载体硫化　硫载体即硫元素给予体（习惯称硫黄给予体），是在硫化过程中能析出活性硫进而使橡胶交联的含硫有机化合物。最常用的是秋兰姆类和吗啡啉类有机化合物。

用硫载体代替硫黄硫化橡胶最早是四甲基二硫化秋兰姆（TMTD）＋氧化锌的硫化体系，用于制造耐热橡胶制品。这种硫载体的硫化机理一般认为是离子和自由基混合型机理。

$$H_3C\ \underset{H_3C}{\overset{}{N}}-\overset{\overset{S}{\|}}{C}-S-S-\overset{\overset{S}{\|}}{C}-\underset{CH_3}{\overset{}{N}}\ CH_3 \qquad 简写为\ XSSX$$

TMTD

① 活性中心形成

$$XSSX \xrightarrow[145℃]{} XS\cdot$$

$$XSSX+ZnO \xrightarrow[125℃]{离子化} XS_nSX \xrightarrow{热裂解} XS\cdot+XS_n\cdot$$

$$XS\cdot\ 或\ XS_n+R—H \longrightarrow R\cdot+XSH\ 或\ XS_nH$$

$$R\cdot+XS_n\cdot \longrightarrow RS_nX \xrightarrow{RH} RS\cdot+XS_nH$$

② 交联结构形成

$$R\cdot+R\cdot \longrightarrow R—R$$

$$RS\cdot+R\cdot \longrightarrow R—S—R$$

$$RS\cdot+RS\cdot \longrightarrow R—S—S—R$$

由上述反应可看出，用硫载体硫化橡胶时，其硫化结构中以—C—C—、—S—和—S_2—交联为主。反应的活性中心中包括由离子引发的自由基，但交联反应均是按自由基反应机理进行的。

对于上述用硫黄及其同系物的交联反应的表征，Moore-Trego 提出用硫化效率参数（E）表示交联反应中元素硫的利用效率。

$$E=\frac{摩尔结合硫/克硫化胶}{摩尔交联键/克硫化胶}=\frac{结合硫黄原子数}{每个交联键} \tag{2-1}$$

表 2-4 是按式(2-1)获得的某些硫化体系的硫化效率 E 值。E 值越大，表示硫化效率越低。

表 2-4　某些硫化体系的硫化效率 E 值

硫化体系[①]	硫化温度/℃	E 值范围[②]	硫化体系[①]	硫化温度/℃	E 值范围[②]
天然橡胶 100，硫黄 6～10	140	40～45	天然橡胶 100，硫黄 2，ZnO 2，ZD-MC 2	100	7～18
天然橡胶 100，硫黄 1.5，M 1.5，ZnO 5.0，月桂酸 1.0	140	15～21	异戊橡胶 100，TMTD 4，ZnO 4	140	13.5～3.2
天然橡胶 100，硫黄 1.5，M 1.5，ZnO 5.0，月桂酸 1.0	100	11～14	异戊橡胶 100，TMTD 4，ZnO 4，月桂酸 1.5	140	7.9～2.1
天然橡胶 100，硫黄 2.5，CZ 0.6，ZnO 5.0，月桂酸 0.7	140	12～22	天然橡胶 100，DTDM 0.6，TMTD 1.45，DM 1.32，ZnO 4，月桂酸 3	140	10.4～3.7

① 配合剂皆按质量份数。
② 正硫化状态。

从表 2-4 中数据明显看出，纯硫黄体系的硫化效率最低，表明大量的硫黄消耗在生成环化物和较长的多硫键以及含硫侧基上。加入促进剂后，硫化效率有很大提高，而硫载体硫化显示出较高的交联有效性。

2.3.2　树脂的交联反应

关于橡胶用树脂的交联反应主要是烷基酚醛树脂等。为提高交联速率，改善硫化胶性能，往往采用含有结晶水的金属氯化物为活性剂，如 $SnCl_2 \cdot 2H_2O$、$FeCl_3 \cdot 6H_2O$ 或 $ZnCl_2 \cdot 1.5H_2O$ 等。其反应机理表示如下：

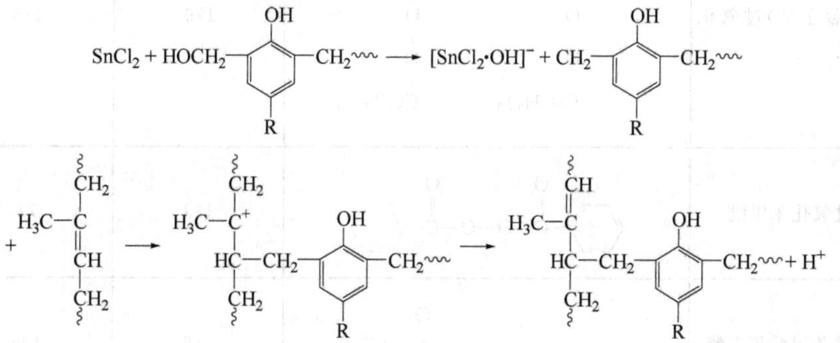

$$[SnCl_2 \cdot OH]^- + H^+ \longrightarrow SnCl_2 + H_2O$$

若不用活性剂时，则：

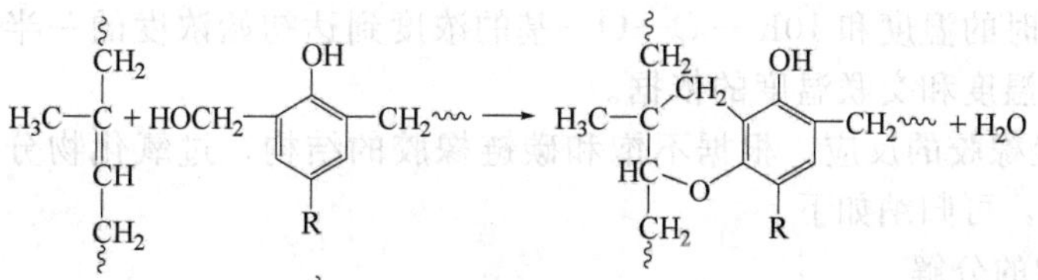

或

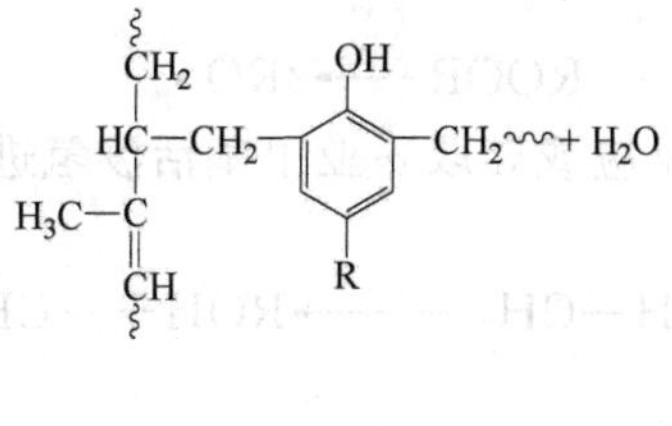

　　树脂硫化可用于要求高硬度和低伸长率的材料，而且可以与硫黄硫化体系并用。

2.3.3　有机过氧化物和辐射交联反应

　　用有机过氧化物交联和辐射交联属于自由基引发的交联反应。这种交联网络的结构特征是—C—C—交联，具有优良的耐热氧老化性能和较好的化学稳定性。

　　(1) 有机过氧化物交联　1915 年出现用过氧化苯甲酰交联天然橡胶。目前有机过氧化物不但用于二烯烃类橡胶的交联，也广泛用于饱和碳链橡胶和杂链橡胶的交联。

　　典型的有机过氧化物主要有烷基过氧化物、二酰基过氧化物和过氧酯三种，见表 2-5。

表 2-5　几种主要的过氧化物

过氧化物类型	化学名称	化学结构	分解温度（半衰期为 1min）/℃	分解温度（半衰期为 10h）/℃	缩写
烷基过氧化物	二叔丁基过氧化物	$H_3C-\overset{CH_3}{\underset{CH_3}{C}}-O-O-\overset{CH_3}{\underset{CH_3}{C}}-CH_3$	193	126	TBP
	过氧化二异丙苯		171	117	DCP
	2,5-二甲基-2,5(二叔丁基)过氧化乙烷		179	118	TBPH
二酰基过氧化物	过氧化苯甲酰		133	72	BPO
过氧酯	过苯甲酸叔丁酯	$(H_3C)_3-C-O-O-\overset{O}{C}-$	166	105	TPB

　　表 2-5 中的半衰期是过氧化物分解速率的衡量指标。分为 1min—O—O—基的浓度到达初始浓度的一半时的温度和 10h —O—O—基的浓度到达初始浓度的一半时的温度两种，这是设计橡胶加工温度和交联温度的依据。

　　① 对二烯烃橡胶的反应　根据不饱和碳链橡胶的结构，过氧化物分解生成的自由基将产生不同的反应，可归纳如下。

　　a. 过氧化物的分解

$$ROOR \longrightarrow 2RO\cdot$$

交联反应可通过自由基加成反应或夺取 α-亚甲基活泼氢进行。

　　b. 夺取 α-氢的交联反应

$$RO\cdot+-CH_2-CH=CH-CH_2- \longrightarrow ROH+-CH_2-CH=CH-\overset{\cdot}{C}H-$$

$$2-CH_2-CH=CH-\dot{C}H- \longrightarrow \begin{array}{l} -CH_2-CH=CH-CH- \\ \qquad\qquad\qquad\quad | \\ -CH_2-CH=CH-CH- \end{array}$$

c. 加成反应

$$RO\cdot +-CH_2-CH=CH-CH_2- \longrightarrow \begin{array}{l} -CH_2-CH-\dot{C}H-CH_2- \\ \qquad\qquad | \\ \qquad\qquad OR \end{array}$$

$$\begin{array}{l} \qquad\qquad OR \\ \qquad\qquad | \\ -CH_2-CH-\dot{C}H-CH_2- \end{array} \longrightarrow \begin{array}{l} -CH_2-CH-CH-CH_2- \\ \qquad\qquad\quad | \\ \qquad\qquad\quad \dot{C}H \\ \qquad\qquad\quad | \end{array}$$

或

$$\begin{array}{l} \qquad\qquad OR \\ \qquad\qquad | \\ -CH_2-CH-CH-CH_2- \\ \qquad\qquad\quad | \\ -CH_2-CH-CH-CH_2- \\ \qquad\qquad | \\ \qquad\qquad OR \end{array}$$

② 对饱和碳链橡胶的反应　饱和碳链橡胶的过氧化物交联反应，受橡胶结构特别是支化程度的影响比较显著。

二元乙丙橡胶（EPM）中乙烯单体单元与过氧化物反应可以交联，但是，当丙烯单体单元受到过氧自由基攻击时，其中一部分伴随发生 β-裂解反应，降低了交联效率。

$$ROOR \longrightarrow 2RO\cdot$$

$$\sim\!\!\sim CH_2-CH_2\sim\!\!\sim \xrightarrow{RO\cdot} \sim\!\!\sim CH_2-\dot{C}H\sim\!\!\sim \xrightarrow{\sim\!\!\sim CH_2-\dot{C}H\sim\!\!\sim} \begin{array}{l} \sim\!\!\sim CH_2-CH\sim\!\!\sim \\ \qquad\qquad | \\ \sim\!\!\sim CH_2-CH\sim\!\!\sim \end{array}$$

$$\sim\!\!\sim CH_2-\underset{\underset{CH_3}{|}}{CH}-CH_2-\underset{\underset{CH_3}{|}}{CH}\sim\!\!\sim \xrightarrow{RO\cdot} \sim\!\!\sim CH_2-\underset{\underset{CH_3}{|}}{\dot{C}}-CH_2-\underset{\underset{CH_3}{|}}{CH}\sim\!\!\sim$$

$$\sim\!\!\sim CH_2-\underset{\underset{CH_3}{|}}{\dot{C}}-CH_2\sim\!\!\sim \longrightarrow \begin{array}{l} \qquad\quad CH_3 \qquad\quad CH_3 \\ \qquad\quad | \qquad\qquad | \\ \sim\!\!\sim CH_2-C-CH_2 \\ \qquad\quad | \\ \sim\!\!\sim CH_2-C-CH_2 \\ \qquad\quad | \qquad\qquad | \\ \qquad\quad CH_3 \qquad\quad CH_3 \end{array}$$

或

$$\sim\!\!\sim CH_2-\underset{\underset{CH_3}{|}}{\overset{\overset{CH_3}{|}}{C}}-CH_2\text{┊}-\underset{\underset{}{}}{CH}\sim\!\!\sim \longrightarrow \sim\!\!\sim CH_2-\underset{\underset{CH_3}{|}}{C}=CH_2+\cdot\sim\!\!\sim$$

β 裂解

这种情况往往需加入活性剂，如适量硫黄、醌肟类化合物以及异氰脲酸三烯丙酯（TA-IC）等，可以迅速地与分子链自由基反应，这种反应速率大于 β-裂解的反应，从而提高分子链自由基的稳定性和交联效率。

关于有机过氧化物的交联效率（E）被定义为：

$$E=\frac{\nu}{2[RO\cdot]} \tag{2-2}$$

式中　ν——单位体积橡胶的网络密度，mol/mL；

　　[RO·]——单位体积橡胶中过氧化物生成的自由基浓度，mol/mL。

表 2-6 列举了过氧化二异丙苯（DCP）在各种橡胶中的交联效率。表中数据表明二元乙丙橡胶（EPM）因丙烯单体单元含量高，并伴随有 β-裂解，故 E 值较小，而三元乙丙橡胶（EPDM）因含有双键，使 $E>1$。值得一提的是，表中数据是用 DCP 交联的结果，实际上根据有机过氧化物的种类不同，交联效率（E 值）将会发生较大的变化。应注意这里的 E 值与前面的硫化效率 E 值在物理意义上是相近的，但计算方法是不同的。

表 2-6　过氧化二异丙苯在某些橡胶中的交联效率 E

聚 合 物 种 类	E	聚 合 物 种 类				E
丁苯橡胶（SBR）	12.5	丁基橡胶（IIR）				0
顺丁橡胶（BR）	10.5		顺式	反式	乙烯基	
天然橡胶（NR）	1.0	聚丁二烯	97.6	—	—	10～30
丁腈橡胶（NBR）	1.0		35	55	10	30～60
氯丁橡胶（CR）	0.5		—	—	99.1	100～300
乙丙橡胶（EPM）	0.4	乙丙橡胶（EPDM）				1.0～2.5

③ 对杂链橡胶的反应　甲基硅橡胶与有机过氧化物的交联反应如下。

甲基硅橡胶的交联效率 $E\approx1$。若对乙烯基甲基硅橡胶的交联，由于分子链中双键的引入将大大提高交联效率，其交联效率 $E\approx10$。

用过氧化物交联硅橡胶和氟橡胶，需进行两段交联（或称二次硫化），第二次在高温空气中的交联可以除去某些有害的酸性物质等。

（2）辐射交联反应　高能射线可以引发橡胶分子的交联反应和裂解反应。一般来说，具有 α-H 的橡胶分子主要是以交联反应为主；当橡胶分子链中有 1,1-二位取代结构或支化程度较高时，则以裂解反应为主。表 2-7 为按辐射效应的高聚物分类。

表 2-7　按辐射效应的高聚物分类

能交联的聚合物	裂解的聚合物	能交联的聚合物	裂解的聚合物
天然橡胶	聚甲基丙烯酸甲酯	聚乙烯	纤维素
丁苯橡胶	聚氯乙烯	尼龙 66	聚硫橡胶
甲基硅橡胶	聚偏氯乙烯	聚酯	丁基橡胶
顺丁橡胶	聚四氟乙烯	聚苯乙烯	
甲基乙烯基硅橡胶	聚三氟氯乙烯	聚丙烯酸酯	
氯磺化聚乙烯	聚异丁烯		

辐射交联的程度与辐射剂量成正比，反应机理如下：

$$RH \longrightarrow R\cdot + H\cdot$$
$$H\cdot + RH \longrightarrow R\cdot + H_2\uparrow$$
$$2R\cdot \longrightarrow R-R$$

例如：

$$\sim\!CH_2\!-\!CH_2\sim \xrightarrow{h\nu} \sim\!CH_2\!-\!\overset{\cdot}{C}H\sim \xrightarrow[\text{交联}]{\sim CH_2-\overset{\cdot}{C}H\sim} \sim\!CH_2\!-\!CH\sim$$

$$\sim\!CH_2\!-\!\underset{CH_3}{\overset{CH_3}{C}}\!-\!CH_2\sim \xrightarrow{h\nu} \sim\!CH_2\!-\!\underset{\overset{|}{\cdot}}{\overset{CH_3}{C}}\!-\!CH_2\sim \xrightarrow{\text{裂解}} \sim\!CH_2\!-\!\underset{CH_2}{\overset{CH_3}{C}}\!+\!\cdot CH_2\sim$$

　　为了提高辐射交联反应的交联效率，可以用交联助剂，比如一些多官能团的不饱和化合物、聚硫醇及聚卤素化合物等，随被辐照的高聚物结构不同而异。

　　辐射交联无污染、无副反应，由于辐射源的问题，应用尚不广泛。

2.3.4　金属氧化物的交联反应

　　氯丁橡胶、氯磺化聚乙烯、氯醇橡胶、氯化聚乙烯、聚硫橡胶和羧基橡胶等，均可以用金属氧化物交联，一般使用氧化锌、氧化镁和氧化铅等，并用效果比单独使用好。

　　由于这类橡胶分子链含有活性基团，所以用金属氧化物交联的特征是分子链活性基团间的交联反应。活性助剂的加入提高了交联效率，但也使交联反应更加复杂化。比较典型的是氯丁橡胶的交联反应。

　　在氯丁橡胶分子链中存在 1,4 结构、1,2 结构和 3,4 结构。1,4 结构由于氯原子的极性，使双键和 α-H 钝化，而位于 1,2 结构的乙烯基团活性大，易与氧化锌反应，有两种机理。

　　(1)

$$2H_3C\!=\!CH\!-\!\overset{CH_2}{\underset{}{C}}\!-\!Cl + ZnO + MgO \longrightarrow H_2C\!=\!CH\!-\!\overset{CH_2}{\underset{}{C}}\!-\!O\!-\!Zn\!-\!O\!-\!\overset{CH_2}{\underset{}{C}}\!-\!CH\!=\!CH_2 + MgCl_2$$

　　(2)

$$\sim\!CH_2\!-\!\overset{Cl}{\underset{CH_2}{C}}\!\sim \xrightleftharpoons{\text{重排}} \sim\!CH_2\!-\!\overset{}{\underset{CH_2Cl}{C}}\!\sim$$

$$\sim\!CH_2\!-\!\overset{}{\underset{CH_2Cl}{C}}\!\sim \xrightarrow{ZnO} \sim\!CH_2\!-\!\overset{}{\underset{CH_2OZnCl}{C}}\!\sim$$

$$\sim\!CH_2\!-\!\overset{}{\underset{CH_2OZnCl}{C}}\!\sim + \sim\!CH_2\!-\!\overset{}{\underset{CH_2}{C}}\!\sim \longrightarrow ZnCl_2 + \overset{}{\underset{}{O}}$$

$$MgO + ZnCl_2 \longrightarrow MgCl_2 + ZnO$$

　　氯丁橡胶使用的交联助剂是亚乙基硫脲（NA-22 或 ETU），能提高 G 型氯丁橡胶的生产安全性和物理机械性能，机理可能如下。

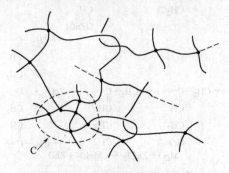

2.3.5 交联结构与表征

（1）交联结构的特征　通常交联反应获得的网络结构（简称网构）特征表现在交联结构的类型和交联密度两个方面。

① 交联结构类型　交联结构类型由交联反应时形成的交联键所决定，由于交联剂的不同，形成的交联键结构不同。交联键的类型对橡胶的性能影响很大，诸如热稳定性、强度等物理机械性能。表 2-8 是典型交联键类型与键能。

表 2-8　典型交联键类型与键能

交联键类型	键能/(kJ/mol)	交联键类型	键能/(kJ/mol)
—C—C—	352	—C—S—S—C—	268
—C—S—C—	285	—C—S_x—C—	<268

交联结构类型的分析方法主要有图谱分析法（如拉曼光谱）、热裂解分析法以及用模拟化合物与典型的交联剂反应进行定性定量分析等。

② 交联密度及其表征参数　交联反应获得的网络结构理论上分为两类：一类是规整网

图 2-5　无规网络结构特征示意

✕ 交联键；◯ 缠结；--- 自由网链；C 交联键簇

构，即交联点间的链长（简称网链）是均一的；另一类是网链分布不均一的无规网构，如图2-5 所示。

由于橡胶分子结构和分子量的多分散性以及各种交联剂与交联助剂难以在橡胶中分散均匀，所以交联反应的复杂性决定了橡胶交联网络结构呈无规网络结构的特征，存在交联密度的分布。交联键、交联点和网链的概念如下。

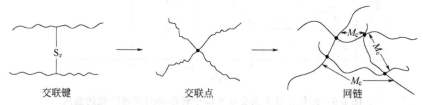

交联键　　　　　　　　　交联点　　　　　　　　　网链

交联键的长度相对网链长度很小，可视为一个点，故视交联点是四官能度的。在网构中有两种网链，即有效网链和自由网链。橡胶的物理机械性能与有效网链浓度和分布密切相关。

a. 网链平均分子量（M_c）　两个相邻交联点间分子量的统计平均值。网链分子量和橡胶分子量一样具有多分散性。网构中交联点越多，M_c 值越小，表明交联程度越高。所以 M_c 值的大小表征了交联程度的高低。

b. 交联指数（γ）　未交联时分子链的数均分子量与网链的数均分子量之比，即表征了一根分子链中的网链数。

$$\gamma = \frac{M_n}{M_c} \tag{2-3}$$

c. 交联密度（ν）　单位体积内交联点数目。显然它和单位体积内有效网链数有关。由于交联点是四官能度的，即每一交联点相当有两条有效网链，所以：

$$\nu = \frac{\rho}{2M_c} \tag{2-4}$$

式中　ρ——橡胶单位体积的质量。

因此在文献中也利用 M_c^{-1} 或 $(2M_c)^{-1}$ 表征交联密度。

应该指出，由于橡胶的交联网络为无规网络结构，因此 M_c、γ、ν 等参数是统计平均值的概念。

交联密度的测量方法有三种，其根本是求出网链分子量 M_c。

ⓐ 化学方法　这种方法要求橡胶与交联剂的反应机理必须明确而且又能定量，M_c 值方可从交联剂的残留量和产物进行计算得出。

ⓑ 力学方法　通过橡胶弹性分子理论推出的应力-应变方程式求得 M_c 值。

ⓒ 平衡溶胀法　根据热力学平衡溶胀理论，通过 Flory-Rehner 方程求得 M_c 值。其中ⓑ、ⓒ方法属于物理方法，将在后面相应的章节中予以介绍。

实际上，在橡胶中，一般交联密度约为 2×10^{19} 个交联点/cm³，或 110～200 个链节中有一个交联点，这样低的交联密度并不妨碍橡胶的大变形和高弹性，在此范围内，橡胶的模量直接与交联密度成正比。当交联密度增大 10～50 倍时，橡胶失去高弹形变能力，成为热固性塑料，即硬质橡胶。

（2）交联反应的动力学过程　交联反应过程中，由于交联密度随反应时间变化，导致橡胶性能随时间而变化。如图 2-6 所示是硫化仪显示的交联反应中转矩随时间而变化的曲线，说明交联反应的动力学过程可分为四个阶段。

第 Ⅰ 阶段是交联反应的诱导期，相当于硫黄及同系物交联反应中的活性硫化剂的形成反

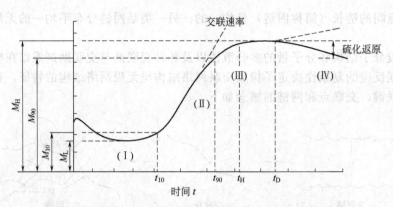

图 2-6　硫化仪显示的交联反应中转矩随时间而变化的曲线

应和分子链多硫化物形成反应阶段。此阶段分子链间交联基本没有形成，对加工过程和半成品质量安全至关重要。该阶段的重要表征参数是最小转矩 M_L 和焦烧时间 t_{10}。M_L 表征了胶料加工中的最低黏度，t_{10} 表征了诱导期的长短。硫化诱导期要足够长，才能确保加工工艺的安全性。

　　第Ⅱ阶段是交联反应阶段。主要是分子链间产生交联反应形成初始的网络结构，其特征是反应速率较快，曲线斜率的大小表示交联反应速率的快慢。该阶段的重要参数是最宜硫化时间 t_{90} 和 M_{90} ［$M_{90}=M_L+（M_H-M_L）×90\%$］，以及交联反应速率反应常数 K 和交联反应表观活化能 ΔE。

　　从交联反应动力学角度来看，曲线斜率即交联速率与交联键的生成速率是一致的，某时刻的转矩大小与其交联密度是对应的表征关系，对动力学一级反应：

$$\frac{dM}{dt}=K(M_H-M_t) \tag{2-5}$$

积分得：

$$\ln\left(\frac{M_H}{M_H-M_t}\right)=K(t-t_{10}) \tag{2-6}$$

　　式中，M_t 是时间 t 时的转矩；M_H 是最大转矩；K 为反应速率常数，min^{-1}。

　　$t>t_{10}$，若以 $\ln\left(\dfrac{M_H}{M_H-M_t}\right)$ 对 $（t-t_{10}）$ 作图，所得直线的斜率即为交联反应速率常数 K 值。

　　根据阿累尼乌斯方程可求出交联反应的表观活化能（ΔE），即：

$$\ln K=\ln A-\frac{\Delta E}{RT} \tag{2-7}$$

　　式中，A 为常数；ΔE 为交联反应表观活化能，kJ/mol；R 为气体常数；T 是交联反应温度，K。

　　从 $\ln K-\dfrac{1}{T}$ 图中的斜率可求得 ΔE 值。

　　应该指出，关于 ΔE 值，也可以用 DSC 热分析法求算，但在数值上可能与上述方法不一致，原因是 DSC 曲线上的热效应包括了非分子间交联所产生的热效应，另外，用硫化仪研究交联反应时，如果填料表面活性大，会较大幅度增大转矩而引起误差。故两者数据之间无可比性。

　　第Ⅲ阶段是平坦交联阶段。此时交联反应已基本完成，属于网络熟化反应，即交联键的重排、短化以及伴随的裂解反应等，形成最终的网络结构。该阶段又称硫化平坦期，橡胶保持最佳的综合物理机械性能。显然理论上此阶段越长越好，其表征参数为 M_H、t_H 以及硫化返原时间 t_D，M_H 值与胶料的拉伸强度、疲劳、撕裂、滞后性以及永久变形等物理机械性能有关。

较为理想的硫化曲线应该是：诱导期要足够长；硫化速率要快，有助于提高生产效率，降低能耗；硫化平坦期要长。

第Ⅳ阶段是高温下继续延长交联时间，出现网络降解反应，工业上称过硫化现象，即硫化返原阶段。其主要表征参数是 t_D。此时主要是交联键和主链发生热降解反应，网络结构遭受破坏，引起性能下降。实质上过硫化是一种老化现象，视橡胶分子的化学结构特征的不同，老化现象可能是以热裂解反应为主，比如天然橡胶等，曲线呈下降趋势；也可能以结构化反应为主，比如乙丙橡胶等，曲线反而呈上升趋势。

在上述分析中仅是从交联体系角度讨论了交联反应动力学，实质上橡胶的分子结构（如分子链中双键数量、分子极性大小、烯丙基氢原子数量等）以及橡胶中的自由体积等都对交联反应动力学有很大的影响。由于反应速率取决于反应物的浓度，所以双键的浓度和烯丙基氢原子的数量很重要。这些硫化活性点的数量越多，反应熵自然越低，反应速率也越快。这就是为什么饱和碳链橡胶如丁基橡胶和乙丙橡胶反应速率较低的主要原因。极性大小对反应速率也有影响，一般极性有助于离子反应，因此极性橡胶如丁腈橡胶比丁苯、丁基和乙丙橡胶具有较快的反应速率。

2.4　老化反应与防护

老化现象是指橡胶材料在加工、贮存和使用过程中，由于化学因素和物理因素的作用使其结构发生化学变化，致使性能逐渐下降，实用价值逐渐丧失的现象。

橡胶在老化过程中主要发生两种化学反应，即降解反应和交联反应（也称结构化反应）。而且降解反应和交联反应并非彼此孤立、毫无联系的，往往这两种反应同时发生，由于橡胶分子结构的特征和老化条件的不同，使其中的一种反应占主导地位。

橡胶材料寿命受环境条件（化学因素和物理因素等）的影响极大，诸如氧、臭氧、化学介质、热、光、应力（应变）等均能加速橡胶的老化过程。所以橡胶的老化反应是多种因素参与的复杂的化学反应。受到普遍关注的是氧化老化、臭氧老化和疲劳老化等反应。

橡胶老化现象的宏观表现是变软发黏或变脆龟裂或发霉粉化等，造成性能下降，丧失使用价值。

2.4.1　氧老化反应

橡胶材料在实际应用中普遍与空气中的氧接触，产生氧老化反应，而且温度和微量存在的变价金属离子又大大加速了氧老化过程，即热氧老化和金属离子的催化氧化。

（1）热氧老化　热氧老化是橡胶老化中最普遍、最重要的一种老化形式。

① 热氧老化反应的特性与机理　橡胶热氧老化反应的主要特征是：氧化反应是自由基连锁反应，反应是自动催化过程，氢过氧化物的形成与累积起到了自动催化作用；自由基连锁反应最终以链降解或交联而终止。

通过对低分子模拟化合物和高分子的热氧老化反应的研究，整个反应过程机理如下。

引发：

$$RH \xrightarrow{\text{热}} R\cdot + H\cdot$$

$$R\cdot + O_2 \longrightarrow ROO\cdot$$

增长：

$$ROO \cdot + RH \longrightarrow ROOH + R \cdot$$

$$2ROOH \xrightarrow[\text{双分子反应}]{\text{低温或高浓度}} RO \cdot + ROO \cdot + H_2O$$

$$ROOH \xrightarrow[\text{单分子反应}]{\text{高温或低浓度}} RO \cdot + \cdot OH$$

$$RO \cdot + RH \longrightarrow ROH + R \cdot$$

$$HO \cdot + RH \longrightarrow R \cdot + H_2O$$

终止：

$$R \cdot + R \cdot \longrightarrow R-R$$

$$R \cdot + RO \cdot \longrightarrow ROR$$

$$R \cdot + ROO \cdot \longrightarrow ROOR$$

$$RO \cdot + RO \cdot \longrightarrow ROOR$$

$$ROO \cdot + ROO \cdot \longrightarrow 非自由基型稳定产物$$

由上述反应历程看出，在热氧老化的初期，随着氧的不断吸收，氢过氧化物 ROOH 不断产生并累积，当达到某一浓度时，就会产生双分子分解。由于双分子分解速率远高于引发速率，而产生的 ROO· 及 RO· 自由基又引发产生大量的 ROOH，如此传递下去，便发生了自动催化氧化反应。即自动催化氧化反应的产生是 ROOH 积累后分解引发的结果。图 2-7 显示了橡胶热氧老化时的吸氧量、吸氧速率及氢过氧化物累积量随老化时间的变化规律。AB 段为诱导期，相当于橡胶的安全使用期。随着橡胶吸氧量增加，生成的氢过氧化物量不断增加，至最大值。BC 段体现了自动催化氧化阶段。当橡胶的自动催化氧化阶段趋于结束时，进入 CD 段，前期由于 ROOH 基本已完全分解消耗，此时引发反应与终止反应相平衡，所以吸氧速率趋于恒速。后期由于橡胶大分子上的活性点越来越少，引发速率越来越慢，故吸氧速率越来越慢，橡胶处于深度氧化状态。

自由基链反应最终可以因交联为主而终止，也可以因链降解为主而终止。对结构不同的橡胶，在热氧老化过程中，有的橡胶以交联反应为主，有的以断链降解反应为主。

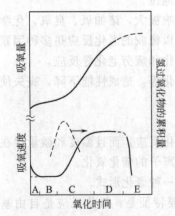

图 2-7　橡胶热氧化时的吸氧量、
吸氧速率及氢过氧化物的累积量
随老化时间的变化规律

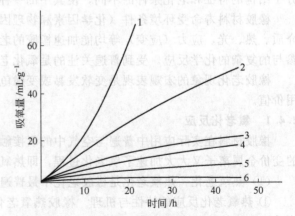

图 2-8　各种橡胶在 130℃ 的吸氧曲线
1—天然橡胶；2—聚丁二烯橡胶；3—聚氯丁二烯橡胶；
4—丁苯橡胶；5—异丁橡胶；6—硅橡胶

氧化速率可以在恒温下用容量法测定氧气的消耗来确定，如图 2-8 所示是各种橡胶在 130℃ 的吸氧曲线。由图可见，在这几种橡胶中以天然橡胶和顺丁橡胶最容易氧化，硅橡胶的吸氧速率最慢，一般是二烯烃橡胶容易被氧化。

关于天然橡胶和顺丁橡胶的热氧化研究，都是通过反应产物的分析或低分子模拟化合物的氧化反应来推论。由于热氧化反应的复杂性，因此反应历程和结构变化的推论并不统一，说法颇多，这里仅选择性地简单说明这两种橡胶在热氧化过程中的结构变化。

a. 天然橡胶的热氧老化　人们观察到天然橡胶仅吸收 1% 的氧（按重量计），其弹性便大部分丧失，分子量降低，显然是链断裂降解的结果。通过对天然橡胶氧化期间的产物研究，发现有二氧化碳、醇类、醛类和有机酸类等低分子化合物，提出以下反应历程。

除天然橡胶外，还有聚异戊二烯橡胶、丁基橡胶、二元乙丙橡胶以及氯醇橡胶等均属于以氧化断链降解为主的热氧老化。老化后表现为变软发黏。

b. 顺丁橡胶的热氧老化　顺丁橡胶在热氧老化中的结构变化与天然橡胶不同，可表示如下。

老化反应中同时发生氧化断链和交联过程。

氧化断链：

$$\begin{array}{l}\sim\!CH_2\!-\!CH\!=\!CH\!-\!CH\!\sim \\ |OOH \\ H \\ \sim\!CH_2\!-\!CH\!=\!CH\!-\overset{|}{\underset{|}{C}}\!\sim \\ O\cdot \end{array} \longrightarrow \left\{ \begin{array}{l} \sim\!CH_2\!-\!CH\!=\!CH\!-\!\overset{O}{\underset{\parallel}{C}}\!\sim +H\cdot \\ \sim\!CH_2\!-\!CH\!=\!CH\!-\!\overset{O}{\underset{\parallel}{C}}\!\sim +R\cdot \\ \\ \sim\!CH_2\!-\!CH\!=\!\overset{\cdot}{C}H + H\!-\!\overset{O}{\underset{\parallel}{C}}\!\sim \end{array} \right.$$

交联过程：

或

或断链产物产生交联。

从上述历程可见，顺丁橡胶在热氧老化过程中既有断链反应，又有交联反应，由于断链产物仍能进行交联，所以是以交联反应为主的老化过程。这类橡胶还有丁腈橡胶、丁苯橡胶、氯丁橡胶、三元乙丙橡胶、氟橡胶以及氯磺化聚乙烯等，老化后表现为变硬龟裂。

② 橡胶结构与温度对热氧老化的影响　影响橡胶热氧老化的主要因素除氧的浓度和氧的扩散速率以外，橡胶分子结构和温度将决定橡胶的耐热氧老化寿命。

a. 分子结构的影响　橡胶分子链的化学结构不同，耐热氧老化的程度也不相同。主要取决于老化过程中过氧自由基从橡胶分子链上夺取 H 的难易程度，诸如双键、取代基以及弱键等都会产生影响。

若分子链中含有双键，则双键的 α 碳原子上的 C—H 键的解离能很低，很容易被所产生的过氧自由基夺去 H。橡胶分子链上一旦形成自由基后，自由基碳原子上的 C—H 键和 C—C 键就可能被较低能量打断，从而发生氧化老化。所以橡胶分子链中的不饱和度越大，耐热氧老化性降低。

若双键 C 原子上连有推电子取代基（如烷基等）时，双键的 α-H 的解离能降低，易产生氧化反应。如天然橡胶和顺丁橡胶相比，天然橡胶的反应性比顺丁橡胶大。相反，若双键 C 原子上连有吸电子取代基（如卤素等），由于吸电子基团的作用，使双键 α-H 的电子云密度降低,反应活性降低,所以氯丁橡胶的耐热氧老化性优于天然橡胶。

$$\sim CH_2 - \overset{\overset{\displaystyle CH_3}{\displaystyle |}}{\underset{\underset{\displaystyle H}{\displaystyle |}}{C}} = CH - CH \sim \qquad\qquad \sim CH_2 - \overset{}{CH} = CH - \underset{\underset{\displaystyle H}{\displaystyle |}}{CH} \sim$$

142kJ/mol   163kJ/mol

对丁腈橡胶来说,由于氰基的吸电子作用,使得反应活性较大的双键 α-H 的电子云密度大大降低,难以受到具有亲电作用的过氧自由基的攻击,反应活性下降,因此丁腈橡胶的耐热氧老化性优于天然橡胶、顺丁橡胶、丁苯橡胶等,与氯丁橡胶相当。

$$\sim CH - \overset{\overset{\displaystyle\delta^-}{}}{CH_2} - \overset{\overset{\displaystyle\delta^{2+}}{}}{CH} = \overset{\overset{\displaystyle\delta^-}{}}{CH} \sim$$
$$\underset{\displaystyle C \equiv N}{}$$

橡胶经过硫化后,产生不同的交联结构及网外物质,对其热氧老化有很大的影响。一般情况下,交联键的键能越大,硫化胶的耐热氧老化性越好。不同硫化体系形成的交联键,其氧化断裂的倾向性为:硫黄硫化>硫黄/促进剂>硫载体>过氧化物>醌肟>树脂硫化。

b. 温度的影响　从化学反应动力学可知,不论是哪一级的反应,反应速率常数 (k) 均随着温度的提高而增大,服从 Arrhenius 公式。

$$k = Ae^{-\frac{\Delta E}{RT}} \tag{2-8}$$

由于热加速了橡胶的氧化,使其性能衰减,由上式可导出在热氧老化过程中,性能、时间及温度之间的关系式:

$$\ln t = \ln\left(\frac{1}{A}\ln\frac{p_0}{p}\right) + \frac{\Delta E}{RT} \tag{2-9}$$

式中,t 为时间;A 为常数;T 为热力学温度;ΔE 为表观活化能;R 为理想气体常数;p_0 为 $t=0$ 时的物理机械性能,如拉伸强度,伸长率等;p 为 t 时的物理机械性能。

如果假定 p 达到某一定值所需的时间 t_e 为老化寿命,则:

$$\ln t_e = A' + \left(\frac{\Delta E}{RT}\right) \tag{2-10}$$

式中　A'——常数。

按式(2-10)式作 $\ln t_e$-$1/T$ 图,由直线的斜率可求出表观活化能 ΔE。

在实际应用中常用老化温度系数表示热氧老化与温度的关系,老化温度系数是指温度相差 10℃老化时,性能降到某一相同的指标所需时间之比。由式(2-10)得老化温度系数:

$$\ln\frac{t_{e_1}}{t_{e_2}} = \frac{\Delta E}{R}\left(\frac{1}{T_1} - \frac{1}{T_1+10}\right) \tag{2-11}$$

表 2-9 是几种橡胶在空气恒温箱中老化时的温度系数。

(2) 金属离子催化氧化　橡胶在氧老化过程中,若有某些金属离子存在(主要是变价金属离子或过渡金属离子),可以大大促进老化进程,故称为金属离子的催化氧化作用。

橡胶中存在的微量金属离子对氧化老化的促进作用,早在 20 世纪初就引起人们的重视,并进行了较多的研究,提出了许多不同的机理。其中金属离子通过氧化-还原反应催化氧化的机理得到较普遍的认可。其反应过程的特征是金属离子通过单电子的氧化还原反应催化氢过氧化物分解成自由基:

表 2-9　几种橡胶在空气恒温箱中老化时的温度系数

橡胶种类	测定性能	温度范围/℃	温度系数	报道者
NR	拉伸强度、伸长率	室温～70	约 3.21	Geer 和 Evans
	应力-应变曲线		2.6～3.3	Kral
			2.88～3.02	Follansbee
	拉伸强度、伸长率		2.54～4.04	TenerSmith 和 Holt
			2.27	Nellen 和 Sellar
	应力-应变曲线	70～100	2.65～2.73	Vanderbilt Handbook
		70～100	2.6	
SBR	应力-应变曲线	100～132	2.0	Harrison 和 Cole
	伸长率、定伸应力	90～127	2.0	Tuve 和 Garvey
	拉伸强度、伸长率	70～121	2.2	Massie 和 Warner
	伸长率、定伸应力	70～100	2.1	Sturgis 和 Baum 等
	拉伸强度、伸长率、定伸应力、硬度	15～100	2.25	Scoot
	应力-应变曲线	80～100	1.97～2.09	Shelton 和 Winn
NBR	伸长率	121～149	2.0	Mccarth 等

$$ROOH + M^{n+} \longrightarrow RO\cdot + M^{(n+1)+} + OH^-$$
$$ROOH + M^{(n+1)+} \longrightarrow ROO\cdot + M^{n+} + H^+$$

总体可用下式表示：

$$2ROOH \xrightarrow{M^{n+}/M^{(n+1)+}} RO\cdot + ROO\cdot + H_2O$$

式中　M^{n+}，$M^{(n+1)+}$——变价金属离子。

以上机理表明，变价金属离子参与的氧化-还原反应使大量的氢过氧化物裂变为自由基，即金属离子对氧化老化的催化作用就在于加速氢过氧化物分解为自由基，从而增加链引发的速率，促进了自动催化氧化反应。

研究表明，金属离子中以锰、钴、铜、铁、镍离子的催化作用最为显著。如图 2-9 所示是金属硬脂酸盐对 NR 老化的影响。

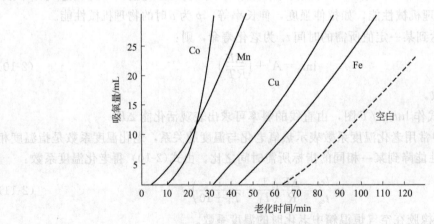

图 2-9　金属硬脂酸盐对 NR 老化的影响
添加量 0.1%，氧压 0.1MPa，老化温度 110℃

应指出的是，不同金属离子对橡胶氧化老化的催化作用比较复杂。含有痕量的不同的金属离子在同一橡胶中有不同的催化氧化效果，即便同一金属离子在不同的橡胶中有时也显示出不同的催化氧化效果。另外，若有两种以上金属离子同时存在时，根据情况不同，可能出现协同催化效应。橡胶中的微量变价金属离子主要是生物合成或化学合成中形成或混入的，一些是在加工过程中或在各种填料、配合剂中混入的，一些是橡胶制品在使用中与金属部件接触而迁入的等。因此，从原材料的贮存与加工、合成与加工工艺，到制品的使用均应警惕微量金属离子的危害作用。

2.4.2 臭氧老化

臭氧几乎可以与所有的有机物质进行反应，但与不饱和化合物的反应速率比饱和化合物快得多，所以空气中存在的微量臭氧对二烯烃类橡胶的影响颇大。

二烯烃类橡胶与臭氧的反应机理是在 20 世纪初由 Harries 提出的臭氧与烯烃反应机理的基础上发展起来的，大体可归纳如下。

首先臭氧与双键发生偶极加成，生成分子臭氧化物（Ⅰ）；并很快分解生成两性离子（Ⅱ）和羰基化合物（Ⅲ）；在多数情况下它们又重新结合生成异臭氧化物（Ⅳ）；另外还可以发生两性离子相互结合形成二过氧化物（Ⅴ）或聚过氧化物（Ⅵ）；当体系中有带活性氢的物质（如醇等）时，则两性离子可与其反应形成氢过氧化物（Ⅶ）。

与氧化老化相比较，臭氧老化有两大特征。

① 臭氧与二烯烃橡胶的反应相当快，反应活化能很低，说明橡胶的臭氧老化是一种表面反应，未受应力的橡胶表面反应深度为 $(10\sim50)\times10^{-6}$ mm。

② 臭氧老化与橡胶的应力（或应变）有关。未受拉伸的橡胶与臭氧反应直到表面上的双键完全反应完后终止，在表面形成一层灰白色的没有弹性的臭氧化物的硬脆膜；当橡胶的伸长或所受应力高于某一临界伸长或临界应力时，表面产生臭氧龟裂，且龟裂时的裂纹方向与受力的方向垂直。

由上述可知，橡胶的臭氧老化龟裂是由于形成没有弹性的臭氧化物，在应力（或应变）下造成的。龟裂出现后，裂口处暴露出的新鲜橡胶继续与臭氧反应，使裂口不断增长至破坏。

由于臭氧与双键的加成反应是一种亲电反应，因此，当不饱和双键碳原子连有供电子取代基（如烷基）时，可加快与臭氧的反应。当连有吸电子取代基（如氯原子）时，将减慢与臭氧的反应。所以氯丁橡胶的臭氧化速率比天然胶和顺丁胶慢，天然橡胶的臭氧化速率较快，即 CR<BR<NR。表 2-10 是不同橡胶的龟裂增长速率。

橡胶的臭氧老化程度还与橡胶分子链的柔性有关，分子链的柔性好，有利于臭氧的渗透，有利于臭氧龟裂的增长速率。所以凡是影响橡胶分子链柔性的因素（如温度等）也必将影响臭氧老化的程度。

表 2-10　不同橡胶的龟裂增长速率　(1.15mg O$_3$/L)　　　单位：mm/min

橡胶名称	无增塑剂配方			有增塑剂配方[①]
	2℃	20℃	50℃	20℃
天然橡胶	0.15	0.22	0.19	0.26
丁苯橡胶（S/B=30/70）	0.13	0.37	0.34	0.40
丁基橡胶	—	0.02	0.16	0.24
丁腈橡胶（AN/B=40/60）	0.004	0.04	0.23	0.20
丁腈橡胶（AN/B=30/70）		0.005		
丁腈橡胶（AN/B=18/82）		0.22		
氯丁橡胶	—	0.01		0.05

① 配 20 质量份酯类增塑剂。

地球表面的臭氧是从高空中的臭氧层扩散到地面，一般浓度在 5×10^{-6} mol/L 以下。但大气中的某些污染物，如汽车尾气中的一氧化氮与氧可发生光化反应生成臭氧，因此空气污染严重，臭氧浓度将增加，必将促进橡胶的臭氧老化。

2.4.3　物理因素引起的老化

橡胶在高温、光、高能辐射和机械力等因素作用下，会使大分子主链或侧基断裂而导致老化，尤其是在空气中，由于氧的存在将进一步加速老化进程。

（1）热降解老化　高聚物在隔绝空气或惰性气体中，当热能达到化学键的分解能时，可使大分子主链断裂，产生热降解老化现象。研究表明：某些高聚物在高温时产生解聚反应，即单体单元从链端或其弱键处相继断开，还原为单体；某些高聚物在高温下，产生无规降解，即大分子主链随机地生成各种大小不等的分子链"碎片"。这两类热降解方式可以同时发生，也可以分别发生。通常是同时发生的，其中一种方式占主导地位。最终取决于高聚物本身的化学结构，但是其中存在的微量不稳定结构（杂质或添加剂等）物质，也能影响降解速率及活化能。

高聚物的热稳定性与其含有的各种化学键的分解能有很大关系，表征热稳定性的重要参数是重量减半温度（$T_{1/2}$），是指高聚物在真空中加热 30min 使其重量损失一半所需要的温度，简称半分解温度。如图 2-10 所示是某些高聚物中弱键的键离解能（E_d）与半分解温度的相关性。

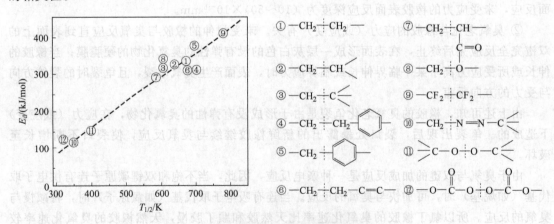

图 2-10　某些高聚物中弱键的键离解能（E_d）
与半分解温度的相关性

从图 2-10 可见，含氟的或主链含环的高聚物热稳定性最高，主链中各种 C—C 键的相对强度如下。

$$\text{ⵚC}-\text{C}-\text{C}\text{ⵚ} \quad > \quad \text{ⵚC}-\text{C}-\text{C}\text{ⵚ} \quad > \quad \text{ⵚC}-\overset{\overset{\displaystyle C}{|}}{\underset{\underset{\displaystyle C}{|}}{C}}-\text{C}\text{ⵚ}$$

天然橡胶在高于 200℃时开始发生降解，高于 300℃时降解迅速。经分析，其热降解产物主要是分子量约为 600 的低分子物，此外还有少量的异戊二烯单体、戊烯和双异戊二烯等。丁腈橡胶加热到 500℃时，有大量低分子碳氢化合物、胺和 HCN 等产生，说明也是无规降解。

橡胶在热降解时，在分子链的弱键处断裂的概率最大。这些弱键包括某些结构缺陷，如头-头键接结构等。硫化橡胶中的多硫交联则比单硫交联和碳-碳交联的耐热性差。

(2) 光老化　光是辐射能中的一种，太阳辐射出来的能量只有一小部分可以达到地球表面，比如 X 射线在大气的最外层被吸收，波长在 290nm 以下的紫外线（也称远紫外线）在臭氧层中被吸收，照射到地面的是波长大于 290nm 的近紫外部分（波长 300～400nm）和可见光等。断裂一个共价键所需的能量一般为 165～420kJ/mol，相当于波长为 290～710nm，这说明近紫外范围的辐射能量已足够打开一般的共价键。

光化学反应的基本法则是：物质只有吸收了光才能发生光化学反应；吸收光以光量子为单位，光量子的能量为 $E=h\nu$。只有当构成物质的分子和原子吸收了光能，才能使分子和原子处于激发态，从而进行化学反应。橡胶的光老化现象就是光化学反应的过程。

天然橡胶对光照极灵敏，降解过程受外界影响很大，在真空或惰性气体中，用紫外光（波长小于 400mm）对其进行照射，在低于 150℃时出现凝胶化现象，并析出氢气：

$$\text{ⵚCH}_2-\overset{\overset{\displaystyle CH_3}{|}}{C}=\text{CH}-\text{CH}_2\text{ⵚ} \xrightarrow{h\nu} \overset{\cdot}{\text{CH}}-\overset{\overset{\displaystyle CH_3}{|}}{C}=\text{CH}-\text{CH}_2\text{ⵚ} \;+\; \text{H}\cdot$$

$$2\,\text{ⵚ}\overset{\cdot}{\text{CH}}-\overset{\overset{\displaystyle CH_3}{|}}{C}=\text{CH}-\text{CH}_2\text{ⵚ} \longrightarrow \overset{\displaystyle\text{ⵚCH}-\overset{\overset{\displaystyle CH_3}{|}}{C}=\text{CH}-\text{CH}_2\text{ⵚ}}{\underset{\displaystyle\text{ⵚCH}-\underset{\underset{\displaystyle CH_3}{|}}{C}=\text{CH}-\text{CH}_2\text{ⵚ}}{|}}$$

$$2\text{H}\cdot \longrightarrow \text{H}_2\uparrow$$

但若在 200～300℃光照时，则会产生少量的异戊二烯单体。

$$\text{ⵚ}\overset{\overset{\displaystyle H}{|}}{\underset{\underset{\displaystyle H}{|}}{C}}-\overset{\overset{\displaystyle H}{|}}{C}=\overset{\overset{\displaystyle CH_3}{|}}{C}-\overset{\overset{\displaystyle H}{|}}{\underset{\underset{\displaystyle H}{|}}{C}}\text{ⵚ} \xrightarrow{h\nu} \left[\overset{\overset{\displaystyle H}{|}}{\underset{\underset{\displaystyle H}{|}}{C}}-\overset{\overset{\displaystyle H}{|}}{C}=\overset{\overset{\displaystyle CH_3}{|}}{C}\cdot + \cdot\overset{\overset{\displaystyle CH_3}{|}}{C}=\overset{\overset{\displaystyle H}{|}}{C}-\overset{\overset{\displaystyle H}{|}}{\underset{\underset{\displaystyle H}{|}}{C}}\text{ⵚ} \right] \xrightarrow{\text{均降解}} \text{异戊二烯单体}$$

应指出的是，橡胶中存在的杂质或结构缺陷，吸收光后也将引发降解反应。一般有两种引起光敏的杂质：一种是添加进去的，如某些助剂、填料等，尤其是合成中的催化剂残余，如齐格勒-纳塔催化剂中一些过渡金属（如钛、铬、钼、钒等）和金属有机化合物（如烷基铝）；另一种是橡胶在贮存、加工和使用中转变的一些产物，如过氧化物、羰基化合物等。

(3) 高能辐射老化　在高能辐射作用下，橡胶结构会发生巨大变化，导致离子化作用和自由基产生，因而使分子主链断裂，侧基脱落，或相互交联成网状。

高能辐射的能源包括 γ 射线、X 射线、加速电子或 β 射线、快中子、慢中子、α 射线、原子反应堆混合射线（γ 射线＋中子）等。随着原子能工业和航天航空事业的发展，要求橡胶材料不仅有高的比强度和比模量，同时要求有很好的耐辐射性能。

不管高能辐射能源是什么，橡胶等高聚物受到辐照后都发生基本相同的初级作用，即电离或激发作用。

$$高聚物 \xrightarrow{\text{辐射}} \begin{cases} P^+ + e^- & \text{电离作用} \\ P^* & \text{激发作用} \end{cases}$$

生成的 P^+、P^* 可以进一步反应,即发生次级反应——降解或交联反应。橡胶的结构不同,其耐辐射的能力也不同。一般来说,主链或侧链含芳香环结构时,耐辐射性较强。由于有共轭体系的存在,会将能量传递分散而不致使能量集中于某一键,产生降解。

(4) 疲劳老化 疲劳老化是橡胶在交变力场作用下的老化现象。一般情况下,疲劳老化并非单纯的物理过程,往往是力化学反应过程,与温度、氧、臭氧、光及化学介质等环境因素密切相关。

若橡胶的疲劳过程是在真空或惰性气体中进行的,则基本上是物理过程,老化的主要原因是在交变力场中,由于分子链的内摩擦的缘故,每一个往复周期内所受到的力不能完全松弛掉,存在剩余应力,因此在疲劳过程中剩余应力不断叠加,直至分子链弱键(或缺陷处)断裂并逐步形成裂纹,在裂纹端部产生应力集中,从而使裂纹不断增长,最终丧失使用价值。疲劳中的热效应、交变力场的频率和应变幅度等均对老化过程有显著影响。

实际上橡胶制品使用中的疲劳老化是在力场的作用下的力化学反应过程,主要是作用力活化的热氧老化、臭氧老化和光氧老化等化学过程。

Gent 认为疲劳中分子链弱键断裂产生的自由基与氧反应,引发了氧老化。简单示意为:

$$R—R \xrightarrow{\text{力}} R \cdot \xrightarrow{O_2} ROO \cdot$$

Kuzuminskii 认为疲劳过程中的力和热效应降低了氧化反应的活化能,而引发氧化反应形成过氧化物,然后橡胶分子链产生断裂。

$$\diagdown C=C \diagup \xrightarrow{\text{力, } O_2} \diagdown \overset{O—O}{\underset{}{C—C}} \diagup \longrightarrow -\overset{|}{\underset{O \cdot}{C}}-\overset{|}{\underset{O \cdot}{C}}- \longrightarrow \diagdown C=O + O=C \diagup$$

2.4.4 老化反应的防护

橡胶的老化现象不能防止,只能采取化学的或物理的方法延缓或阻滞老化反应的进行。凡是能够延缓或阻滞老化反应、延长橡胶使用寿命的物质通称为防老剂。可分为化学防老剂(也称稳定剂)和物理防老剂两大类。化学防老剂按防护功能又可以分为抗氧剂、抗臭氧剂、金属离子钝化剂、紫外光吸收剂和抗疲劳剂或屈挠龟裂抑制剂等。

(1) 抗氧剂 抗氧剂的防护功能包括两个方面:一是消除 $ROO \cdot$ 自由基活性的功能,称为主抗氧剂;二是消除 $ROOH$ 的存在,称为助抗氧剂。

① 主抗氧剂 主抗氧剂的作用机理是通过与氧化过程中产生的 $ROO \cdot$ 自由基作用,中断链式反应,来抑制或延缓氧化反应,也称链断裂型防老剂。这类防老剂与链增长自由基发生加成或偶合、电子转移及氢转移等反应,若用 AH 代表主抗氧剂,则:

$$AH + O_2 \longrightarrow A \cdot + HOO \cdot$$
$$ROO \cdot + AH \longrightarrow ROOH + A \cdot$$
$$ROO \cdot + A \cdot \longrightarrow ROOA$$
$$A \cdot + A \cdot \longrightarrow A—A$$

以上反应式表明主抗氧剂应是具有活泼氢原子的化合物,它能使过氧自由基 $ROO \cdot$ 稳定化,自身变成活性低的、不能传播链式反应的自由基 $A \cdot$,从而使氧化连锁式反应停止。式中 $ROOA$ 和 $A—A$ 均为稳定化合物。

值得指出,其中存在两个竞争的反应,即橡胶烃和抗氧剂与过氧自由基间的反应:

$$RH + ROO \cdot \xrightarrow{k_1} R \cdot + ROOH$$

$$AH + ROO \cdot \xrightarrow{k_2} A \cdot + ROOH$$

前者是氧化反应中的链传递反应，从防老化角度来看，两个反应的速率常数必须达到 $k_2 > k_1$，也就是过氧自由基从抗氧剂夺取氢原子的速率要比它从橡胶分子上夺取氢原子的速率快很多时，才能起到抑制连锁式反应的作用。

另外，反应（1）是不希望发生的氧化引发过程，所产生的 HOO· 的活性较高，可以从分子链上夺取氢，产生分子链自由基。尤其是在较高的温度下，或者防老剂 AH 浓度较高，或反应活性很高时，这一反应容易发生。

常用的主抗氧剂主要是酚类和胺类两大类。现分别以 2,6-二叔丁基-4-甲基苯酚和 N, N'-二苯基-对苯二胺为例，说明其防老化历程。

a. 酚类

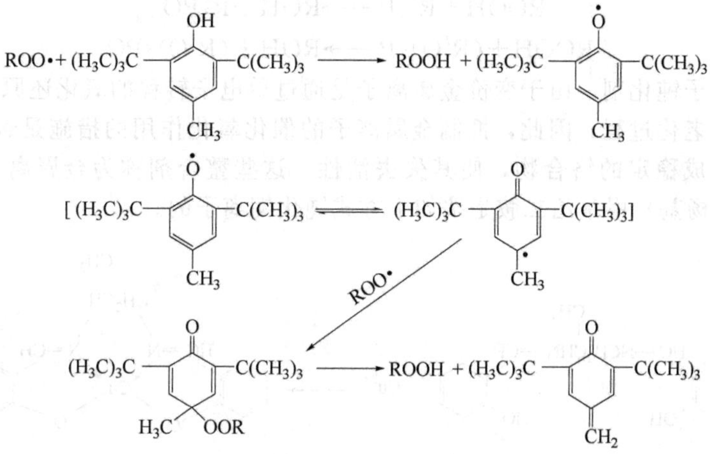

b. 对苯二胺类

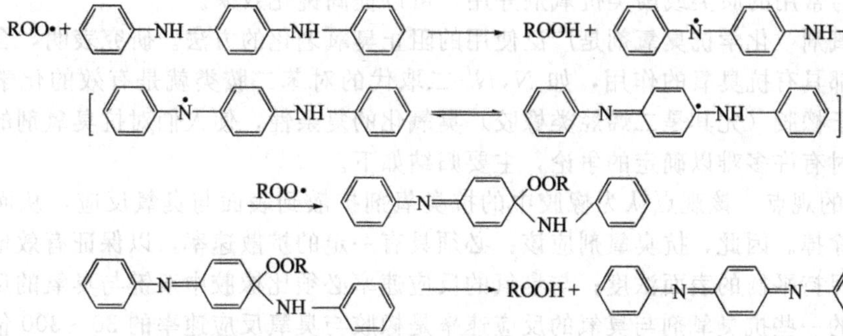

② 助抗氧剂　助抗氧剂的作用是将已经形成的氢过氧化物（ROOH）分解成不含有自由基的产物，从而减缓自动催化效应，也就是阻止新的链引发。这类抗氧剂主要是含硫有机化合物和含磷有机化合物。

a. 含硫化合物　主要是一硫化物和二硫化物，例如硫醇（$R'SH$）类化合物：

$$ROOH + 2R'SH \longrightarrow ROH + R'-S-S-R' + H_2O$$

$$R'-S-S-R' + 2ROOH \longrightarrow \left[\ R'-\overset{\overset{O}{\|}}{\underset{\underset{O}{\|}}{S}}-RS'\ \right] + 2ROH$$

$$\longrightarrow R'-S-R' + SO_2$$

硫醚 R′—S—R′ 类化合物也可反应：

$$R'-S-R'+ROOH \longrightarrow R'-\overset{O}{\underset{亚砜}{S}}-R'+ROH$$

$$R'-\overset{O}{S}-R'+ROOH \longrightarrow R'-\overset{O}{\underset{O}{S}}-R'+ROH$$

由上述反应可以看到，2mol 的硫醇可以分解掉 5mol 的氢过氧化物。若用二硫代氨基甲酸盐类二硫化物则效率更高，1mol 二硫代氨基甲酸盐能分解 7mol 的氢过氧化物。

b. 含磷化合物　主要是亚磷酸酯类化合物，效果逊于含硫化合物，1mol 亚磷酸酯只能分解 1mol 氢过氧化物。

$$ROOH+R'_3P \longrightarrow ROH+R'_3PO$$

$$ROOH+(R'O)_3P \longrightarrow ROH+(R'O)_3PO$$

（2）金属离子钝化剂　由于变价金属离子是通过单电子转移的氧化还原反应使氢过氧化物分解产生催化老化过程，因此，抑制金属离子的催化氧化作用的措施是选择一些螯合剂，能与金属离子生成稳定的络合物，使其失去活性。这些螯合剂称为金属离子钝化剂。例如 N,N'-二（亚水杨基）甲基乙二胺是按如下方式钝化铜离子的。

需指出，单纯使用金属离子钝化剂，有时不能完全抑制金属离子的催化作用，往往将金属离子钝化剂与常用的胺类或酚类抗氧剂并用，可以提高钝化效果。

（3）抗臭氧剂　化学抗臭氧剂是广泛使用的阻止臭氧老化的方法。研究表明，含氮的有机化合物几乎都具有抗臭氧的作用，如 N,N'-二取代的对苯二胺类就是有效的化学抗臭氧剂。但是，由于橡胶（尤其是二烯烃类橡胶）臭氧化的复杂性，使人们对抗臭氧剂的研究与作用机理的探讨有许多难以确定的争论，主要归纳如下。

① 清除剂的观点　该观点认为橡胶中的抗臭氧剂扩散到表面与臭氧反应，从而把攻击橡胶的臭氧清除掉。因此，抗臭氧剂应该：必须具有一定的扩散速率，以保证有效地从橡胶内向外扩散，保持平衡的表面浓度；与臭氧的反应速率必须比橡胶中双键与臭氧的反应速率快，比如现有的一些抗臭氧剂与臭氧的反应速率是橡胶与臭氧反应速率的 30～300 倍。但也有一些与清除剂观点不一致的现象，如二月桂基硒化物与臭氧具有很高的反应性，但作为抗臭氧剂使用却没有防护效果。再如抗臭氧剂用量超过最宜浓度后，防护效果不但不提高，反而有所下降等。

② 防护膜机理　该机理认为抗臭氧剂在橡胶表面上与臭氧反应生成臭氧化物，该臭氧化物是极性的，在橡胶表面积累形成一层像蜡一样的防护膜，隔断了臭氧对橡胶的攻击。

③ 重新键合和自愈合膜理论　前者认为抗臭氧剂与橡胶臭氧化断裂而产生的两性离子或醛基反应，并将它们重新连接起来，从而抑制了臭氧龟裂；后者认为抗臭氧剂与橡胶臭氧化物或两性离子反应，在表面上形成了低分子量的惰性"自愈合膜"。

前述的几种抗臭氧剂的作用机理，虽都有一些实验结果的支持，但也存在一些不能自圆其说的现象。目前人们较普遍地认为抗臭氧剂的作用机理是清除剂与保护膜共存的结果。

（4）疲劳老化的防护　由于氧及臭氧都影响疲劳老化过程，因此，疲劳老化的防护往往是在橡胶中加入抗氧剂和抗臭氧剂。研究表明，对苯二胺类防老剂（尤其是防老剂4010NA，IPPD）有良好的抗疲劳老化效果。

Katbab 等用顺磁共振谱（ESR）研究了加有 IPPD 的天然橡胶的疲劳过程，发现有氮氧自由基和过氧自由基产生，如图 2-11 所示。

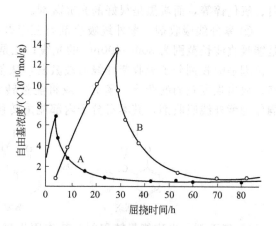

图 2-11　疲劳中的氮氧自由基与过氧自由基的变化
A—过氧自由基；B—氮氧自由基

图 2-11 中初期生成较多的过氧自由基，是疲劳中分子链断裂产生的分子链自由基与氧反应的结果。当过氧自由基浓度达到最高值时，氮氧自由基开始产生，说明此时防老剂不直接与氧反应，而是与过氧自由基发生反应，生成氮氧自由基，故过氧自由基急剧减少，氮氧自由基浓度急剧增加，最后两者达到稳定状态。据此，提出以下二苯胺类防老剂的疲劳老化防护机理。

$$\begin{array}{c} R' \\ R'' \end{array}\!\!> NH \xrightarrow{ROO\cdot} \begin{array}{c} R' \\ R'' \end{array}\!\!> N\cdot + ROOH$$

$$\downarrow ROO\cdot$$

$$\left[\begin{array}{c} R' \\ R'' \end{array}\!\!> N-OOR\right]$$

$$\downarrow$$

$$\begin{array}{c} R' \\ R'' \end{array}\!\!> N-O\cdot + \cdot OR$$

氮氧自由基

$$\begin{array}{c} R' \\ R'' \end{array}\!\!> N-O\cdot + \cdot CH_2 - \overset{CH_3}{\underset{|}{C}} = CH - CH_2 \sim\sim \longrightarrow \left[\begin{array}{c} R' \\ R'' \end{array}\!\!> N-O-CH_2 - \overset{CH_3}{\underset{|}{C}} = CH - CH_2\right]$$

分子链自由基（R·）

$$\downarrow$$

$$\begin{array}{c} R' \\ R'' \end{array}\!\!> N-OH + CH_2 = \overset{CH_3}{\underset{|}{C}} - CH = CH \sim\sim$$

上述机理表明，第一步与过氧自由基（ROO·）迅速反应生成氮氧自由基，第二步氮氧自由基与分子链自由基（R·）进行有效的终止及再生反应，使疲劳过程产生的较多ROO·及 R·稳定化，从而有效地抑制橡胶的疲劳老化。

随着对疲劳老化研究的逐渐深入，不断出现一些新的抑制疲劳老化的机理。但往往是针对某几种胶种和某些防老剂的实验而解析的，因此存在某些不足，尚不能彻底弄清楚防老剂抑制疲劳老化的机理。

（5）光稳定剂　光稳定剂主要用于紫外光的防护，抑制光对橡胶的催化氧化。由于稳定机理不同，可分为三种类型，即光屏蔽剂、紫外线吸收剂和猝灭剂。

① 光屏蔽剂　光屏蔽剂是能反射紫外光，使其不透入橡胶内部，或兼有吸收紫外光和抗氧老化作用的物质。例如有机颜料中的酞菁蓝或酞菁绿以及无机颜料中的镉黄、镉红和钛白、氧化锌等，而炭黑是很好的光屏蔽剂。

② 紫外线吸收剂　紫外线吸收剂有三个基本要求：一是能吸收光能量而本身稳定；二是能吸收波长范围为 300～400nm 的光线；三是吸收能力比羰基的吸收能力强千百倍。其稳定机理是吸收剂分子吸收紫外线而被激发，从基态转到激发态，然后经过分子本身能量的转移，放出强度较弱的荧光、磷光，或将能量转为热而自身恢复到基态。例如 2-羟基二苯甲酮作为紫外线吸收剂，其本身分子内部能量转移的形式如下。

③ 猝灭剂　也称能量转移剂。其作用机理是从激发态吸收能量，把激发态氧和激发态羰基等转为基态。与紫外线吸收剂相似，区别在于猝灭剂是通过分子间的作用转移激发态的能量，而紫外线吸收剂是自身分子内的能量转移，但结果都是恢复到基态。

可示意为：

式中，* 表示激发态。

猝灭剂主要是二价 Ni 的有机螯合物，如 Ni-双-（4-叔辛基苯）-单亚硫酸镍。

有的猝灭剂由于结构的原因，既是猝灭剂，又是抗氧剂。

（6）关于防老剂的并用　为了获得较好的橡胶老化防护效果，实际应用中，往往选用几种不同的防老剂并用。有的并用体系防护效果明显增大，即加和效应或协同效应；有的并用体系也会出现防护效能下降的现象，即消长效应。因此，在选用防老剂并用时，应该在试验的基础上认真分析选择。

① 消长效应　是指两种或两种以上的防老剂并用时，所产生的防护效果小于它们单独使用时的效果。比如有时酸性防老剂与碱性防老剂并用时，由于两者间产生了类似于盐的复合体而产生对抗作用。所以在实际应用中，应尽量避免这种现象的发生。

② 加和效应　防老剂并用后产生的防护效果等于它们各自作用的效果之和，一般同类型的防老剂并用通常产生加和效应。大多数防老剂单用浓度较高时，有助氧化作用，因此，可将两种或几种防老剂以较低的浓度并用，并用后的效果为各组分并用效果之和。

③ 协同效应　即两种或多种类型防老剂并用时的效果明显大于每种防老剂单独使用的效果之和，这是比较理想的并用体系。

参考文献

[1]　潘祖仁主编. 高分子化学. 第 5 版. 北京：化学工业出版社，2011.
[2]　王琛主编. 高分子材料改性技术. 北京：中国纺织工业出版社，2007.
[3]　[日] 山下晋三，金子東主编. 交联剂手册. 北京：化学工业出版社，1990.
[4]　杨清芝主编. 现代橡胶工艺学. 北京：中国石化出版社，1997.
[5]　Eirich, Frederick R. Science and Technology of Rubber. New York：Academic Press Inc.，1978.
[6]　Whetam A，Lee K S. Developments in Rubber Technology-1. London：Applied Science Publisher，1979.
[7]　Conley. Thermal Stability of Polymers. 1970.
[8]　任文远等. 特种橡胶制品，2007，28（4）：1-5.
[9]　石锐等. 橡胶工业，2006，53（3）：186.
[10]　Krejsa M R. Rubb. Chem. Tech.，1993（66）：376.
[11]　Fred Ignatz-Hoover. Rubber Word，1999，220（5）：24-30，101-102.
[12]　Keller R W. Rubb. Chem. tech.，1985，58：637.

第 3 章 橡胶材料结构与性能

3.1 引 言

研究橡胶材料的性能必然涉及材料结构，结构是性能的物质基础，性能是结构特征的宏观反映。研究结构的目的在于了解材料结构与性能的关系，指导人们正确地选择和使用材料，并通过各种途径改变材料结构，有效地改进其性能。

结构与性能关系的理论和实验研究，是橡胶材料设计的基础。可根据已了解的关于橡胶分子结构与性能关系的规律，按材料使用性能的要求，从化学合成或改性，从凝聚态物理或加工成型技术等化学的或物理的途径，设计出具有一定可控结构的方案、配方和制造技术等，来制备符合使用要求的橡胶材料。橡胶材料的性能与其结构是密切相关的，可以概括地表示为：

$$\left.\begin{array}{l}\text{未交联橡胶}\\\text{交联橡胶}\\\text{复合材料}\end{array}\right\}\text{结构}\Longleftrightarrow\text{性能}\left\{\begin{array}{l}\text{本征性能}\\\text{加工性能}\\\text{使用性能}\end{array}\right.$$

橡胶材料的性能多种多样，具有不同的特征。随着橡胶材料结构研究的不断深入和近代测试方法的进步，橡胶材料性能的研究已经从纯经验的定性研究，进入半定量和定量研究阶段。

3.2 材料的微观结构

微观结构包括橡胶分子链的化学结构（构造、构型）和构象。微观结构取决于橡胶的合成方法与化学反应，决定了橡胶的本征性能，制约着材料的形态结构，控制了橡胶的力学行为。

3.2.1 分子链的构造

分子链的构造包括分子链的化学组成（主链、取代基和末端基）、单体单元间的键接方式等。

（1）主链的化学组成 根据主链化学组成的不同，橡胶分子链分成碳链橡胶和杂链橡胶两大类。

① 碳链橡胶 由于碳元素在元素周期表中的特殊位置，理论上碳元素可生成无限长度的主链，所以由碳原子生成的分子链是高分子中最主要的类型。几乎所有的通用橡胶和特种橡胶的分子链内都含有碳原子。碳链橡胶是仅由碳原子构成的分子主链。目前的通用橡胶都是碳链橡胶，主要是双烯烃单体的均聚物或 α-烯烃与双烯烃单体的共聚物。

表 3-1 是碳链橡胶的分子链组成特征和聚合反应机理。表中的双烯烃单体的均聚物具有典型的橡胶高弹性和高伸长。碳链橡胶大多是由加聚反应生成的。

② 杂链橡胶 杂链高分子的稳定性主要取决于成键原子的电负性。电负性是表征一个原子对其他原子争夺电荷能力的量度。碳原子的电负性为 2.5。实验证明，凡是电负性大于 2.5 的原子和电负性小于 2.5 的原子均容易化合形成杂链。因此，O（3.5）、N（3.0）和 S

（2.5）等可以与 Si（1.8）、P（2.1）等形成杂链橡胶。表 3-2 列出了主要杂链橡胶的分子链组成特征和聚合反应机理。杂链橡胶分子要由缩合聚合反应或开环聚合反应生成。

表 3-1　碳链橡胶的分子链组成特征和聚合反应机理

橡胶名称	分子链组成特征	聚合反应机理
天然橡胶	$\left(\!-CH_2-\underset{\underset{\displaystyle CH_3}{\mid}}{C}=CH-CH_2-\!\right)_n$	生物合成
异戊橡胶	$\left(\!-CH_2-\underset{\underset{\displaystyle CH_3}{\mid}}{C}=CH-CH_2-\!\right)_n$	配位聚合反应
顺丁橡胶	$\left(\!-CH_2-CH=CH-CH_2-\!\right)_n$	配位聚合反应
氯丁橡胶	$\left(\!-CH_2-\underset{\underset{\displaystyle Cl}{\mid}}{C}=CH-CH_2-\!\right)_n$	自由基聚合反应
丁苯橡胶	$\left(CH_2-CH=CH-CH_2\right)_x\left(CH_2-CH\right)_y\left(CH_2-CH\right)_z$ （含乙烯基、苯基）	自由基聚合反应
乙丙橡胶	$\left(CH_2-CH_2\right)_x\left(CH_2-CH\right)_y$ CH_3	配位聚合反应
	$\left(CH_2-CH_2\right)_x\left(CH_2-CH\right)_y$ 含 $CH-CH$ 支链	配位聚合反应
丁基橡胶	$\left(\underset{\underset{\displaystyle CH_3}{\mid}}{\overset{\overset{\displaystyle CH_3}{\mid}}{C}}-CH_2\right)_x-CH_2-\underset{\underset{\displaystyle }{\mid}}{\overset{\overset{\displaystyle CH_3}{\mid}}{C}}=CH-CH_2\left(\underset{\underset{\displaystyle CH_3}{\mid}}{\overset{\overset{\displaystyle CH_3}{\mid}}{C}}-CH_2\right)_y$	阳离子聚合反应
丁腈橡胶	$\left(CH_2-CH=CH-CH_2\right)_x\left(CH_2-\underset{\underset{\displaystyle CN}{\mid}}{CH}\right)_y$	自由基聚合反应
氟橡胶（Viton A）	$\left(CH_2-CF_2\right)_x\left(CF_2-\underset{\underset{\displaystyle CF_3}{\mid}}{CF}\right)_y$	自由基聚合反应
氯化聚乙烯	$\left(CH_2-\underset{\underset{\displaystyle Cl}{\mid}}{CH}\right)_x\left(CH_2-CH_2\right)_y$	化学改性反应
氯磺化聚乙烯	$\left(CH_2-CH_2-CH_2-\underset{\underset{\displaystyle Cl}{\mid}}{CH}-CH_2-CH_2\right)_n\underset{\underset{\displaystyle SO_2Cl}{\mid}}{CH}$	化学改性反应
丙烯酸酯橡胶	$\left(CH_2-\underset{\underset{\displaystyle COOC_4H_9}{\mid}}{CH}\right)_x\left(CH_2-\underset{\underset{\displaystyle CN}{\mid}}{CH}\right)_y$	自由基聚合反应

表 3-2　主要杂链橡胶的分子链组成特征和聚合反应机理

橡胶名称	分子链组成特征	聚合反应机理
硅橡胶	$\left(\!\!\begin{array}{c}R\\Si-O\\R\end{array}\!\!\right)_m\left(\!\!\begin{array}{c}R'\\Si-O\\R'\end{array}\!\!\right)_n$　　R——脂肪烃　　R'——芳香烃	缩合聚合反应
亚硝基氟橡胶	$\left(\!\!\begin{array}{c}N-O-CF_2-CF_2\\CF_3\end{array}\!\!\right)_{99}\left(\!\!\begin{array}{c}N-O-CF_2-CF_2\\(CF_2)_3\\COOH\end{array}\!\!\right)_1$	自由基聚合反应
聚硫橡胶	$\left(R-S_x\right)_n$，$2\leqslant x\leqslant4$	缩合聚合反应
环氧丙烷橡胶	$\left(\!\!\begin{array}{c}CH-CH_2-O\\CH_3\end{array}\!\!\right)_m\left(\!\!\begin{array}{c}CH-CH_2-O\\O\\CH_2-CH=CH_2\end{array}\!\!\right)_n$	缩合聚合反应
均聚氯醚橡胶	$\left(\!\!\begin{array}{c}CH_2-CH-O\\CH_2Cl\end{array}\!\!\right)_m$	开环聚合反应
共聚氯醚橡胶	$\left(\!\!\begin{array}{c}CH_2-CH-O\\CH_2Cl\end{array}\!\!\right)_m\left(CH_2-CH_2-O\right)_n$	开环缩合聚合反应
聚氨酯橡胶	$\left(\!\!\begin{array}{c}O\\ \|\\O-R-O-C-NH-R'-NH-C\\ \|\\O\end{array}\!\!\right)_n$	缩合聚合反应
聚磷腈橡胶	$\left(\!\!\begin{array}{c}OR\\N=P\\OR\end{array}\!\!\right)_n$	阳离子聚合反应

　　由于主链中不仅含 C 原子，还有 Si、O、S、P、N 等原子，因此赋予橡胶材料一些突出性能或功能，如高化学稳定性、高低温性及生物功能等。

　　(2) 取代基团和端基的化学组成　橡胶分子链中的取代基团对橡胶的物理机械性能和化学反应活性起着决定性的作用。由表 3-1 和表 3-2 可看出，相同主链结构而取代基不同可以派生出种类和性能迥异的橡胶。归纳橡胶分子链中常见的取代基团主要有下述三大类。

　　① 烃基团　$-CH_3$、$-CH=CH_2$、$-CF_3$、$-CH_2Cl$、⬡ 等。

　　② 非烃基团　$-F$、$-Cl$、$-Br$、$-CN$ 等。

　　③ 复合基团　$-SO_2Cl$、$-COOH$、$-OR$、$-COOR$ 等。

　　取代基团的空间位置很重要，同一取代基团若空间排列不同，其性能也不相同。比如，取代基沿着主链无规排列，则本体材料通常为非晶态；若处于全同或间同立构排列时，则有利于结晶。

分子链末端基的化学组成一般与单体单元的组成不同。由于分子链很长，端基占高分子整体的量很少，例如天然橡胶中，端基量小于 0.01%。但是端基对橡胶的热稳定性影响较大，因为分子链的热降解可以从端基开始，所以通过封闭端基可以提高橡胶的耐热及化学稳定性。端基的化学组成一般取决于单体、引发剂、溶剂、分子量调节剂以及端基封锁剂等。

端基的化学组成对液体橡胶的性能有很大影响，特别是遥爪液体橡胶。从分子设计角度看，液体橡胶分子中所含端基种类不同，其反应能力也不同，可分为如下几种。

① 低反应性端基 —OH、—Cl、—NR$_2$、$-\overset{\overset{\displaystyle O}{\parallel}}{C}-$ 等。

② 中反应性端基 —CH$_2$Cl、—CHO、—COOH、$-\underset{CH_2}{\overset{O}{CH}}$ 等。

③ 高反应性端基 —SH、—NCO、—COCl、—NH$_2$ 等。

端基的反应能力高时，液体橡胶在贮存和加工时不稳定，端基的极性和缔合性都会产生显著的增黏作用。

链末端基除对热稳定性有影响外，末端基的数量对力学性能也有影响，易形成材料的微观损伤，降低材料强度。

（3）单体单元的键接方式　橡胶的性能不仅与分子链中单体单元（在均聚物中也称链节）的元素组成有关，而且也与单体单元的键接方式有关。这种键接异构也可视为一维空间的键接方式。分子链中单体单元的键接方式比较复杂，存在构造同分异构体，简称构造异构体。影响键接方式的内在因素是单体结构所产生的能量与位阻效应，外在因素是聚合条件、催化剂和杂质等。

由于单体结构的不对称性，因此在分子链中单体单元理论上有三种可能的键接方式，即头-尾键接、头-头键接、尾-尾键接，或它们的随机混合键接。根据结构分析，绝大多数的碳链高分子都是头-尾键接占优势，是由聚合过程的机理和位阻效应所决定的。

对非对称的二烯烃单体，由于催化剂体系、溶剂、温度等不同可发生 1,2-聚合、3,4-聚合、顺式-1,4-聚合和反式-1,4-聚合。例如氯丁橡胶的合成反应，主要是氯丁二烯单体的反式-1,4-聚合产物。核磁共振谱的研究表明，这些氯丁二烯单体单元在分子链中的键接方式以头-尾键接为主，占 $85\%\sim90\%$，而头-头/尾-尾结合占 $10\%\sim15\%$。

3.2.2　分子链的构型

构型定义为通过化学键固定的分子中原子的空间排列。分子链的构型可以简单理解为单体单元的空间（三维）键接方式，即分子链的立体化学结构。这种由相同原子序列但不同空间排列的原子组成的分子，称为立体同分异构体或构型异构体。

分子链的构型主要由合成时选用的催化剂体系所决定的，由不同的催化剂体系得到不同的构型，分为旋光异构体和几何异构体。

（1）旋光异构体　含有不对称碳原子（记为 C^*，又称手性原子）的单体单元，可以有两个互为镜体的构型，分别称为 l 型和 d 型，例如：

（l 型）　　　　　　　　　（d 型）

l 型和 d 型是组成相同但互为不能叠加重合的镜像，称为对映体。l 型和 d 型的不同空间排列，可以构成三种不同构型的分子链。

无规立构是 l 型和 d 型两种镜体无规则地排列键接成的分子链。这种分子链不易结晶。

全同立构是由一种镜体（l 型或 d 型）构成的分子链。这种分子链结构规整，可以结晶，但分子链不易伸展，因为伸展后取代基落在分子链的同一侧，易发生空间位阻，结晶时扭曲成螺旋状构象，如图 3-1 所示。

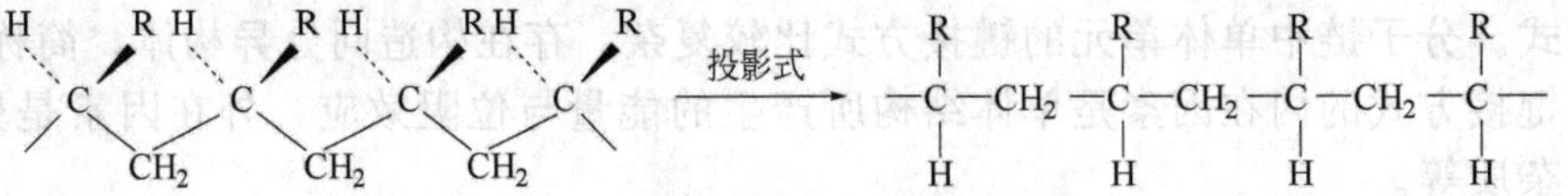

图 3-1　伸展的全同立构型分子链

间同立构是两种镜体相互交替地构成分子链。间同立构分子链也规整，可以结晶，可以伸展，伸展后取代基交替地出现于链两侧，不存在空间位阻现象，如图 3-2 所示。

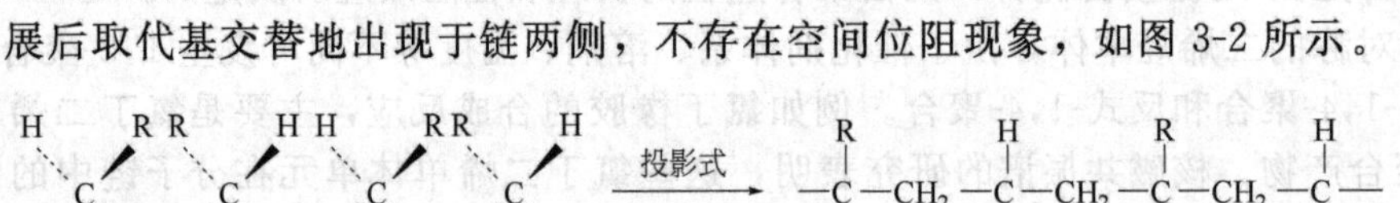

图 3-2　伸展的间同立构型分子链

应指出，大多数的高分子既不是 100% 的全同立构，也不是 100% 间同立构，总是有构型缺陷的，往往是介于完全有规立构和无规立构之间，可用有规立构度来描述。有规立构度一般是指高分子中含有全同立构和间同立构的比例。

（2）几何异构体　对双烯烃类单体 $H_2C=C-CH=CH_2$（上标 R）进行 1,4-加聚反应可以生成顺式和反式两种构型。

顺式　　　　　　　　　　　反式

　　一般顺式构型具有相当大的偶极矩，而反式构型两个取代基键的方向相反，如果两个相反方向键的向量恰好相等时（如都是相同的基团），偶极矩可以为零，故反式构型是较稳定的。例如由氯丁二烯聚合的氯丁橡胶就是以反式构型为主的高分子。

　　由于配位聚合催化剂的出现，才开发出顺式聚异戊二烯橡胶和顺式聚丁二烯橡胶。配位聚合催化剂可以合成结晶熔点 -4℃ 的顺丁橡胶，也可以合成熔点高达 145℃ 的反式聚丁二烯，以及间同 1,2-聚丁二烯等，如图 3-3 所示为聚丁二烯分子链的旋光异构体和几何异构体。

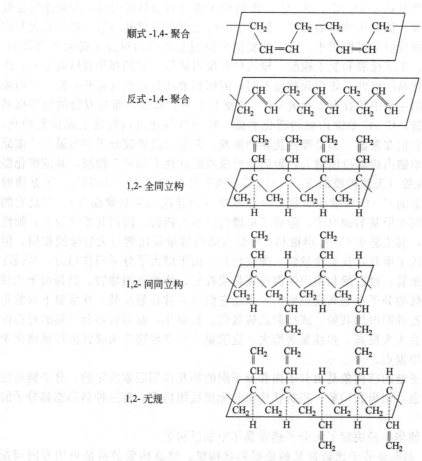

图 3-3　聚丁二烯分子链的旋光异构体和几何异构体

3.2.3　分子链的构象

　　分子的构象通常是分子中的原子或基团围绕单键旋转而形成分子在空间的不同形态。高分子的分子链由成千上万个单键组成，每个单键都能围绕其相邻的单键作不同程度的内旋转，从而会产生各种各样的形态，这些形态统称为分子链的构象。

　　分子链的构象有两种：一种是与单键内旋转直接有关的构象，即主链中一个（或几个）键的构象，称为微构象（microconformation），或称局（部）构象；另一种是由微构象而导致的整个分子链的构象，称为巨构象（macroconformation），或称链构象。

　　分子链的构象是由其构造和构型决定的，还依赖于温度和分子周围环境的作用。分子链的构象变化决定了分子链的形态和柔（顺）性，对于橡胶的性能有很大影响。

　　（1）微构象　橡胶的高弹性取决于分子链的柔性。分子链的柔性取决于主链中单键的内旋转而产生的微构象数。在 C—C 单键中，氢原子被取代得越多，由于内旋转的空间位阻增大，内旋转位垒变大，而且取代基的极性和体积越大，其内旋转位垒也越高，微构象数越少。靠近双键的C—C键由于C上的H少，H之间斥力较小，其内旋转位垒大大下降，所以双烯类橡胶分子链柔性较大。对C—杂原子单键（例如C—O、C—S、C—N、C—Si等），它们的内旋转位垒都比较小，故柔性较大。这可归因于O、N、S上的H少，因而H之间的斥力大为减少之故；对于C—Si单键则是由于Si的原子半径大，Si—C键长（0.191nm）大于C—C键长（0.154nm）所引起的。

从橡胶分子设计的角度来看，主链中含有C—C单键或C—C单键与非共轭双键并存，或含有C—杂原子单键如C—O、C—S、C—Si的分子链都有很好的柔性，均可作为橡胶分子链的基础元素组成。如果因单体的缘故，使分子主链上带有取代基的话，这种取代基的极性、体积和取代基密度应尽可能减小。以下的实例可说明主链结构对分子链柔性的影响。天然橡胶、顺丁橡胶、丁基橡胶和氯丁橡胶、聚乙烯和聚丙烯等，它们都是碳链高分子，由于主链结构不同，取代基的极性、体积和数量不同，因而其柔性和弹性也有所差别。天然橡胶和顺丁橡胶，它们的主链中均存有大量的C—C单键和C—C双键，而且双键的构型也基本相同，这样的分子链，C—C单键内旋转活化能低，特别容易通过内旋转实现构象转化，分子柔性极大，所以它们在常温下都是弹性优异的橡胶；但是天然橡胶分子中每隔四个碳原子有一个侧甲基，使单键内旋转位能增大，因而天然橡胶的弹性不如顺丁橡胶，其玻璃化温度 T_g 也远高于顺丁橡胶（天然橡胶的 $T_g = -73℃$，顺丁橡胶的 $T_g = -105℃$）。丁基橡胶分子中，虽然含有大量的C—C单键和少量C—C双键（由异戊二烯共聚而来），但是它的每个链节中有一个带两个甲基的碳原子，阻碍了单键的自由内旋转，因而其柔性较低，弹性较差。至于氯丁橡胶，其主链中C—C单键和C—C双键的数量及比例与天然橡胶相同，但是由于极性氯原子取代了甲基，其柔性较低，弹性较差，由于增大了分子间作用力，其强度却较高。从主链结构来看，聚乙烯和聚丙烯都应该是柔性好、弹性高的橡胶。但是由于乙烯链节高度对称，聚丙烯的分子也是高度规整的，致使它们都非常容易结晶，在常温下只能是硬性的塑料。如果将乙烯同丙烯共聚，或把聚乙烯氯化、氯磺化，就可破坏分子链的对称性和规整性，其柔性就会大大提高，弹性显著增大，这就是乙丙共聚物作为弹性体和氯磺化聚乙烯橡胶分子设计的出发点。

（2）巨构象　分子链的巨构象是由分子内和分子间的相互作用因素决定的。分子链的巨构象可分为螺旋状构象、锯齿状构象、扭折状构象和无规线团构象，前三种是晶态高分子的构象。

原子或基团的范德华半径决定了大分子链在晶体中的巨构象。

① 螺旋状构象　晶态高分子比较常见的是螺旋状构象，螺旋构象的特征可用等同周期 P_q (identity period) 表示，即 P 个单体单元在螺旋中转 q 圈构成一个螺旋周期。从本质上讲，分子链的微构象 $[T, G]_n$ 序列决定了螺旋构象的形态和 P_q。

晶态高分子的构象可以从范德华半径进行分析，而不必知道各个相互作用的细节。图3-4是比较简单的等规聚 α-烯烃 $-(CH_2-\overset{\overset{\displaystyle R}{|}}{CH})_n$，主链上每隔一个碳原子连接着取代基R，且随取代基R尺寸增大，其螺旋周期增大。因为相邻二取代基的范德华距离大于其最短距离，使得产生 $[T, G^+]_n$ 或 $[T, G^-]_n$ 构象，且取代基体积越大，体积效应越严重，螺旋盘旋的形式越松散。

在碳链橡胶中比较典型的是丁基橡胶，由于是异丁烯与少量异戊二烯聚合而成，研究表明，$-\overset{\overset{\displaystyle CH_3}{|}}{\underset{\underset{\displaystyle CH_3}{|}}{C}}-CH_2-$ 单体单元在分子链中以头-尾方式键接，两个侧甲基的距离小于其范德华距

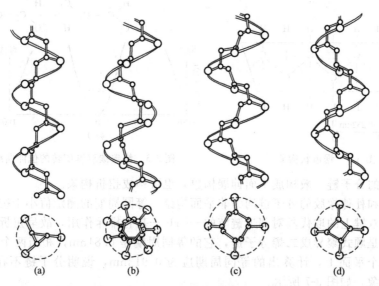

图 3-4 各种等规高聚物的多类螺旋体的示意

(a) 3_1; (b) 7_2; (c)、(d) 4_1

离，故呈 $[T，G]_n$ 螺旋构象，呈 8_5 螺旋周期，即 8 个单体单元旋转 5 圈构成螺旋周期，约 1.85nm。由于侧甲基的密集分布，降低了分子链的柔性，使丁基胶有其独特性能。

在杂链橡胶中，硅橡胶如聚二甲基硅橡胶 $\left(\!\begin{array}{c} CH_3 \\ Si-O \\ CH_3 \end{array}\!\right)_n$，主链中—Si—O—键较—C—C—键长，两甲基呈旋转对称，构成 $[G，G]_n$ 螺旋构象。

氟橡胶如 $\left(CF_2-CF_2\right)_x\left(\!\begin{array}{c} CF_2-CF \\ CF_3 \end{array}\!\right)_y$，两相邻碳原子上两个氟原子的最短距离是 0.125nm。氟原子的范德华半径是 0.135nm（范德华距离为 0.27nm），故表现相斥，导致主链扭转形成较紧密的螺旋构象。

② 锯齿状构象（平面伸展构象） 平面伸展构象最简单的例子是聚乙烯的主链完全伸展时，分子链中两相邻碳原子上的两个氢原子的最短距离是 0.252nm，而氢原子的范德华半径是 0.12nm，故大于其范德华距离（0.24nm），两个氢原子表现相吸。所以这种全反式构象是聚乙烯分子能量上最优的构象，即 $[T]_n$ 构象，其等同周期为 0.252nm，相当于一个平面锯齿的距离，如图 3-5 所示。

间同立构高分子中全反式构象也是能量上的最优选择，例如间同立构-1，2-聚丁二烯等均是锯齿状构象。

不饱和碳链橡胶中，反式聚丁二烯因为 $\overset{\diagup}{\underset{\diagdown}{C}}=\overset{\diagup}{\underset{\diagdown}{C}}$ 中的各键均在同一个平面上，等同周期为 0.47nm，也呈 $[T]_n$ 构象。

杂链橡胶中的聚氨酯橡胶，因为 $\overset{\quad\ \ O}{-O-C-N\overset{\diagup}{\diagdown}}$ 中的各键均在同一平面上，故也呈反式构象，且分子链之间有氢键生成。

③ 扭折状构象 对不饱和碳链高分子，由于双键不能旋转（位垒极高），如图 3-6 所示，因而可以有稳定的异构体，即反式和顺式构型。顺式构型的分子链只能构成扭折的构

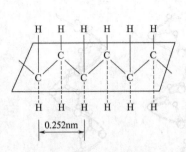

图 3-5 锯齿状构象

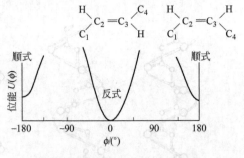

图 3-6 绕碳碳双键旋转的位能曲线

象；反式构型的分子链一般构成平面伸展构象，也可构成扭折构象。

天然橡胶和杜仲橡胶的分子链均为非平面构象，等同周期的测定值小于按平面式构象的计算值，因为双键上的取代基对邻近链节的—CH_2—基有排斥作用，故呈扭折构象。

天然橡胶是顺式聚异戊二烯分子链，它的等同周期是 0.81nm，相当两个单体单元。假定分子链在一个平面上，计算出的等同周期应为 0.913nm，说明分子链不在同一平面上，而是呈扭折构象，如图 3-7 所示。

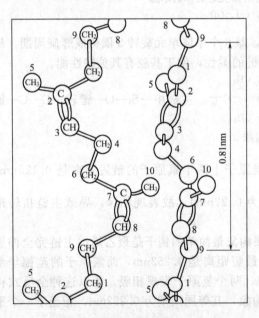

图 3-7 天然橡胶的分子链构象

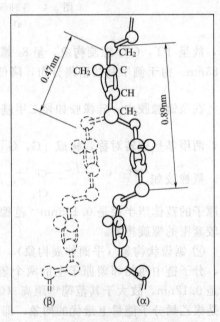

图 3-8 杜仲橡胶的分子链构象

杜仲橡胶是反式聚异戊二烯。有两种晶型：一种是 α 型，分子链的等同周期是 0.89nm，相当于两个单体单元，熔点为 65℃，α 型是比较稳定的；另一种是 β 型，等同周期 0.47nm，含一个单体单元，熔点 56℃。α 型和 β 型的主链碳原子也不是全在同一平面上，呈扭折构象，其中 β 型的分子链接近于平面伸展构象，如图 3-8 所示。

从表 3-3 中数据可以看出，双键上有取代基的 β-杜仲橡胶、氯丁橡胶和天然橡胶的分子链都是非平面式构象，因为等同周期的测定值小于按平面式构象的计算值，其根源是双键上的取代基对邻近链节的—CH_2—基的排斥作用。反式聚丁二烯没有可以发生空间位阻的取代基，其等同周期的测定值和按平面式构象的计算值很接近，可认为是平面伸展构象。

表 3-3 几种橡胶的等同周期和物理性质

| 高聚物 | 链节构型 | 一等同周期链节数/个 | 等同周期/nm | | $T_g/℃$ | $T_m/℃$ | 结晶 |
			按平面式构象	X 射线测定			
β-杜仲橡胶	反式	1	0.504	0.472	-53	74	易
氯丁橡胶	反式	1	0.504	0.479			易
反式聚丁二烯	反式	1	0.504	0.51	-48	145	易
α-杜仲橡胶	反式	2	—	0.87~0.88			
天然橡胶	顺式	2	0.913	0.81	-70	26	难
顺丁橡胶	顺式	2	0.913	—	-114	-4	难

螺旋、平面和扭折三种构象是分子链在结晶状态下的构象，当结晶融熔后，则变为无定形的无规线团构象。

④ 无规线团构象 分子链有两种运动形式：一种是整根分子链由一个空间位置过渡到另一个空间位置的移动运动；另一种运动是指在整个重心没有移动的条件下，分子链内各部分由于内旋转的原因，在空间上的位置变动，称链段运动。前者的运动形式是通过后者实现的，可以用蚯蚓的蠕动比拟。

由于内旋转在分子链中产生的可以独立运动的那一部分链称为链段，如图 3-9 所示。

分子链在非结晶状态下，通过链段运动呈无规线团构象，如图 3-10 所示。橡胶分子链在常温自由状态下呈无规线团构象，因而显现高弹性能。

分子链的柔性是指分子链卷曲成无规线团构象的能力。显然，由链段运动产生的微构象数越多，分子链越柔顺。

当分子链取伸直形态时，构象只有一种，构象熵等于零；如果分子链为线团形态，那么分子链的构象数将很大，构象数越大，构象熵越大，体系越稳定。因此，由熵增原理，分子链在没有外力作用下，总是自发地采取卷曲形态，即无规线团构象。

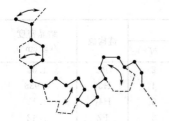

图 3-9 高分子链中的链段概念

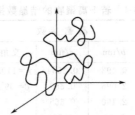

图 3-10 无规线团构象示意

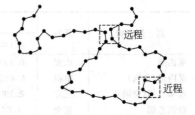

图 3-11 链段之间的远程（long-range）和近程（short-range）相互作用

线团的形态受近程相互作用和远程相互作用的影响，如图 3-11 所示。所谓近程相互作用是指分子链上近邻非键合原子间的相互作用，使内旋转受阻，构象数减少。远程相互作用是指沿分子链相距较远的原子（或基团），由于主链单键的内旋转而接近到小于范德华距离时，所产生的推斥力，远程相互作用使分子链在三维空间方向发生扩张，构象数也减少。远程和近程相互作用使分子链难以形成紧缩的线团构象。

3.3 材料的细观结构

细观结构主要包括聚集态结构和多相体系结构。细观结构取决于微观结构，直接影响橡胶材料的性能，是橡胶材料设计的基础。

3.3.1　聚集态结构

聚集态结构是高聚物本体内部分子链之间的排列和堆砌的结构，主要包括晶态结构、非晶态结构和取向结构等，是分子链间的物理和化学作用所形成的排列状态及形态，所以也称超分子结构（或高次结构）。

聚集态结构直接影响材料的性能。相同链结构的高分子，由于聚集态结构的不同，材料的本征性能、加工性能和使用性能迥然不同。

3.3.1.1　晶态结构

凡分子链结构简单有相当高的对称性，或有较强的分子间作用力，或者具有相当规整的空间排列时（如各种有规立构高分子），都可能在通常条件下规整排列形成结晶。天然橡胶在低于室温时或在拉伸下能够结晶，其结晶过程较复杂，结晶速率与结晶熔点都与结晶时的历史条件有关。

（1）高分子结晶的特点　高分子晶体结构比低分子晶体要复杂得多，有以下显著特点。

① 晶胞中的分子链按照能量最小的原则采取某一种特定构象（平面锯齿或螺旋等构象）进行规整排列，分子链中心轴恒与一根晶胞主轴（如 c 轴）相平行，其他

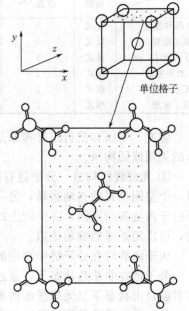

单位格子

图 3-12　高分子晶胞结构示意

两个方向上仅仅是分子间力使其紧密堆砌，故呈各向异性。由于分子量巨大，在晶胞中排列的不是整根分子链，而仅是若干个单体单元，这与一般低分子物质以原子、离子或分子作为单一结构单元排入晶格有显著不同，见图 3-12 和表 3-4。

表 3-4　若干高聚物的结晶数据

高　聚　物	晶系	晶胞参数					链构象	结晶密度 /(g/cm³)
		a/nm	b/nm	c/nm	交角	N		
聚乙烯	正交	0.736	0.492	0.2534	$\gamma=119.3°$	2	PZ	1.00
聚丙烯（全同）	单斜	0.665	2.096	0.650	$\beta=99°20$	4	H3₁	0.936
聚苯乙烯（全同）	三方	2.190	2.190	0.665		6	H4₁	1.13
聚氯乙烯	正交	1.06	0.54	0.51		2	PZ	1.42
聚乙烯醇	单斜	0.781	0.225*	0.551	$\beta=91.7°$	2	PZ	1.35
聚异丁烯	正交	0.688	1.191	1.860		2	H8₃	0.972
反式-1,4-聚丁二烯	单斜	0.863	0.911	0.483	$\beta=114°$	4	Z	1.04
顺式-1,4-聚丁二烯	单斜	0.460	0.950	0.860	$\beta=109°$	2	Z	1.01
1,2-聚丁二烯（全同）	三方	1.73	1.73	0.650		6	H3₁	0.96
1,2-聚丁二烯（间同）	正交	1.098	0.660	0.514		2	~PZ	0.964
顺式-1,4-聚异戊二烯	单斜	0.798	0.629	0.877	$\beta=102.0°$	2	Z	1.05
顺式-1,4-聚异戊二烯	单斜	1.246	0.889	0.810	$\beta=92°$	4	Z	1.02

注：1. * 指示纤维轴（即链轴）方向的重复周期。
2. N 表示晶胞中所含的链数。
3. 链构象一栏中，PZ 表示平面锯齿形；Z 表示扭折形；~PZ 表示接近平面锯齿形；H 表示螺旋形。

天然橡胶的结晶为单斜晶系，晶胞尺寸为 $a=1.246$nm，$b=0.889$nm，$c=0.810$nm（为等同周期），$\alpha=\gamma=90°$，$\beta=92°$，晶胞中有 4 条分子链，共有 8 个异戊二烯单体结构单元，且呈扭折构象。天然橡胶在较低温度下或应变条件下可以部分结晶，所以天然橡胶是一种自补强橡胶。

② 由于高分子结构的多层次性，分子链相互缠结，体系黏度大，不利于链段运动和规整排列，使高分子结晶不完全，结晶是不均一的，包含有畸变晶格及缺陷，是一种晶区与非晶区共存的体系。一般高分子结晶的结晶度在百分之几到 80% 左右。塑料、纤维的结晶度接近上限，可结晶的橡胶偏于下限，大部分橡胶在最佳结晶条件下，结晶度为 20%～30%。

结晶度大小对强度、耐热性和耐溶剂性有较大影响。对塑料和纤维希望它们具有一定的结晶度，对于橡胶则希望结晶度低一些，因为结晶度高将使橡胶硬化而失去弹性，但少量结晶可提高橡胶的强度。

③ 结晶熔点不是单一温度值，而是一个温度范围。低分子晶体有固定的熔点，而高分子晶体无固定的熔点，结晶的熔化有一个比较宽的温度范围，称为熔程（或称熔限），高分子晶体的熔点（T_m）是指结晶熔融完成时的温度。

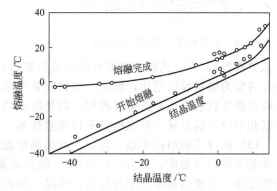

图 3-13　天然橡胶的结晶温度与熔程的关系

如图 3-13 所示是天然橡胶的结晶温度与熔程的关系。由图可见，结晶温度越低，熔点越低，熔程也越宽，结晶温度提高，熔点也提高，熔程变窄。因为在较低的温度下结晶时，链段的活动能力较差，形成的晶体不完善，结晶缺陷多，不同阶段的结晶形态同时存在，因此熔点较低，熔程较宽；在较高温度结晶时，链段活动能力较强，形成的结晶比较完善，故熔点较高而熔程较窄。

从热力学分析可知，结晶自发进行的条件是自由能（ΔF）的变化小于零，即：

$$\Delta F = \Delta H - T\Delta S < 0 \tag{3-1}$$

（2）晶态结构模型　高分子结晶结构比低分子复杂得多，关于高分子结晶的结构理论主要有缨状胶束模型和折叠链结构模型。

① 缨状胶束模型　1930 年 K. Hermann 等对天然橡胶结晶测定后，发现结晶尺寸只有 10～100nm，而天然橡胶的分子链长约 2000nm，即结晶体尺寸比整个分子链短很多倍，因而提出了缨状胶束模型。缨状胶束模型是早期使用的经典两相结构模型，该模型的特点是结晶的分子链可以同时穿过若干个晶区和非晶区，在晶区中分子链互相平行排列，在非晶区中分子链相互缠结卷曲无规排列，如图 3-14 所示。

② 折叠链结构模型　1957 年 Keller 等人首先从稀溶液中培养出聚乙烯（片状）单晶，进而提出邻位规则折叠模型，如图 3-15 中（a）所示，认为分子链连续地折叠起来，并规则地排列在晶格点阵的一定位置上，折叠部分是短小而规则的，与其相连的两段折叠链在空间的排列是相邻的，而夹在片晶层间的不规则链为非晶区。

20 世纪 60 年代初，Flory 等提出非邻位无规折叠模型，如图 3-15 中（b）所示。该模型认为片晶中同时存在晶区和非晶区。在晶区中相邻排列的两段分子链并不像 Keller 模型那样由同一根分子链连续排列下来，而是每一根分子链可以从一个晶区通过非晶区进入另一个晶区，也可以再进入原来的晶区，在非晶区中的那段分子链如同接线板上的电线那样，毫无规律。中子散射技术的研究结果有力地支持了该模型，特别是从高分子熔体结晶时，符合非邻近无规折叠观点。图 3-15 示意了这两个模型的不同。

实际上，由于结晶条件的不同，结晶区中分子链究竟如何折叠很难用一个统一的模型描述。一些高结晶型高分子从稀溶液缓慢结晶时，链段运动比较自由，规则排列较充分，邻位折叠可能占优势；若从熔体结晶，非邻位折叠就可能占多数。对于低结晶型高分子（如拉伸

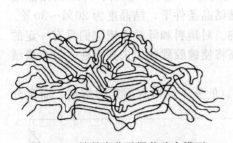

图 3-14　结晶高分子缨状胶束模型

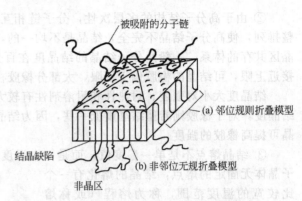

图 3-15　结晶高分子折叠链结构模型

结晶的橡胶），用缨状胶束模型来说明可能更适宜，也可能原先具有折叠链结构，经拉伸后部分转变为缨状胶束结构；反之，缨状胶束经热处理后可能转变为折叠链片晶结构。总之，无论经典缨状胶束还是折叠链模型，均把结晶高聚物看做是由晶相和非晶相"两相"组成，在晶相中分子链按某一特定构象平行规整排列。

（3）高分子的结晶形态　高分子的结晶形态依赖于高分子的构型和组成，也极大地依赖于外部条件（如温度、压力、拉伸等）。随着结晶条件的不同，高分子可以形成形态极为不同的晶体，主要的基本类型有球晶、串晶、伸直链晶体以及单晶等，其中高分子单晶是在极稀的溶液（浓度在 0.01％以下）中缓慢结晶生成，是具有规则外形的薄片状晶体。如图 3-16 所示是高分子晶体的主要形态示意。

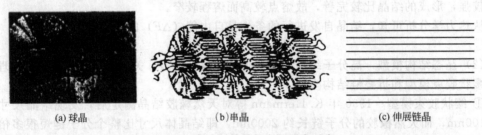

(a) 球晶　　　　　　　　　(b) 串晶　　　　　　　　　(c) 伸展链晶

图 3-16　高分子结晶的主要形态示意

如图 3-17 所示是顺丁橡胶在不同条件下生成的串晶的电子显微镜照片，可看到中心具有伸展链的脊纤维和在脊纤维上生长的折叠链片状附晶。

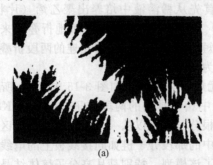

(a)　　　　　　　　　　　　　　　　(b)

图 3-17　顺丁橡胶在不同条件下生成的串晶的电子显微镜照片

总而言之，由于内因和外因的不同，实际上高分子结晶的形态是很复杂的，多种多样的，以上仅是基本的几种形态结构。

实验表明高分子本体结晶速率与温度曲线都单呈峰形，结晶温度范围都在其玻璃化温度与熔点之间，在某一温度下，结晶速率将出现极大值。可由熔点温度 T_m 粗略估算最大结晶速率的温度 T_{max}。

$$T_{max} = (0.80 \sim 0.85) T_m \tag{3-2}$$

例如，天然橡胶的熔点为 301K（28℃），T_{max} 为 248K（-25℃），相当于 $0.83 T_m$。

应指出，不但温度影响结晶速率，压力也对结晶行为有较大影响。研究表明，顺式-1，4-聚异戊二烯的结晶熔融温度与压力密切相关，当压力为 3500MPa 时，T_m 将达 90℃，比在常压下所测得的 T_m 为 30℃，要高得多。

3.3.1.2 非晶态结构

非晶态结构（又称无定形态）是指不能结晶的高聚物，包括：高分子链结构的规整性较差，不能形成任何结晶；链结构具有一定的规整性，可以结晶，但由于其结晶速率十分缓慢，难以形成结晶；链结构虽然具有很好的规整性（如顺式-1，4-聚丁二烯），但因其分子链扭折而不易结晶，在常温时呈橡胶态结构，在低温时（或拉伸时）才能形成一定程度的结晶。

关于非晶态结构理论，一是"无规线团"结构模型；二是"局部有序"结构模型。

（1）无规线团模型（random-coil model） 该结构模型是 P. J. Flory 于 1949 年根据统计热力学观点提出的。认为非晶高聚物本体中，分子链的巨构象与在溶液中一样，呈无规线团状，线团分子间是无规缠结的，并不存在局部有序性，故整个非晶结构是均相的，如图 3-18 所示。

在这种模型中，每一条高分子链都处在许多相同的高分子链的包围之中，分子内及分子间的相互作用是相同的，这样的分子链应该是无干扰的，呈无规线团构象，且服从高斯分布。

无规线团模型曾成功地解释了橡胶高弹性等许多重要的物理性能，对橡胶弹性理论的发展起了很大的推动作用，至今仍是橡胶力学行为的理论基础。

但另一方面，也存在许多实验事实是无法用这种纯粹的均相模型来解释的。某些高聚物能以非常快的速率生成折叠链结晶，例如聚乙烯等，这样快的结晶速率，仅从完全无序的无规线团骤然解缠结而生成高度规整的晶体是难以想象的，只有在生成晶体之前已有某种有序的准备，才能实现快速的结晶。

（2）局部有序模型 根据 X 射线衍射、电子衍射和电子显微镜的大量观察研究，认为在非晶态结构中存在一定程度的局部有序性，于是产生了诸如折叠链缨状胶束粒子模型、塌球模型和曲棍状模型等局部有序模型。下面简介折叠链缨状胶束粒子模型，简称两相球粒模型。

1967 年 Yeh 等人提出的两相球粒模型，如图 3-19 所示。该模型认为非晶态结构存在着一定程度的局部有序。含有两个主要单元即粒子相（grain 相，简称 G 相）和粒间相（intergrain 相，简称 IG 相）。

粒子相 G 又分为有序区（ordered domain，简称 OD 区）和粒界区（grain boundary，简称 GB 区）。有序区为 2～4nm，其中分子链大致平行排列，有序程度与受热历史、化学结构及范德华作用力有关。粒界区为 1～2nm，是由折叠链的弯曲部分、链端、缠结点和连接链等构成，是围绕 OD 区形成的粒界。

粒间相 IG 尺寸为 1～5nm，是由无规线团、低分子量物质、缠结点、链末端和连接链等组成。模型认为，一根分子链可以通过几个粒子相和粒间相。

Yeh 模型的重要特征是存在一个 IG 相，这个无序区可以解释橡胶的弹性行为，为弹性回缩提供了所需的熵，并且集中存在着过剩的自由体积，可以很好地解释非晶高聚物的延性、塑性形变及冷流现象；而 G 相的有序结构为结晶的迅速发展准备了条件，解释了快速

图 3-18　无规线团模型

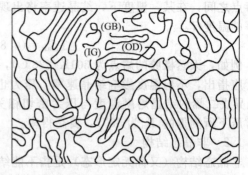

图 3-19　两相球粒模型

结晶现象。

3.3.2　多相体系结构

（1）共混物　由两种（或两种以上）不同高分子通过物理（或化学）混合方法制成的表观均一的多相体系称为共混物。从材料的角度看，这种方法和金属合金的途径及目的相似，故也称为高分子合金。橡胶共混物是指橡胶间并用和橡塑共混。

两种高分子物质混合时有三种情况：细观非均相体系是不完全相容的多相体系，分为连续相和分散相，分散相的相畴（域尺寸）为 $0.1 \sim 30 \mu m$，是共混改性的主要手段；宏观非均相体系是一种完全不相容的宏观分离体系；均相体系是完全相容的体系，即呈分子分散状态。具体特征见表 3-5。

表 3-5　不同相容体系的特征

项　　目	细观非均相体系	宏观非均相体系	均相体系
热力学条件	$\Delta G_m > 0$	$\Delta G_m > 0$	$\Delta G_m < 0$
界面特征	细观有界面	宏观有界面	细观无界面
分散相尺寸	微米数量级	毫米数量级	纳米数量级以下

一般情况下，高分子共混体系都是细观非均相结构，是一种不完全相容的多相体系。

由于大多数高分子共混体系是热力学不相容的，所以共混物的形态结构是多相的。这种细观的多相形态结构可粗略分为海-岛结构和交错结构。

海-岛结构的特征是一种高聚物作为分散相（岛相）分散于另一高聚物（作为分散介质，海相）的连续相之中。图 3-20 显示了典型的海-岛结构和胞状海-岛结构的分散状态。岛相的尺寸可达 $0.1 \sim 1 \mu m$。

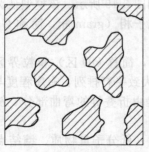

(a) 典型的海-岛结构

(b) 胞状海-岛结构

图 3-20　典型的海-岛结构和胞状海-岛结构的分散状态

所谓胞状海-岛结构是分散相中包含连续相成分的更小颗粒，即岛相内部又含有海相成分构成的分散相（岛中之岛）。

　　交错结构的特征是共混物的每一组分都没有形成贯穿整个样品的连续相，即没有形成明显的海-岛结构。如图 3-21 所示是高乙烯基聚丁二烯（HVPB）与天然橡胶（NR）共混物的透射电镜照片，当组分比为 50/50 时，出现交错结构形态。

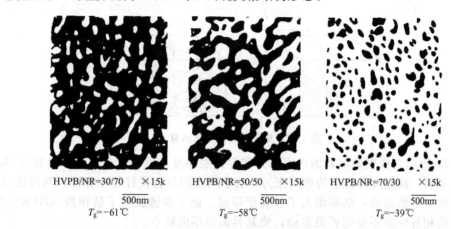

$T_g=-61℃$　　　　　　　　$T_g=-58℃$　　　　　　　　$T_g=-39℃$

图 3-21　HVPB 与 NR 共混物的透射电镜照片

　　共混物的形态结构主要取决于共混组分的浓度（用量）、极性大小、黏度及分子量等因素。一般情况下，用量小、极性大、黏度高及分子量较大的组分容易形成岛相。在适当的条件下，如共混组分比相近，黏度相近时，可能出现交错形态结构。

　　在共混体系中，除了分散相和连续相外，还存在这两相之间的界面层结构。界面层的结构对共混物的性质，特别是物理机械性能有决定性的影响。实质上界面层是在两相（高聚物 A 和高聚物 B）界面处，通过两种分子链段之间的相互扩散运动形成的。若两种高聚物的相容性好，则两种分子链段以相近的速率相互扩散，扩散程度高，界面层厚度增大；反之，若两相中两种高分子链段的活动性差别很大，则扩散程度低，界面层厚度减薄，如图 3-22 所示。

　　因此，链段扩散运动的结果，在两相界面处产生明显的浓度梯度，如图 3-23 所示。该浓度梯度的区域（λ）构成了界面层。界面层的形成使热力学不相容的高分子共混物之间构成动力学稳定的多相体系。

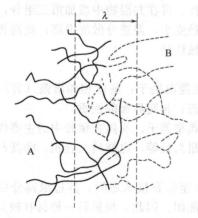

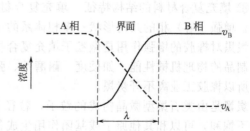

图 3-22　两种高分子链段的相互扩散　　　　　　　图 3-23　两相界面示意

　　据热力学观点，界面层的厚度取决于能量因素和熵因素。能量因素即 A、B 两种高聚物间的相互作用能（相容性），熵因素即两种高分子链段间的无规热运动。实用中，常常用两种高聚物之间的界面张力来衡量上述两种情况。界面张力（γ）越小，两相之间的润湿和接触越好，两种链段之间越容易相互扩散，形成的相界面越弥散，界面层厚度越大，强度越高，如图 3-24 所示。显然，完全相容的两种高聚物最终可形成均相，相界面消失。

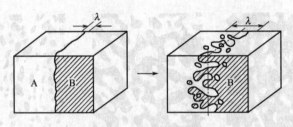

图 3-24　相界面厚度变化示意

如图 3-25 所示为橡胶共混物的界面张力和界面层厚度。可以看出，顺丁橡胶（BR）与丁苯橡胶（SBR）共混具有较小的界面张力，表明两者间具有良好的相容性，两种链段之间具有良好的相互扩散运动，结果增大了界面层厚度。而丁苯橡胶与丁腈橡胶（NBR）共混，则因其较差的相容性和不良的扩散运动，使其界面层厚度较小。

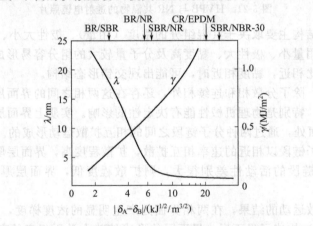

图 3-25　某些橡胶共混物的界面张力和界面层厚度

对不相容的共混体系，为了改善两种组分的相容性，可在共混物中填加第三组分，即增容剂。增容作用的本质是：降低界面张力，分散相粒径变小，促进分散度提高；提高相形态的稳定性；改善界面层的强度，提高共混物的物理机械性能。

（2）复合材料

① 填充复合材料的结构特征　填充复合材料的性能取决于：基体相和增强（容）相的性质；增强（容）相的几何形状；多相体系的结构形态；相间界面的性质。

炭黑对橡胶的增强作用是微粒子填充复合材料的典型例子。炭黑在橡胶中的主要作用是提高制品的物理机械性能，如硬度、耐磨性、强度及耐久性等，也能增大容积，降低产品成本，所以橡胶工业离不开炭黑。

炭黑是由类石墨型微晶构成的粒子，粒径在 $1\mu m$ 至数百微米之间，其边缘部分的碳原子因不饱和，可以和其他原子或基团作用生成各种官能团。因此，炭黑是一种具有较大表面积和一定化学反应性的活性填料。

炭黑的增强作用是由于炭黑与橡胶生成了特殊的物理和化学的组织结构所致，如图 3-26 所示。

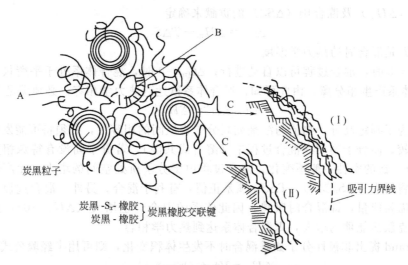

图 3-26　炭黑增强橡胶的形态结构示意

图 3-26 表明炭黑和橡胶分子已经形成了多相性的整体网络，其中：A 表示未交联的橡胶分子链或交联度较小的橡胶分子链，是橡胶高弹性的主要贡献者；B 表示分子链的交联结构，对橡胶的弹性和强度有较大贡献；C 表示炭黑与橡胶间形成的界面层，厚度为 $\Delta\gamma=45\sim50\text{nm}$，是橡胶分子链以主价力和次价力与炭黑结合构成的二维结构层。对橡胶的强度和耐久性能有极大的增强作用，但对弹性无贡献。

图中（Ⅰ）表示了炭黑与橡胶分子间的物理吸附作用（即浸润与取向），（Ⅱ）表示炭黑与橡胶分子形成化学结合。这种结合一般是在混炼或硫化时产生的，硫化时，可以发生炭黑表面活性基团与交联剂和橡胶分子链发生交联，参与交联结构之中。

$$R \xrightarrow{\text{混炼}} 2R\cdot \qquad \text{橡胶分子链断裂}$$
$$R\cdot + B\!-\!H \longrightarrow B\cdot + RH \qquad \text{夺取炭黑的氢原子}$$
$$R\cdot + B\cdot \longrightarrow B\!-\!R \qquad \text{形成化学结合}$$

总之，微粒子在橡胶中的增强作用是微粒子与大分子间发生了物理吸附和化学结合而形成特殊的界面层结构，是微粒子在其中起了骨架作用；而单纯起填充增容作用的非活性填料则没有这种特殊的界面层，故无增强效应。因此，经常对惰性填料表面进行处理，如接枝反应、利用偶联剂或表面活性剂等以促使形成界面层，从而提高复合材料的整体性能。

② 纳米复合材料　纳米复合材料（简称 NC）是指分散相至少有一维尺寸小于 100nm 的复合材料。

3.4　相　容　性

所谓相容性是高分子物质与低分子物质或其他高分子物质形成热力学稳定的均相体系的能力，包括高分子物质与溶剂间的相容性和高分子物质与高分子物质间的相容性。高分子物质-溶剂间的相容性体现了高分子溶液的性质。高分子物质-高分子物质间的相容性，决定了高分子共混物的性质，是橡胶间并用或橡胶与塑料共混的理论基础。

3.4.1　相容性的热力学判定

（1）相容性的热力学解析　相容性实质上是两种物质分子互相混合的性质。依据热力学观点，二元体系的相容性是在恒温恒压下，由混合 Gibbs 自由能（ΔG_m）的变化来确定的，即由混合焓（ΔH_m）及混合熵（ΔS_m）的贡献来确定。

$$\Delta G_m = \Delta H_m - T\Delta S_m \tag{3-3}$$

式中，T 是混合时的热力学温度。

当 $\Delta G_m < 0$ 时，混合过程可以自动进行；$\Delta G_m = 0$ 时，混合体系处于平衡状态；$\Delta G_m > 0$ 时，混合体系产生相分离。由此可知，混合体系欲达到热力学相容，必须满足下式：

$$|T\Delta S_m| > |\Delta H_m|$$

因此，为了判定高分子物质与溶剂或高分子物质间的相容性，必须将可能发生的熵变和焓变加以比较。高分子物质在混合过程中（溶解或共混），若分子间没有特殊相互作用（如氢键等），分子链的柔性一般不变化，混合过程由于分子所处空间的增大，无序性增大，体系的混合熵将增大（$\Delta S_m > 0$），$T\Delta S_m$ 项是正值，有利于混合。另外，混合过程要克服分子间的引力，需要能量，即混合时吸热，因此体系的混合焓也增大（$\Delta H_m > 0$），如果熵能项的贡献能够克服热能项的增大，则混合体系达到热力学相容。

Hildebrand 提出非极性分子如果混合时不发生体积变化，则可用半经验公式计算 ΔH_m：

$$\Delta H_m = V\phi_1\phi_2(\delta_1 - \delta_2)^2 \tag{3-4}$$

式中，V 是混合物的总体积；ϕ 是体积分数；下标 1，2 分别表示两种相混物质；δ 是溶度参数。

溶度参数的数值等于单位体积的内聚能（内聚能密度）的开方，即：

$$\delta = \left(\frac{\Delta E}{V}\right)^{\frac{1}{2}} \tag{3-5}$$

式中，ΔE 是内聚能；V 是摩尔体积。

从式(3-4)可知，ΔH_m 总是正的，混合体系两组分的溶度参数越接近，ΔH_m 值越小，越有利于达到热力学相容。

内聚能与分子量大小和结构中基团之间的相互作用有关。对非极性高分子，分子间以色散力为主，相互作用较弱，内聚能密度一般在 290MJ/m^3，对极性高分子，由于较强的基团间相互作用和氢键的形成，内聚能密度一般在 $290 \sim 420\text{MJ/m}^3$，强极性高分子可能超过 420MJ/m^3。

(2) 相容性的判定　　工程技术领域的相容性是广义的，并非严格的热力学相容的均相体系，这里包括形成较稳定的细观非均相体系的能力。人们在生产实践和科学研究中总结出工程意义上相容性判定的一般规律。

$$|\delta_1 - \delta_2| = \Delta\delta$$

$\Delta\delta$ 的值越接近于零，相容性越好。对橡胶共混物来讲，当 $\Delta\delta = 1.7 \sim 2.0$ 时，一般可获得工程意义上相容性较好的混合体系。

可见，判定混合体系相容性好坏的重要表征参数是溶度参数的 $\Delta\delta$ 值。

(3) 溶度参数的求法　　溶剂的溶度参数可以从溶剂的摩尔汽化热（ΔH）和密度计算，即：

$$\delta = \left[\frac{\Delta H - RT}{\dfrac{M}{\rho}}\right]^{\frac{1}{2}} \tag{3-6}$$

式中，M 是分子的摩尔质量；ρ 是密度。

在选择溶剂时，除了使用单一的溶剂外，还可以使用混合溶剂。混合溶剂的溶度参数是其中各种纯溶剂溶度参数的线性加和。

$$\delta_{mix} = \phi_1\delta_1 + \phi_2\delta_2 \tag{3-7}$$

式中，ϕ_1、ϕ_2 是两种溶剂在混合溶剂中所占的体积分数。

　　高聚物溶度参数不能由式（3-6）求算，因为高聚物无汽化热。通常用交联溶胀法或者 Small 计算法进行近似求算。其中溶胀法是将轻度交联的高聚物置于一系列的溶剂中，进行溶胀，当达到溶胀平衡时，测定其体积的增加（或膨胀率），然后对应溶剂的 δ 作图，得一条典型的 Gauss 分布曲线（图3-27），曲线的最大值即为高聚物的溶度参数。有时利用溶剂系列中可以与该高聚物相容的溶剂的 δ 值，求其算术平均值作为高聚物的 δ。

　　表 3-6 列出了某些橡胶的溶度参数。

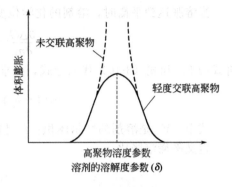

图 3-27　溶胀法测量高聚物的 δ

表 3-6　某些橡胶的溶度参数

橡胶名称	$\delta/(\mathrm{J}^{1/2}/\mathrm{cm}^{3/2})$	橡胶名称	$\delta/(\mathrm{J}^{1/2}/\mathrm{cm}^{3/2})$	橡胶名称	$\delta/(\mathrm{J}^{1/2}/\mathrm{cm}^{3/2})$
二甲基硅橡胶	14.9	丁二烯-甲基乙烯基吡啶橡胶	16.9	丙烯腈含量 25%	19.1
乙丙橡胶	16.3	丁苯橡胶		丙烯腈含量 30%	19.7
丁基橡胶	16.5	苯乙烯含量 15%	17.3	丙烯腈含量 40%	21.0
天然橡胶	16.1～	苯乙烯含量 25%	17.4	氯磺化聚乙烯	18.2
	16.8	苯乙烯含量 40%	17.6	聚硫橡胶	18.4～
顺丁橡胶	16.5	丁腈橡胶			19.2
聚异戊二烯橡胶	17.0	丙烯腈含量 18%	17.8	氯丁橡胶	19.2

3.4.2　高分子物质-溶剂的相容性

　　高分子溶液的本质是真溶液，高分子物质在溶剂中能自发形成单相均匀的分子分散体系，因此，可用热力学方法进行研究。但是，高分子物质的分子量比溶剂的分子量大得多（几个数量级），且具有多分散性，所以高分子物质溶液与低分子物质溶液比较有以下特征。

　　高聚物的溶解过程比低分子物质缓慢得多，一般需要几个小时、几天或者几个星期。溶解过程可分为两个阶段：第一阶段为单向扩散过程，是溶剂分子向高聚物内部渗透扩散，使高聚物体积膨胀，称为溶胀现象；第二阶段为双向扩散过程，即溶剂分子继续向高聚物扩散，同时高分子物质向溶剂扩散，最终达到溶解。可见，溶胀是溶解的前奏，溶解是无限溶胀的结果。一般情况下，线型高分子物质可以溶解，交联的网络高分子物质（如硫化橡胶）只能溶胀，但不能溶解，结晶高分子物质只有在结晶熔融后才能溶解。

　　交联结构的橡胶不能被溶剂所溶解，但溶剂可以渗进交联网络中使其体积成倍增大，这种现象称为溶胀现象。在溶胀过程中，一方面溶剂分子力图渗入网络内使其体积膨胀；另一方面由于体积膨胀导致网链向三度空间伸展，而产生弹性收缩，当这两种相反倾向的作用相互平衡时，即达到了溶胀平衡。

　　在溶胀过程中，体系的自由能的变化由两部分组成，一部分是混合自由能 ΔG_{m}；另一部分是网络的弹性自由能 ΔG_{e}，即：

$$\Delta G = \Delta G_{\mathrm{m}} + \Delta G_{\mathrm{e}} \tag{3-8}$$

　　由格子模型理论可推知：

$$\Delta G_{\mathrm{m}} = RT[n_1 \ln \phi_1 + n_2 \ln \phi_2 + \chi n_1 \phi_2] \tag{3-9}$$

　　由高弹性统计理论可推知：

$$\Delta G_{\mathrm{e}} = \frac{\rho RT}{2M_{\mathrm{c}}}\left(3\phi_2^{-\frac{2}{3}} - 3\right) \tag{3-10}$$

　　式中，ρ 是橡胶的密度；M_{c} 是网链平均分子量。

当溶胀达到平衡时，溶剂的化学位变化 $\Delta\mu_1=0$，即：

$$\Delta\mu_1=\frac{\partial\Delta G}{\partial n_1}=\frac{\partial\Delta G_m}{\partial n_1}+\frac{\partial\Delta G_e}{\partial\phi_2}\times\frac{\partial\phi_2}{\partial n_1}=0$$

将式(3-9) 和式 (3-10) 代入上式，并求偏微商得：

$$\ln(1-\phi_2)+\phi_2+\chi\phi_2^2+\frac{\rho V_1}{M_c}\phi_2^{\frac{1}{3}}=0 \tag{3-11}$$

式中，V_1 是溶剂的摩尔体积；ϕ_2 是橡胶的体积分数。

定义平衡溶胀比：

$$Q_m=\frac{V}{V_2}=\phi_2^{-1}$$

式中，V 是溶胀平衡时的总体积；V_2 是溶胀前橡胶的体积。

式(3-11) 中 $\ln(1-\phi_2)$ 项展开，可略去高次项，整理该式可得：

$$\frac{M_c}{\rho V_1}\left(\frac{1}{2}-\chi\right)=Q_m^{\frac{5}{3}} \tag{3-12}$$

若已测知 ρ、V_1、χ 和 Q_m 值，由式(3-12) 可求出网链的平均分子量，而 M_c^{-1} 即为硫化橡胶的表观交联密度。反之，若 M_c 已知，则可由式(3-12) 求算出 Huggins 参数 χ。

溶胀程度也可以用膨胀率 Q（%）表示，$Q=\frac{V-V_0}{V_0}\times100\%$。如图 3-28 和图 3-29 所示是某些硫化橡胶的溶胀曲线，一般在惰性气体或真空中的溶胀呈现比较典型的溶胀动力学规律，在空气中的溶胀动力学曲线有时会出现变异，可能是氧化降解或橡胶中低分子物质或其他能被溶剂抽出的物质造成的。

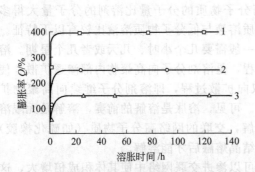

图 3-28　硫化橡胶典型的溶胀动力学曲线
1—SBR，50℃，苯中；2—CR，30℃，甲苯中；
3—NR，50℃，硝基苯中

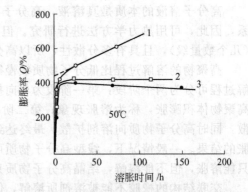

图 3-29　硫化橡胶溶胀动力学曲线的变异
1—R，CCl4 中，2—SBR，苯中；
3—NBR，丙酮中

3.4.3　高分子物质-高分子物质的相容性

两种或几种高分子物质相混合，可以达到改性的目的，因此研究高分子物质-高分子物质之间的相容性规律具有重要的现实意义。

（1）相容体系的共混　由于高分子物质的分子量很大，黏度很高，所以两种相容性好的高分子物质也难以直接实现分子分散的状态。在实验中往往是通过把两种高分子物质分别溶解在相同的溶剂中，然后再混合，最后把溶剂除去而实现的，但这只能在很低的浓度下方可实现，如图 3-30 所示。图 3-30 中的虚线表示在平衡状态中的相组成。

从理论上讲，在热力学相容的共混体系中，由于分子量很大，存在分子链的卷曲与缠结，其分子的分散形态可用图 3-31 示意。与高分子物质溶解在溶剂中的道理一样，当两种大分子相互作用所放出的能量远超过它们在无序状态中各自的相互作用能时，两种大分子呈舒展的分散状态（如图 3-31 中 C 所示），大分子的末端距增大，这是一种罕见的理想中的形态；当两种大分子相互作用放出的能量超过（不是远超过）它们各自的相互作用能时，两种大分子呈卷曲的分散形态，即图 3-31 中 A 图所示；而图 3-31 中 B 表示了更差一些的分散形态，大分子的质量中心发生了较大的偏离。经 X 射线衍射和电子显微镜等研究方法表明，多数热力学相容体系的分子形态处于 A 和 B 或 A 和 C 之间。

图 3-30 高分子物质-高分子物质
共溶剂体系的典型三相图

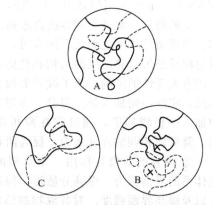

图 3-31 两种不同的高分子物质
在相容体系中形态变化

从相容性的热力学分析中可以看出，欲达到热力学相容，必须 $T\Delta S_m > \Delta H_m$，但实际上，高聚物共混时往往表现为吸热而不是放热，共混组分不互溶，是一种非均相体系。在共混体系中，高分子间的范德华力相互作用是不利于链段的运动和相互渗透的，因此混合焓均大于零，所以有限的混合熵不能克服混合热以生成均相体系，从而体系的自由能增加，因此即使分子链结构非常相似的高聚物分子间的共混也难以形成完全相容体系。

（2）不相容体系的共混 由不相容的 A、B 两种高聚物形成的共混物是一个多相体系，共混物的性能取决于两相间的界面层和两相的结构形态。

① 界面层的形成条件 界面层是两相接触的界面处存在的性质上有明显梯度变化的区域。界面层的性质和两相的性质密切相关。两相接触时，由于两相的化学位不平衡以及分子间作用力等原因，导致两相界面处的链段或分子链发生扩散运动，而形成了一个相互渗透的过渡区域，即界面层，如图 3-32 所示。

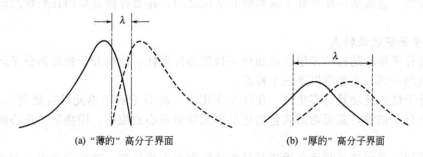

(a) "薄的" 高分子界面   (b) "厚的" 高分子界面

图 3-32 高聚物共混体系薄与厚的界面模型
图中实线和虚线分别表示高聚物 A 和 B 链段浓度分布

由于两相的分子链在界面层内的分布是不均一的，存在着化学组成或结构的梯度变化，故界面层存在明显性质上的梯度变化，兼有两相的某些性质。

　　界面层的形成首先应具备热力学和动力学条件。热力学条件是界面间的相互浸润和相容性，表明形成界面层的可能性；动力学条件是界面处链段间的扩散运动，表明形成界面层的现实性，诸如分子量及分布、黏度、温度、压力、时间、交联密度以及各种助剂和杂质等因素都影响着链段和分子链的扩散运动。与此同时，两相界面间结构的相互作用，包括物理作用（缠结与吸附等）和化学作用（相应基团间的化学反应）可以形成稳定的界面层厚度，也是界面层形成的基础。界面层厚度有几种不同的测定方法，其中包括小角中子散射（SANS）、小角 X 射线散射（SAXS）和中子反射等。

　　文献报道，两种不相容的高聚物之间的界面层厚度仅为 $0.5 \sim 1.0 \mathrm{nm}$，呈明显的界面轮廓。当界面层厚度达到几百纳米时，明显的界面将变得模糊或消失。界面层的结构和性能，对材料的整体性能有关键性的影响。为了改善界面状况和两相结构形态，实践中需加入第三组分，即增容剂。在共混物中加入少量增容剂，通过它在两相界面的聚集和作用，降低两相间的界面张力，提高两相的相容性。

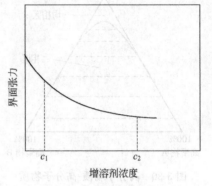

图 3-33　共混物界面张力随
增容剂浓度的变化的示意

　　② 增容剂的增容作用　增容剂的作用是降低共混体系的界面张力，提高分散度，提高相形态的稳定性以及提高界面强度。对共混物的结构形态来说，主要体现在分散相尺寸减小，分散度提高，相形态相对稳定，不随时间和温度而改变。

　　如图 3-33 所示是共混物界面张力随增容剂浓度（用量）变化的示意。当增容剂浓度 $c < c_1$ 时，所有的增容剂均聚集在界面处，作用于界面；当浓度在 c_1 至 c_2 之间时，只有一部分增容剂聚集在界面处，其余的在某一组分内形成胶束；当浓度 $c > c_2$ 时，增容剂主要形成胶束，过量的增容剂对增容效果没有贡献。

3.5　热　转　变

　　材料结构与性能之间的关系不是静止的，因为运动是物质的属性，"万物皆动"，对于同一种高聚物，其结构不变，由于分子链运动方式的不同而具有不同的性能。例如，天然橡胶常温下是一种高弹性材料，但在低温（$-73 ℃$ 以下），便成了像玻璃一样坚硬而脆的固体。橡胶的结构没有发生变化，由于温度的变化而改变了分子链的运动状态，因此材料表现出不同的宏观性质。这说明，在掌握了高聚物的结构之后，还要弄清高聚物在热物理转变中的运动规律。

3.5.1　分子链热运动特点

　　由于高分子物质结构的多层次性和分子量的多分散性，使高分子物质的分子运动与低分子物质有质的不同，主要有以下三个特点。

　　（1）分子链的运动具有多重性　在外场作用下，高分子运动单元可以是侧基、短支链、链段和整个分子链等，其运动形式包括运动单元质量重心的位移、围绕质量重心的转动或振动三种。

　　高分子运动单元的各种运动形式都是在热能激发下发生的，这些运动形式中的每一种都具有一定的"自然频率"，而且运动形式的开始，便引起高分子物质的宏观物理性质发生变化，而导致产生多重热转变或松弛现象。

　　一般按照运动单元的尺寸大小分为大尺度运动单元和小尺度运动单元两类。整个高分子链是大尺度运动单元，其运动称为布朗运动；小尺度运动单元是指链段、短支链和侧基等，其运动称为"微布朗运动"。

（2）分子链运动具有松弛性　高分子链由一种构象过渡到另一种构象都受到分子链内部的内旋转位垒阻抗和周围分子间内聚力的阻抗，这种阻抗即是内摩擦，是分子内或分子间相互作用的结果，宏观表现为很大的黏度。

在外场作用下，高分子物质从一种平衡状态，通过分子热运动克服内摩擦达到与外界条件相适应的新的平衡状态，这一过程称为松弛过程（也称弛豫过程）。表征松弛过程快慢的物理量称为力学松弛时间。低分子物质的分子之间内摩擦小，室温时在外力作用下，松弛时间很短，为 $10^{-10} \sim 10^{-9}$ s，即瞬时平衡，几乎与时间无关。高分子物质的分子由于内摩擦大，而且存在分子量多分散性和结构多层次性，使得高分子体系的松弛时间不是单一的。由于运动单元的大小不同，松弛时间长短相差很大，从 10^{-4} s 到几个小时、几个月甚至几年，在一定范围内可以认为是一个连续的松弛时间谱。因此很难找出其他物质像高分子物质一样呈现出如此丰富的松弛过程，其松弛时间跨越十多个数量级。

高分子物质热转变的本质是其从一种运动状态到另一种运动状态的改变，这种改变还依赖于作用时间的快慢，即便在同一温度下，随外力作用速度不同，也表现为不同的状态，即具有时标（频率）性，属于动力学行为。

（3）分子链运动具有时-温等效性　任何形式的分子运动都与温度有关。温度对高分子物质的分子的热运动有两方面的作用：一种作用是温度升高其使其分子热运动能量增加，当能量增加到运动单元以某种形式运动所需的位垒时，即动力学中所谓的活化状态所需要的活化能时，便产生了该运动单元的热运动；另一种作用是温度升高使高聚物体积发生膨胀，增加了运动单元的活动空间，因此随着温度升高，加快了松弛过程的进行。对同一松弛过程来说，升高温度时，缩短了松弛时间，也就是说可以在较短时间内观察到该松弛现象的全过程；若降温时，延长了松弛时间，则只有在较长时间内才能观察到该松弛现象的全过程。这种特征称为温度-时间等效性，即对同一松弛过程的观察，高温短时间与低温长时间是等效的。

3.5.2　热转变行为

高分子物质在不同温度下所表现出来的动态和静态力学性质，均对应于分子链不同尺度的运动单元。可简单地由形变-温度曲线或模量-温度曲线描述。

（1）非晶态高分子物质的热转变　非晶高分子物质随温度变化出现三种力学状态，如图3-34 和图 3-35 所示，即玻璃态、橡胶态和黏流态。这三种力学状态是运动单元微观运动特征的宏观表现。

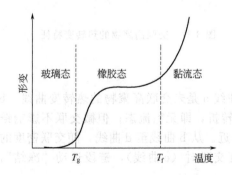

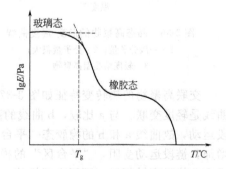

图 3-34　非晶高分子形变-温度曲线　　　　　　图 3-35　非晶高分子模量-温度曲线

在玻璃态，由于温度较低，分子运动的能量很低，不足以克服主链内旋转的位垒，不能激发链段的运动，因此链段和分子链处于被冻结的状态，或者说，链段运动的松弛时间几乎无限大，只有较小的运动单元（如侧基、短支链等）可以运动。此时高分子物质的力学性质与玻璃相似，称为玻璃态。在外力作用下，形变很小而且与外力大小呈正比，表现出符合虎克定律的普弹性。剪切模量（G）约为 10^9Pa 数量级。其转变温度 T_g 称为玻璃化温度。

在橡胶态，随温度的升高，热能足以克服内旋转的位垒，虽然整个大分子尚不能运动，但链段运动被激发，链段通过主链中单键的内旋转不断改变构象，从而发生熵弹性形变。例如，拉伸时，分子链可以从卷曲的线团构象变为伸展构象，且表现出很大的形变，当外力去除时，分子链通过链段运动恢复到原来的卷曲构象，宏观表现为弹性回缩。这种在外力作用下形变很大而且能回复的特性称为高弹性。橡胶态的剪切模量为 10^5Pa 数量级，比普弹形变模量低得多，高弹形变可达 1000%，比普弹形变 0.1% 大得多。高分子物质具有橡胶态是它区别于低分子物质的重要标志。

有的文献把玻璃态到橡胶态的过渡区称为皮革态。

在黏流态，由于温度较高，热能足以激发整个分子链的运动，宏观表现为黏性流动状态，产生不可逆的形变，此时的剪切模量很低，G 小于 10^3Pa 数量级，其转变温度（T_f）称为黏流温度。

（2）结晶型高聚物和交联高聚物的热转变　结晶型高聚物的力学状态与非晶高聚物有所区别，如图 3-36 所示，由于存在着结晶区和非晶区，其力学状态与结晶度有关。

对高结晶度的高聚物，结晶部分起着类似交联的作用，几乎观察不到明显的玻璃化转变。低结晶度的高聚物在达到玻璃化温度时，非晶区发生从玻璃态到橡胶态的转变，由于结晶区的影响，产生高弹形变较小。在分子量较低时，非晶区的黏流温度 T_{f_1} 低于结晶的熔点温度 T_m，此时整个高聚物并不流动，因为结晶结构尚未被破坏，直到温度达到 T_m 后才进入黏流态。当分子量较高时，黏流温度 $T_{f_2} > T_m$，在 $T_m \sim T_{f_2}$ 之间为橡胶态。显然高分子量的结晶型高聚物，在 T_m 以上存在橡胶态，对加工不利。

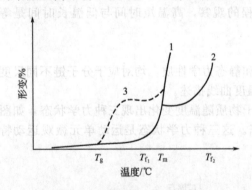

图 3-36　晶态高聚物的形变-温度曲线
1——一般分子量；2——分子量很大；
3——轻度结晶型高聚物

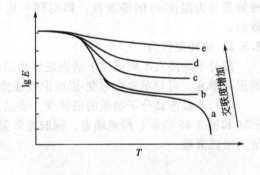

图 3-37　交联高聚物的热转变特征

交联高聚物的热转变特征如图 3-37 所示。图中曲线 a 是未交联高聚物的热转变曲线，b 曲线是轻度交联，与 a 比较，b 曲线的高温段不向下转折，即无黏流态；但微交联不影响链段运动，故曲线 a 和 b 的橡胶态"平台区"的模量相近。从 b 曲线至 d 曲线，随交联密度的增加，链段运动受阻，"平台区"的模量增加。高度交联时（e 曲线），链段运动"冻结"，因而曲线没有转折区，不再出现橡胶态。

例如，天然橡胶用过氧化物交联时，平均每 170 个 C 有一个交联点时，不影响链段运动和 T_g；而当每 60 个 C 有一个交联点时，即明显限制链段运动而使 T_g 增高。当把天然橡胶用硫黄高度交联成硬质硫化橡胶时，使链段不能在室温下内旋转而呈现脆硬的玻璃态。

3.5.3　玻璃化转变

已知玻璃化转变是指非晶高聚物从玻璃态到橡胶态的转变，对结晶型高聚物来说，是指非晶区的这种转变，所以玻璃化转变是高聚物的一种普遍现象，对橡胶材料，T_g 是其耐寒性的表征参数，是橡胶保持高弹性能的最低温度；对塑料材料，T_g 是其耐热性的表征参数。

表 3-7 列出了各种高聚物的 T_m 及 T_g。

表 3-7　各种高聚物的 T_m 及 T_g

高　聚　物	T_m/℃	T_g/℃	高　聚　物	T_m/℃	T_g/℃
二甲基硅橡胶	$-54\sim-52$	-125 ± 7	三元乙丙橡胶	—	$-58\sim-50$
甲基苯基硅橡胶①	—	-112	丁苯橡胶（含 25％苯乙烯）③	—	-57
高顺式聚丁二烯橡胶	约 2	$-110\sim-95$	丁腈橡胶（含 20％丙烯腈）④	—	-57
低顺式聚丁二烯橡胶	—	$-85\sim-75$	丁腈橡胶（含 40％丙烯腈）④	30	-29
高反式聚丁二烯橡胶	$100\sim148$	-83	氯丁橡胶	—	$-50\sim-45$
1,2-聚丁二烯橡胶②	156	—	聚硫橡胶	$109\sim125$	—
天然橡胶	$14\sim28$	$-74\sim-69$	低密度聚乙烯	$130\sim135$	$-125\sim-21$
异戊橡胶	—	$-72\sim-68$	高密度聚乙烯	$165\sim175$	$-125\sim-21$
反式-1,4-聚异戊二烯	$65\sim74$	—	聚丙烯	—	$-35\sim-20$
古塔波胶	$55\sim65$	-53	聚氯乙烯	—	$80\sim85$
丁基橡胶	—	$-75\sim-65$	聚苯乙烯	—	$80\sim100$

① 含甲基苯基硅氧烷 10％（摩尔分数）。

② 间规-1,2 结构 98％。

③ T_g（冷法丁苯胶）$\approx(-78+1.28S)/(1-0.005S)$，式中，$S$ 为苯乙烯质量分数，％。

④ $T_g\approx(-85+1.4A)$，式中，A 为丙烯腈质量分数（A 在 20％～40％范围内成立）。

应指出，T_g 与 T_m 不同，T_g 不是热力学转变点，仅仅与热力学二级转变有些相似，本质上仅是一种动力学行为。因此，从热力学观点看来，要在 T_g 与 T_m 之间建立一种简单的关系是不妥当的，这两种现象的分子机理根本不同。实验证明 T_g/T_m 比值对于大多数高聚物在 $0.56\sim0.76$ 之间，多数集中在 $T_g=2/3T_m$ 附近。

玻璃化温度是链段开始运动（或冻结）的转变温度，因此凡是影响链段运动的内因和外因均影响 T_g 值。内因是指分子链的柔（顺）性和分子间的作用力，外因主要是外场的作用速率以及增塑（软化）剂等。

分子链的柔性取决于主价键的内旋转能力，从动力学观点看，是内旋转异构速率的反映，为受阻内旋转的位垒所控制。显然分子链的柔性越好，T_g 值越小。分子链间的相互作用可用内聚能或溶度参数表征，橡胶的 T_g 与溶度参数 δ 之间关系如图 3-38 所示。其中除丁基橡胶和顺丁橡胶有所偏离外，其他均呈线性函数关系。

显然，影响橡胶 T_g 的根本因素是高聚物的链结构和细观结构，不仅化学结构不同的高聚物具有不同的 T_g，即使化学结构相同而立体构型不同的高聚物，T_g 值也会不同，所以对影响 T_g 的因素应进行综合分析。

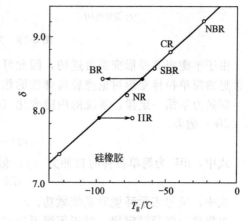

图 3-38　各种橡胶的 T_g 和 δ 的关系

3.6　高弹性与黏弹行为

前面述及高聚物在 $T_g\sim T_f$ 内处于橡胶态，橡胶态是基于链段运动而产生的特有的力学状态，这种力学状态使橡胶材料具有其他材料无法比拟的、无可替代的独特性能——高弹性和高伸展性。

物体的弹性可分为两类：一类是承受的力很大而产生的弹性形变很小，称为普弹性，如晶体等的弹性属于此类；另一类是承受很小的力而产生较大的弹性形变，称为高弹性，如橡胶或气体等属于此类。当弹性形变与恢复是瞬间平衡的，与时间无关时，称为平衡态弹性，是一种理想弹性，如理想气体和理想晶体的弹性；当弹性形变与恢复不能即时建立平衡，而与时间有关时，称为非平衡态弹性，如橡胶的高弹性因具有松弛特征，故为非平衡态弹性。

研究橡胶的高弹性能往往从平衡态高弹性入手，揭示高弹性的本质，进而扩延至非平衡态高弹性行为。

3.6.1　高弹性的热力学解析

材料受力的方式不同，发生形变的方式也不同，对于各向同性的材料来说，有三种基本类型，如图3-39所示。

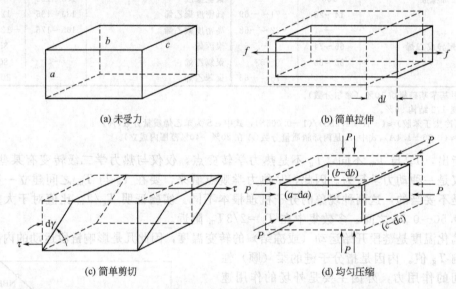

(a) 未受力　　　　　　　　　　　(b) 简单拉伸

(c) 简单剪切　　　　　　　　　　(d) 均匀压缩

图3-39　力学变形的类型

由于平衡态高弹形变是可逆的，因此可以利用热力学第一定律和第二定律进行分析。现以常见的简单拉伸变形讨论橡胶高弹性的热力学本质。

据热力学第一定律，系统的内能变化（dU）等于系统吸收的热量（dQ）与系统对外做功（dW）的差。

$$dU = dQ - dW \tag{3-13}$$

式中，dW为简单拉伸时拉伸力（f）做的功。

$$dW = -f dl$$

式中，负号表示环境对系统做功。

根据热力学第二定律，对于等温可逆过程：

$$\delta Q = T dS$$

代入式(3-13)中，材料经受拉伸形变时，其内能的变化为：

$$dU = T dS + f dl \tag{3-14}$$

显然，由式(3-14)可推出恒温、恒容下的简单拉伸变形的表达式。

$$f = \left(\frac{dU}{dl}\right)_{T \cdot V} - T\left(\frac{dS}{dl}\right)_{T \cdot V} \tag{3-15}$$

从式(3-15)可看出，作用于弹性体的外力引起材料内能和熵发生变化，即应力是由于形变时内能和熵发生变化引起的。

据热力学 Helmholtz 自由能（A）的定义：

$$dA = dU - TdS - SdT \tag{3-16}$$

将式(3-14)代入式(3-16)：

$$dA = fdl - SdT$$

由该式的偏微分导出：

$$\left(\frac{\partial A}{\partial l}\right)_T = f \tag{3-17}$$

$$\left(\frac{\partial A}{\partial T}\right)_l = -S \tag{3-18}$$

据偏微分的性质和热力学中的 Maxwell 关系：

$$\frac{\partial}{\partial l}\left(\frac{\partial A}{\partial T}\right)_l = \frac{\partial}{\partial T}\left(\frac{\partial A}{\partial l}\right)_T$$

故

$$\left(\frac{\partial S}{\partial l}\right)_T = -\left(\frac{\partial f}{\partial T}\right)_l \tag{3-19}$$

所以式(3-15)可以改写成：

$$f = \left(\frac{\partial U}{\partial l}\right)_T + T\left(\frac{\partial f}{\partial T}\right)_l \tag{3-20}$$

该方程便是橡胶热力学方程式的另一种表达形式。式中，$\left(\frac{\partial f}{\partial T}\right)_l$ 表明恒伸长情况下，外力随温度 T 的改变而变化，可由实验直接测得。

如果将橡胶试片伸长并保持一定长度，在平衡可逆条件下，测定不同温度（K）下的张力值，可以给出张力-温度曲线（图 3-40），曲线的斜率为 $\left(\frac{\partial f}{\partial T}\right)_l = \left(\frac{\partial S}{\partial l}\right)_T = f_s$，表明拉伸时熵的变化对张力的贡献，曲线截距为 $\left(\frac{\partial U}{\partial l}\right)_T = f_u$，表明拉伸时内能的变化对张力的贡献。

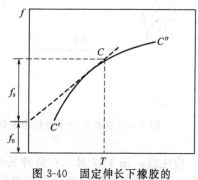

图 3-40　固定伸长下橡胶的张力-温度曲线

图 3-41 是天然橡胶在 20℃下绘出的 f、f_u 和 f_s 对伸长率的关系图。可见 f_s 分量随伸长率增加而上升，即熵减少，而 f_u 分量近乎一条水平线，表明橡胶拉伸时内能变化不大，当伸长率较高时（超过 350%），f_u 产生较明显的偏离，这主要是橡胶的热膨胀性或取向造成的。

多数橡胶测定的结果表明 f_u/f 值在 0.1～0.25 之间，可见，橡胶的高弹性主要是熵变化引起的，即本质上是熵弹性，它不同于金属材料由于内能变化而引起的普弹性。

图 3-42 表明橡胶在相当宽的伸长范围和温度范围内，张力与温度处于线性关系，直线大致平行，而各直线外推到 0K 时，其截距很小，即 $\left(\frac{\partial U}{\partial l}\right)_T \approx 0$，说明橡胶拉伸时，内能几乎不变，主要是引起熵的变化。也就是说，在外力作用下，橡胶分子链由原来的卷曲构象变为伸展构象，熵值由大变小，是热力学不稳定体系，当外力除去后，就会自发地恢复到初始状态（图 3-43），说明了为什么橡胶的高弹形变是可回复的。又根据恒温可逆过程，$dQ = TdS$，由于 dS 是负值，那么 dQ 也是负值，即橡胶在拉伸过程中会放出热量。

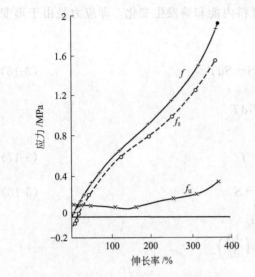

图 3-41　张力的内能分量和熵分量随形变的变化

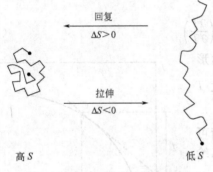

图 3-43　拉伸时分子链构象变化

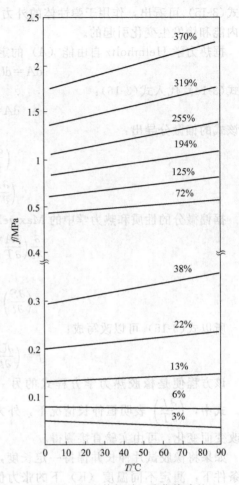

图 3-42　固定伸长时，硫化橡胶的
f-T 曲线（20℃，NR）

　　应注意，图 3-42 显示在低伸长率下（<10％时），曲线斜率呈负值，表明热膨胀起主导作用，称为热弹颠倒现象。当以恒伸长比代替恒伸长率时，便不会显示热弹颠倒现象。因为热膨胀的缘故，初始长度（l_0）是随温度而变化的，若使伸长比恒定，则相应的修正了拉伸长度（l）。

　　由于升高温度时，熵值增大，dS 是正值，所以 dl 必为负值，说明在外力作用下，橡胶在受热时长度缩短，即具有负的膨胀系数。与金属材料的正膨胀系数恰好相反。这也是橡胶高弹性的特征之一。例如，橡胶试样在外力下加热至 149℃，其长度将收缩 25.4mm。

3.6.2　橡胶弹性状态方程

　　（1）基于分子理论的状态方程　平衡态高弹性的热力学解析表明，橡胶高弹性的实质是体系内熵的变化引起的，是熵弹性。因此可以用分子构象统计理论和热力学相结合计算体系熵的变化，从而导出宏观的应力-应变关系。

　　交联网络的弹性分析理论是以理想的高斯交联网络为基础，并假设：

　　① 网络中的每一个网链均是高斯链，可用高斯链统计描述；

　　② 网络的熵值是各个网链熵的总和；

　　③ 网络以仿射方式形变，即网络中的交联点位置固定在其平衡位置上，形变时它们将与橡胶试样的宏观形变相同的比例移动；

④ 网络形变前后均是各向同性的，且体积不变。

现在分析一个网链形变前后的熵变化。在形变前网链的一端在点 (x_0, y_0, z_0) 处，末端距为 h_0。形变后，该链端移到点 (x, y, z) 处，末端距为 h，如图 3-44 所示。

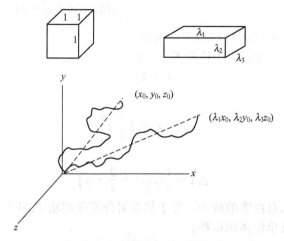

图 3-44　网链仿射形变中的位移

根据高斯分布函数和玻尔兹曼定律可推导出单个网链在形变前的熵。

$$S_0 = c - K\beta^2(x_0^2 + y_0^2 + z_0^2)$$

式中，c 是常数；K 是玻尔兹曼常数。

根据假设③，若形变时的主伸长比分别为 λ_1、λ_2 和 λ_3，则网链形变后的熵为：

$$S = c - K\beta^2(\lambda_1^2 x_0^2 + \lambda_2^2 y_0^2 + \lambda_3^2 z_0^2)$$

于是单个网链形变中的熵变 ΔS_i 为：

$$\Delta S_i = S - S_0 = -K\beta^2[(\lambda_1^2 - 1)x_0^2 + (\lambda_2^2 - 1)y_0^2 + (\lambda_3^2 - 1)z_0^2]$$

若单位体积试样中网链数目为 N，根据假设②，该体系总的熵值可由单个网链的熵值加和而得，则：

$$\Delta S = \sum_{i=1}^{N} \Delta S_i = -K\beta^2\left[(\lambda_1^2 - 1)\sum x_0^2 + (\lambda_2^2 - 1)\sum y_0^2 + (\lambda_3^2 - 1)\sum z_0^2\right] \quad (3-21)$$

根据假设①，高斯链在形变前末端距矢量（$\vec{h_0}$）的方向是无规的，即是各向同性的，且：

$$\sum x_0^2 + \sum y_0^2 + \sum z_0^2 = \sum h_0^2$$

$$\sum x_0^2 = \sum y_0^2 = \sum z_0^2 = \frac{1}{3}\sum h_0^2 \quad (3-22)$$

$$\sum h_0^2 = N\overline{h_0^2} \quad (3-23)$$

式中，$\overline{h_0^2}$ 是形变前网链的均方末端距。

已知高斯链：

$$\overline{h^2} = \frac{3}{2\beta^2} = Zb^2 \quad (3-24)$$

式中，参数 $\beta^2 = \frac{3}{2Zb^2}$；$Z$ 是链段数；b 是链段的平均长度。

将式(3-22)、式(3-23) 和式(3-24) 代入式(3-21) 并整理得：

$$\Delta S = -\frac{1}{2}KN(\lambda_1^2 + \lambda_2^2 + \lambda_3^2 - 3) \quad (3-25)$$

形变过程中的内能可视为不变（$\Delta U=0$），所以亥姆霍兹（Helmholtz）自由能为：

$$\Delta A=\Delta U-T\Delta S=-T\Delta S=\frac{1}{2}KNT(\lambda_1^2+\lambda_2^2+\lambda_3^2-3)$$

$$=\frac{1}{2}G(\lambda_1^2+\lambda_2^2+\lambda_3^2-3) \tag{3-26}$$

式中，$G=NKT$，可以证明 G 即剪切模量。

根据假设④，试样形变过程中体积不变，故：

$$\lambda_1\lambda_2\lambda_3=1$$

若 $\lambda_1=\lambda$，则：

$$\lambda_2=\lambda_3=\left(\frac{1}{\lambda}\right)^{\frac{1}{2}}$$

式（3-26）变为：

$$\Delta A=\frac{1}{2}G\left(\lambda^2+\frac{2}{\lambda}-3\right) \tag{3-27}$$

对恒温过程，体系自由能的减少，等于体系对外所做的功（ΔW），故 $\Delta A=\Delta W$，ΔA 也称为贮能函数。所以对单位体积试样：

$$dW=-dA=fdl=\sigma d\lambda \tag{3-28}$$

式中 σ 为应力。

将式（3-27）代入式（3-28）可得：

$$\sigma=\frac{\partial A}{\partial\lambda}=G\left(\lambda-\frac{1}{\lambda^2}\right) \tag{3-29}$$

该式称为交联橡胶的状态方程式。

已知剪切模量 $G=NKT$，其中 N 为单位体积试样中的网链数，即：

$$G=\frac{\rho}{M_c}KT \tag{3-30}$$

式中，ρ 是试样的密度；M_c 是网链的数均分子量。

可以看出，橡胶的模量与热力学温度成正比，与网链的分子量成反比，反映出网链热运动和网络结构的特征。M_c 值越小表明交联密度越大，网链柔性下降，故表现出弹性模量增大，橡胶会变硬，甚至失去高弹性能。可以利用该式借助力学实验求算出交联橡胶的表观交联密度（$1/M_c$）。一般情况下，多数橡胶交联后其 $M_c\approx2000\sim10000$。

因为橡胶材料的泊松比 $\mu\approx0.5$，所以是各向同性不可压缩的材料，故：

$$E=3G$$

如图 3-45 所示是天然橡胶的应力-应变曲线，其中理论曲线是按式（3-29）计算得出的。可以看出，只有当形变较小时（$\lambda<1.5$），理论才与实验相符，理论较好地反映交联橡胶开始形变时的实际状况。在拉伸比 $\lambda=1.5\sim5$ 时，理论才值高于实验值，特别是当 $\lambda>5$ 时实验值大大超过理论值。这些偏差表明，统计理论推导的结果只是较好地描述了实际橡胶在小形变时的弹性行为，由于理论对橡胶的一些简化假设，使其产生偏离。除了网络缺陷的原因之外，特别是在较大形变下，这些简化是不能成立的。另一假设是形变后仍然保持各向同性，实际上形变时，试样内由于网链之间的干扰而变成各向异性，各向异性的效应使构象熵减少，也产生弹性应力比理论预算要低。特别是内能对弹性的贡献并不为零，因为实际的橡胶，链段的运动并非完全自由的，而且顺式、反式和左、右旁式构象的位能也不相等，只有在内旋转位垒 $U(\varphi)$ 为常数，即分子链的顺、反式和左、右旁式的位能相同时，构象改变才不引起内能的变化。因此，在形变中产生分子链伸展的构象变化时，不可避免地要引起内能的变化，尤其是较大形变时的取向效应导致了分子链形成结晶，引起弹性应力的增大。另

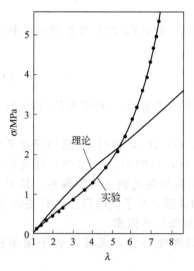

图 3-45　天然橡胶的应力-应变曲线

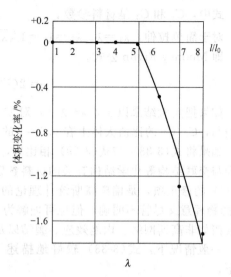

图 3-46　体积随伸长比的变化

外，在大形变时，随着伸长比的增大，试样的体积将显著地减小，而并非不可压缩，如图 3-46 所示。

高斯网络的弹性理论的重要意义在于首次从分子结构推导了橡胶的贮能函数与状态方程，能够预示各种不同应变类型下材料的弹性特征，突出了熵效应的本质，把弹性模量同分子结构联系起来，为橡胶弹性提供了分子水平的解释。

（2）基于唯象理论的状态方程　众所周知，橡胶的重要特征是能够产生很大的弹性形变，而基于高斯链网络推导出的交联橡胶的弹性状态方程仅仅在小形变时适用。为了描述橡胶在较大形变范围的弹性行为，目前工程上主要是以连续介质力学为基础，用唯象学理论处理橡胶的弹性行为。与分子统计理论相比较，它属于宏观应力-应变关系的描述，不考虑橡胶的微观结构及高弹性行为的分子机理。

唯象理论假定：弹性体的形变是均匀纯形变，是各向同性的，是不可压缩的，形变时体积不变。

弹性体形变时，外力对物体做功的能量贮存于应变的物体中，作为弹性复原的能量，称为弹性应变能（即弹性贮能）。通常用应变能密度 W（单位体积内贮存的应变能）的函数式表示，因此可以用应变能函数（贮能函数）来描述弹性体的应力-应变行为。由于应变能函数 W 是一个标量，因此与坐标系的选择无关，即 W 对坐标变换是不变量。假定弹性体是各向同性的，应变能 W 可以表示为应变不变量的函数

$$W = W(I_1, I_2, I_3)$$

这里 I_1、I_2 和 I_3 称为应变不变量，分别为：

$$
\begin{aligned}
I_1 &= \lambda_1^2 + \lambda_2^2 + \lambda_3^2 \\
I_2 &= (\lambda_1\lambda_2)^2 + (\lambda_2\lambda_3)^2 + (\lambda_3\lambda_1)^2 \\
I_3 &= (\lambda_1\lambda_2\lambda_3)^2
\end{aligned}
\tag{3-31}
$$

式中，λ_1、λ_2、λ_3 称为主伸长比；下标 1、2、3 分别表示三个相互正交的坐标轴。

由于橡胶的不可压缩性，则 $I_3 = 1$，因此交联橡胶的应变能函数为：

$$W = W(I_1, I_2)$$

对于橡胶类材料，函数 W 最普遍的形式是 Rivlin 提出的：

$$W = C_1(I_1 - 3) + C_2(I_2 - 3) \tag{3-32}$$

式中，C_1 和 C_2 是材料参数。

对于简单拉伸，$\lambda_1 = \lambda$，$\lambda_2 = \lambda_3 = 1/\sqrt{\lambda}$，通过式（3-31）和式（3-32）可推得另一状态方程，即 Mooney-Rivlin 公式。

$$\sigma = 2(\frac{C_1 + C_2}{\lambda})(\lambda - \frac{1}{\lambda^2}) \tag{3-33}$$

如果把实验结果以 $\sigma/2(\lambda - \lambda^{-2})$ 对 λ^{-1} 作图，则得到截距为 C_1、斜率为 C_2 的直线。实验表明，C_2/C_1 的比值大体上在 $0.3 \sim 1$ 的范围内。

如果将式（3-33）与式（3-29）相比较，当 $C_2 = 0$ 时，$G = 2C_1$，说明 C_1 的物理意义可理解为与交联结构等化学结构有关的材料参数。当 $C_2 \neq 0$ 时，其中 $2C_2(1 - \lambda^{-3})$ 项可视为式（3-33）的修正项，是偏离高斯统计理论的附加项，即实际橡胶与理论值的偏差。其中参数 C_2 的物理意义尽管不明确，但也可理解为与交联结构的缺陷及分子间物理作用有关的参数，涉及诸如非高斯网络、内能效应、缠结以及形变中的滞后效应等因素。

一般情况下，式（3-33）较好地描述了较大形变的弹性行为，尤其适合于简单拉伸变形。

3.6.3　黏弹行为

前述已知理想高弹性的应力与应变即刻平衡，称为平衡态高弹性。但是处于橡胶态的高聚物并非理想的高弹性，因为分子链间有很大的相互作用力，而且不同结构的高聚物，分子间的作用力也不相同。这种作用力阻碍分子链段的运动，表现出黏滞性，因此产生了形变对时间的依赖性，说明分子链的构象变化落后于形变，形变落后于应力，这种应力与应变不能立刻达到平衡，需要一段松弛时间才能达到平衡状态的行为称为黏弹行为，是非平衡态高弹性的力学特征。

（1）静态黏弹行为　静态力场中的黏弹行为主要包括应力松弛现象和蠕变现象。

① 应力松弛现象　应力松弛是在一定温度下，材料保持恒定形变时，其应力随时间的增加而逐渐衰减的现象。例如，用力将橡胶拉伸至一定长度后，保持其形变恒定，橡胶试样的拉力会逐渐减小。

应力松弛的普适曲线如图 3-47 所示。应力松弛是借助高分子运动单元的热运动完成的，是大尺度运动单元（分子链和链段）通过热运动适应外力进行重排的结果。如果温度较高，如常温下的橡胶，链段运动时受到的内摩擦阻力较小，应力松弛得较快；如果温度较低，在玻璃化温度以下，由于链段运动被冻结，应力松弛现象几乎观察不到。实验证明，只有在玻璃态向橡胶态过渡的区域内，应力松弛最为典型。

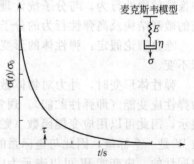

图 3-47　应力松弛的普适曲线

Maxwell 模型可用来描述应力松弛现象。该模型是由一个弹簧（代表理想弹性）和一个黏壶（代表理想黏性）串联而成。在受到应力 σ 时，弹簧和黏壶受到的应力是一样的，$\sigma_1 = \sigma_2 = \sigma_3$，而弹簧和黏壶产生的形变分别为 $\varepsilon_1 = \dfrac{\sigma}{E}$ 和 $\dfrac{d\varepsilon_2}{dt} = \dfrac{\sigma}{\eta}$，式中，$E$ 和 η 分别是弹簧的模量及黏壶的黏度。对应力松弛来说，总形变为 $\varepsilon = \varepsilon_1 + \varepsilon_2$，即

$$\frac{d\varepsilon}{dt} = \frac{1}{E} \times \frac{d\sigma}{dt} + \frac{\sigma}{\eta}$$

由于形变保持恒定，$\dfrac{d\varepsilon}{dt} = 0$，即代入上式并整理：

$$\frac{\mathrm{d}\sigma}{\sigma} = -\frac{E}{\eta}\mathrm{d}t \tag{3-34}$$

当 $t=0$ 时，$\sigma=\sigma_0$，积分式（3-34）得

$$\sigma(t) = \sigma_0 \mathrm{e}^{-\frac{t}{\tau}} \tag{3-35}$$

式中，$\tau=\eta/E$ 称为松弛时间。说明松弛过程是弹性行为和黏性行为共同作用的结果。

当时间 $t=\tau$ 时，$\sigma=\sigma_0/\mathrm{e}$，即松弛时间 τ 是应力衰减到初始应力 σ_0 的 $\frac{1}{\mathrm{e}}$ 时所需要的时间，是表征应力松弛过程的一个特征时间。

式（3-35）表明，应力随时间发生幂次性衰减，当 $t \to \infty$ 时 $\sigma \to 0$。对于交联的橡胶，相当于分子量 $M \to \infty$，由于分子链间不能滑移，所以应力不会松弛到零，只能松弛到某一数值，而且与交联度密切相关，如图 3-48 所示为分子量和交联密度对应力松弛曲线的影响。

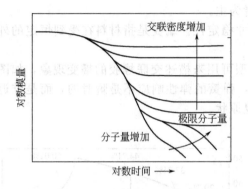

图 3-48　分子量和交联密度
对应力松弛曲线的影响

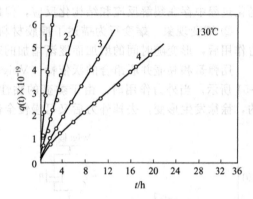

图 3-49　不同硫化体系的天然橡胶
在老化过程中的 $q(t)$ 与时间的关系
1—硫黄；2—TMTD；3—过氧化二异丙苯；4—辐射

Tobolsky 等人曾先后利用高弹性理论，对硫化橡胶在高温老化时所产生的应力松弛进行了研究，逐渐发展了化学应力松弛的实验方法和理论。橡胶在氧化时，例如天然橡胶，会发生主链断裂，在定伸长下，应力与单位体积中尚未断裂的网链数目 N 呈正比，从橡胶弹性理论可简单导出：

$$\frac{N(t)}{N(0)} = \frac{\sigma(t)}{\sigma(0)} = \mathrm{e}^{-kt} \tag{3-36}$$

式中，$1/k=\tau$。

如果 $q(t)$ 代表老化过程中在时间 t 时单位体积内的网链断裂数，则：

$$q(t) = -N(0)\ln\left[\frac{\sigma(t)}{\sigma(0)}\right] \tag{3-37}$$

利用此式即可通过应力松弛估算网链的断裂数。如图 3-49 所示是不同硫化体系的天然橡胶在老化过程中的 $q(t)$ 与时间的关系。可以看出 C—C 交联的硫化胶具有较好的老化性能。

因为化学反应通常可以用 Arrhenius 方程描述其温度依赖性，则：

$$\ln\frac{1}{k} = \ln A + \frac{\Delta E_\mathrm{a}}{RT} \tag{3-38}$$

式中，ΔE_a 是老化反应的活化能。对天然橡胶的氧化裂解来说，ΔE_a 的典型值是 125kJ/mol。

利用连续应力松弛和间歇应力松弛实验可以研究老化过程中交联结构的变化。如图 3-50 所示是 130℃时硫黄硫化天然橡胶的连续和间歇的应力松弛曲线。可看出硫化天然橡胶在

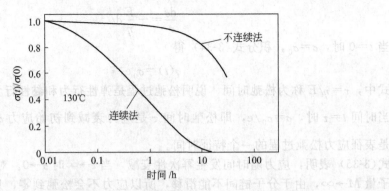

图 3-50　130℃时硫黄硫化天然橡胶的连续和间歇的应力松弛曲线

老化过程中存在裂解反应和结构化反应，但以前者为主。

②蠕变现象　蠕变行为描述了橡胶材料的尺寸稳定性。蠕变是指材料在受到恒定的外力作用后，形变随时间的增加而逐渐增加的现象。

用弹簧和黏壶并联组合的沃依特（Voigt）模型可用来描述交联橡胶的蠕变现象，如图 3-51 所示。当外力作用时，由于黏壶的黏性阻力，弹簧的弹性响应不是瞬时的，而是推迟的，徐徐发生形变，去掉外力后又可慢慢全部回复原状。

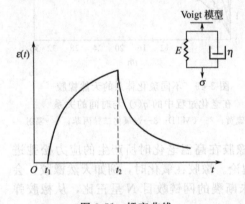

图 3-51　蠕变曲线

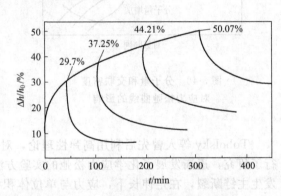

图 3-52　天然橡胶的压缩蠕变曲线

显然，应力是由弹簧和黏壶共同承担，而它们的形变与总形变相同，即：

$$\sigma_0 = \sigma_1 + \sigma_2$$
$$\varepsilon = \varepsilon_1 = \varepsilon_2$$

故
$$\sigma_0 = E\varepsilon + \eta \frac{d\varepsilon}{dt} \tag{3-39}$$

当 $t=0$ 时，$\varepsilon=0$，式(3-40) 积分得：

$$\varepsilon(t) = \frac{\sigma_0}{E}(1 - e^{-\frac{t}{\tau}}) = \varepsilon(\infty)(1 - e^{-\frac{t}{\tau}}) \tag{3-40}$$

式中，$\varepsilon(\infty)$ 是 $t \to \infty$ 时的平衡形变；$\tau = \eta/E$ 称为推迟时间。当 $t=\tau$ 时则 $\varepsilon(t) = 0.63\varepsilon(\infty)$，即推迟时间的物理意义是指形变随时间增大到平衡形变（即最大形变量）的 63% 时所需要的时间。

在蠕变回复过程中，即 $\sigma=0$ 时，由式(3-39) 可推导出：

$$\varepsilon(t) = \varepsilon(\infty)e^{-\frac{t}{\tau}} \tag{3-41}$$

如图 3-52 是天然橡胶的压缩蠕变曲线。

(2) 动态黏弹行为

① 滞后现象 橡胶制品在实际应用中，往往受到交变力场的作用，例如汽车轮胎如果以 60km/h 的速度行驶，则轮胎某处与地面的接触相当于该处受到每分钟 300 次的周期性外力的作用。

一般情况下交变力场是正弦形的，其频率为 υ(Hz)，应力随时间的变化为如图 3-53 所示。

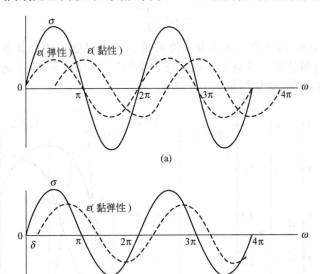

图 3-53 动态应力-应变曲线

$$\sigma(t) = \sigma_0 \sin\omega t \tag{3-42}$$

式中，σ_0 为最大应力；ω 为交变应力的角频率（$\omega = 2\pi\upsilon$）。

由于内摩擦（内耗）的存在，链段运动不能立即响应外力的变化，故应变与应力不同步，应变落后于应力，有一个相位差（δ），即

$$\varepsilon(t) = \varepsilon_0 \sin(\omega t - \delta) \tag{3-43}$$

式中，ε_0 为最大应变；相位差 δ 称为滞后角，或力学损耗角。

高分子材料在交变力场作用下，应变滞后于应力变化的现象称为滞后现象。显然滞后角越大，说明内摩擦越大，链段运动越困难，越是滞后于应力的变化。

也可以把应力与应变写成复数的指数表述式。

$$\sigma(t) = \sigma_0 \exp(i\omega t)$$

$$\varepsilon(t) = \varepsilon_0 \exp[i(\omega t - \delta)]$$

则此时的模量称为复数模量（E^*），即：

$$E^* = \frac{\sigma(t)}{\varepsilon(t)} = \frac{\sigma_0}{\varepsilon_0} \exp(i\delta)$$

$$= \frac{\sigma_0}{\varepsilon_0}(\cos\delta + i\sin\delta)$$

$$= E' + iE'' \tag{3-44}$$

式中，$E' = \dfrac{\sigma_0}{\varepsilon_0}\cos\delta$ 是实数部分，表示其能量可以贮存和回复，称为贮能模量，简称实

模量；$E'' = \dfrac{\sigma_0}{\varepsilon_0}\sin\delta$ 是虚数部分，表示黏性分量，其能量消耗于克服内摩擦，称为损耗模量，

简称虚模量。对于理想的弹性体（$\delta=0°$，$\sin\delta=0$），$E^*=E'$，$E''=0$；对于完全的黏性液体（$\delta=90°$，$\cos\delta=0$），$E^*=E''$，$E'=0$，意味着所有输入的能量均以热的形式消耗掉。通常对于填充的橡胶，E'约大于E''10倍。

用来描述每一周期内损耗的能量与最大贮存的能量之间关系的表征量称为损耗角正切（或耗散因子），即：

$$\tan\delta=\frac{E''}{E'} \tag{3-45}$$

参数 E'、E''和$\tan\delta$的数值与频率及温度有关，可由温度谱图和频率谱图描述，统称力学谱图，这种力学谱图就是一种高分子的特征"指纹"。如图 3-54 所示是未硫化天然橡胶的频率谱图，图中 G' 和 G'' 为剪切模量，υ 为频率。

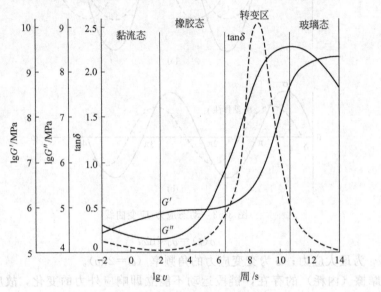

图 3-54　未硫化天然橡胶的频率谱图

实质上，E''（或 G''）和 $\tan\delta$ 值大小表征了由于内摩擦而消耗能量的多少，这种力学损耗也称为内耗或滞后损失。这种内耗的大小与橡胶的结构有关。比如，顺丁橡胶内耗较小，因为它的分子链上没有取代基团，链段运动的内摩擦阻力较小，丁苯橡胶和丁腈橡胶的内耗比较大，因为丁苯橡胶有庞大的侧苯基，丁腈橡胶有极性较强的氰基，故链段运动时的内摩擦较大；丁基橡胶的侧甲基虽然没有苯基体积大，也没有氰基极性强，但是它的侧基数目比丁苯橡胶和丁腈橡胶多得多，所以内耗也比较大。内耗较大的橡胶，吸收冲击能量较大，防振或隔声的效果好。

② 力学损耗的理论计算　前述已知，如果应力与应变同相位（$\delta=0$），应力与应变的关系近似为一条直线，实际上由于应力与应变间存在相位差，应变滞后于应力，则每一次拉伸-回缩周期（形变周期），应力-应变曲线必然出现"滞后环"，图 3-55 表明橡胶拉伸-回缩过程中应力-应变曲线。如果应变完全跟得上应力曲线，拉伸与回缩曲线应重合在一起（图中虚线所示），由于滞后现象的发生，拉伸曲线和回缩曲线上的应变均达不到与应力相应的平衡应变值。因此，拉伸时外力对橡胶所做的功，一部分用来改变链段运动产生的构象；另一部分用来克服阻碍链段运动的内摩擦，其值可用拉伸曲线下面所包围的面积表示；回缩时，橡胶对外所做的功，则包括分子链由伸展构象恢复到卷曲构象的弹性能，和克服内摩擦所消耗的功，其值可用回缩曲线下面所包围的面积表示。

显然，对一个拉伸缩-回周期中因克服内摩擦而变为热能消耗掉的功等于这两个面积的

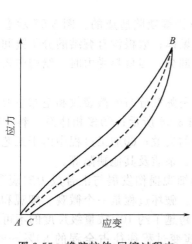

图 3-55　橡胶拉伸-回缩过程中
应力-应变曲线

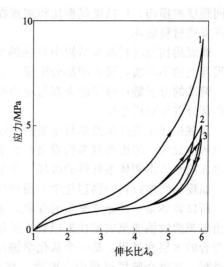

图 3-56　未填充天然橡胶的动态
过程滞后环的变化

差，即滞后环的面积（$ABCA$）。应力与应变的滞后角（δ）越大，滞后环也越大，即力学损耗越大。滞后环面积大小即为单位体积的橡胶在每一周期中所损耗的功（ΔW），即：

$$\Delta W = \oint \sigma(t)\,\mathrm{d}\varepsilon(t) = \oint \sigma(t)\frac{\mathrm{d}\varepsilon(t)}{\mathrm{d}t}\mathrm{d}t$$

将式（3-42）和式（3-43）代入上式可得：

$$\Delta W = \sigma_0\varepsilon_0\omega\int_0^{\frac{2\pi}{\omega}}\sin\omega t\cos(\omega t-\delta)\mathrm{d}t$$

上式展开，并积分得：

$$\Delta W = \pi\sigma_0\varepsilon_0\sin\delta = \pi E''\varepsilon_0^2 \tag{3-46}$$

如图 3-56 所示是未填充天然橡胶的动态过程滞后环的变化。可以看出，第一次循环时的滞后环大，第二次循环时滞后环小些，依次递减，而且向右移动，往复多次以后便趋于定值。产生这种现象的原因可用弹性后效的叠加原理解释。开始由于体系内分子链是非常紊乱的，故内摩擦大，滞后环大，经过几次往复后，分子链的排列趋于定向，以适应往复形变，内摩擦减小，故滞后环面积逐减，直至滞后环面积不变。滞后环逐渐向右移动是由于弹性后效逐次叠加的结果，直至弹性后效不变，达到极限永久变形为止，此时所有参与形变的分子链都移到稳定的位置上，只在这个位置上进行往复形变。

力学损耗与动态条件下使用的橡胶制品（如轮胎等）性能密切相关。据报道，轮胎在行驶中的能量损耗约占汽车驱动的全部能量损失的 1/3，而这种能量的损耗主要是轮胎的胎面和胎体的滞后性引起的，也就是说，轮胎的滚动损耗是汽车耗能的主要原因之一。

3.7　破坏现象和机械强度

一般情况下，破坏现象是泛指材料在外力、温度和环境等因素作用下，使材料内部产生损伤，进而导致宏观力学性能劣化、失效和最终断裂的现象。机械强度一般是指材料抵抗形变和破坏的能力。为了能正确预报材料使用时的可靠性、稳定性及耐久性等，必须对材料的破坏过程与特征进行研究，根据不同的使用目的，进而对材料进行强度设计。

3.7.1　破坏现象

（1）破坏过程与特征　破坏过程的本质是材料的微观和细观结构的不均质性及缺陷造成

不同程度的损伤，包括微观损伤和细观损伤，这些损伤在力学过程中逐渐发展，最终形成宏观开裂或材料破坏。

微观损伤是材料微观结构中存在的空位、断键或位错等缺陷造成的。图 3-57 示意了分子尺度上的不均质，可由四部分组成：分子链末端的凝聚体；数根没有缠结的分子链间的空隙；缠结的分子链；分子链束在与应力平行方向取向的部分。当材料受力时，结构中较弱的前两部分首先形成空位。

细观损伤主要是指微米数量级的裂纹和空隙，这些呈弥散分布的微裂纹和空隙主要由以下原因造成的：①由微观损伤发展与汇合形成的，如图 3-58 所示；②多相体系材料中的异质界面损伤，多相体系材料的破坏，多数是源于界面层的失效；③加工过程中由于工艺、机械、温度、湿度或各种物理化学作用产生的瑕裂、微孔、杂质及其他缺陷等。

所以破坏是一种非常复杂的现象，是由弥散分布的细观损伤发展与汇合成为宏观裂纹，再由宏观裂纹演变至灾难性失稳裂纹扩展至断裂的过程。破坏过程是一个微观、细观和宏观相结合的多层次过程，是一个从化学键尺度到宏观尺度跨越了约 10^7 数量级尺度的不可逆耗能过程。在整个破坏过程中，微观、细观损伤的发展演变过程往往占全程的 80%～90%，而宏观裂纹的形成、扩展至断裂所经历的时间一般只占 10%～20%。

通常材料的破坏形式可分为两类，即脆性破坏和延（韧）性破坏。

一般情况下，外力超过材料的极限强度而发生断裂，若断裂仅是在弹性形变下产生的，且断裂表面光滑称为脆性破坏；若除了相应的弹性形变断裂之外，同时出现不同程度的塑性形变，断裂表面粗糙，称为延（韧）性破坏，如图 3-59 所示。

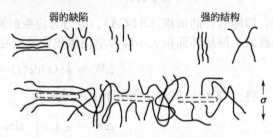

图 3-57　微观损伤示意

橡胶材料的破坏属于延性破坏，其断裂伸长较大，是高弹性破坏，这一点与一般的延性破坏不同。但是硬质橡胶由于交联密度较大可视为脆性破坏。

由于高分子运动具有松弛性，依赖于温度和形变速率，对破坏过程的影响体现在脆性破坏和延性破坏的转变。当温度在玻璃化温度以下时，材料呈脆性破坏，当温度在玻璃化温度以上时，则呈延性破坏，而且随温度升高塑性变形分量增加；在一定的温度下，低形变速率时，材料呈延性破坏，在高形变速率时，则呈脆性破坏特征。

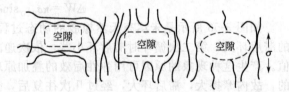

图 3-58　细观损伤示意

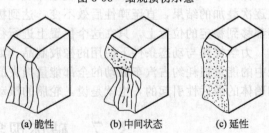

(a) 脆性　　　(b) 中间状态　　　(c) 延性

图 3-59　脆性与延性断裂表面

（2）应力-应变曲线特征　从材料的应力-应变曲线不仅可以求出应力、应变和弹性模量的数值，而且可以分析其强度破坏的特征。由于高分子材料的黏弹特性，其应力-应变曲线明显依赖于温度和形变速率。如图 3-60 所示是在四种不同温度下的普适应力-应变曲线。

曲线 A 是当温度远低于玻璃化温度时的曲线，应力随应变线性地增大至断裂点，断裂时的应变很低（<10%），属于脆性破坏，具有脆性金属的特征。

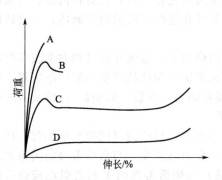

图 3-60　四种不同温度下的普适应力-应变曲线

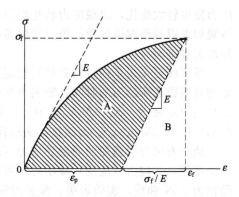

图 3-61　断裂能密度的概念

曲线 B 是温度低于玻璃化温度（高于 A 曲线）时的曲线，在材料发生断裂之前，应力有一个极大值（即屈服点），属延性破坏，具有延展性金属的特征。

曲线 C 是温度略低于玻璃化温度（高于 B 曲线）时的曲线，此时曲线也出现屈服点，然后随应变增加，应力显著下降，称为应变软化现象，当应变继续增加时，应力值几乎不变，称为细颈或冷拉现象。最后随应变的增加，应力再次上升称为应变硬化现象，直至断裂破坏。

曲线 D 是温度高于玻璃化温度进入橡胶态高分子材料的曲线，曲线平滑过渡，没有明显的屈服点，具有低应力、大形变的特征。

曲线 A、B、C 描述了塑料材料和较高交联密度的硬质橡胶的应力-应变特征。曲线 D 描述了未交联橡胶和轻度交联橡胶的应力-应变特征。

一般材料在出现屈服点之前发生断裂的，多为脆性破坏；在出现屈服点之后发生断裂的多为延性破坏。但是由于材料的结构不同或形变温度或形变速率不同时，应力-应变曲线往往是普适应力-应变曲线的一部分或变异，其破坏类型也会发生变化。

应力-应变曲线下包围的面积表征了试样断裂时单位体积材料所吸收的能量，称为断裂能量密度 W_b，如图 3-61 所示。

$$W_b = \int_0^{\varepsilon_f} \sigma d\varepsilon$$

图 3-61 中，σ_f 是试样拉伸至断裂点时的伸长率；ε_p 是塑性形变时产生的伸长率。

从图 3-61 中的分析可以看出，曲线下面的面积由 A 和 B 两部分组成。B 部分的面积表征了断裂过程中仅由弹性形变（σ_f/E）所吸收的能量（W_e），是可逆的；A 部分的面积表征了断裂过程中由于塑性应变（ε_p）所耗散的能量（W_d），是不可逆的，即：

$$W_b = W_e + W_d \tag{3-47}$$

W_b 的物理意义是形变至断裂点时单位体积材料所吸收的应变能，表明了材料的韧性大小和对破坏的抵抗能力。其中若 W_d 比例越大，材料韧性越好。具有较大的断裂伸长率和较高的强度的材料是韧性好的材料。

3.7.2　疲劳

橡胶制品大都在动态条件下工作，例如轮胎、传送带和减振橡胶制品等。通过对动态疲劳机理及疲劳寿命预测的研究，可以有效地提高橡胶材料的耐久性和安全性。

材料在低于其破坏强度的条件下，在承受周期性应力（或应变）过程中，材料表面或内部产生微观和细观损伤，并逐渐发展至宏观裂纹或断裂的现象称为疲劳破坏。橡胶材料的疲劳破坏是黏弹性非平衡过程，具有不同程度的热效应。

（1）疲劳寿命与 S-N 曲线　橡胶材料的动态疲劳过程大致分为三个阶段：在第一阶段

应力发生较大变化，出现应力软化现象；在第二阶段应力变化较缓慢，是材料内部或表面的微观和细观损伤发展过程；第三阶段是损伤引发宏观裂纹并连续扩展至断裂破坏，是材料破坏的关键阶段。

所谓疲劳寿命是指材料在周期性应力（或应变）的作用下，逐渐导致材料发生破坏所需要的周期数或所经历的时间。断裂力学认为，疲劳破坏取决于裂纹的产生与裂纹的扩展，因此材料的寿命 $N = N_1 + N_2$，其中 N_1 为产生裂纹所需要的疲劳次数（周期数），即疲劳过程的第一和第二阶段；N_2 为裂纹扩展所需要的疲劳次数。

疲劳寿命与所施加的周期性应力（或应变）的大小有关，当应力（应变）增加时，疲劳寿命降低，若应力（应变）减小时，则疲劳寿命增加。应力（应变）与疲劳寿命的关系曲线简称为 S-N 曲线。实验表明，疲劳过程中应力（应变）与疲劳寿命的关系近似地按指数曲线变化，如图 3-62 所示是 S-N 普适曲线，可用通式表示为：

$$S = S_0 + S_1 \exp(-\beta N) \tag{3-48}$$

式中，S 是施加的应力（应变）；S_0 是指数曲线尾部的渐近值，表示疲劳寿命接近无限大时的应力（应变）值，可称为极限疲劳应力（应变）；S_1 是曲线的幅度值；β 值表征了曲线斜率的变化。

S-N 曲线是研究材料的疲劳过程和预测疲劳寿命的重要表征手段。如图 3-63 所示是某些橡胶的 S-N 曲线。

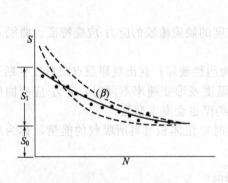

图 3-62　S-N 普适曲线

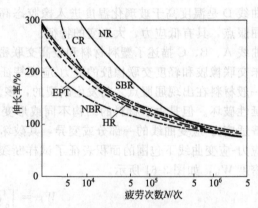

图 3-63　某些橡胶的 S-N 曲线（室温）

（2）力学疲劳理论　在疲劳过程中，材料表面或内部的损伤随着循环加载而发展，当损伤达到某一临界值时，形成宏观裂纹，裂纹继续扩展导致材料发生破坏。因此定量解析疲劳过程中材料内损伤的临界理论尺寸和裂纹扩展速率快慢的参数，成为研究疲劳过程和预测疲劳寿命的主要表征参数。

在疲劳过程中，橡胶材料的裂纹的扩展速率（$\mathrm{d}c/\mathrm{d}N$）是断裂能（G）的唯一函数，即：

$$\frac{\mathrm{d}c}{\mathrm{d}N} = f(G) \tag{3-49}$$

式中，c 是裂纹长度；N 是疲劳次数；$f(G)$ 是断裂能函数式。

若作 $\mathrm{d}c/\mathrm{d}N$-G 的双对数图，得到一条由三段折线构成的曲线，如图 3-64 所示。

当 $G < G_0$ 时，即断裂能 G 小于材料的本征断裂能 G_0，说明不能发生键断裂，因此裂纹不扩展。

当 $G_0 < G < G_T$ 时，称为裂纹扩展第 I 阶段，此时，裂纹开始较缓慢扩展，曲线斜率较大，表明 $\mathrm{d}c/\mathrm{d}N$ 随 G 值增大而迅速增高。

当 $G_T < G < G_c$ 时，称为裂纹扩展第 II 阶段，是宏观裂纹稳定扩展阶段，折线较平缓，

表明裂纹扩展速率 dc/dN 随 G 值的变化较小，是影响疲劳寿命的主要阶段。据 Gent 等人的研究，此时：

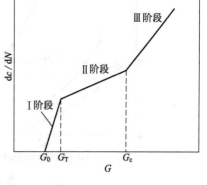

$$\frac{dc}{dN}=BG^\beta \qquad (3\text{-}50)$$

式中，B 是材料常数；β 是裂纹扩展参数。

当 $G>G_c$ 时，即 G 值大于临界断裂能时，裂纹扩展速率急剧增大，进入裂纹失稳扩展的第 III 阶段，材料迅速破坏。

在拉伸疲劳的情况下，已知：

$$G=2k_1cw_0$$

图 3-64　裂纹扩展速度与断裂能关系

设参数 c_0 为材料中与潜在临界损伤等效的裂纹尺寸，将上式代入式(3-50)中，可求出裂纹由 c_0 扩展到 c 时的疲劳次数（N）。

$$N=\int_{c_0}^{c}B^{-1}G^{-\beta}dc=\frac{1}{(\beta-1)B[2k_1w_0]^\beta}\times\left(\frac{1}{c_0^{\beta-1}}-\frac{1}{c^{\beta-1}}\right)$$

因为 $c_0\ll c$，故：

$$N=\frac{1}{(\beta-1)B[2k_1w_0]^\beta}\times\frac{1}{c_0^{\beta-1}} \qquad (3\text{-}51)$$

深堀美英对上式进行了处理，将平衡态高弹性理论中的贮能函数代入上式的 w_0 中，则得到

$$N=\frac{1}{B(\beta-1)\left[k_1G\left(\lambda^2+\dfrac{\lambda}{2}-3\right)\right]^\beta}\times\frac{1}{c_0^{\beta-1}}$$

两边取对数：

$$\lg N=-\beta\left[\lg k_1+\lg\left(\lambda^2+\frac{\lambda}{2}-3\right)\right]+\left[-\lg B-\lg(\beta-1)-(\beta-1)\lg c_0-\beta\lg G\right] \quad (3\text{-}52)$$

该式右边由两项之和组成，第一项是伸长比的函数，第二项与伸长比无关。

对裂纹 c_0 和 c_i 来说，根据式(3-52)得：

$$\alpha_i=\lg N_0-\lg N_i=(\beta-1)(\lg c_i-\lg c_0) \qquad (3\text{-}53)$$

显然 α_i 值与 $\lg c_i$ 呈直线关系，可由关系曲线的斜率求出 β 值，从 $\lg c$ 轴的截距求出 c_0 值。

根据黏弹行为的叠加原理，可以利用式(3-53)简单地求出从高应变到低应变较宽广区域材料的应变-疲劳寿命曲线（即 $S\text{-}N$ 曲线）。具体做法是：先作出具有不同预加裂纹的系列试样的 $\lambda\text{-}\lg N$ 曲线，然后沿其疲劳寿命曲线平移（平移量为 α_i），且与 $c=c_0$ 试样的 $\lambda\text{-}\lg N$ 曲线叠加，便可作出 $S\text{-}N$ 曲线，如图 3-65 所示。

由平移量 α_i 求得的 β 值（无量纲）和 c_0，可定量表征橡胶材料的疲劳破坏特性。参数 β 值表征了 $S\text{-}N$ 曲线的形状（倾斜率），即曲线变化的快慢。β 值越大意味着随伸长率的增大，裂纹的扩展速率越快，故 β 值是裂纹扩展参数。参数 c_0 表征了疲劳过程中潜在的临界损伤的大小，c_0 值越大表示疲劳过程中越易引发裂纹。实验表明，应变大小和速率都影响 β 的数值，例如天然橡胶在低应变下 β 值为 $1.08\sim2.38$，在高应变下 β 值为 $3.2\sim4.6$。通常大部分硫化橡胶的 β 值介于 $2\sim6$ 之间。

表 3-8 描述了 NR/BR 并用胶料的疲劳破坏的特征。与天然橡胶比较可以看出，纯顺丁橡胶胶料的 c_0 值较小，说明疲劳过程中潜在的临界损伤尺寸较小，不利于裂纹的引发，有助于提高疲劳寿命。但 β 值较大，说明抗裂纹扩展性能较差，即一旦产生裂纹后，伸张变形越大，裂纹扩展速率也越快，反而要降低疲劳寿命。加入 NR 后出现了 c_0 值增大而 β 值下

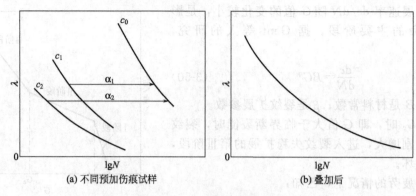

(a) 不同预加伤痕试样　　　　(b) 叠加后

图 3-65　S-N 叠加曲线示意

表 3-8　NR/BR 并用胶料的疲劳破坏的特征

N_0	NR/BR (并用比)	β	c_0/mm	N_0	NR/BR (并用比)	β	c_0/mm
1	100/0	2.23	0.158	5	40/60	2.51	0.030
2	80/20	2.30	0.085	6	30/70	2.56	0.025
3	70/30	2.36	0.043	7	20/80	2.63	0.022
4	60/40	2.38	0.035	8	0/100	2.76	0.015

降的效果，但是二者并用比为 NR/BR＝30/70～70/30 时，可取得较好的互补性，有助于改善疲劳性能。NR 中杂质较 BR 多，故 c_0 值较大。

（3）关于热疲劳破坏　有些橡胶制品，特别是汽车轮胎，在行驶中承受每分钟 300 次以上的周期性变形，由于内摩擦产生的机械损耗和轮胎与路面之间的摩擦生热，势必造成随滚动速率增加，轮胎内温度迅速上升，比如滚动速率由 40km/h 增加到 120km/h 时，轮胎内温度可由 75℃ 增至 130℃ 左右，甚至高达 200℃。这样高的温度环境，材料的强度因温度的上升而下降，更重要的是大大加速了橡胶的热氧老化和臭氧老化反应，缩短轮胎的疲劳寿命。这实质上是疲劳过程中力化学反应导致的疲劳破坏。

按分子论的观点，适度交联的橡胶材料，在疲劳过程中交联网络承受了不断叠加的应力，由于网络的不均一性，网络不可能均匀分散所承受的作用力，必然产生应力集中面导致某些网链的断裂。网链的断裂并不是随机的，而是首先发生在弱键部位处，并导致微观损伤产生。在此过程中随温度的升高活化了氧化反应和臭氧化反应，促使微观损伤恶化为裂纹，而且这种网链断裂在裂纹端部随着力化学反应的进行不断产生，结果裂纹也就不断扩展。如图 3-66 所示是未加防老剂的天然橡胶在空气中和真空中的疲劳寿命。可以看出，真空中的疲劳寿命明显高于空气中，属于力学疲劳。在空气中，由于力化学作用，促进了网链的氧化断裂，疲劳寿命明显降低。而且随着温度的提高，力化学反应在橡胶疲劳破坏中的作用也就更加重要。事实上，对某些疲劳过程而言，当温度变得足够高时，材料将由力学疲劳完全转变为热疲劳破坏。如图 3-67 所示是温度对天然橡胶和丁苯橡胶疲劳寿命的影响。

动态疲劳中，形变振幅和频率对疲劳寿命有较大影响。随着形变振幅的增大，降低了力化学反应的活化能，氧化反应容易进行，疲劳寿命降低。一般而言，提高动态疲劳的频率将导致疲劳寿命的降低。因为在低频率下，试样中的温度升高可以通过热传递与环境温度达到热平衡；而高频率下，由于橡胶的不良导热性，致使内部的温度升高不能及时传递，热能的累积，促进了热老化的进程和热降解，必然降低疲劳寿命。

3.7.3　黏合强度

很多橡胶制品是由橡胶材料与骨架材料（纤维或金属）构成的宏观复合结构，橡胶材料

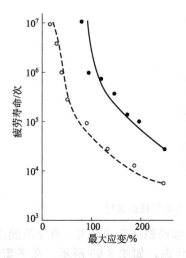

图 3-66　未加防老剂的天然橡胶
在空气中和真空中的疲劳寿命
○空气中；●真空中

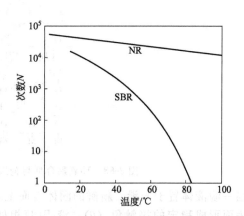

图 3-67　温度对天然橡胶和
丁苯橡胶疲劳寿命的影响
（应变振幅为 175%）

与骨架材料的黏合强度成为确保制品使用性能的关键因素。

（1）黏合的物理化学条件　黏合实质上是两种物质接触时产生表面分子间相互作用，形成界面层的结果，包括物理吸附和化学反应。所以黏合过程是被粘物间或被粘物与黏合剂间发生的复杂的表面物理和表面化学作用的过程。

① 表面物理作用　吸附理论认为，黏合强度源于被粘材料之间的分子充分紧密接触产生的界面吸附力，即分子间相互作用力。因此，分子间力的类型和紧密接触的程度（湿润）是关键因素。

a. 分子间作用力　黏合是被粘物间或被粘物与黏合剂界面处由于布朗运动使两种分子相互靠近，当分子间距离达到分子尺度时，分子间便相互吸附产生范德华力或氢键力。范德华力无方向性和饱和性。据理论计算，当两个理想的平面距离为 1nm 时，由于范德华力的作用，其黏合强度可达 10～100MPa；当距离达 0.3～0.4nm 时，其强度可高达 100～1000MPa。可见，只要两种物质接触得很好，仅范德华力就足以产生很高的黏合强度。氢键可以视为一种静电力的作用。当氢原子与电负性大的原子 X 形成共价键 X—H 时，H 原子存在的额外吸力会吸引另一共价键 Y—R 中的电负性原子 Y，生成氢键。

$$\overset{\delta^+}{X}—H\cdots\overset{\delta^-}{Y}—H$$
氢键

氢键的强弱与 X 原子的电负性有关，电负性越大，氢键力越大。氢键力比范德华力大，且具有饱和性和方向性。如图 3-68 为环氧黏合剂与金属黏合时界面处形成的氢键。

由上述可见，黏合的两相只要完全地相互接触，两相分子间的范德华力或氢键力就可以产生很高的黏合强度。黏合的两相接触程度与它们的湿润程度密切相关，良好的湿润能增加两相间的黏附功，使黏合强度提高，不完全润湿会导致界面处产生许多缺陷，使黏合强度下降。因此，湿润是材料黏合的先决条件。

b. 湿润与黏附功　液体对固体的湿润作用主要取决于液体与固体分子间吸引力。当液体-固体之间分子吸引力大于液体自身分子吸引力时，就产生了湿润现象，否则不产生湿润。从热力学角度，当液-固两相接触后，物系的表面自由能降低，即湿润，表面自由能降低越大，湿润效果越好。

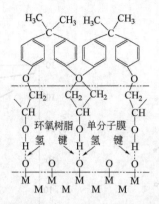

图 3-68　环氧黏合剂与金属黏合时界面处形成的氢键

当一滴液体置于光滑、新鲜的固体表面上时，其接触面积会自动增大，直至液滴边缘与固体表面形成稳定的接触角（θ），液-固两相处于平衡状态，如图 3-69 所示。在平衡状态，A 点处同时受到三种力的作用，固体的表面张力 γ_S 力图使液滴沿 AB 方向铺展，液体的表面张力 γ_L 和液-固界面张力 γ_{SL} 却力图使液滴收缩，此时表面张力、界面张力和接触角之间的关系为：

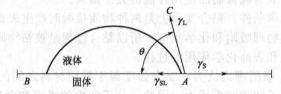

图 3-69　固体表面上液滴的平衡状态

$$\gamma_S = \gamma_{SL} + \gamma_L \cos\theta \tag{3-54}$$

$$\cos\theta = \frac{\gamma_S - \gamma_{SL}}{\gamma_L}$$

由上式可以看出以下几点。

若 $\gamma_S < \gamma_{SL}$，则 $\cos\theta < 0$，$\theta > 90°$，此时液体不能润湿固体；当 $\theta = 180°$，表示液体完全不湿润，液体呈球状。

若 $\gamma_L > \gamma_S - \gamma_{SL} > 0$，则 $1 > \cos\theta > 0$，$0° < \theta < 90°$，此时液体对固体是不完全润湿。

若 $\gamma_L = \gamma_S - \gamma_{SL}$，则 $\cos\theta = 1$，$\theta = 0°$，表示液体能完全湿润固体。

可见接触角 θ 表征了液体对固体的湿润程度。因此改变液体或固体的表面张力，就能改变黏合体系的湿润程度。

关于表面张力的测定：低分子液体的表面张力测定方法已经标准化；固体高聚物的表面张力很难直接测定，一般用间接方法或按高聚物化学结构采用摩尔基团加和方法进行估算。有人测定了一系列橡胶和塑料的临界表面张力（γ_c）和内聚能密度（δ^2）的关系，得到近似计算式：

$$\gamma_c = 0.44\delta^2 \tag{3-55}$$

当湿润平衡后，将液体（黏合剂）从固体表面剥离形成单位面积的新表面所消耗的功，称为黏合功（W_a）。W_a 值表征了两个不同相物质之间的分子吸引能力，其数值为：

$$W_a = \gamma_S + \gamma_L - \gamma_{SL}$$

将（3-54）式代入：

$$W_a = \gamma_L(1 + \cos\theta) \tag{3-56}$$

当 $\theta=0°$ 时：

$$W_a=2\gamma_L=W_c$$

　　式中，W_c 是液体的内聚能（内聚功），相当于把单位截面的液体柱拉断时所消耗的能量，即等于黏合剂本身分子相互分离时所消耗的能量。所以黏合剂必须具有较高的内聚能才会达到较高的黏合强度。

　　② 表面化学作用　为了获得足够的黏合强度，良好的表面物理作用是必要条件，但不是充分条件，还必须通过黏合界面上产生表面化学反应而牢固地黏合在一起，进一步提高黏合强度和黏合体系的稳定性。由于化学键比范德华力大 1～2 个数量级，所以表面化学黏合对黏合强度有决定性影响，尤其在高温或复杂的使用条件下。

　　界面化学键的形成途径，工程上主要是：a. 通过黏合剂与被黏合物分子中所含有的活性基团间的相互反应，例如反应性硅烷类黏合剂，硅烷中的烃氧基与金属表面的羟基反应，而硅烷中的反应基团与橡胶反应，从而实现黏合；b. 被黏物表面处理技术，包括表面化学改性（如表面化学接枝和表面氧化等）和表面物理改性（如表面等离子处理和表面镀层等）。例如利用金属表面镀黄铜提高橡胶与金属的黏合强度，一种化学反应机理认为：主要是橡胶中的硫黄与镀层中的黄铜反应生成具有活性的硫化亚铜（Cu_2S），同时硫又与橡胶分子发生交联反应，通过"硫桥"使分子链与铜实现化学键合。

　　综合以上所述，黏合过程可分为两个阶段：首先是流动阶段，即黏合剂与被粘物之间充分湿润，通过分子运动在界面处扩散和渗透；然后是粘接结构形成阶段，经过物理吸附和化学作用把黏合体系牢固地黏结成一个整体。所以黏合过程是十分复杂的物理化学过程，既取决于黏合剂与被粘物的化学结构、表面的结构与状态，又取决于界面层形成的热力学和动力学条件。

　　(2) 黏合强度的失效分析

　　① 黏合体系的破坏形式　黏合体系的破坏形式大致有三种，即内聚破坏、界面破坏和混合破坏，如图 3-70 所示。

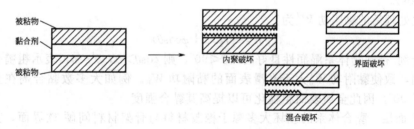

图 3-70　黏合体系的破坏形式

　　内聚破坏是黏合力大于黏合剂或被粘物本身强度所致，破坏仅发生在黏合剂或被粘物本体相中，内聚破坏强度约等于黏合剂或被粘物本体的强度；界面破坏发生于黏合界面上，即黏合剂完全从界面脱开；混合破坏是内聚破坏和界面破坏共同发生的破坏形式。

　　图 3-71 对黏合强度进行了定性分析。A 表示黏合体系的最大理论强度，L 表示因润湿不完全而产生的强度损失，S 表示内应力造成的强度损失，E 表示材料内缺陷造成的强度损失。显然，B 是由于不完全润湿而剩余的强度，C 是由于内应力而剩余的强度，D 则是在外力作用下，测得的实际黏合强度。由此可以看出，对一定的黏合体系，由于润湿、

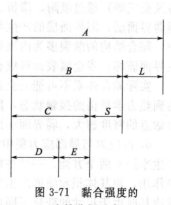

图 3-71　黏合强度的
失效分析示意

内应力、缺陷等因素造成的强度损失，使黏合体系的强度远远低于理论值，而且环境（如温度、压力、介质等）因素也有颇大的影响。

② 影响黏合强度的因素　影响黏合强度的因素涉及黏合剂和被粘物的化学结构及其相容性、被粘物的表面状况、黏合工艺条件与技术以及外界环境（如介质、温度、时间、压力、负荷速率等）等因素。

a. 黏合剂的化学结构　黏合剂的化学结构与特性决定了其黏附功和内聚能，直接影响黏合强度。

黏合剂的内聚能主要取决于分子量及分布、结晶度、氢键和交联度等因素。提高分子量有利于内聚能的增大，但分子量过大则降低黏合剂的湿润与铺展，影响黏合强度，因此应保持适当的平均分子量，在此条件下分子量分布较宽的黏合剂中低分子量级分可起到降低黏度的作用，使其更好地润湿被粘物表面，以提高黏合强度。结晶度能显著提高内聚能，但结晶度过大却增加黏合剂的脆性。交联度对结构性黏合剂的内聚能有很大影响，适度的交联密度有利于黏合强度，随交联密度增大，黏合剂呈硬而脆状态，不利于黏合强度。

此外，欲取得良好的黏合强度还需与被粘物表面性能相匹配，即：黏合剂的表面能要低于被粘物的表面能；固化时黏合剂的模量和热膨胀系数与被粘物相近；黏合剂与被粘物之间具有化学稳定性等。

b. 表面粗糙度　增加被粘物的表面粗糙度，虽然增加了黏合剂与被粘物两相的接触面积，但对黏合强度的影响应具体分析。设被粘物的表观几何面积为 α，粗糙化处理后的实际面积为 α'，则粗糙度 f 为：

$$\varphi = \frac{\cos\alpha'}{\cos\alpha} > 1 \tag{3-57}$$

若液滴在光滑固体表面的接触角为 θ，经粗糙化处理表面的接触角为 θ'，Wenzel 提出：

$$\varphi = \frac{\cos\theta'}{\cos\theta}$$

即 $\cos\theta' > \cos\theta$。

粗糙化处理后的黏附功 W_a' 为：

$$W_a' = \gamma_L(1 + \varphi\cos\theta) \tag{3-58}$$

当黏合剂/被粘物体系湿润性良好时，$\theta < 90°$，则 $\cos\theta > 0$，$\theta' < \theta$，表示粗糙化促进了表面湿润作用，致使黏附功 W_a' 大于光滑表面的黏附功 W_a。例如大多数黏合剂在金属表面的接触角小于 $90°$，因此金属表面粗糙化可以提高其黏合强度。

c. 弱界面层　黏合体系的破坏大多源于橡胶材料与骨架材料间硬-软界面，其中原因之一是存在弱界面层。黏合体系中的被粘物、黏合剂及环境介质中的低分子物质（如水分、油污及空气等）通过吸附、渗析、迁移和凝集等过程易在粘接界面形成低分子物质的富集区，即弱界面层。弱界面层的产生导致黏合强度下降，产生界面破坏。实验证明，在干燥的环境中，黏合结构的断裂多为内聚破坏；在水中由于水渗透和扩散至界面，可能引起解吸附而产生界面破坏；当金属表面形成金属氧化物时，水分侵蚀的可能性更大，易形成弱界面层。

实际黏合体系不可能完全避免弱界面层的产生。由于黏合剂的黏度较大，其流动性不能达到热力学平衡的接触状态，因此，黏合剂/被粘物界面的分子直接接触部分仅为点状分布，接触点的密度越大，弱界面层面积越小，黏合强度越高。

d. 内应力与局部应力集中　黏合体系的内应力是黏合强度损失的重要因素。内应力的产生来源于两个方面：一是在黏合体系中，由于黏合剂中溶剂的挥发、结晶或交联（固化）等作用，使其体积收缩而产生收缩应力；二是黏合剂与被粘物两者热膨胀系数不同，在受热或冷却时由于尺寸的变化不同而产生的热应力。热应力 σ_T 的大小与温度的变化 ΔT、两相

材料的膨胀系数差 $\Delta\alpha$、黏合剂层弹性模量 E 及泊松比 μ 有以下关系。

$$\sigma_T = \frac{\Delta T \Delta\alpha E}{1-\mu} \tag{3-59}$$

所产生的这些内应力还可能引发裂纹，或在黏合界面形成空腔并导致应力集中。

局部应力集中是因为黏合剂层或界面处存在裂纹、气泡、空穴及其他缺陷而引起的。如图 3-72 所示为表面粗糙度对气泡共面性的影响。

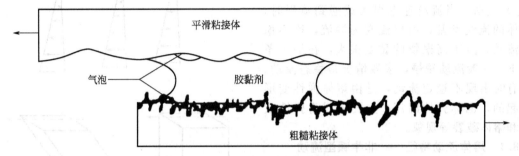

图 3-72 表面粗糙度对气泡共面性的影响

可以看出，若被粘物的表面是光滑的，所残留的气泡几乎处在同一平面之中，受力时产生的局部应力集中会使裂纹从一个气泡延伸扩展至另一个气泡，黏合强度下降；若被粘物表面是粗糙的，所残留的气泡处于不同的平面上，阻碍了裂纹的延伸扩展，产生的强度损失较小。

e. 黏合工艺　黏合工艺包括被粘物的表面预处理、黏合剂涂覆方式、涂层厚度、晾置与叠合以及硫化（固化）条件等。如果黏合工艺条件掌握不好，会导致黏合强度下降。

被粘物表面预处理是利用物理和化学的技术手段处理表面，包括钝态表面处理方法和活性表面处理方法。钝态处理是不改变被粘物表面的化学性质，诸如：溶剂清洗、碱液或酸液清洗以及超声波清洗等除去表面污垢和有机污染物等；通过机械方法进行表面磨毛、喷砂、切削等处理。活性表面处理主要是改变表面固有的化学性质而提高黏合强度，诸如：表面接枝改性、气体等离子处理和表面镀层等。在黏合工艺中，钝态表面处理和活性表面处理往往是混合使用，求得最好的黏合效果。

黏合剂的涂覆方式有刷涂、喷涂、刮涂、辊涂及浸渍等。对流水线作业多采用喷、辊或浸渍，生产效率高。要涂覆均匀，避免产生气泡。

涂层厚度与黏合剂的浓度、涂覆次数有关，原则上宜薄不宜厚。涂层厚度一般在 0.05～0.20mm 为宜。厚度增大，涂层内缺陷（如气泡）出现的概率也大。

只有固化完全才能获得良好的黏合强度，必须严格控制固化温度、固化压力和固化时间。每一种黏合剂都有一个特定的最佳固化温度范围，一般适当提高固化温度有利于分子间的扩散与渗透，有利于固化反应完全，固化结束后还应缓慢降温至室温，可以减小内应力。固化时间与固化温度相关，固化温度高则固化时间适当缩短，固化时间不足，固化反应不完全，黏合强度低。固化压力适当有利于黏合剂流动和渗透，以保证与被粘物紧密接触，有助于涂层中气体排出，防止产生空洞与气孔。固化压力应均匀，压力太小不起作用，太大易造成缺胶，一般为 0.2～0.5MPa。

3.8　加工流变性

橡胶等热塑性高分子材料的加工过程是在黏流化温度 T_f 附近进行的。高分子熔体受外力作用时，不但有流动，而且有变形。这种流动和变形行为强烈地依赖于高分子的结构和外界条件（例如力、温度、时间等），这些行为称为流变性。

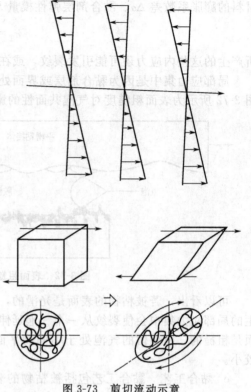

　　流体的流动有层流和湍流之分。在流动速率不大时流体的流动是层流，在流动场中，流体的流线有一定的层次，即质点的运动速率分布有一定的层次，这种流动属于稳定（态）流动。当流动速率很大或遇到障碍时，流体的流线紊乱，由层流变为湍流，称不稳定流动。由于高聚物的黏度很大，在加工条件下，一般流动较慢，多数情况是稳态流动。但有时出现不稳定流动，是由熔体弹性变形引起的，也称弹性湍流，主要表现为弹性效应和熔体破裂等现象。

3.8.1　熔体流动特征——非牛顿型流动

　　按质点在流动场中的速度分布，可将流动简单地分为剪切流动和拉伸流动两类。

　　（1）剪切流动　剪切流动是流体在流动过程中产生横向速度梯度场的一种流动，速度梯度的方向与流动方向相垂直，如图 3-73 所示。

　　剪切流动中，在链段运动的带动下大分子链发生平移运动和转动。橡胶加工中的开

图 3-73　剪切流动示意

炼、密炼、挤出、压延等工艺均是在剪切流动中实现的。

　　在稳态剪切流动中，通常用切应力（t）和切变速率（$\dot{\gamma}$）表征，根据 t 和 $\dot{\gamma}$ 的关系，分为牛顿型流动和非牛顿型流动。

　　① 牛顿型流动　遵循牛顿黏度定律的流动称为牛顿型流动，如图 3-74 所示，即切应力与切变速率成正比。

$$\tau = \eta_0 \dot{\gamma} \tag{3-60}$$

　　式中，η_0 是黏度系数或牛顿黏度，简称黏度，是与温度和压力有关的材料常数，Pa·s。

　　呈牛顿型流动的流体为牛顿流体，是最典型、最基本的流体。低分子物质大都属于牛顿流体。高分子稀溶液和在很低切变速率下的高分子熔体可以近似简化为牛顿流体。

　　黏度是分子内摩擦的宏观量度。黏度大表示流动时阻力大，即流动性差；黏度小表示流动性好。顺便提一下，由于力场的形式不同，呈现出不同的流动类型，内摩擦的变化也不同，故存在不同形式的黏度。在剪切流动中的黏度称为剪切黏度，在拉伸流动中的黏度称为拉伸黏度，在交变力场中的流动，其黏度称为复合黏度。在查阅文献时应注意它们的不同及相关性。

　　② 非牛顿型流动　对不遵循牛顿黏度定律的流动泛称为非牛顿型流动。非牛顿流体的 t 和 $\dot{\gamma}$ 之间呈非线性关系，其黏度在一定温度和压力下不是常数，称为表观黏度。如图 3-75 所示是几种主要非牛顿流体的流动曲线示意。

　　（2）拉伸流动　拉伸流动是流体在流动过程中产生纵向速度梯度场的流动，速度梯度的方向与流动方向平行，如图 3-76 所示，在拉伸流动中分子链只发生平移运动，没有转动。

　　熔体在流道或模具中遇到截面突然缩小处时，产生的收敛流动现象中，既有剪切流动分量，也有拉伸流动分量，如图 3-77 所示。例如挤出机口型的入口处和注射充模过程都存在

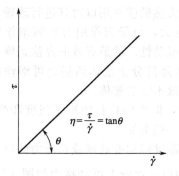

图 3-74　牛顿型流动曲线

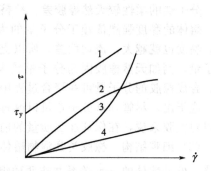

图 3-75　几种主要非牛顿流体的流动曲线示意
1—塑性流动（宾汉流动）；2—假塑性流动；
3—胀塑性流动；4—牛顿流动

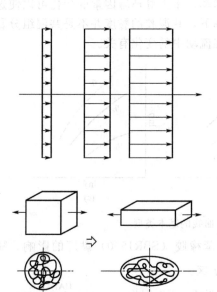

图 3-76　拉伸流动示意

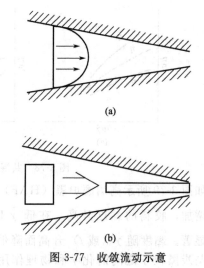

图 3-77　收敛流动示意

拉伸流动问题。

3.8.2　影响熔体流动性的因素

　　流动性是指在一定外场（如温度场、力场等）作用下，材料流动的难易程度。在橡胶加工中，确定加工工艺条件或模具设计都必须充分考虑胶料的流动性，才能保证半成品或成品的质量。表征流动性好坏的参数便是黏度值的变化。影响黏度的因素很多，包括材料的微观结构、细观结构，以及温度、切变速率与切应力、时间和压力等。

　　（1）微观结构　熔体的黏度是分子间内摩擦的宏观表现。分子链的柔性好，分子间作用弱，通过链段运动产生的分子链相对位移的效果也就越好，即流动性好。因此凡影响分子链柔性的结构因素均影响其流动性。

　　顺丁橡胶，其化学结构简单，取代基均为氢，故流动性很好（η_0 值较低），生胶在常温下会出现因自重而产生"冷流"现象；天然橡胶与顺丁橡胶相比较，侧基—CH_3 取代了一个—H，分子链柔性有所下降，流动性稍差，不发生冷流。硅橡胶，其主链含有很易内旋转的 Si—O 键，键长、键角较大，分子间作用力小，故流动性很好。

　　侧基的体积大小、极性及其数量分布等均对流动性有影响。极性橡胶的流动性较非极性橡胶差一些，例如丁腈橡胶挤出性能较差，含胶率高时，挤出膨胀很大；而侧基的体积越大，含量越多，妨碍了分子链的内旋转，柔性下降，流动性变差，例如丁苯橡胶由于侧基较大，分子链的柔性较天然橡胶差，故挤出性能较差，常与天然橡胶并用以对其进行改善。

熔体的黏度强烈依赖于分子量的大小。因为分子量越大，分子间作用力和缠结作用越强，黏度也就越大，流动性差。所以提高橡胶可塑性（即流动性）的最有效的办法是降低其分子量，例如天然橡胶因为分子量较大，需要通过塑炼来降低分子量达到提高可塑性的目的。合成橡胶的分子量可在聚合过程中按需要进行调节，故不需要塑炼。

应指出，尽管降低分子量可以改善流动性和加工性能，但影响胶料的机械强度和弹性，所以对橡胶来说，在保证加工质量的前提下，分子量应大一些为好。

（2）细观结构　橡胶类共混物熔体属于假塑性流体，黏度随切变速率或切应力的增加而下降。但是熔体的 η-$\dot{\gamma}$ 关系并非两种组分 η-$\dot{\gamma}$ 关系的平均值，理论上可概括为如图 3-78 所示的基本类型。图 3-78 中的基本类型与共混物组分的相容性和流动过程中的物理化学结构的变化有关，但是，多数情况下诸如温度、切变速率、压力等环境因素的变化可以使这些基本类型发生变异。实验证明，一般在一定切变速率下，共混胶的黏度并不是共混组分黏度的加和性函数。这种现象可能与共混胶的形态结构在流动中的变化有关。

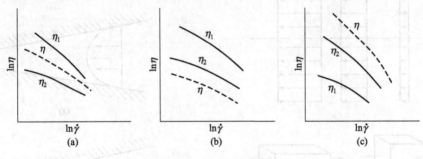

图 3-78　共混物溶体 η-$\dot{\gamma}$ 曲线的基本类型

如图 3-79 所示高耐磨炉黑（HAF）用量对丁苯橡胶（SBR1500）黏度的影响。随炭黑用量增加，胶料的黏度升高，在低 $\dot{\gamma}$ 区（或低 t 区）尤为显著。黏度随 $\dot{\gamma}$（或 t）升高而降低。由于橡胶分子链与炭黑粒子之间的化学和物理作用，形成不稳定的三维炭黑-橡胶网状结构，阻碍了分子链的运动和滑动，炭黑用量越多，炭黑与橡胶间的相互作用增强，流动阻力增大，故黏度升高。若 $\dot{\gamma}$ 增大时，所形成的不稳定的网状结构被破坏，减小了流动阻力，黏度下降。实验证明，加入炭黑使胶料的流变指数 n 值减小，假塑性增强。

如图 3-80 所示是在炭黑用量相同（20 份）、结构性相近的条件下，炭黑粒径对丁苯胶料黏度的影响。当炭黑用量一定而粒径减小时，炭黑的粒子数增多，表面积增大，炭黑与橡胶间的相互作用增强，流动阻力增大，而黏度升高。

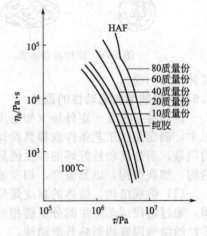

图 3-79　HAF 用量对 SBR1500
黏度的影响（100℃）

如图 3-81 所示是在炭黑用量相同（20 份）、粒径相近的条件下，炭黑的结构性对丁苯胶料黏度的影响。当炭黑结构性增高时（图中 1→4），炭黑粒子的空隙多，吸留胶量增大，阻碍分子链的滑动，流动阻力增大，故胶料黏度升高。

（3）温度　一般黏度随温度的升高而降低。当温度升高时，链段运动能力增加，熔体体

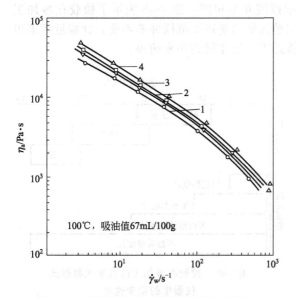

图 3-80 炭黑粒径对 SBR 胶料黏度的影响
(1→4 粒径减小)

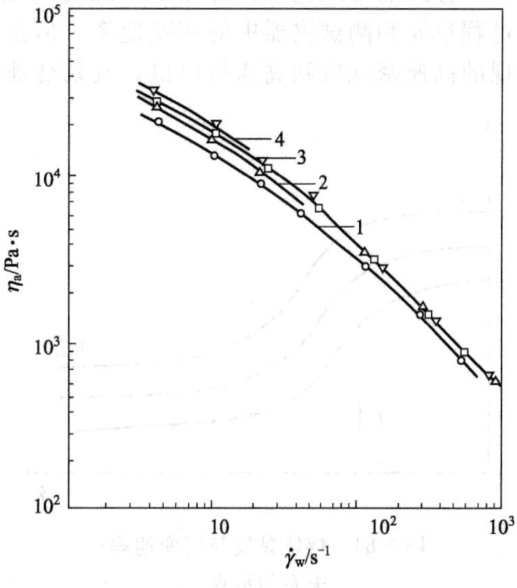

图 3-81 炭黑结构性对 SBR 胶料黏度的影响

积膨胀,分子间相互作用力减小,故熔体流动性增大。

如图 3-82 所示是天然橡胶在不同温度下的流动曲线,在较高的切变速率下,三条曲线几乎合在一起,黏度变化不大。

如图 3-83 所示是丁苯橡胶(SBR1500)在不同温度下的流动曲线。三条曲线几乎是平行的,胶料黏度对温度的依赖性明显,即热敏感性大,随温度上升,黏度下降幅度较大。说明丁苯胶料的加工要注意控制加工温度。

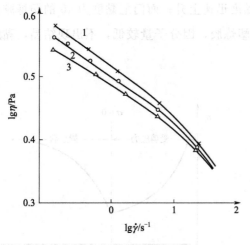

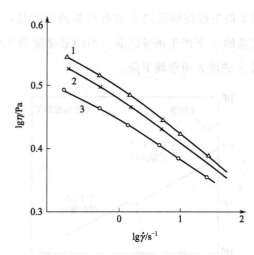

图 3-82 天然橡胶在不同温度下的流动曲线
1—80℃;2—100℃;3—120℃

图 3-83 SBR1500 在不同温度下的流动曲线
1—100℃;2—120℃;3—150℃

(4) 切变速率 高分子熔体的黏度随切变速率的增加而减少,可达几个数量级,同时存在弹性效应。黏度下降的主要原因是分子链的形变与取向。如图 3-84 所示是熔体黏度与切变速率关系的示意。可以看出,在一定的切变速率范围内,提高 $\dot{\gamma}$ 值,可以较明显地降低熔体的黏度,增加其流动性,降低功率消耗,提高生产效率。

橡胶加工工艺中，各加工单元的切变速率范围并不相同，图 3-85 表示了橡胶在各加工过程单元和测试仪器中的切变速率。但是加工单元的切变速率范围并非不变，比如近年来出现的高速密炼机和高速挤出机，其切变速率接近于一般注射的切变速率。

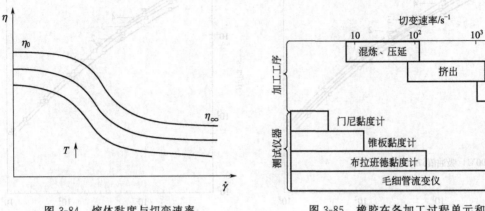

图 3-84　熔体黏度与切变速率
关系的示意

图 3-85　橡胶在各加工过程单元和测试
仪器中的切变速率

显然，对切变速率敏感的橡胶，加工中可以通过改变设备的速度（速比）或辊距来调节流动性；对 $\dot\gamma$ 敏感性较差的橡胶，则通过改变温度来调节流动性较为合适，制定工艺条件时应综合考虑两者的关系。

实验发现，可结晶的橡胶（如 NR、IR 等）在切变速率较高和温度不太高的情况下，通过收敛流道流动时，如果伴随取向的高弹形变足够大的话，则黏度先随 $\dot\gamma$ 增大而下降，当 $\dot\gamma$ 增大到一定程度时，黏度迅速升高，出现剪切诱导结晶现象，甚至难以流动。

从图 3-86 可见，塑炼程度不同的天然橡胶，在 50℃开始产生剪切结晶的 $\dot\gamma$ 值不同，未塑炼的生胶在很低的 $\dot\gamma$ 就有剪切诱导结晶，使黏度迅速上升；而门尼黏度为 45 的塑炼胶在较高的 $\dot\gamma$ 下产生诱导结晶；当门尼黏度为 30 的塑炼胶，因分子量较低，不出现结晶，黏度随 $\dot\gamma$ 的增大而单调下降。

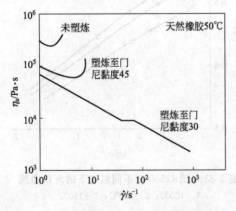

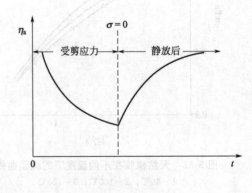

图 3-86　NR 塑炼程度对剪切诱导结晶的影响

图 3-87　橡胶黏度随时间的变化

（5）压力与时间　熔体的流动性与自由体积有关。因为压力增加，自由体积减小，分子链滑动困难，所以黏度随压力增加而增大。

对于高分子熔体流动来说，压力增大相当于温度降低，因为温度降低，黏度是升高的。

一般情况下，其压力-温度系数 $(\Delta T/\Delta p)_\eta$ 值为 0.3～0.9℃/MPa，意味着压力增大 1MPa，相当于温度降低 0.3～0.9℃。

应指出，在加工过程中有时为了提高生产率而采取同时提高加工温度和压力的方法，忽略了两者对黏度的影响是相反的，采取此措施时应该权衡两种相反效应所产生的结果。

橡胶熔体具有触变性，即加工中表观黏度值随观察时间的延长而降低，停止流动时又逐渐恢复，如图 3-87 所示。

这种触变现象具有可逆性，因为流动过程中熔体内分子间的范德华力和链缠结形成的物理结合逐渐破坏，流动阻力下降，故黏度降低；当剪切停止时，这种物理结合又逐渐恢复，黏度便随时间而升高。特别是加入活性填料（如炭黑）的胶料，触变现象显著，因为炭黑与分子链间形成的物理结合，提高了胶料的黏度，在加工过程中随切应力及切变速率的增加，物理结构破坏，黏度下降，一旦力场消除，黏度又会逐渐恢复。

3.8.3　弹性效应与不稳定流动

高分子熔体在流动中所产生的形变包括两部分：一部分是完全不可逆的塑性形变；另一部分是可逆的高弹形变。由于分子链在自由状态下呈卷曲的构象，流动中沿力场方向变形，呈比较舒展的构象，因而产生回缩力，出现可逆的高弹性形变。熔体在流动过程中，由于高弹形变而产生的各种宏观效果统称为弹性效应。

熔体流动中，随切变速率或切应力的增加，高弹形变部分的比例越来越大，以致逐渐超过塑性形变部分，当 $\dot\gamma$ 或 t 值达到某一临界值时出现不稳定流动时，成为高弹湍流。加工中高弹湍流将导致半成品产生畸变甚至熔体破裂。

（1）弹性效应　高分子熔体在稳态流动中，不但有切应力，而且也存在法向应力，这些力所产生的弹性效应主要表现为膨胀效应和法向应力效应。后者主要是高分子溶液流动中，由于法向应力差引起的一种包轴现象。

高分子熔体在压力下从模口挤出时，挤出物的横截面积大于模口横截面积的现象，即膨胀效应，也称巴拉斯效应。例如挤出内胎时，胎坯直径大于口型直径；挤出胎面时，厚度增加而长度缩小等现象。

定量表示膨胀现象的方法是膨胀比（B），即在给定挤出条件下，挤出物的直径或截面积等有关部位的尺寸与口型相应的尺寸之比，例如：

$$B = \frac{\text{挤出物直径 } D}{\text{口型直径 } D_0} \tag{3-61}$$

膨胀比 B 除了与胶料结构有关外，如挤出速率、口型长径比、口型入口角等因素均对其有很大影响。

膨胀效应是高分子熔体黏弹性的表现，其本质是分子链在流动过程中构象变化来不及松弛所引起的。分子链在流动过程中受到高剪切场的作用，使分子链由卷曲构象变为较舒展和取向构象，由于在口型中停留时间短，来不及松弛和解取向，直到流出口型之后才解取向、恢复卷曲构象，出现膨胀效应。如图 3-88 所示是挤出膨胀过程的示意。一般认为挤出膨胀是由两部分原因组成的。

① 入口收敛流动　胶料进入口型之前，由于机腔直径较大，流动速率较小，进入口型时直径比较小，流动速率变大，在口型入口处胶料是收敛流动，故出现沿流动方向的拉伸流动中使分子链呈舒展取向构象。由于挤出时流速快，胶料在口型中的停留时间短，舒展取向的分子链来不及松弛回缩，当离开口型时，流动突然停止，分子链很快地松弛为卷曲构象，故挤出物直径增大。

② 剪切流动　在口型中稳定流动时，由于中心处流速最快，沿壁处流速最慢，出现不

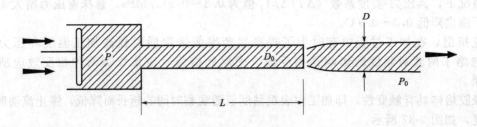

图 3-88　挤出膨胀过程的示意

同的流层分布，分子链在不同速度层中呈不同程度的舒展取向构象，当离开口型时，剪切流动停止，分子链重新回缩到卷曲构象，因而发生膨胀。

实质上，收敛流动中存在剪切流动分量，而剪切流动中也存在拉伸流动分量。从分子运动观点来看，上述膨胀效应本质上是分子链具有一种恢复到最可几构象（即卷曲状态）的本能的宏观表现，好像是分子链还"记忆"着进入口型之前的卷曲构象，挤出后要恢复，故又称为弹性记忆效应。

有文献曾报道几种炭黑胶料（NR、SBR、BR、IIR 等）挤出膨胀的动力学研究结果，最终膨胀率（挤出 18h 后的膨胀率）几乎有一半是在 0.02s 内完成的，约有 95% 的最终膨胀率是在 4～5min 内完成的，说明膨胀效应是一种力学松弛过程。

橡胶的微观结构、细观结构以及温度、剪切速率和口型结构尺寸等对膨胀效应均有影响。一般分子链柔性越大，弹性形变的松弛时间越短，膨胀比就相对较低，例如天然橡胶与丁苯橡胶、氯丁橡胶、丁腈橡胶的膨胀比相对较低。分子量越高，分子间作用力增大，松弛时间长，相同挤出条件下，膨胀比较大。若平均分子量相近的情况下，随分子量分布变宽，由于高分子量级分的松弛时间较长，膨胀比增大。

一般补强填充胶料的膨胀比较纯胶低，并随用量增加，含胶率降低，流动中可恢复弹性形变量减小，故膨胀比降低。对炭黑胶料来说，炭黑结构性大小对膨胀比的影响比粒径的影响大。如图 3-89 所示是结构性不同的快压出炭黑（FEF）在用量相同（20 份）、粒径相近的条件下，对丁苯橡胶挤出膨胀比的影响。图中的 L/D 是口型的长径比。可看出，炭黑结构性越高（吸油值大），胶料的膨胀比越低。因为结构性高的炭黑空隙率高，流动中塞入空隙中的"吸留橡胶"也较多，产生弹性形变的"自由橡胶"量相应减小，因而膨胀比降低。

口型的长径比对膨胀比有较显著的影响。一般 L/D 值较小时，胶料在口型里的停留时间短，弹性形变来不及松弛，故膨胀比较大；若 L/D 值较大时，胶料在口型中的停留时间较长，弹性形变部分地得到松弛，膨胀比较低，如图 3-90 所示。在橡胶挤出工艺中（如内胎挤出），口型的长径比一般较小，胶料在口型中的停留时间较短，此时挤出膨胀主要是口型入口处的收敛流动产生的弹性形变造成的。

挤出工艺中切变速率和温度对膨胀比有显著影响。在一定温度下，切变速率升高（螺杆转速升高），膨胀比增大。因为 $\dot{\gamma}$ 升高，弹性形变增大，且停留时间缩短，来不及松弛，故 B 值增大。在同一切变速率条件下，温度升高，分子链动能增大，分子间距离增大，分子间作用力减小，胶料流动性较好，弹性形变分量减小，且松弛时间减短，故膨胀比减小。在生产实践中，可视具体胶料和设备条件而灵活调整温度与切变速率的关系，以达到确保半成品质量和提高生产率的目的。

（2）不稳定流动　高分子熔体流动过程中同时存在塑性变形和高弹形变，随着切变速率或切应力的增加，高弹形变部分越来越大，以致逐渐超过了塑性变形部分，当达到某一临界

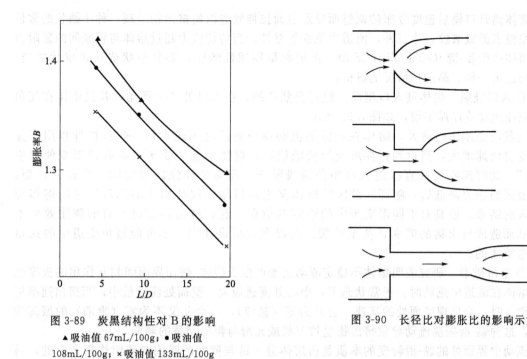

图 3-89　炭黑结构性对 B 的影响
▲ 吸油值 67mL/100g；● 吸油值
108mL/100g；× 吸油值 133mL/100g

图 3-90　长径比对膨胀比的影响示意

值后，熔体的稳定流动被破坏，形成高弹湍流。此时挤出物表面粗糙（鲨鱼皮现象），或出现螺纹状、波纹状以及竹节状等，甚至挤出物完全扭曲破裂，这种现象称为熔体破裂，如图 3-91 所示。

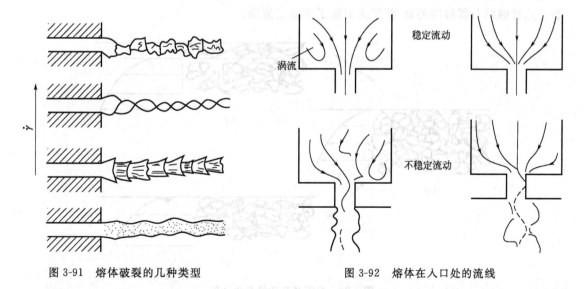

图 3-91　熔体破裂的几种类型

图 3-92　熔体在入口处的流线

　　高弹湍流是高分子熔体所特有的、与高弹形变有关的不稳定流动，与流体力学中的雷诺湍流概念不同。对熔体破裂现象的理论解释并不完整，尚需进一步研究与补充。关于熔体流动中的不稳定性研究主要是通过毛细管流变仪进行的。熔体在毛细管挤出过程中因弹性湍流而引起的不稳定流动，大致可分为三种情况：第一种，入口区，由于流线收敛、旋转或摆动引起的挤出物畸变，呈无规破碎状，或螺旋状，或波浪状的周期性畸变；第二种，出口区，由于熔体离开口模后速度分布的调整而导致表面拉伸效应而使挤出物呈现一种小鳞状的鲨鱼皮样粗糙表面或皱纹；第三种，流道中毛细管壁处，当剪切应力超过熔体与管壁间的黏附力时，熔体产生黏-滑（stick-slip）运动，挤出物呈周期性畸变，如竹节状或鲨鱼皮状之类。下面简述第一种、第三种情况的解析。

① 入口破裂　熔体进入口型前，流道突然收缩，在入口处产生死角，并且熔体在死角引起涡流流动或停滞不前，如图 3-92 所示。

随着切变速率的增大，熔体在收敛的流动场中的速度迅速增加，收敛拉伸作用使弹性形变也快速增大，当达到弹性形变的极限值后，熔体不能经受更大的弹性形变便发生"破裂"，此时经收敛区直接进入口型的流线断开，死角处环流区的熔体乘机进入口型，而环流区的压力降低后，随即收敛区的熔体又进入口型。这样两个不同流线区的熔体交错进入的结果，使具有不同形变历史的熔体混杂在一起，挤出口型时各自的膨胀效应不同，从而造成挤出物的畸变，甚至破裂。所以在口型设计中，尽可能避免流道中的死角是非常重要的。

② 壁滑破裂　研究表明熔体不稳定流动主要产生于熔体/壁面界面间相互作用的极度变化。熔体在流道中流动时，正常状态下，中心处流速最大，壁面处流速最小；当挤出速率进一步增大时，会出现壁面处的流速一会儿为零（黏滞），一会儿又不为零（滑动）的振荡性变化，这种黏-滑振荡流动导致挤出物呈竹节状或光滑与粗糙交替的畸变。

流动中界面处的黏-滑转变的本质是由熔体分子链与壁面的吸附与脱附作用产生的，是由吸附链的线团构象向伸展构象的转变引起的，如图 3-93 所示。图 3-93(a) 是处于吸附状态时，分子链的无规缠结构象，其中粗线代表吸附链；图 3-93(b) 是处于较强吸附作用时，由于解缠结作用产生伸展链构象的吸附层，从而使无缠结的自由链发生滑动；图 3-93(c) 是处于弱吸附作用时，由于足够大的应力引起脱附而产生滑动。当滑动后，吸附链不再保持其解缠结的伸展构象，可以重新与流动分子链缠结，恢复到如图 3-93(a) 所示的非滑动界面状态，这种缠结与解缠结的黏-滑振荡引起了不稳定流动。

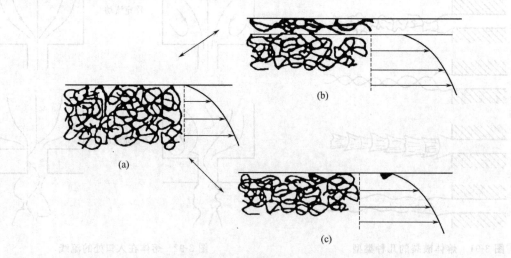

图 3-93　黏滞与滑动的变化过程

产生熔体不稳定流动的临界挤出速率与温度、切变速率、停留时间、松弛时间、压力降以及口型的几何尺寸参数等因素相关。一般情况下，升高温度有利于弹性形变的松弛，可以提高临界切变速率，所以在挤出工艺中经常用适当提高机头口型温度，作为避免熔体破裂的一种方法。

3.9 传热与传质

材料的热量传输和物质传输均属于传递性能，也称输运性能。

3.9.1 热传导与热膨胀

传热性质是热物理性质。在橡胶材料加工过程中，例如，混炼、挤出、压延、硫化或注射过程，都要求在适当的时间内把材料加热到加工温度或冷却到环境温度；研究橡胶材料受热时的尺寸变化，对制品模具的设计特别重要，以保证制品冷却收缩后获得预期的设计尺寸。在材料设计中，特别是导热橡胶材料和耐高（低）温材料的设计研究都会涉及导热性和动态生热等问题。

（1）热传导　表 3-9 列出了常用橡胶原材料的密度、等压比热容、热导率和热扩散系数，这些数据均是经验数据。

表 3-9　常用橡胶原材料的密度、等压比热容、热导率和热扩散系数

材　料	$\rho/(kg/m^3)$	$c_p/[\times 10J/(kg \cdot K)]$	$\lambda/[J/(s \cdot m \cdot K)]$	$\alpha/(\times 10^{-8} m^2/s)$
天然橡胶	920～980	1.89～2.1	0.147～0.162	8.0
丁苯橡胶	940～1100	1.97	0.21	10.0
氯丁橡胶	125	1.59～2	0.176～0.197	9.8
丁基橡胶	920～980	1.84～1.93	0.126～0.134	7.7
硅橡胶	980～	1.59～	0.163～	10.4
聚氨酯橡胶	860～1050	1.7～	0.147～0.21	8.3
炭黑	1800	0.85	0.38	24.1
白炭黑	1950	—	—	16.2
陶土	2600	0.94	0.44	23.7
硅酸钙	2620	0.84	0.31	15.8
芳烃石油操作油	1040	—	0.14	7.3
石棉粉	2500	0.82	0.07	—

注：$1J/(s \cdot m \cdot K)=1W/(m \cdot K)$。

影响橡胶材料热传导的主要因素包括结构、温度和填料等。

温度对热导率有明显的影响，一般在玻璃化温度处出现峰值。在 T_g 以下，λ 值随温度升高而增大；在 T_g 以上，λ 值随温度升高而降低。如图 3-94 所示为天然橡胶热导率与温度

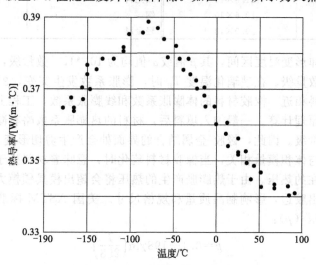

图 3-94　天然橡胶热导率与温度的依赖关系

的依赖关系。

研究发现，若将比热导率 $\lambda(T)/\lambda(T_g)$ 与比温度 T/T_g 作图，各种橡胶及其他非晶高聚物几乎在一条曲线上，如图 3-95 所示。

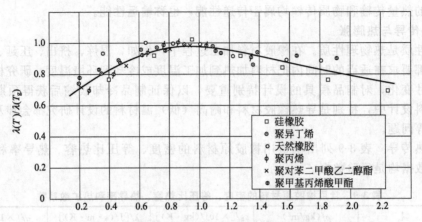

图 3-95　橡胶及其他非晶高聚物比热导率的曲线

填料对提高橡胶的导热性非常重要。填料自身的导热性能及其在橡胶中的分布都直接影响橡胶材料的导热稳定性和加工稳定性。常用导热填料有：金属粉（如 Ag、Cu、Al 等）、金属氧化物（如 Al_2O_3、MgO、BeO 等）、非金属材料（如石墨、炭黑、SiC，AlN 等）及无机纤维等。据报道，碳纳米管具有极高的导热性能，热导率为 $1800\sim6000W/(m·K)$，已引起人们的兴趣。

（2）热膨胀　材料受热时分子热运动加剧，使分子占有体积和分子间的自由体积随温度升高而增大，导致材料宏观尺寸增大，即热膨胀。三维方向的热膨胀称为体积膨胀，一维方向的热膨胀称为线膨胀。

表 3-10 列出常用橡胶、填充剂和金属的线胀系数。

表 3-10　常用橡胶、填充剂和金属的线膨胀系数

各种原材料	线膨胀系数/K^{-1}	各种原材料	线膨胀系数/K^{-1}
天然橡胶	21.6×10^{-4}	丁基橡胶	19.4×10^{-4}
丁苯橡胶	21.6×10^{-4}	填充料	$5\sim10\times10^{-6}$
丁腈橡胶	19.6×10^{-4}	钢	11×10^{-5}
氯丁橡胶	20.0×10^{-4}	轻金属	22×10^{-5}

橡胶在整个高弹形变温度区间，其 β 值或 α 值均为 $10^{-4}K^{-1}$ 数量级，与液体为同一数量级，比固体高一个数量级。在玻璃化温度 T_g 时，膨胀系数发生突变，β 和 α 值可下降 $5\sim6$ 倍，与普通固体材料相近。橡胶材料的体膨胀系数和线膨胀系数，工程上可以按照生胶和填料的含量根据加和原理计算。一般加入填料后，材料的热膨胀系数略有减小，与钢的膨胀系数相比，差一个数量级。因此，橡胶-金属结合的界面处会产生剪切形变。

高的膨胀系数与体积模量相关，当橡胶材料硫化时，意味着材料处于受限加热状态，材料必然产生一个潜在的热压。由于热膨胀产生的热压将会超出模具锁模力，使模具合模线处开启，产生较大溢出胶边，影响制品质量和规格尺寸。美国 ASTM 标准推荐 Beerbower 方程预测这种热膨胀压（p）：

$$p=0.1+198\gamma\ln\left(\frac{T}{298}\right) \tag{3-62}$$

式中，p 的量纲为 MPa；γ 是恒压下的热膨胀与恒温下的可压缩性的比值，对饱和碳链

橡胶 $\gamma=1.13$，对不饱和碳链橡胶 $\gamma=1.22$。例如，一个在 25℃（298K）时被模压硫化的 EPDM 密封件，当温度升到 150℃（423K）时，其潜在热压可达 118MPa。

3.9.2　低分子物的渗透与扩散

传质性能是指气体蒸气和液体等低分子物质在橡胶材料中的渗透与扩散迁移性。低分子物质在橡胶材料中的传质过程可理解为单向的分子渗透与扩散迁移过程，一般可分为两个阶段：第一阶段，低分子物质首先渗透（溶解）到材料表面中，可以用 Henry 定律描述；第二阶段在一定的浓度梯度下，低分子物质从表面的高浓度处向低浓度处扩散迁移，扩散运动是通过低分子物质"跃迁"到材料内部邻近的自由体积空隙中实现的，直至从另一侧（低浓度侧）透过逸出，这种扩散迁移过程可由 Fick 定律描述。

（1）气体和蒸气的渗透与扩散　气体（蒸气）在材料内的透过性是单向的分子渗透扩散过程，包括材料对气体（蒸气）的表面吸收（溶解）和扩散迁移两个阶段。

① 气体（蒸气）在材料中的吸收（溶解）　材料表面对气体的吸收符合 Henry 定律，即气体压力（p）与溶解于材料中的气体浓度（c）成正比。

$$c=Sp \tag{3-63}$$

式中，S 是溶解度系数。对于简单气体，S 一般用 1bar（$1bar=10^5Pa$）压力下单位材料体积中有多少体积（cm^3）的气体表示，S 的单位是 $cm^3/(cm^3 \cdot bar)$。但是，对于有机蒸气，S 一般用在平衡蒸气压下单位重量材料中含有多少重量的蒸气表示。表 3-11 中是几种重要的简单气体在橡胶中的溶解度系数。

表 3-11　几种重要的简单气体在橡胶中的溶解度系数（室温）　　　　单位：$cm^3/(cm^3 \cdot bar)$

类　别	N_2	O_2	CO_2	H_2
聚丁二烯	0.045	0.097	1.00	0.033
顺 1,4-聚异戊二烯（天然橡胶）	0.055	0.112	0.90	0.037
聚氯丁烯	0.036	0.075	0.83	0.026
丁苯橡胶	0.048	0.094	0.92	0.031
丁腈橡胶(80/20)	0.038	0.078	1.13	0.030
丁腈橡胶(73/37)	0.032	0.068	1.24	0.027
丁腈橡胶(68/32)	0.031	0.065	1.30	0.023
丁腈橡胶(61/39)	0.028	0.054	1.49	0.022
聚二甲基丁二烯	0.046	0.114	0.91	0.033
聚异丁烯（异丁橡胶）	0.055	0.122	0.68	0.036
聚氨酯橡胶	0.025	0.048	(1.50)	0.018
硅橡胶	0.081	0.126	0.43	0.047

当橡胶与混合气体接触时，只需在式（3-63）中代入其中任意一种气体的分压，便可确定该气体在橡胶表面中的浓度。

影响溶解度系数的主要因素是橡胶的结构、温度和压力等。

研究发现，在丁腈橡胶中，随着丙烯腈单体单元的增加，极性增大，CO_2 的 S 值增大，而 H_2、N_2 和 O_2 的 S 值降低。这可能是极性基团数量改变了丁腈橡胶的内聚能密度的缘故。

气体对半结晶高聚物的溶解度系数与结晶度有关。多数的气体可由以下经验式估算。

$$S=S_a(1-x_c)$$

式中，x_c 是结晶度；S_a 是非晶状态下的溶解度系数。

一般情况下，温度升高，分子链运动加剧，材料中自由体积增大，有利于气体分子的"跃迁"，故 S 值增大。

式（3-63）表明溶解的气体浓度和压力之间在任何压力下均呈线性关系。事实并非如此，因为在高压下气体的密度可以达到与液体密度相当，经验证明，Henry 定律在几百个大气压下尚可适用。

② 气体（蒸气）在材料内的扩散迁移　气体分子被材料表面吸收（溶解）后，它们向材料内部的扩散迁移可用 Fick 定律描述。假设某橡胶片状试样，溶解的气体从试样的一侧（$x=0$）扩散到另一侧（$x=h$），试样厚度为 h，面积为 A，如图 3-96 所示。若此时的边界条件为：$x=0$ 侧气体浓度为 c_1，气体压力为 p_1；$x=h$ 侧气体浓度为 c_2，气体压力为 p_2。

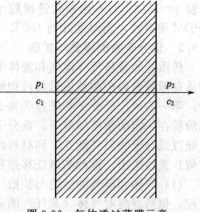

图 3-96　气体透过薄膜示意

若气体的质量为 m，在 t 时间内，通过面积 A 扩散迁移，沿扩散方向（x）的浓度梯度为 dc/dx，则单位时间内通过单位面积的气体的量可由 Fick 第一定律表示。

$$\frac{1}{A} \times \frac{dm}{dt} = -D \frac{dc}{dx} \tag{3-64}$$

式中，D 为扩散系数（扩散率），m^2/s，文献中常用 cm^2/s；负号表示低分子从高浓度向低浓度扩散迁移。

定义扩散速率：

$$q = \frac{1}{A} \times \frac{dm}{dt}$$

则

$$\int_0^h q dx = -\int_{c_1}^{c_2} D dc$$

故

$$q = D \frac{c_1 - c_2}{h}$$

任何时间，任意面积透过的气体量为：

$$Q = qAt = D \frac{c_1 - c_2}{h} At \tag{3-65}$$

实际应用中，气体的浓度往往采用气体的压力来代替，据 Henry 定律，由式（3-63）得：

$$c_1 = Sp_1 \qquad c_2 = Sp_2$$

则式（3-65）变为：

$$Q = DS \frac{p_1 - p_2}{h} At = P \frac{p_1 - p_2}{h} At \tag{3-66}$$

式中，$p = DS$ 称为渗透系数（渗透率、透气系数），是表征气体对材料渗透特性的重要参数，表示在单位时间、单位压差下，透过单位厚度和单位面积试样的气体量，其单位是 $cm^3/(cm \cdot s \cdot bar)$。

气体透过试样时，气体透过量随时间变化的曲线如图 3-97 所示。开始阶段是非稳态扩散区，一定时间后扩散速率达到稳定，透气量随时间呈直线变化，称为稳态扩散阶段。以上结论和公式均是以稳态扩散为前提条件，且气体与材料无化学反应。也就是说 Fick 定律适用于稳态扩散，此时 Q 与 t 呈线性关系，由直线斜率可求渗透系数 P 值。在扩散起始阶段，达到稳态扩散前存在一个滞后时间 θ，可由直线与时间轴的交点求得 θ 值。Daynes 据此计算出扩散系数 D 值。

$$D = \frac{h^2}{6\theta} \tag{3-67}$$

若 D 和 P 确定后，由 $P=DS$ 关系式很容易求得溶解度系数 S 值。

混合气体对橡胶的透过性，可以按每种气体的分压进行，总的气体透过量为各组分气体透过量的加和。气体通过多层膜时的渗透系数可按每层的加权渗透系数的平均数计算。

$$\frac{1}{P}=\sum_{i=1}^{n}\left(\frac{h_i}{h}\right)\frac{1}{P_i} \tag{3-68}$$

式中，$h=\sum\limits_{i=1}^{n}h_i$，为多层膜的总厚度；$h_i$ 为第 i 层膜的厚度；P_i 为第 i 层膜的渗透系数。

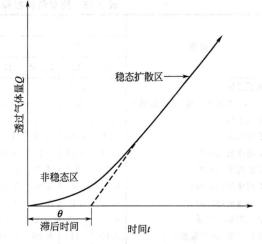

图 3-97　气体透过量随时间变化的曲线

③ 影响气体（蒸气）透过性的因素　影响透气（气）性的主要因素包括橡胶的结构（分子链极性、链柔性及结晶等）、气体性质（分子大小和极性）、填料以及温度和压力等。

一般来说，高聚物分子链的柔性越好，越有利于气体分子在其内部的扩散迁移；反之若分子链中引入极性基团，或较大侧基，或增大交联密度以及结晶度等，都会使扩散系数和渗透系数值减小。

气体分子直径（d）越大，在材料中的扩散活化能也越大，故扩散和渗透系数越小，表 3-12 列出某些气体分子的直径。

表 3-12　某些气体分子的直径

气 体 分 子	直径/Å	气 体 分 子	直径/Å	气 体 分 子	直径/Å
He	2.55	CH_3OH	3.63	C_2H_4	4.16
H_2O	3.7(等效值)	CO	3.69	CH_3Cl	4.18
H_2	2.82	CH_4	3.76	C_2H_6	4.44
Ne	2.82	N_2	3.80	CH_2Cl_2	4.90
NH_3	2.90	CO_2	(3.8)	C_3H_8	5.12
O_2	3.47	SO_2	4.11	C_6H_6	5.35

注：1Å=0.1nm。

填料和炭黑对气体扩散性的影响较明显。填料会引起稀释效应，同时增加了"弯曲通道"（即填料粒子之间或周围的路径长度）。这两种效应都会降低扩散系数。而且，填料粒子能够吸附气体分子，甚至偏离 Fick 和 Henry 定律。增塑剂的加入会提高分子链的活动性使 D 值增大。

扩散系数按指数规律随温度而变化，是一种热活化过程，可用 Arrhenius 型方程表示，即：

$$D=D_0\exp\left(\frac{-\Delta E_D}{RT}\right) \tag{3-69}$$

式中，D_0 是与气体和材料有关的常数；T 是温度；R 是气体常数；ΔE_D 是扩散活化能。

表 3-13 列举了简单气体在橡胶中的扩散系数

表 3-13　简单气体在橡胶中的扩散系数（室温）

橡胶	扩散气体											
	N_2			O_2			CO_2			H_2		
	D	D_0	E_D/R	D	D_0	E_D/R	D	D_0	E_D/R	D	D_0	E_D/R
聚丁二烯	1.1	0.22	3.6	1.5	0.15	3.4	1.05	0.24	3.65	9.6	0.053	2.55
顺 1,4-聚异戊二烯（天然橡胶）	1.1	2.6	4.35	1.6	1.94	4.15	1.1	3.7	4.45	10.2	0.26	3.0
聚氯丁烯	0.29	9.3	5.15	0.43	3.1	4.7	0.72	20	5.4	4.3	0.28	3.3
丁苯橡胶	1.1	0.55	3.9	1.4	0.23	3.55	1.0	0.90	4.05	9.9	0.056	2.55
丁腈橡胶（80/20）	0.50	0.88	4.25	0.79	0.69	4.05	0.43	2.4	4.6	6.4	0.23	3.1
丁腈橡胶（73/37）	0.25	10.7	5.2	0.43	2.4	4.6	0.19	13.5	5.35	4.5	0.52	3.45
丁腈橡胶（68/32）	0.15	56	5.85	0.28	9.9	5.0	0.11	67	6.0	3.85	0.52	3.5
丁腈橡胶（61/39）	0.07	131	6.35	0.14	13.6	5.45	0.038	260	6.7	2.45	0.92	3.8
聚二甲基丁二烯	0.08	105	6.2	0.14	20	5.55	0.063	160	6.4	3.9	1.3	3.75
聚异丁烯（异丁橡胶）	0.05	34	6.05	0.08	43	5.95	0.06	36	6.0	1.5	1.36	4.05
聚氨酯橡胶	0.14	35	5.35	0.24	7	5.1	0.09	42	5.9	2.6	0.98	3.8
硅橡胶	15	0.0012	1.35	25	0.0007	1.1	15	0.0012	1.35	75	0.0028	1.1

注：D 用 $10^{-6}\mathrm{cm^2/s}$ 表示；D_0 用 $\mathrm{cm^2/s}$ 表示；E_D/R 用 $10^3\mathrm{K}$ 表示。

在实际应用中，由于传质过程中的化学侵蚀作用（氧化或其他化学反应）往往产生活化能不同的扩散作用和化学反应之间相互作用，使扩散过程复杂化，上述公式出现偏差，应使用经验方法进行修正。例如有机蒸气的扩散迁移行为比简单气体复杂得多，由于相互作用较强烈，使得扩散系数和扩散活化能（ΔE_D）对有机蒸气的浓度有较大的依赖性。实验表明苯在天然橡胶中的扩散，ΔE_D 从 $c=0$ 时的 48kJ/mol 变化到体积分数为 0.08 时的 35kJ/mol。

以上的论述和表中的数据适用于中等压力下的扩散渗透过程，在高压条件下会产生很大偏离，可能是超过一定的压力值后，分子链间的自由体积减小的缘故，而且在高压下，气体密度能达到与液体相近的值。比如在油田工程中可能会遇到高于 101.3MPa 的压力，因此在油田应用中可能产生由于气体渗透而发生的"爆炸减压"和"拱形"两种现象。当露置在高压气体中的橡胶材料吸收气体达到饱和状态，或接近饱和状态时，快速撤去高压，橡胶迅速呈现过饱和状态，过量的气体具有脱吸附的热力学推动力，进而脱吸附，这些脱吸附气体会扩散聚集在橡胶内的缺陷处，导致气泡产生并增大，达到某临界值后气泡破裂，这便是"爆炸减压"现象。当气体从复合结构材料中的黏合界面逸出时，会产生"拱形"现象，黏合处将产生类似的破裂。

（2）液体的渗透与扩散　当橡胶与液体接触时，液体在橡胶表面被吸收，并向橡胶内部扩散迁移，产生溶胀现象。由于液体分子量较气体大，分子间以及分子与高分子链之间的作用力较大，相当数量的液体，特别是有机溶剂的分子，溶解于橡胶中会使分子链构象发生变化。因此，液体在橡胶中的渗透与扩散对 Fick 定律和 Henry 定律往往产生较大的偏离。

将片状试样浸入液体中，适当时间后取出，仔细快速称量，然后再次浸入溶剂中，重复该步骤数次，至质量吸收平衡，并记录时间。设定 t 时刻时试样吸收的液

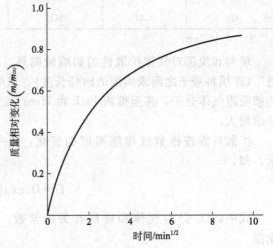

图 3-98　试样的吸收曲线

体质量为 m_t，平衡溶胀时试样吸收的液体质量为 m_∞，试样厚度为 h，可作出 $m_t/m_\infty - t^{1/2}$ 图，如图 3-98 所示。

人们在适当的边界条件下得出 Fick 定律的近似解为：

$$\frac{m_t}{m_\infty}=\frac{4}{\sqrt{\pi}}\left(\frac{Dt}{h^2}\right)^{\frac{1}{2}} \tag{3-70}$$

从 $m_t/m_\infty - t^{1/2}$ 曲线的初始阶段的直线斜率可求得扩散系数 D 值。

研究发现，橡胶中液体的扩散系数受到液体黏度的影响较大，如图 3-99 所示是 25℃时几种液体在天然橡胶中的扩散系数和液体黏度（η）之间的关系。

应指出，橡胶与水长时间接触后会吸收很少量的水。水分子相对其他液体分子比较小，但是水分子与其他的极性基团有较强的形成氢键的趋势。在大多数亲水性高聚物中，水的扩散受到这种相互作用的影响；对疏水性高聚物如聚烯烃和合成橡胶，只能吸附少量的水。天然橡胶内存在一些亲水性的杂质，如蛋白质等，使得含水量比预想值高一点。

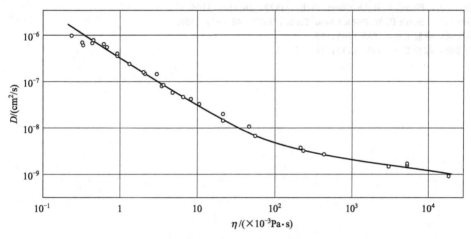

图 3-99　25℃时几种液体在天然橡胶中的扩散系数和液体黏度之间的关系

参考文献

[1]　李斌才编著. 高聚物的结构和物理性质. 北京：科学出版社，1989.
[2]　[德] 汉斯-乔治. 伊利亚斯著. 大分子（上册）. 复旦大学材料科学研究所译. 上海：上海科学技术出版社，1986.
[3]　高分子学会编. 高分子の分子设计. 1. 分子设计の基础，培风馆，东京都 1972.
[4]　Brydson J A. Rubbery Materials and Their Compounds. London and New York：Elsvier Applied Science Publishers，1988.
[5]　刘吉平，郝向阳著. 聚合物基纳米改性材料. 北京：科学出版社，2009.
[6]　周恩乐等. 高分子通讯，1983（4）：281.
[7]　Gardinr J B. Rubber Chem. and Technol. ，1970，43：370.
[8]　桥本建次郎，浦捻，中嶋正仁. 日本ゴム协会誌，1976，49：241.
[9]　吉村信哉，藤本邦彦. 日本ゴム协会誌，1968，41：161.
[10]　王炼石等. 橡胶工业，1995，42（7）：396.
[11]　周奕雨等. 橡胶工业，1999，46（6）：330.
[12]　Olabisi O，Robeson L M，Show M T. Polymer-Polymer Miscibility. New York：Academic Press，1979.
[13]　Treloar L R G. The Physics of Rubber Elasticity（3rd Ed）. Oxford：Clarendon Press，1975.
[14]　Gent A N. In：Eirich F R，ed. Science and Technology of Rubber. New York：Academic Press Inc. ，1987.
[15]　Bateman L. The Chemistry and Physics of Rubber—link Substances. New York：John Wiley&Sons，1963.
[16]　高分子学会编. ゴムの性质と加工. 东京：地人书馆，1965.
[17]　Freakley P K，Payne A R. Theory and Practice of Engineering with Rubber. London：Applied Science Publishers，1978.
[18]　杨光松编著. 损伤力学与复合材料损伤. 北京：国防工业出版社，1995.

[19]　沃德ⅠM著. 固体高聚物的力学性能. 中国科学院化学研究所高聚物力学性能组译. 北京：科学出版社，1980.

[20]　Kinloch A J，Young R J. Fracture Behaviour of Polymers. 1983.

[21]　Williams J G.　FRACTCRE MECHANICS OF POLYMERS. New York：1984.

[22]　〔美〕尼尔生 L E 著. 高分子和复合材料的力学性能. 丁佳鼎译. 北京：轻工业出版社，1981.

[23]　Kausch H H. Polymer Fracture (2nd Ed). Berlin：Springer-Verlag，1987.

[24]　金日光主编. 高聚物流变学及其在加工中的应用. 北京：化学工业出版社，1986.

[25]　Huang Y S，Yeoh O H. Rubber Chem. Technol，1989，62 (4)：709.

[26]　Young D G. Rubb. Chem. Tech. ，1990，63 (4)：567.

[27]　傅政，谷恒勤. 橡胶工业，1992，39 (2)：107.

[28]　傅政，谷恒勤. 合成橡胶工业，1992，15 (4)：235.

[29]　Lee B L，Lin D S，Chawla M，Ulrich P C. Rubb. Chem. and Tech. ，1994，67：761.

[30]　Gent A N. Rubb. Chem. Technol. ，1988，62：750.

[31]　川村敏雄，原島登. 日本ゴム協会誌，1983，56 (5)：275.

[32]　深堀美英. 日本ゴム協会誌，1982，55 (2)：82.

[33]　周彦豪，李晨. 橡胶工业，1985 (7)：42.

[34]　Cotten G R，Thiele J L. Rubb. Chem. Tech. ，1978 (51)：749.

[35]　Cotten G R. Rubb. Chem. Tech. ，1981，54 (1)：61.

[36]　Tokita N，Pliskin I. Rubb. Chem. Tech. ，1973，46 (5)：1166.

[37]　Folt V. L，Smith R. W. Rubb. Chem. Tech. ，1973，46 (5)：1193.

[38]　周彦豪. 橡胶工业，1983 (10)：39.

[39]　周彦豪. 橡胶工业，1983 (11)：34.

第4章 橡胶材料设计基础

4.1 引 言

橡胶材料包括橡胶本体材料和细观复合材料，这里所谓的材料设计是指橡胶细观复合材料的设计，是本体材料与多种配合剂构成的多相体系材料。单纯的天然橡胶和合成橡胶，其性能都难以满足橡胶材料的使用要求，必须加入多种配合剂并通过复杂的化学和物理作用产生微观及细观结构的变化，才能达到材料的性能要求。

橡胶材料的组分构成比其他高分子材料复杂，为了提高橡胶本体材料的性能，改善加工工艺和降低成本，加入的各种配合剂有成千上万种之多，其填充量甚至可达80％以上。根据它们在材料中的作用大体上可分为七类，见表4-1。

表 4-1 橡胶材料的基本组分构成

类 别	组分构成	主 要 作 用
本体材料（生胶）	天然和合成橡胶等弹性体	赋予材料弹性、基本性能和特性
交联体系	交联剂 促进剂 活性剂	使本体材料分子结构由线型变为体（网）型结构，促进交联反应，调整交联结构，提高交联反应活性
老化防护体系	化学防老剂 物理防老剂	阻滞老化过程
补强填充体系	补强剂 填充剂	提高材料的物理机械性能 降低成本、改善性能
增塑（软化）体系	软化剂	改善加工性能、提高柔韧性
加工助剂体系	塑解剂、分散剂、均匀剂等	少量加入可提高加工性能
其他助剂	着色剂、发泡剂、阻燃剂等	满足材料特殊性能要求

可以看出，橡胶材料的组分构成是非常复杂的，而且这些配合剂在本体材料中必然存在分散与分配的不均匀性和复杂的化学反应及物理作用。因此橡胶材料设计只有在了解各种原材料的基本性质的基础上，深入研究所形成的微观和细观结构的特征与性能之间的关系，并且充分考虑加工技术与经济技术要求的前提下，通过系统分析方法进行材料设计，才能获得最佳的综合性能材料。

橡胶材料可粗略分为结构材料和功能材料两大类。随着科学技术的进步和经济发展，特别是高新技术的迅猛发展，橡胶材料正在进一步向高性能化和高功能化方面发展。高性能化的含义是材料具有更高的物理机械性能、耐久性、耐高低温性和耐腐蚀性等；高功能化的含义是材料具有特定的功能，具有敏锐的应答能力，可进行选择性或特异性工作，如生物功能、富集功能、形状记忆功能以及光、声、电、磁等功能。

4.2 本体材料的选择

本体材料是复合材料的主体，也称基材（或基体），是决定胶料的使用性能、加工性能和成本的主要因素。

4.2.1　橡胶的选择

目前应用较多的橡胶可以粗略分为通用橡胶和特种橡胶两类，其中凡是具有某种特殊性能的橡胶称为特种橡胶，但是两者之间并无严格的界限。

橡胶突出的本征性能是高弹性。高弹性取决于分子链的柔顺性，实质上是橡胶分子主链结构和取代基结构的运动体现，直接影响了橡胶的性能，表 4-2 描述了橡胶分子链的柔顺性对一般物性的影响。

表 4-2　橡胶分子链的柔顺性对一般物性的影响

大 ◀———	分子链柔顺性	———▶ 小
高 ◀———	回弹性	———▶ 低
低 ◀———	模量	———▶ 高
低 ◀———	玻璃化温度	———▶ 高
低 ◀———	生热性	———▶ 高
差 ◀———	气密性	———▶ 好
差 ◀———	耐油性	———▶ 好
高 ◀———	摩擦系数	———▶ 低

表 4-3 列出常用橡胶的一般性能和主要特性。这些性能决定了橡胶的用途。关于橡胶结构与特性的解释，见第 1 章和第 3 章有关内容。

选择橡胶的一般原则是确保性能要求，尽量降低成本。性能指标应区分主要性能和兼顾性能，比如以耐油为主要性能指标，兼顾耐热性时，则最宜橡胶的选择顺序为 FPM＞CO（ECO）＞ACM＞NBR。

4.2.2　橡胶的并用

本体材料的选用往往采用共混技术将两种以上的橡胶或者橡胶与塑料并用，可以克服单一橡胶存在的某些不足，取长补短，达到改善性能（物理机械性能、加工性能）或降低成本的目的。要注意研究共混组分的相容性、共交联特性和共混方法，以便充分发挥并用效果。目前全世界橡胶总消耗量中约有 75％是共混并用的。

（1）橡胶/橡胶并用　　不同橡胶间的并用，包括通用橡胶间、通用与特种橡胶间以及特种橡胶之间的并用。

① 通用橡胶之间的并用　早在 20 世纪 50 年代开始，通用橡胶之间的并用就已被广泛应用于制造轮胎、输送带及其他橡胶制品。采用 NR/SBR、NR/BR 以及 NR/SBR/BR 等并用体系可制得具有良好物理机械性能的胶料；极性较强的 NBR 或 CR 与非极性的 NR、SBR、EPDM 等并用也可制得具有良好物理机械性能的胶料。表 4-4 列出并用比对胶料结构形态的影响规律。

非极性橡胶间的并用，由于它们之间的良好的相容性，而广泛应用。例如 NR/BR 并用，可以改善耐寒性、弹性和耐磨性等性能；NR/SBR 并用可以改善 NR 的耐磨性和耐龟裂性；SBR/BR 并用可以提高耐磨性、弹性和耐寒性等；而 NR/SBR/BR 三种胶并用则可以达到互补效果，胶料具有良好的物理机械性能，可用于轮胎胎侧胶；NR/EPDM 并用可以改善 NR 的耐热性、耐老化性，提高 EPDM 的黏着性。

橡胶制品中轮胎结构最复杂，各部位因应力-应变状况不同对胶料有不同的要求，一般都是采用并用技术解决，见表 4-5。

极性橡胶与非极性橡胶间的并用，例如，NBR 与一定量的 NR 或 SBR 并用，可以改善丁腈胶的耐寒性并降低成本；CR 与一定量的 NR 或 BR 并用，可以改善氯丁胶的耐寒性、弹性、耐磨性，并改善其加工性能；NBR 与 EPDM 并用可一获得兼有较好的耐油性、耐臭氧性和较佳的综合物理机械性能的胶料。

表 4-3　常用橡胶的一般性能和主要特性

橡胶类型		简称	相对密度	拉伸强度/MPa	伸长率/%	使用温度/℃	回弹性	耐撕裂	耐磨性	耐腐蚀	耐油性	耐候性	黏着性	电性能	加工性能	主要特性
通用橡胶	天然橡胶	NR	0.93	6.89~27.56	100~700	−75~90	E	E	E	G	B	M	E	E	E	回弹性高,耐磨性好
	异戊橡胶	IR	0.94	6.89~27.56	100~750	−75~90	E	E	E	G	B	M	E	E	E	回弹性高,耐磨性好
	丁苯橡胶	SBR	0.94	6.89~24.12	100~700	−60~100	G	G	E	G	B	M	E	M	G	耐热性好,耐磨性好
	顺丁橡胶	BR	1.93	6.89~20.67	100~700	−100~100	E	G	E	G	B	M	E	G	G	耐寒性好,耐磨性好
	氯丁橡胶	CR	1.23	6.89~27.56	100~700	−60~120	E	G	E	E	G	E	E	G	M	耐热,耐候性好
	丁基橡胶	IIR	0.91~0.93	6.89~20.67	100~700	−60~150	M	G	E	E	M	G	B	E	B	耐热,耐候性好,气密性好,耐腐蚀
	丁腈橡胶	NBR	0.92~1.02	6.89~27.56	100~600	−50~120	M	G	E	E	E	G	E	M	G	良好耐油性,耐磨性,耐老化性
	乙丙橡胶	EPDM	0.85	6.89~20.67	100~300	−60~150	G	M	E	E	B	E	M	E	G	良好耐老化性,电性能
特种橡胶	硅橡胶	QR	0.98	3.45~10.34	50~800	−120~280	G	M	M	M	M	E	E	E	E	耐热,耐寒,耐老化
	氟橡胶	FPM	1.4~1.95	6.89~16.54	100~350	−50~300	M	M	M	M	E	E	E	E	B	耐高温,耐腐蚀
	聚氨酯橡胶	PU	0.85	6.89~55.12	100~700	−60~80	E	E	M	M	E	E	E	G	B	耐油,物理机械性能好
	聚硫橡胶	TR	1.34~1.41	3.45~8.61	100~700	−30~80	M	M	M	M	E	E	E	G	M	耐油性较佳,耐老化
	聚丙烯酸酯橡胶	ACM	1.10	6.89~15.16	100~400	−30~180	G	M	M	E	E	E	G	M	B	耐油,耐热
	聚磺化聚乙烯	CSM	1.10	6.89~19.29	100~500	−60~150	G	G	G	E	G	E	E	G	M	耐腐蚀,耐老化
	氯醚橡胶	CO或ECO	1.27	6.89~17.23	100~400	−60~150	G	G	G	E	G	G	E	M	M	气密性好,性能较均衡

注：E——优；G——良；M——中；B——差。

表 4-4　并用比对胶料结构形态的影响规律（分散相尺寸，μm）

并用体系	并用比		
	25/75	50/50	75/25
丁苯橡胶/天然橡胶(SBR/NR)	0.3/连续相	5.0/连续相	连续相/0.7
丁苯橡胶/丁基橡胶(SBR/IIR)	1.3/连续相	2.0/连续相	连续相2.0
顺丁橡胶/丁基橡胶(BR/IIR)	0.2/连续相	2.0/连续相	连续相/2.0
丁苯橡胶/顺丁橡胶(SBR/BR)	互溶	互溶	互溶
丁苯橡胶/充油顺丁橡胶(SBR/E-BR)	互溶	互溶	互溶
丁腈橡胶/丁基橡胶(NBR-1/IIR)	30.0/连续相	25.0/连续相	连续相/20.0
丁腈橡胶/丁苯橡胶(NBR-1/SBR)	6.0/连续相	—	连续相/4.0
丁腈橡胶/丁苯橡胶(NBR-2/SBR)	0.6/连续相	1.5 交错结构	连续相/0.8
氯丁橡胶/天然橡胶(CR/NR)	2.5/连续相	4.0 连续相	8.0/连续相
氯丁橡胶/顺丁橡胶(CR/BR)	0.3/连续相	—	连续相/1.0
乙丙橡胶/天然橡胶(EPM/NR)	3.0/连续相		连续相/0.8

注：NBR-1 为丙烯腈含量高的丁腈橡胶；NBR-2 为丙烯腈含量中等的丁腈橡胶；E-BR 为乳液聚合顺式聚丁二烯橡胶，含高芳烃油 35 质量份。

表 4-5　汽车轮胎各部位的性能要求及并用胶种示例

项目	乘用车轮胎	载重车轮胎	性能要求
胎面胶	SBR/BR	NR[①]/BR	耐磨、生热低、耐撕裂
		或 SBR/BR	耐切割、耐湿滑
缓冲胶(带束层)	NR	NR	高强度、耐疲劳、耐热、黏着好
胎体帘布层	NR/SBR/BR	NR/BR	高强度、耐疲劳、耐热老化、黏着好
胎侧胶	(黑)NR/SBR 或 NR/BR	NR/BR	耐屈挠、耐候性好、黏着性好
	(白)NR/SBR/EPDM/IIR[②]		
气密层胶	NR/SBR/IIR	NR/IIR	耐气透性好、抗疲劳、耐老化

①NR 均可用 IR 替代；②IIR 均可用卤化丁基胶替代。

　　② 特种橡胶间的并用或特种/通用橡胶间的并用　这类并用体系主要是为了调节性能和降低成本，具有广泛的应用前景。

　　随着共混技术和增容技术的发展，几乎所有的特种橡胶之间，特种橡胶与通用橡胶之间均可进行并用，取得良好的并用效果。列举示例如下。

　　QR/EPDM 并用是硅橡胶应用较多的一个并用体系。为了改善 QR 与 EPDM 间的相容性，可采用乙烯-丙烯酸甲酯共聚物（EMA）、乙烯-乙酸乙烯共聚物（EVA）以及聚乙烯接枝硅烷（VMX）等作为增容剂。不同种类和用量的增容剂对该并用体系的性能有一定的影响，见表 4-6。可以看出，加入少量增容剂可提高并用胶的强伸性能。

　　丙烯酸酯橡胶与丁腈橡胶、氟橡胶及氯醚橡胶等并用，都有较好的并用效果。ACM/NBR 并用胶具有良好的耐臭氧化性能，ACM 组分比例越大，试片产生臭氧化龟裂的时间越长，如图 4-1 所示。

　　ACM/NBR 并用胶的交联反应除了与交联剂产生交联作用外，ACM 分子链与 NBR 分子链之间也可能产生直接的交联反应。

表 4-6 增容剂对 QR/EPDM（50/50）并用胶的性能影响

组分与性能	配方编号														
	1	2	3	4	5	6	7	8	9	10	11	12	13	14	15
DCP[①]/质量份	1.5	1.5	1.5	1.5	1.5	1.5	1.5	1.5	1.5	1.5	1.5	1.5	1.5	1.5	1.5
EMA/质量份		2.5	5.0	10	15										
EVA/质量份							2.5	5.0	10	15					
VMX/质量份												2.5	5.0	10	15
混炼温度/℃	180	180	180	180	180	160	160	160	160	160	120	120	120	120	120
50%定伸应力/MPa	1.1	1.15	1.3	1.5	1.5	1.2	1.4	1.5	1.7	1.9	1.2	1.4	1.4	1.5	1.55
拉伸强度/MPa	4.6	4.4	6.5	6.9	7.3	3.5	3.8	3.9	4.0	4.5	3.95	4.8	5.2	6.2	5.7
拉断伸长率/%	218	205	277	290	285	170	162	175	171	182	204	217	240	265	240
热老化 175℃×9h															
拉伸强度/MPa	1.62	1.98	2.06	1.85	2.01	1.65	1.89	1.94	2.28	2.36	1.65	1.55	1.69	1.91	1.81
拉断伸长率/%	72	87	95	83	85	69	77	79	87	79	74	68	71	79	70
热老化 175℃×18h															
拉伸强度/MPa	1.48	1.52	1.50	1.59	1.54	1.40	1.71	1.48	1.81	2.18	1.26	1.35	1.47	1.48	1.58
拉断伸长率/%	55	62	66	61	65	44	64	52	61	63	43	49	54	53	55
热老化 175℃×36h															
拉伸强度/MPa	2.15	1.90	1.90	2.20	2.20	2.07	2.36	1.60	2.10	1.97	2.07	1.93	1.97	1.98	1.81
拉断伸长率/%	19	20	17	18	17	13	15	15	17	12	14	15	19	17	16

① DCP 为并用胶硫化剂。

氟橡胶构成的并用体系，可以改善其性能（如耐寒性），降低成本。常见的有 FPM/EPDM、FPM/ACM、FPM/NBR 以及 FPR/MFQ 等，其中 FPM/MFQ 是氟橡胶与氟硅橡胶的并用体系，氟硅橡胶是在侧链引入氟代烷基的硅橡胶，它可以改善氟橡胶的耐低温性能。

（2）橡胶/塑料并用 橡胶与塑料并用主要是通用橡胶与通用塑料并用，常用的塑料有聚乙烯（PE）、聚氯乙烯（PVC）、聚丙烯（PP）、聚苯乙烯（PS）、聚酰胺（PA，又称尼龙）、乙

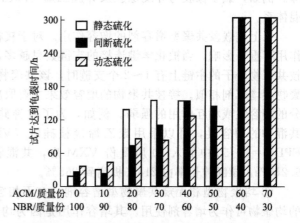

图 4-1 ACM 含量对并用胶耐臭氧化的影响
（硫化条件：180℃×30min）

烯-乙酸-乙烯共聚物（EVA）以及酚醛树脂（PF）、氨基树脂和环氧树脂等。应用列举示例见表 4-7。

表 4-7 应用列举示例

并用体系	并用比	改善的性能
NR/PE	(95～87)/(5～13)	改善 NR 的耐热性和耐油性
SBR/PS	(90～70)/(10～30)	提高耐磨性、强度
EPDM/PP	80/20	提高强度
NBR/PVC	(60～90)/(40～10)	提高丁腈橡胶的耐臭氧性、耐磨性、耐燃性等
NBR/PA	100/(10～20)	提高耐磨性及耐热性。
NBR/PF	100/(20～40)	提高丁腈橡胶的黏着性、硬度、强度、耐磨性

在橡胶/塑料并用体系中，塑料组分的熔融指数（MI）、结晶度以及所采用的增容剂等直接影响共混物的物理机械性能。

　　随着橡胶材料向高性能化发展，也促进了橡胶共混技术与理论的发展，已经从一般性共混发展到可以按性能需要进行设计，实现共混型集成化橡胶的材料设计水平。

　　（3）增容剂的应用　增容剂的增容作用，其物理化学本质是：降低两相界面张力，促进分散度提高；提高相形态的稳定性；提高界面的机械强度。

　　增容剂分为两类：一类是非反应型增容剂，包括嵌段共聚物型、接枝共聚物型、均聚物型和无规共聚物型等种类；另一类反应型增容剂，主要是通过组分间某些官能团的相互反应，"就地"生成嵌段或接枝共聚物，从而实现增容作用。

　　① 嵌段和接枝共聚物型增容剂　在不相容共混物 A/B 中加入嵌段共聚物作为增容剂，增容剂可起到乳化作用，可以阻止共混物的宏观相分离，而且它趋于在相界面处聚集（富集），会导致界面张力的下降，从而使共混物分散相粒径变小，提高共混物的性能。

　　对于 A/A-b-B/B 的共混增容体系，例如天然橡胶与线型低密度聚乙烯的共混物，为了改善两组分的相容性，采用乙烯与异戊二烯（50/50）的嵌段共聚物（PE-b-PI）为增容剂，构成 NR/PI-b-PE/PE 共混体系。实验表明，共混胶中含有 5.0 质量份 PE-b-PI 时，硫化胶的拉伸强度达到 13.1MPa，而不含增容剂的硫化胶强度只有 8.3MPa。

　　对于 A/A-b-C/B 共混增容体系，增容剂 A-b-C 中的 C 段与组分 B 可产生特殊相互作用而相容。在 C 与 B 产生特殊相互作用（例如氢键）时，增容剂 A-b-C 在界面处的定向排列能力（自组装）增强，且密度增大，界面几乎完全被增容剂占据，体系的界面自由能明显下降。例如，氯丁橡胶与异戊橡胶及异戊二烯与苯乙烯嵌段共聚物组成的 IR/IR-b-PS/CR 共混体系。

　　以上是嵌段共聚型增容剂的增容作用。对于接枝共聚物型增容剂，其分子链结构对增容作用有重要影响。当被化学键连接的支链数目越多，该增容剂的增容效果越差，一般每个接枝共聚物分子的主链上有 1～2 个支链时，该共聚物有较好的增容效果，增容机理与嵌段共聚物型增容剂相似。接枝共聚物的增容效果主要取决于共聚物中主链及支链与相应共混物组分的相容性或相互作用的强弱。例如，为了改善硅橡胶（QR）和三元乙丙橡胶（EPDM）共混物的相容性，可以采用聚乙烯接枝硅烷（VMX）作为增容剂。实验表明，在 QR/EPDM＝50/50 中加入 10 质量份 VXM 后，共混物硫化胶的拉伸强度由 4.6MPa 提高到 6.2MPa，拉断伸长率由 218% 提高到 265%。

　　② 均聚物型和无规共聚物型增容剂　在不相容共混物中若能与两组分同时具有相容性的均聚物可作为增容剂使用。其增容作用是因为均聚物增容剂优先在 A/B 两组分界面处聚集，降低了整个体系的界面张力和界面的组成梯度，使 A、B 组分在界面层内相互贯穿，构象熵达到最大值。例如，为了改善顺丁橡胶（BR）与聚氯乙烯（PVC）共混物的相容性，加入氯化聚乙烯（CPE）作为增容剂，以及在 PVC/CPE 共混物中加入环氧化天然橡胶（ENR）作为增容剂等，均属均聚物型增容剂的应用。

　　无规共聚物作为增容剂，其增容效果与共聚物的组成和比例有关。例如，氟橡胶（EPM）与三元乙丙橡胶（EPDM）共混时，为了改善两组分间的相容性，可选用丁腈橡胶（NBR）作为增容剂。表 4-8 说明了不同丙烯腈含量的丁腈橡胶对 EPDM/FPM 共混物的增容效果。可以看出，在 EPDM/FPM＝70/15 时，加入 15 份 NBR-18，可获得最好的增容效果。

　　③ 反应型增容剂　反应型增容剂是带有反应性基团的高聚物，是在两种高聚物共混过程中"就地"生成的增容剂。"就地"生成的增容剂一般是嵌段或接枝共聚物，或交联高聚物，或两种高聚物间彼此形成离子键。例如，三元乙丙橡胶与尼龙共混（EPDM/PA），加入马来酸酐（MA），可在共混过程"就地"与部分 EDPM 反应生成 EPDM-g-MA，可显著改善共混组分的增容效果。

表 4-8　不同丙烯腈含量的丁腈橡胶对 EPDM/FPM 共混物的增容效果

组分与性能	1	2	3	4	5
三元乙丙橡胶	100	70	70	70	70
氟橡胶(CKФ-26)	—	30	15	15	15
丁腈橡胶(NBR-18)	—	—	15	—	—
丁腈橡胶(NBR-26)	—	—	—	15	—
丁腈橡胶(NBR-40)	—	—	—	—	15
拉伸强度/MPa	9.0	11.0	12.0	10.5	10.0
拉断伸长率/%	250	200	220	210	220
拉断永久变形/%	10	6	6	6	6
回弹性/%	60	34	38	35	33
在介质中质量变化率[在汽油/苯中(20℃,48h)]/%	120	90	70	85	87

　　应指出，共混物的制备工艺对增容效果有重要影响。一般有四种机械共混方法：A、B 高聚物先预混，再加增容剂共混；先将增容剂与分散相组分预混，再与能形成连续相的组分共混；先将增容剂与连续相组分预混，再与分散相组分共混；将 A、B 高聚物与增容剂同时加入共混。一般情况下，最后一种共混工艺制备的共混物增容效果较好。

4.3　交联体系

　　交联（硫化）体系是橡胶材料配方中最重要的部分，一般由交联剂、促进剂、活性剂以及防焦剂等组成。正确地选择和设计交联体系是材料设计的关键问题。交联体系按交联剂的特征可分为硫黄系硫化体系和非硫黄系交联体系两类，两类交联体系的交联反应机理与特征见第二章第 2.3 节的论述。

4.3.1　硫黄系硫化体系

　　(1) 组成及特点　硫黄系硫化体系包括普通硫化体系、有效硫化体系、半有效硫化体系和平衡硫化体系四种。

　　① 普通硫化体系（简称 CV 硫化体系）　CV 硫化体系主要由硫黄（一般为 2.5 质量份左右）、少量促进剂和活性剂等组成。硫化结构中以多硫键交联为主。如图 4-2 (a) 所示，单硫和双硫交联极少。过硫化时，交联密度下降，出现硫化返原现象。CV 体系的硫化胶在室温条件下，具有优良的动态和静态性能。缺点是不耐热氧老化，不能在较高温度下长期使用。

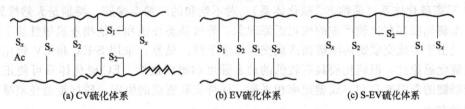

(a) CV硫化体系　　　　　(b) EV硫化体系　　　　　(c) S-EV硫化体系

图 4-2　不同硫化体系的交联结构示意

　　② 有效硫化体系（简称 EV 硫化体系）　EV 硫化体系有两种组成方式：仅用硫载体（硫给予体）为硫化剂（如 TMTD 等）和活性剂组成；高用量促进剂、少量硫黄和活性剂组成。硫化结构中以单硫键和双硫键交联为主。如图 4-2 (b) 所示，过硫后无明显的硫化返原现象。EV 硫化体系的硫化胶具有较好的耐热氧老化性能，但动态性能较差。

　　③ 半有效硫化体系（简称 S-EV 硫化体系）　S-EV 硫化体系介于 CV 和 EV 体系之间，由中等用量的硫黄和促进剂等组成。硫化结构中以多硫键交联为主，含有相当数量的双硫键和单硫键交联，如图 4-2 (c) 所示。S-EV 硫化体系的硫化胶兼具耐热、耐疲劳和抗硫化返原等多种综合性能。

表 4-9　NR 中硫化体系与交联结构的关系

交联结构	CV 体系 硫黄 2.5 NS 0.5	S-EV 体系 硫黄 1.5 NS 0.5 DTDM 0.5	EV 体系 TMTD 1.0 NS 1.0 DTDM 1.0
交联密度[1/(2Mc)]/×10⁵	5.84	5.62	4.13
单硫交联键/%	0	0	38.5
双硫交联键/%	20	26	51.5
多硫交联键/%	80	74	9.7
E①	10.6	7.1	3.5
E′②	6.0	3.0	3.0

① 交联结构中每个交联键平均结合的硫原子数。
② 用三苯磷把全部多硫键还原为单硫键后的 E 值。

现以天然橡胶为例,说明 CV、S-EV 和 EV 三种硫化体系的特征。表 4-9 是 NR 中硫化体系与交联结构的关系,如图 4-3 所示是 NR 中硫化体系对老化及疲劳寿命的影响,如图 4-4所示是 NR 中硫化体系对老化前后疲劳寿命的影响。

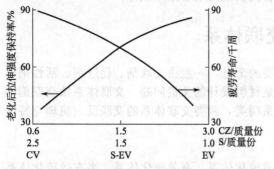

图 4-3　NR 中硫化体系对老化与疲劳寿命的影响
（老化条件 90℃×10 天）

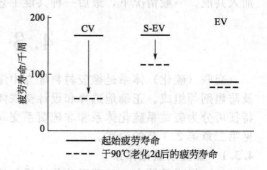

图 4-4　NR 中硫化体系对老化前后
疲劳寿命的影响

从中可以看出,三种硫化体系由于交联结构的不同,表现出不同的动态或静态物理机械性能。通常 CV 硫化体系适用于常温下各种动、静态条件的橡胶;EV 硫化体系适用于耐热和常温静态条件的胶料;S-EV 硫化体系适用于中等温度的动、静态条件的胶料。

④ 平衡硫化体系（简称 EC 硫化体系）　对不饱和的二烯类橡胶,特别是天然橡胶,CV 硫化体系硫化胶存在比较严重的硫化返原现象,导致动态性能和其他物理机械性能下降。硫化返原是由于多硫交联键热分解而造成交联密度下降。虽然,采用 S-EV 和 EV 硫化体系可提高抗硫化返原性,但硫化胶具有较低的动态强度和耐屈挠性。EC 硫化体系可使正硫化后多硫交联键的断键速率和再成键速率相平衡,保持交联密度的恒定,较好地避免或减少了返原作用的产生。

EC 硫化体系实质上是在 CV 和 S-EV 硫化体系中增加抗硫化返原剂（也称后硫化稳定剂）构成的,抗硫化返原剂与硫黄、促进剂等在恰当的配比下使硫化胶的交联密度处于动态稳定状态,因而具有优良的耐热老化性能和耐疲劳性能,其硫化特性如图 4-5 所示。

最早应用的抗硫化返原剂是 Si-69,

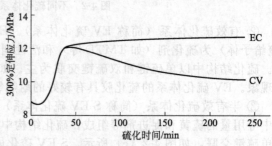

图 4-5　NR 中 EC 硫化体系与 CV 硫化体系的比较

即双（3-三乙氧基甲硅烷基丙基）四硫化物。Si-69 是一种硫载体型的硫化剂，交联反应是由它的四硫基进行的。在高温下裂解成由双（3-三乙氧基甲硅烷基丙基）二硫化物和双（3-三乙氧基甲硅烷基丙基）多硫化物组成的混合物。

$$C_2H_5O{-}Si{+}CH_2{\searrow}_3\,S_4{+}CH_2{\searrow}_3\,Si{-}OC_2H_5$$

$$C_2H_5O{-}Si{+}CH_2{\searrow}_3\,S_2{+}CH_2{\searrow}_3\,Si{-}OC_2H_5 \quad + \quad C_2H_5O{-}Si{+}CH_2{\searrow}_3\,SS_xS{+}CH_2{\searrow}_3\,Si{-}OC_2H_5$$

在硫化过程中，Si-69 作为硫给予体与橡胶分子反应，研究表明有如下特点。

① 所形成的交联结构与促进剂的化学结构有关，一般 Si-69 与噻唑类、次磺酰胺类促进剂的硫化体系生成二硫和多硫交联键；与秋兰姆类所组成的硫化体系生成以单硫交联为主的交联键。在等摩尔比条件下，硫黄用量在 1.0～1.5 质量份范围内，多种促进剂在 NR 中抗氧化返原能力的顺序为：DM＞NOBS＞TMTD＞DZ＞CZ＞D。

② 有促进剂的 Si-69 交联速率常数比相应的硫黄硫化体系交联速率常数低，Si-69 达到正硫化的速率比硫黄硫化慢，因此在 EC 硫化体系中，正硫化之后的长时间区域内，硫化返原导致的交联密度的降低，正好由 Si-69 生成新多硫键和双硫键所补偿，即多硫键裂解速率与 Si-69 生成的新的交联键的速率几乎相等，取得动力学平衡，使硫化胶物性处于稳定状态，如图 4-6 所示。

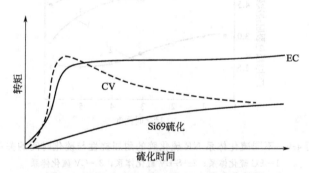

图 4-6　NR 中 EC、CV 及 Si69 的硫化特性

图 4-7～图 4-9 表明 NR 在不同的硫化时间下，EC 硫化体系硫化胶的拉伸强度、撕裂强度和耐屈挠性均优于 S-EV 和 CV 硫化体系。

抗硫化返原剂除 Si-69 以外，还有双马来酰亚胺类［如 N，N'-间甲基苯基双（3-甲基马来酰亚胺），简称 PK900］和有机硫代硫酸盐类（如六亚甲基-1，6-双硫代硫酸二钠二水合物，简称 HTS）等，均有良好的抗硫化返原效果。PK900 的用量推荐为 0.25～0.75 质量份。

平衡硫化体系的胶料具有高强度、高耐撕裂、耐热氧、抗硫化返原、耐动态疲劳和生热低等优点，因此对大型厚制品如轮胎等有重要意义。

（2）硫化体系的设计原则　在硫黄系硫化体系中，硫化剂、促进剂及活性剂等的选择至关重要，因此首先应该对这些助剂的结构与特性有所了解。

① 硫化剂与促进剂的结构与特性　硫黄系硫化体系中的硫化剂是硫黄和硫载体化合物。

硫黄有菱形和无定形（不溶性硫黄）两种，前者为环状结构，含有 8 个硫原子（S_8），后者是分子量为 10 万～30 万的亚稳态多聚物（S_{8n}），常温下不溶于大多数溶剂和橡胶，故

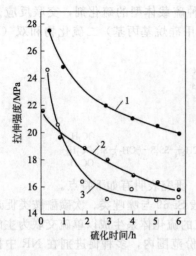

图 4-7　不同硫化体系 NR 硫化胶
的拉伸强度与硫化时间的关系
1—EC 硫化体系；2—S-EV 硫化体系；
3—CV 硫化体系

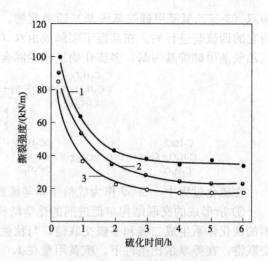

图 4-8　不同硫化体系 NR 硫化胶
的撕裂强度与硫化时间的关系
1—EC 硫化体系；2—S-EV 硫化体系；
3—CV 硫化体系

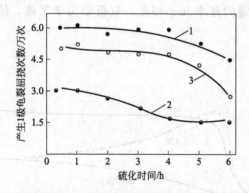

图 4-9　不同硫化体系 NR 硫化胶的耐屈挠性与硫化时间的关系
1—EC 硫化体系；2—S-EV 硫化体系；3—CV 硫化体系

称为"不溶性硫黄"。

　　硫黄在橡胶中的溶解度随温度升高而增大，超过饱和状态时，易扩散到橡胶表面，重新结晶形成一层霜状粉末，称为喷霜现象。如图 4-10 所示是温度对硫黄在天然橡胶中溶解度的影响。

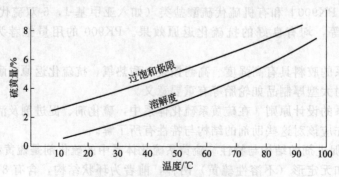

图 4-10　温度对硫黄在天然橡胶中溶解度的影响

　　不溶性硫黄是硫黄加热至 $200\sim250℃$，在 $20℃$ 下急剧冷却而获得的链状多聚物，可以在 $-30℃$ 下长时间保持稳定，但是在室温以上逐渐变成环状结构（$S_{8n}\rightarrow S_8$），在 $105℃$ 以上立刻转化为 S_8。所以采用不溶性硫黄，在加工工艺中可以防止喷霜，适用于高温短时间硫化条件。

　　硫载体化合物（硫黄给予体）主要是含硫的有机化合物，在硫化过程中析出活性硫，使橡胶形成双硫或单硫交联。常用的硫载体是秋兰姆类和吗啡啉类衍生物，见表 4-10。

表 4-10　常用的硫载体结构及有效含硫量

名称	分子结构式	有效含硫量/%
二硫化四甲基秋兰姆（TMTD）	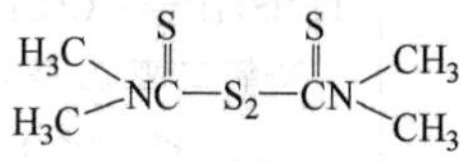	13.3
二硫化四乙基秋兰姆（TETD）	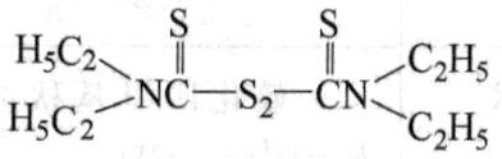	11.0
四硫化四甲基秋兰姆（TMTS）	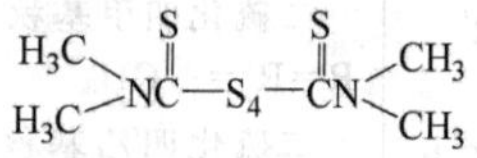	31.5
四硫化双环五亚甲基秋兰姆（TRA）	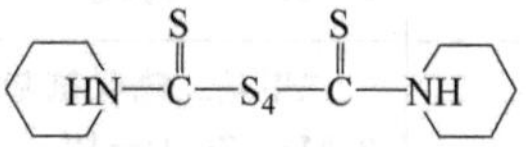	25
二硫化二吗啉（DTDM）	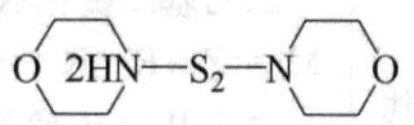	13.6
苯并噻唑二硫化吗啉（MDB）	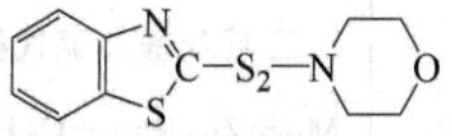	13.0

　　除以上品种外，还有苯并噻唑类、Si-69 以及其他多硫化物等。

　　促进剂在硫化体系中的作用是降低硫化温度，缩短硫化时间，减少硫黄用量，改善硫化胶的交联结构和物理机械性能，达到提高硫化效率、降低能耗、提高质量的目的。橡胶用有机促进剂品种繁多，系统分类比较困难。表 4-11 是常用促进剂按化学结构的分类。

表 4-11　常用促进剂按化学结构的分类

类型	结构通式	常用品种	特性
噻唑类（酸性）	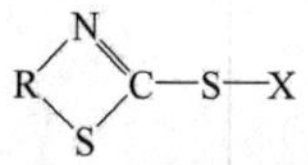 R——芳基或脂肪基 X——氢、金属原子、有机基团	巯基苯并噻唑（M）:R=  ;X=H 二硫化苯并噻唑（DM）:R=  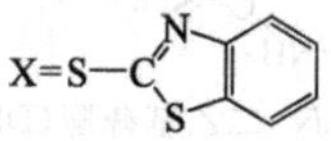 ; X=S 巯基苯并噻唑（MZ）:R=  ;X=Zn	准速促进剂，硫化速率较快，硫化曲线平坦，应用广泛

类型	结构通式	常用品种	特性
次磺酰胺类（中性）	（苯并噻唑结构式） R——有机基团 R'——氢原子、有机基团	N-环己基-2-苯并噻唑次磺酰胺（CZ 或 CBS）：R=（环己基），R'=H N,N'-二乙基-2-苯并噻唑次磺酰胺（AZ）：R=R'=—C_2H_5 N,N'-二环己基-2-苯并噻唑次磺酰胺（DZ 或 DCBS）：R=R'=（环己基） N-叔丁基-2-苯并噻唑次磺酰胺（NS 或 TBBS）：R=—C(CH_3)_3，R'=H N-氧二亚乙基-2-苯并噻唑次磺酰胺（NOBS）：（结构式）	准速促进剂，具有噻唑类的特点，又有较长的诱导期，是迟效型促进剂
秋兰姆类（酸性）	（结构式） x=1~6 R,R'——烷基、芳基、环烷基等	一硫化四甲基秋兰姆（TMTM）：x=1；R=R'=—CH_3 二硫化四甲基秋兰姆（TMTD）：x=2；R=R'=—CH_3 二硫化四乙基秋兰姆（TETD）：x=2；R=R'=—C_2H_5	超速促进剂，一般作副促进剂用
二硫代氨基甲酸盐类（酸性）	（结构式） R,R'——烷基、芳基、其他基团 Me——金属原子 n——金属原子价	二甲基二硫代氨基甲酸锌（ZDMC）：n=2；Me=Zn；R=R'=—CH_3 二乙基二硫代氨基甲酸锌（ZDC）：n=2；Me=Zn；R=R'=—C_2H_5 二丁基二硫代氨基甲酸锌（BZ）：n=2；Me=Zn；R=R'=—C_4H_9 乙基苯基二硫代氨基甲酸锌（PX）：n=2；Me=Zn；R=—C_2H_5，R'=（苯基）	超超速级促进剂，主要用于乳胶
黄原酸盐（酸性）	（结构式）RO—C(S)—SM R——烷基，芳基， M——金属原子	异丙基黄原酸锌（ZIX）：M=Zn；R=CH(CH_3)_2	超超速级促进剂，硫化速率比二硫代氨基甲酸盐还快，用于低温硫化和乳胶中
胍类（碱性）	（结构式） R,R'——芳基	二苯胍（D 或 DPG）：R=R'=（苯基） 二邻甲苯胍（DOTG）：R=R'=（邻甲苯基）H_3C	中速促进剂，在碱性促进剂中用量较大
硫脲类（中性）	（结构式）R—NH—C(S)—NH—R R——烷基，芳基	亚乙基硫脲（NA-22 或 ETU）：（结构式） N,N'-二乙基硫脲（DETU）：R=—C_2H_5 四甲基硫脲（TMTU）：（结构式）H_3C、CH_3	慢速促进剂，NA-22 在 CR 胶中常用

续表

类型	结构通式	常用品种	特性
醛胺类（碱性）	醛类与胺类的缩合物	六亚甲基四胺（H）： （结构式）CH$_2$—N，N—CH$_2$，CH$_2$，CH$_2$—N 等构成的环状结构	慢速促进剂，一般用作副促进剂

除表 4-11 中所列的促进剂类型外，还有许多混合类型的促进剂。

促进剂的酸碱性对硫化速率，特别是在促进剂并用系统中和工艺过程中都有重要的影响，通常用 A 代表酸性促进剂；用 B 代表碱性促进剂；用 N 代表中性促进剂。

促进剂对硫化速率的影响，习惯上以促进剂 M 在 NR 中的速率为标准，来比较促进剂的硫化速率快慢。凡硫化速率快于 M 的属于超速级或超超速级，凡低于 M 的属于中速级或慢速级，促进剂 M 确定为准速级。

氧化锌和硬脂酸在硫黄系硫化体系中组成了活性剂。氧化锌在硬脂酸作用下形成锌皂，活化了硫化体系，提高了交联密度，改善了交联结构。氧化锌作为活性剂，用量为 3～5 质量份，硬脂酸用量一般为 1～3 质量份，在 EV 和 S-EV 硫化体系中常用月桂酸代替硬脂酸。

② 硫化体系的设计要点　对硫化体系的设计原则：胶料物理机械性能满足要求；硫化平坦性好；加工安全性好；合理的生产效率等。

通常橡胶品种确定后，重要的工作是选择硫化促进剂，单一促进剂有时难以满足胶料的设计要求，往往是采用两种或两种以上促进剂并用，方能达到目的。合理的并用促进剂必须考虑它们之间的配伍性和在共混胶中的分配性。

配伍性主要体现并用促进剂之间的协同效应或加和效应，即在总量相同的情况下，促进剂并用时的效应大于其单用时的效应。为此，其中以一种促进剂为主（用量和硫化特性）称为主促进剂；其余几种则称为副促进剂。一般来说，在采用硫黄系硫化体系的二烯烃类橡胶中，酸性化合物有迟缓硫化的倾向，而碱性化合物有加快硫化速率的倾向。主促进剂（又称第一促进剂）一般采用酸性促进剂（A 型）或中性促进剂（N 型），其中以噻唑类和秋兰姆类最多。副促进剂（又称第二促进剂）一般采用碱性促进剂（B 型），副促进剂的用量随主促进剂的种类和用量而定。但在实际应用中，主、副促进剂之间关系是辨证而灵活的，并非严格按酸、碱性区分。归纳起来常用促进剂并用类型有七种，见表 4-12。

表 4-12　常用促进剂的并用类型

并用类型	主促进剂/副促进剂	特性	示例
AB	酸性/碱性	减少用量、降低成本、提高活性、缩短硫化时间、降低硫化温度	DM＋D
AA	超速或超超速酸性/酸性	副促进剂对主促进剂起抑制作用，可改善焦烧性，在高温硫化时仍可发挥快速硫化作用	ZDC＋DM，TMTD＋DM
NA	次磺酰胺类/秋兰姆类	交联程度高、硫化时间短、用量少	CZ＋TMTD
NB	次磺酰胺类/碱性	基本类同 NA 型	CZ＋D
BN	胍类/次磺酰胺类	改善焦烧性、克服胍类促进剂所引起的耐老化性差和易龟裂等缺点	
BA	碱性/酸性	应用价值不大	H＋DM
BB	碱性/碱性	应用价值不大	D＋H

促进剂并用类型的特性与橡胶分子中的双键数量和活性等因素有关。在橡胶工业中最常用的并用类型是 AB、NA 和 NB 三种，其中主促进剂多为噻唑类和次磺酰胺类为主；副促进剂多为胍类、秋兰姆类和二硫代氨基甲酸盐类。

在硫化体系的设计中还应考虑胶料的焦烧问题，因为橡胶加工过程中经历了不同温度和不同时间的热作用，容易出现早期硫化现象，常用促进剂的焦烧时间由短到长的排列顺序为：

$$ZDC < TMTD < M < D < MZ < DM < CZ < NOBS < DZ$$

生产不安全　　　　　　　　　　生产安全

诱导期变短　　　　　　　　　诱导期延长

随着橡胶硫化过程向高温快速方向发展，硫化诱导期大为缩短，因而防焦剂的应用受到重视。对防焦剂的要求是：延长硫化诱导期，增加焦烧时间；不明显影响硫化速率和交联结构。常用的防焦剂包括有机酸或酸酐、亚硝基化合物和氮硫类化合物三类。

在有机酸或酸酐类中，主要是水杨酸和邻苯二甲酸酐，价格较便宜，但对酸性促进剂起延滞作用，又影响硫化速率，目前应用不广。

在亚硝基化合物中，常用的是 N-亚硝基二苯胺（NPPA）和 N-亚硝基苯基-β-萘胺等。它们对硫化速率不产生干扰，对次磺酰胺类、噻唑类、秋兰姆类以及二硫代氨基甲酸盐类促进剂有较好的防焦烧作用，但当加工温度超过 100℃ 时，防焦烧效率下降，有污染性，可在深色胶料中使用。

在氮硫类化合物中主要是 N-环己基硫代邻苯二甲酰亚胺（CTP 或 PVI），是目前最佳的防焦剂。这类防焦剂的作用不是因酸性对硫化作用的抑制，而是防焦剂参与了硫化过程的反应。防焦剂能够捕捉促进剂，变为中间体，达到延缓交联反应的自动催化历程。这类防焦剂的优点是防焦烧能力与用量呈正比，如图 4-11 所示。因此可以随意调节诱导期的长短，便于工艺安全的控制，一般用量在 0.3 质量份以下。

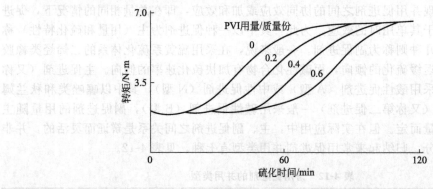

图 4-11　PVI 用量对 NR 硫化特性的影响

以上涉及的是单一品种二烯烃类橡胶的硫化体系的设计，但在多数情况往往是几种橡胶并用，由于硫化剂和促进剂等助剂与并用胶各组分的相容性差异，必然出现这些助剂在并用胶中分布不均匀的问题，造成各相硫化速率不同步，甚至出现一相交联不足，另一相交联过度的问题。所以硫化助剂在共混胶中的分配性是硫化体系设计中必须考虑的问题。

由于共混胶的多相性，硫化助剂会从吉布斯（Gibbs）自由能高的相向 Gibbs 自由能低的相扩散，在多相体系中达到平衡时的浓度由其在各相橡胶中的溶解度决定。依据相容性原理，可利用硫化助剂与橡胶的溶度参数来估计在各种橡胶中的溶解度，溶度参数相近，硫化助剂在其中的溶解度大。表 4-13 列举了常用硫化助剂的溶度参数。

表 4-13 常用硫化助剂的溶度参数

硫化助剂	δ /(J$^{1/2}$/cm$^{3/2}$)	硫化助剂	δ /(J$^{1/2}$/cm$^{3/2}$)
硫黄	29.94	二丁基二硫代氨基甲酸锌(BZ)	22.94
二硫化二吗啡啉(DTDM)	21.55	巯基苯并噻唑(M)	26.82
过氧化二异丙苯(DCP)	19.38	二硫化二苯并噻唑(DM)	28.66
过氧化苯甲酰(BPO)	23.91	二硫化四甲基秋蓝姆(TMTD)	26.32
对醌二肟	28.55	环己基苯并噻唑基次磺酰胺(CZ)	24.47
对二苯甲酰苯醌二肟	25.12	氧联二亚乙基苯并噻唑基次磺酰胺(NOBS)	25.15
酚醛树脂(2123)	33.48	六亚甲基四胺(H)	21.36
叔丁基苯酚甲醛树脂(2402)	25.99	二苯胍(D)	23.94
二甲基二硫代氨基甲酸锌(PZ)	28.27	亚乙基硫脲(NA-22)	29.33
二乙基二硫代氨基甲酸锌	25.59	硬脂酸	18.67
乙基苯基二硫代氨基甲酸锌(PX)	26.75	硬脂酸铅	18.85

必须注意，硫化助剂在橡胶中的溶解度随温度升高而增大，不同的硫化助剂在不同的橡胶中溶解度的增加速率不同。

在共混物 A/B 中，硫化助剂在各相中的浓度差异可以用分配系数 K 表示。

$$K=\frac{S_A}{S_B} \tag{4-1}$$

式中，S_A 为硫化助剂在橡胶 A 相中的溶解度；S_B 为硫化助剂在橡胶 B 相中的溶解度。表 4-14 是几种硫化助剂 153℃时在各种橡胶并用体系中的分配系数。

表 4-14 几种硫化助剂 153℃时在各种橡胶并用体系中的分配系数

并用胶	硫黄	MBTS	DOTG	TMTD
丁苯橡胶/天然橡胶	1.18	1.44	1.86	>2
顺丁橡胶/丁苯橡胶	1.09	0.64	0.46	—
顺丁橡胶/天然橡胶	1.26	0.92	0.92	—
天然橡胶/三元乙丙橡胶	1.25	1.85	2.22	3.14
丁苯橡胶/三元乙丙橡胶	1.48	2.66	4.15	>6.6
顺丁橡胶/三元乙丙橡胶	1.60	1.69	1.89	>6.6
三元乙丙橡胶/氯化丁基橡胶	1.25	1.6	0.76	1.52
天然橡胶/氯化丁基橡胶	1.56	2.95	1.7	4.8
丁苯橡胶/氯化丁基橡胶	1.84	4.25	3.14	>10
顺丁橡胶/氯化丁基橡胶	2.00	2.7	1.43	>10
氯丁橡胶/氯化丁基橡胶	>2.5	>6	>3.6	>10

由表 4-14 可看出，K 值随共混体系和硫化助剂的不同而异。如果 K 值接近 1，表示硫化助剂在共混物两相中均匀分布；如果 K 值大于或小于 1，表示硫化助剂在两相中的分布不均匀。例如 TMTD 在 SBR/CIIR 中的 $K>10$，表示 TMTD 将绝大部分溶于 SBR 相。所以当本体材料是共混橡胶时，硫化体系的设计必须研究硫化助剂的分配性。如果处理不好硫化助剂的分配性问题，使多相体系不能形成一个统一的硫化网络结构，即存在共交联的问题。共交联是指两相的交联速率和交联结构的和谐匹配。表征共交联程度可用动态力学法和溶胀法。

动态力学法表明，共混物的动态力学谱图上往往出现两个损耗峰，若两相间产生共交联，则在两个特征损耗峰之间会出现第三个中间损耗峰。例如采用 S+NOBS 硫化体系可以使 NR/BR 体系产生共交联，在动态力学谱图上出现中间损耗峰。

4.3.2 非硫黄系交联体系

饱和型的碳链橡胶和杂链橡胶绝大多数不能采用硫黄系硫化体系，必须采用非硫黄系交联体系。非硫黄系交联体系也可用于不饱和橡胶，以改善硫化胶的某些性能。在橡胶并用材料中有时采用这两种交联体系，称为复合交联体系。表 4-15 列出常用橡胶的主要交联体系。

表 4-15 常用橡胶的主要交联体系

橡胶种类	硫黄硫化体系	非硫黄硫化体系						
		过氧化物	金属氧化物	树脂类	醌肟类	多元胺类	辐射	其他
二烯类橡胶（NR、SBR、BR、IR）	O	O		O	O	O		氯化物
氯丁橡胶（CR）	(O)	O	O					
丁基橡胶（IIR）	O			O	O			
乙丙橡胶（EPM、EPDM）		O		O	O			
	(EPDM)							
硅橡胶（QR）	(O)	O					O	聚异氰酸酯 有机硅化合物
聚氨酯橡胶（PU）	O	O				O		
氯磺化聚乙烯（CSM）			O	(O)				
氟橡胶（FPM）		O				O		
氯醚橡胶（CO、ECO）		O				O		
丙烯酸酯橡胶（ACM）		O				O		
羧基橡胶（COR）	(O)			O				
聚硫橡胶（TR）					O			

注：(O) 表示工业化应用较少。

交联体系不同，交联结构中交联键的类型不同，对硫化胶的物理机械性能有着重要影响。表 4-16 表示了硫化胶性能与交联键类型的一般关系。

表 4-16 硫化胶性能与交联键类型的一般关系

项目	—C—S_x—C—	—C—S—C—	—C—C—	—O—Me—O—[①]
耐应力松弛，蠕变	可	良	优	差
耐热性	可	良	优	差
永久变形	可	良	优	差
抗屈挠疲劳	优	良	可	优
抗龟裂增长	优	良	可	优
耐磨耗性	优	良	可	优

① —O—Me—O—表示金属离子交联键。

目前，常用的非硫黄系交联剂主要是金属氧化物、过氧化物、树脂等。

（1）金属氧化物交联体系　金属氧化物交联体系主要用于某些极性橡胶，如 CR、CSM、COR、CPE、TR 以及卤化改性的橡胶（如卤化丁基橡胶）等，交联结构中的交联键类型为金属离子或醚键。这类橡胶在硫化过程中有酸性物质产生，硫化体系中要配用酸吸收剂。通常金属氧化物既是交联剂，又是酸吸收剂。可以两种金属氧化物并用，以提高交联效果和胶料的稳定性。

通用橡胶中，氯丁橡胶与其他二烯类橡胶不同，分子链中的—Cl 原子使双键部位的活性下降，不宜用硫黄硫化，应采用由氧化锌和氧化镁组成的金属氧化物交联体系，其中 ZnO 活性较大，易焦烧，MgO 活性较低，不易焦烧，两者并用的最佳比率为 ZnO/MgO＝5/4。若制造耐水制品，可使用 PbO＋ZnO 体系，PbO 用量可高至 20 质量份。

CR 中广泛应用的促进剂是 NA-22，它能提高胶料的生产安全性，使物性有一定程度的改善。

实验表明，若采用金属氧化物与 S-EV 硫化体系复合，如 ZnO/MgO＋TMTD/DOTG/ S，能获得较好的物理机械性能和加工安全性。

表 4-17 列出了金属氧化物交联体系在某些橡胶中的应用。

表 4-17　金属氧化物交联体系在某些橡胶中的应用

橡胶	交联体系			说明
	交联剂	促进剂	活性剂	
CR	ZnO/MgO	NA-22		不与 S-EV 硫化体系并用
CSM	MgO、PbO	DM、DOTG、TMTD、TETD	氢化松香、歧化松香酸等有机树脂酸	
CO、ECO	ZnO、PbO、碱式碳酸铅	ETU、DETU		不能用硫黄或过氧化物硫化
TR	ZnO、PbO、Pb₃O₄、过氧化锌、对醌二肟	H 等胺类促进剂或二甲亚砜	硬脂酸	固体和液体 TR 的交联体系及用量有所不同
COR	Ca(OH)₂、MgO、CaO、ZnO		硬脂酸	可以与 S-EV 硫化体系并用

（2）过氧化物交联体系　过氧化物交联体系是重要的交联体系之一。过氧化物交联剂可以是无机过氧化物和有机过氧化物，但有机过氧化物应用最广泛。交联结构的特征是碳-碳交联。过氧化物交联体系几乎可以交联除 IIR 等少数橡胶外的全部橡胶，其硫化胶的特点是耐热、耐寒、压缩永久变形较小、透明性好。

过氧化物交联体系可分为简单的和后效性两种。

① 简单的过氧化物交联体系　该体系只包括有机过氧化物和防焦剂。

有机过氧化物的用量和交联能力随橡胶的类型而异。交联能力用交联效率表示，交联效率是指 1mol 过氧化物能产生多少交联键的能力，若 1mol 过氧化物产生 1mol 交联键，则交联效率为 1。但是，交联效率并不表示交联密度的大小，交联密度应通过过氧化物用量的增减来调节。根据交联效率的大小，一些橡胶中过氧化物的用量见表 4-18。

表 4-18　过氧化物交联剂在某些橡胶中的用量

橡胶(100g)	过氧化物用量/mol	橡胶(100g)	过氧化物用量/mol
CR、CPE	0.01	SBR、BR	0.005
NR、NBR、EPDM	0.007～0.008	QR	0.01

用于橡胶交联的过氧化物，要求分解速度适当，贮存稳定，操作安全，交联效果良好。常用过氧化物交联剂的品种和特征见表 4-19。

在使用过程中应注意过氧化物的纯度，有时为了便于分散和使用安全，常采用非活性填料或油等混合或稀释，因此应按纯品计算用量。过氧化物用量应比计算量略多一点，要根据硫化胶综合物理机械性能来确定最佳用量。

简单的过氧化物交联体系的优点是压缩形变小，缺点是焦烧可控程度低，诱导期很短，加入防焦剂（如 N-亚硝基二苯胺）可以适当延长交联时间，但会产生损失交联效率的副作用。一般多采用后效性过氧化物交联体系。

② 后效性过氧化物交联体系　该体系由过氧化物、活性剂（共硫化剂）和防焦剂组成。其特点是可控制焦烧时间，不影响交联效率，硫化平坦线较长。

该体系中活性剂的作用是提高交联效率，改善诸如耐热性、黏合性及压缩永久变形等物理机械性能。常用的活性剂有硫黄、多官能性化合物等，见表 4-20。

表 4-19　常用过氧化物交联剂的品种和特征

品种	分子量	有效官能团	半衰期为1min的温度/℃	半衰期为10h的温度/℃	臭气味	用途特性
过氧化苯甲酰(BPO)	242	1	130	74	无	分解温度低,安全性低,易挥发,应用较少
1,1′-双(二叔基过氧基)-3,3′,5-三甲基环己烷(TBPC)	302	1	148	90	几乎无	对 SiR、PU、二烯类橡胶交联有效
过氧化二异丙苯(DCP)	270	1	171	117	大	对 SiR、PU、二烯类橡胶、聚乙烯等交联效率高
二叔丁基过氧化物(TBP)	146	1	186	124	几乎无	适于厚制品硫化,但分子量较低,易挥发
2,5-二甲基-2,5-双(叔丁基过氧基)己烷(TB-PH)	209	1	179	118	几乎无	用于 SiR、PU、二烯类橡胶、聚乙烯等交联,但交联效率不如 DCP
2,5-二甲基-2,5-双(叔丁基过氧基)-3-己烷(TB-PH-3)	286	2	193	135	几乎无	用于 SiR、PU、二烯类橡胶、聚乙烯等交联,但交联效率不如 DCP

表 4-20　主要活性剂种类

类型	常用活性剂
多官能性化合物	氰脲酸三烯丙酯(TAC) 异氰脲酸三烯丙酯(TAIC) 二甲基丙烯酸乙二醇酯(EDMA) 三甲基丙烯酸三羟甲基丙烷酯(TMPTMA) 邻苯二甲酸二烯酯(DAP)
醌肟类化合物	对醌二肟 苯醌二肟
马来酰亚胺化合物	N,N'-间亚苯基双马来酰亚胺(HVA-2)

　　活性剂 HVA-2 能有效降低硫化温度,改善胶料张伸性能。例如交联剂 DCP 的有效硫化温度应在171℃以上,加入 HVA-2 后(用量为 0.5～1 质量份),有效硫化温度降为160℃。硫黄也是一种有效的活化剂,它不但能提高乙丙橡胶的交联密度,而且在用量为 0.2～0.4 质量份范围内,改善了乙丙橡胶的张伸性能,但是用量多时会严重影响交联效率。

　　过氧化物交联体系的交联温度和交联时间与过氧化物的品种特性有关。每种过氧化物都有其有效的交联温度范围。低于这一范围,交联时间过长;高于这一范围,交联速率过快,工艺不安全。常用过氧化物有效交联温度范围见表 4-21。

表 4-21　常用过氧化物有效交联温度范围

过氧化物名称(缩写)	有效交联温度范围/℃	过氧化物名称(缩写)	有效交联温度范围/℃
TBPC	132～177	TBPH	175～218
DCP	143～204	TBPH-3	187～230

　　过氧化物的交联时间以它在胶料中耗尽为原则，一般取在交联温度下过氧化物半衰期的 6～10 倍时间。例如 DCP 在 170℃时的半衰期为 1min，则其交联时间为 6～10min。

　　由于过氧化物交联反应是自由基反应，有过氧化物产生的自由基容易受到酸性物质和容易产生氢的物质的干扰，使自由基钝化。因此，一些酸性配合剂如硬脂酸、酸性填料（白炭黑、陶土、槽法炭黑）等应尽量不用或少用。为了提高交联的有效性，可加入少量（0.5～1 质量份）碱性物质，如氧化镁、三乙醇胺及二苯胍等。配方中防老剂大多是还原剂，容易脱出 H^+ 或 $H·$，与过氧化物自由基结合，钝化自由基，降低交联活性，其中胺类防老剂影响最大，酚类次之。因此，防老剂用量一般不超过 0.5 质量份，若增加用量，则应相应增加过氧化物用量。大多数软化剂都呈酸性，降低过氧化物的交联活性，其中石蜡油影响最大、环烷油次之，芳香油的影响较大，因此尽量少用。

　　另外，在加工工艺中，过氧化物交联体系的胶料不能用热空气硫化或在空气介质中直接用蒸汽硫化，因为空气中的氧在过氧化物的引发下，使橡胶产生氧化降解。在混炼工艺中过氧化物应最后加入，并注意控制混炼温度，一般加工温度低于过氧化物的 10h 半衰期温度时，是安全的。

　　(3) 树脂交联体系　树脂交联体系可用于二烯烃类橡胶、氯丁橡胶和氯磺化聚乙烯等橡胶。在交联结构中形成热稳定性较高的碳-碳和醚键交联，能提高胶料的耐热和耐屈挠性能，硫化时几乎无返原现象。常用树脂交联剂主要是烷基酚醛树脂和环氧树脂两大类。

　　① 烷基酚醛树脂交联体系　表 4-22 列出常用烷基酚醛树脂交联剂。常用的活性剂是含结晶水的金属卤化物，如 $SNCl_2·H_2O$、$FeCl_2·6H_2O$ 和 $ZnCl_2·1.5H_2O$ 等，用量一般为 2 质量份左右。

表 4-22　常用烷基酚醛树脂交联剂

树脂名称	适用橡胶种类	硫化温度范围/℃
苯酚甲醛树脂 2123	IIR	150～180
烷基苯酚甲醛树脂	IIR、NR、SBR、NBR	150～180
叔丁基苯酚甲醛树脂 2402	IIR、NR、SBR、NBR	125～300
溴甲基烷基苯酚甲醛树脂	IIR	166～177

　　树脂交联剂用量不宜过多，否则会影响硫化胶性能，一般 4～8 质量份。

　　需注意，硫黄系硫化体系中所用的许多配合剂会影响树脂交联，例如硫黄、促进剂 D、DM、TMTD、CZ 等。配方中胺类防老剂也有较大影响，应以酚类防老剂为主。

　　② 环氧树脂交联体系　环氧树脂交联体系对含羧基的橡胶和氯丁橡胶等有较好的交联效果，但耐热老化性能较差。

　　用于氯丁橡胶时，环氧树脂的最宜用量为 8～9 质量份，活性剂可选用金属氧化物（如 ZnO 等），以提高交联速率。

　　用于羧基橡胶时，环氧树脂可与羧基反应形成交联，活性剂需采用胺类固化剂，以提高交联效果。

　　(4) 醌肟交联体系与多元胺交联体系

　　① 醌肟交联体系　醌肟交联剂主要生成碳-氮键交联结构，具有较高的热稳定性，但该体系价格较贵，主要用于丁基橡胶和聚硫橡胶的交联。

　　常用的醌肟类交联剂有对苯醌二肟（GMF）和对二苯甲酰苯醌二肟（DBGMF）等。前者硫化速率快、焦烧时间短，用量一般为 2～3 质量份；后者用量范围为 6～9 质量份。

　　常用的活性剂有 Pb_3O_4、PbO 等金属氧化物和促进剂 DM。氧化铅用量为 6～10 质量份，促进剂 DM 用量为 4 质量份。ZnO 也有益于醌肟交联，用量为 3～5 质量份。

酸性配合剂和填料会缩短焦烧时间，必要时可配用防焦剂，例如 p,p'-二胺二苯甲烷和邻苯二甲酸酐等。

② 多元胺交联体系　多元胺（即二胺及其衍生物）交联剂主要用于氟橡胶的交联，也可用于丙烯酸酯和聚氨酯橡胶。用于氟橡胶时，主要生成 C—N 键或 C＝N 交联键，硫化胶耐热性较好，但耐酸性较差。需要进行两段硫化，以便驱赶低分子物质，完善交联反应。氟橡胶用主要胺类交联剂见表 4-23，其中 3 号交联剂易于分散，并有增塑作用，工艺性能较好，硫化胶耐热性及压缩永久变形等均较好，所以应用较普遍。

表 4-23　氟橡胶用主要胺类交联剂

硫化剂名称	性状	工艺特性	用法及用量	硫化条件		适用范围及硫化胶性能
				一段（℃×min）	两段（℃×h）	
己二胺氨基甲酸盐（1 号硫化剂）	淡色粉末，130～170℃分解	易焦烧，难分散，胶料流动性差	通常在 26 型氟橡胶中，常和铜抑制剂 65 号并用，用量 1～1.5 质量份	150×30	200×24	硫化胶压缩永久变形大，模压制品易抽边裂口
乙二胺氨基甲酸盐（2 号硫化剂）	淡色粉末，145～155℃分解	安全、易分散胶料流动性差，胶浆的贮存稳定性好	在 26 型单用 1.25～1.5 质量份	150×30	200×24	硫化胶压缩永久变形大，表面易产生气泡，不作模压制品的硫化剂，一般用于胶布制品
N,N'-双亚水杨基-1,2-丙二胺（铜抑制剂 65 号）	—	本身易分散，并可与 1 号硫化剂并用	在 26 型中与 1 号硫化剂并用 0.5～0.75 质量份	150×30	200×24	单用情况很少，用量过大会引起硫化胶热老化性能下降
N,N'-二亚肉桂基-1,6-己二胺（3 号硫化剂）	橙色粉末，熔点 78～82℃	易分散，有增塑作用，加工安全	在 26 型中单用 2.5～3.0 质量份	150×30	200×24	使用范围广，是常用的一种硫化剂，压缩永久变形中等，模压制品外观好
N,N'-双呋喃亚甲基-1,6-己二胺（糠胺）	米黄或紫色，熔点 44～45℃	同 3 号硫化剂	在 26 型中单用 2.5～3.0 质量份	160×30	200×24	与采用 3 号硫化剂的胶料性能相同，但硫化速率较慢
双（4-氨己基环己基）甲烷氨基甲酸盐（4 号硫化剂）	白色或浅黄色，熔点 148～152℃	焦烧性：1 号＞4 号＞3 号分散性也相同	在 264 型中单用 2～3.0 质量份	150×30	200×24	用于 246 型氟橡胶中，加工性较使用 3 号硫化剂的胶料差
对苯二胺	—	—	单用 4 质量份，与三亚乙基四胺并用量 1.0 质量份	单用 170×120，并用 150×10	250×2	可制得低压缩永久变形胶料，单用时定型硫化温度高，时间长，两段制品起泡
三亚乙基四胺	—	单用易焦烧，与对苯二胺并用安全	单用 1.25 质量份，与对苯二胺并用 1 质量份	50×10	250×2	硫化速率快，可做室温硫化交联剂，在普通氟橡胶中不能单用，与对苯二胺并用可得低压缩永久变形材料

活性剂（即酸吸收剂）的作用是吸收硫化中产生的氟化氢类物质，并能促进交联过程和增加交联密度，提高热稳定性，常用活性剂主要是金属氧化物及其盐类，见表 4-24。

表 4-24　活性剂及对氟橡胶性能的影响

耐热性	压缩永久变形	耐硝酸性
MgO>CaO>PbO>Zno	CaO>MgO>PbO>ZnO	PbO>ZnO、CaO、MgO

（5）其他交联体系　除以上所述及的几种非硫黄系交联体系外还有一些专门用于某一橡胶的交联体系。

① 多异氰酸酯交联剂　用于聚氨酯橡胶的交联。如 2,4-甲苯二异氰酸酯（TDI）、亚甲基二异氰酸酯（MDI）和 3,3′-二甲基-4,4′-联苯二异氰酸酯（TODI）等。

② 硫脲类交联剂　用于氯丁橡胶和氯醚橡胶的交联。如亚乙基硫脲（NA-22）和三甲基硫脲。

③ 硅烷类交联剂　用于室温硫化硅橡胶的交联，如苯基三氧乙基硅烷和甲基三乙酰氧基硅烷。

④ 醇类交联剂　用于氯磺化聚乙烯的交联，如季戊四醇和聚乙烯醇。

⑤ 皂类交联剂　用于丙烯酸酯橡胶的交联，如硬脂酸钠和硬脂酸钾。

⑥ 二元酚交联剂　用于氟橡胶 26 和氟橡胶 264（即 Viton 型）的交联。如双酚 A 二钾盐、对苯二酚（氢醌）、双酚 AF 以及双酚 A 等。

4.3.3　交联体系的进展

现代科技的发展要求橡胶材料具有高性能，而高性能化取决于材料设计的最佳化，势必促进高性能橡胶助剂的发展。

（1）交联剂　传统的硫黄硫化剂由于性价比低，用量最大。为适应橡胶高温加工工艺的需要，近年来开发出耐高温不溶性硫黄，例如荷兰阿克苏公司推出的 Cryster-HS 系列耐高温不溶性硫黄；我国开发出的耐高温不溶性硫黄 IS-HS 系列，经存放 16 个月后进行 105℃×25min 耐高温试验，不溶性硫黄质量分数仍在 80％以上。

为了达到高温硫化下胶料性能的保持，近年来国内外重点研究了后硫化技术和后硫化剂。先后出现了双马来酰亚胺类和有机硫代硫酸盐类后硫化剂，也即抗硫化返原剂。

① 双马来酰亚胺类后硫化剂　如 PK900、BCI-MX 及国产 DL-268 等商品，其中 BCI-MX 的结构如下。

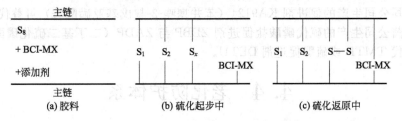

BCI-MX 是一种在硫黄系硫化体系中通过补偿机理反应而形成稳定的交联键，它在开始产生硫化返原时才活化，因而能显著降低由返原引起的胶料性能劣化，达到保持胶料性能的目的。如图 4-12 所示是 BCI-MX 补偿交联机理示意。由图可见，通过引入热稳定的 BCI-

图 4-12　BCI-MX 补偿交联机理示意

MX 交联键，可以补偿在硫化返原过程中交联键的损失。表 4-25 是 BCI-MX 对胶料高温硫化的影响，可看出，加入 BCI-MX 的胶料在 160℃下的交联密度与 150℃下未加入 BCI-MX 的胶料大致相同。

表 4-25　BCI-MX 对胶料高温硫化的影响

项目	对比胶料	加入 BCI-MX 胶料
硫化温度/℃	150	160
硫化时间/min	60	30
交联密度[1/(2Mc)]/×10⁵	3.6	3.7
单硫键比例/%	30.0	35.0
双硫键比例/%	10.0	15.0
多硫键比例/%	60.0	20.0
碳-碳键比例/%	—	30.0

② 有机硫代硫酸盐类后硫化剂　如 Duralink HTS。HTS 的化学名称为六亚甲基-1,6-双硫代硫酸二钠二水合盐。HTS 直接参与硫化反应，反应中生成一个或多个六亚甲基-1,6-二硫基团，该基团可与多硫键形成一个杂交联键，如图 4-13 所示。

实验数据说明使用 HTS 可以提高胶料的耐热性和动态性能。

文献报道了 BCI-MX 与 HTS 并用可显示更好的硫化曲线和物理机械性能。

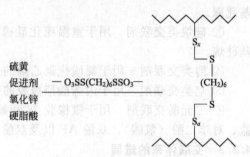

硫黄
促进剂　　—O₃SS(CH₂)₆SSO₃—
氧化锌
硬脂酸

图 4-13　HTS 生成杂交联键机理

另外，脂肪酸和芳香族羧酸锌盐的混合物 Aktivavor73 也是一种较好的抗硫化返原剂。也可与少量硅烷偶联剂（Si-69）并用，可减少促进剂用量，能提高撕裂性能和动态性能。

（2）促进剂　由于亚硝胺对健康有潜在危害，目前促进剂的研究重点是寻找不能衍生出亚硝胺的促进剂，或者分解出亚硝胺量极低的促进剂。

美国孟山都公司开发的促进剂 VOCOL（O,O-二丁基二硫代磷酸锌）、促进剂 NS（N-叔丁基苯并噻唑次磺酰胺）以及 Santocure TBSI（N-叔丁基-2-双苯并噻唑次磺酰亚胺）等都是可替代 NOBS、DIBS 和 DZ 的非仲胺型促进剂。

美国固特异公司开发的促进剂 OTTOS（N-氧二亚乙基硫代氨基甲酰-N'-叔丁基亚磺酰胺）可分解出的亚硝胺极少，具有良好的溶解性和分散性，与 CZ 和 NS 并用具有协同效应，还可减少用量 25%～29%。

美国 R. T. Vanderbitt 公司推出的促进剂 Isobutyl Zimate（异丁基二硫代氨基甲酸锌）和 Isobutyl Tuods（异丁基二硫化四甲基秋兰姆）与噻唑类促进剂有协同作用，所产生的亚硝胺是普通秋兰姆促进剂的 1/50，而且毒性和挥发性都较低。

美国 Robinson Brothers 公司推出的促进剂 Robca100A 具有与二硫化四甲基秋兰姆类似的化学结构，也含有硫，但分子中不含氮，故不产生亚硝胺。

德国拜耳公司生产的促进剂 KA9124（苯并噻唑-2-叔戊基亚磺酰胺）可替代 NOBS。

德国莱茵公司生产的硫代磷酸盐促进剂 ZDBP 与 ZADP（二丁基二硫化磷酸双胺锌盐）并用，可替代 TMTD 或硫脲促进剂 DETU。

4.4　老化防护体系

导致橡胶老化的因素包括化学因素（如氧、臭氧、化学介质等）和物理因素（如热、光、应力、应变等），所以橡胶的老化实质上是多种因素参与的复杂的化学过程。橡胶的老化现象不能防止，只能通过防老剂进行防护，达到延缓或阻滞老化反应，延长橡胶材料的使用寿命的目的。

4.4.1 防老剂的种类与特性

关于橡胶主要老化类型的机理在第 2 章中已经论述，人们据此展开了防老剂的研究与应用，从 1908 年在橡胶中开始应用防老剂至今，防老剂品种可分为化学防老剂和物理防老剂两类。

（1）化学防老剂 根据防老剂对各种老化现象的防护作用，主要分为抗氧剂、抗臭氧剂、抗疲劳（或屈挠龟裂）剂、金属离子钝化剂以及紫外光吸收剂等。但多数防老剂可同时具有多种防护功能，难以严格区分。因此通常都是按其化学结构分为胺类、酚类、杂环类和其他等几大类。

① 胺类防老剂 胺类防老剂的防护效果突出，品种也最多，主要用于抗氧化、抗臭氧化、抗金属离子催化氧化以及抗疲劳等老化。其缺点是有污染性，不宜用于浅色制品。此类防老剂主要包括酮胺类、醛胺类、仲胺类等。酮胺类防老剂是丙酮与苯胺的缩合物，对抗氧化、抗臭氧化和疲劳老化都有较好效果。醛胺类防老剂多为二羟基丁醛与萘胺的缩合物，具有良好的耐热性和中等抗氧化性能。仲胺类防老剂是得到广泛应用的防老剂，对氧、臭氧、热、疲劳以及变价金属离子等都有优良的防护效果，属于通用型防老剂，其中对苯二胺类最为突出。表 4-26 是常用的胺类防老剂。

表 4-26 常用的胺类防老剂

种类	常用品种	结构式	特性
醛胺类	3-羟基丁醛-α-萘胺（AH）	N(CH=CHCHOHCH₃)₂	抗氧、抗热、抗金属离子催化氧化、有味
	3-羟基丁醛-α-萘胺（AP）	N=CHCH₂CHOHCH₃	抗氧、抗热、无味
	丁醛和苯胺的反应产物（BA）	[N=CH—CH₂—CH₂—CH₃]ₓ	抗氧抗热
酮胺类	2,2,4-三甲基-1,2-二氢化喹啉（RD）		抗氧、抗热、抗金属离子催化氧化、抗屈挠龟裂稍差
	6-乙氧基-2,2,4-三甲基-1,2-二氢化喹啉（AW）		抗氧、抗臭氧、抗热、抗疲劳
	6-十二烷基-2,2,4-三甲基-1,2-二氢化喹啉（DD）		抗氧、抗疲劳、抗臭氧、抗热
	丙酮与苯胺高温反应物（BLE）		通用型防老剂,抗氧、抗热、抗疲劳、抗臭氧

种类	常用品种	结构式	特性
仲胺类	N-苯基-α-萘胺(A)		通用型防老剂
	N-苯基-β-萘胺(D)		通用型防老剂
	N,N'-二苯基对苯二胺(H)		通用型防老剂
	N,N'-二(β-萘基)对苯二胺(DNP)		通用型防老剂,抗金属离子催化氧化优良
	N-异丙基-N'-苯基对苯二胺(4010NA)		通用型优良防老剂,抗臭氧,抗疲劳特佳
	N-环己基-N'-苯基对苯二胺(4010)		通用型优良防老剂
	N,N'-双(1-甲基庚基)对苯二胺(288)		优良抗臭氧剂
	N,N'-双(1-乙基-3-甲基戊基)对苯二胺(88)		优良抗臭氧剂

② 酚类防老剂　　这类防老剂主要作为抗氧剂使用,个别品种具有一定的抗变价金属离子催化氧化的作用,整体防护效果不及胺类防老剂。但其优点是非污染性,适用于浅色橡胶制品。据其化学结构可分为取代酚类、双取代酚类和多元酚类等。表 4-27 是常用的酚类防老剂。

表 4-27 常用的酚类防老剂

种类	常用品种	结构式	特性
取代酚类	2,6-二叔丁基-4-甲基苯酚(264)		普通的防老剂,防护作用较差,成本低,污染性最小
	苯乙烯化苯酚(SP)		中等强度的防老剂,对热、光、屈挠等老化有良好的防护作用
	四[3-(3,5-二叔丁基-4-羟基苯基)丙酸]季戊四醇酯(1010)		优良的酚类防老剂,抗氧、耐热优良
双取代酚类	2,2′-硫代双(4-甲基-6-叔丁基苯酚)(2246-S)		抗热、抗氧、抗臭氧龟裂
	硫代双(3,5-二叔丁基-4-羟基苄)(亚甲基-4426-S)		抗氧、无毒
	4,4′-硫代双(3-甲基-6-叔丁基苯酚)(XW)		耐热、耐氧、耐屈挠
	2,2′-亚甲基双(4-甲基-6-叔丁基苯酚)(2246)		优良的酚类防老剂,抗疲劳性稍差
	2,2′-亚甲基双(4-乙基-6-叔丁基苯酚)(425)		良好的酚类防老剂
多元酚类	对苯二酚二苄醚(DBH)		中等程度酚类防老剂

③ 杂环类和其他类防老剂 杂环类防老剂具有中等程度的抗热氧效果,不污染。

反应型防老剂具有难抽出性、难挥发性和难迁移性,能长期在橡胶中发挥防护作用。根据与橡胶的反应形式分为加工型和高分子型两种。加工型防老剂是指分子中连有亚硝基、硝酮基、丙烯酰基及马来酰亚氨基等活性基团的防老剂,在橡胶加工过程中与橡胶反应并结合于硫化结构中,因而可以长期地保持防老效果。高分子型防老剂是由胺类或酚类等防老剂与液体橡胶等高分子低聚物产生反应，将防老基团键合到低聚物上，从而具有持久的防护效果。

金属镍盐类防老剂主要是防老剂 NBC 等。亚磷酸酯类防老剂主要是防老剂 TNP 等。光稳定剂类主要是 UV-9 和 UV-P 等。

表 4-28 是常用的杂环类和其他类型防老剂。

表 4-28　常用的杂环类和其他类型防老剂

种类	常用品种	结构式	特性
杂环类	α-巯基苯并咪唑(MB)		中等防护能力，不污染，不宜单用
	2-巯基苯并咪唑锌盐(MBZ)		中等防护能力，不宜单用
反应性防老剂	亚硝基二苯胺(NDPA)		在橡胶分子链上生成基团 —NH——NH—
	N-苯氨基苯基马来酰亚胺		—NH——NH—
	液体丁腈橡胶与二苯胺的接枝物(5361)		用于丁腈橡胶的高分子防老剂
	液体丁腈橡胶与防老剂 D 的接枝物(5302)		用于丁腈橡胶的高分子防老剂
金属镍盐类	二丁基二硫代氨基甲酸镍(NBC)		抗臭氧、抗热、抗疲劳
亚磷酸酯类	三(壬基苯基)亚磷酸酯(TNP)		抗热、宜与酚类防老剂并用
	硫二丙酸二(十八)酯(TPS)		辅助抗氧剂
光稳定剂	2-羟基-4-甲氧基二苯甲酮(UV-9)		紫外线吸收剂，对光热稳定性良好，吸收 290～400nm 的紫外线
	2-(2-羟基-5-甲基苯基)苯并三唑(UV-P)		紫外线吸收剂，吸收 280～380nm 的紫外光

（2）物理防老剂　在橡胶材料中除使用化学防老剂外，还经常使用物理防老剂——石蜡。石蜡在硫化过程中并没有参与反应，仅仅是溶解在橡胶中，当硫化完冷却后，处于过饱

和状态，则慢慢地迁移到硫化胶表面，形成一层保护膜，阻断了空气中的氧和臭氧，因而起到防老化的作用。

① 石蜡的防护效果　石蜡的防护作用取决于保护膜的形成速率和保护膜的特性。

保护膜的形成速率即石蜡在橡胶中的迁移速率，是指石蜡从硫化胶中向表面迁移的能力，主要的影响因素是石蜡的化学组成和温度。

石蜡是烷烃类结构，往往是直链烷烃、支链烷烃和环状烷烃的混合物，是一种无色或白色、近乎透明的物质，具有结晶结构。石蜡中支链烃的含量越多，迁移速率越慢；分子量越大，迁移速率越慢。所以不同种类的石蜡由于混合组分的比例和分子量的不同而具有不同的迁移速率。

温度直接影响石蜡的溶解度和迁移速率。实验表明，在 0℃ 左右时，只有 $C_{18} \sim C_{24}$ 这种低碳原子数的石蜡烃才能以一定的迁移速率出现在表面；当温度在 40℃ 以上时，这些低碳原子数石蜡烃几乎完全溶解在橡胶中，析出在橡胶表面的是 C_{30} 以上的石蜡烃。表 4-29 显示了在特定受控温度下 72h 之内具有最大迁移速率的烷烃的碳原子数（即碳型分布）。从中可以看出，每种石蜡都有一个适宜的温度范围，在此温度范围内石蜡迁移到硫化胶表面才能形成比较理想的保护膜。

表 4-29　在特定受控温度下 72h 内具有最大迁移速率的烷烃的碳原子数

温度/℃	碳原子数	温度/℃	碳原子数
0	23/24		
10	25/26	40	32/33
25	27/28	50	38/39

值得注意的是，同种石蜡在不同橡胶中，其迁移速率也不同，比如：BR＞NR＞SBR。

石蜡保护膜必须具有以下质量特性才能有良好的防护效果。

a. 致密性与厚度　保护膜必须致密均匀，才能起到隔离的作用。不同的石蜡所形成保护膜的致密性有差异。直链烷烃为主的石蜡，由于分子链为线型且较规整，迁移到橡胶表面后结晶，晶粒较大，形成的保护膜致密性较差；以异构烷烃为主的石蜡，虽然迁移速率较慢，但形成的晶粒较小，保护膜的致密性较好。可以通过显微镜直接观察保护膜的致密性。

保护膜的厚度对防护效果至关重要。膜太薄起不到防护作用；膜太厚，在力场的作用下易开裂或脱落，因此存在一个临界厚度。当臭氧浓度为 0.25×10^{-6} 以下时，保护膜的厚度约为 $0.5 \mu m$。考虑到温度对迁移速率和溶解度的影响，一般选用熔点在 $50 \sim 70℃$ 之间的石蜡。

b. 黏附性　保护膜必须与橡胶有较强的黏附性，以免脱落。这种黏附性除了石蜡本身的碳型分布和添加物有关外，还与胶料配方有关。冬季气温较低，保护膜会收缩，若收缩率过大，易造成保护膜脱落或裂口，故在石蜡中加入添加剂来减小收缩率。黏附性可通过用显微镜观察屈挠后的保护膜进行判断。

c. 延展性　用延展性表征保护膜的刚度，延展性差的保护膜受力作用易碎裂。延展性取决于碳型分布和温度。碳型分布较宽且均匀的延展性较好。石蜡的延展性随温度升高而增大，在熔点以下的某一温度点达到最大值，超过此点延展性将随温度升高而减小。在给定温度下，熔点较低的石蜡其延展性一般好于熔点较高的石蜡，例如冬季轮胎胶料应选用延展性较好的石蜡。

d. 稳定性　控制石蜡中油的质量分数（一般在 0.005 以下），油的质量分数越高，石蜡的强度越低，保护膜易破裂，且油易被氧化，易引起变色。

e. 温度适应性　保护膜必须具有相应的抗高低温的能力。这对轮胎特别重要。夏季气温较高，轮胎表面温度较高，若石蜡的熔点低于此温度，石蜡易溶于硫化胶中，不易形成保护膜，冬季气温较低，石蜡的迁移速率较慢，应选用迁移速率相对较快、正构烷烃含量较高的石蜡，使保护膜保持一定的厚度。因此，有的轮胎厂采用两种石蜡并用，或采用特种石蜡，以获得较宽的温度适应性。如一种 SFC 型橡胶防护蜡，其碳型分布呈"驼峰"形，在 C_{24} 和 C_{32} 上有两个峰，所以形成的保护膜对高低温的适应能力较强。

② 常用石蜡的种类及用量　目前主要有三种石蜡在橡胶工业中应用。

a. 普通石蜡　普通石蜡是通过一个较简单的过程从石蜡馏分油中分离出来的，主要成分是 $C_{18}H_{38}\sim C_{32}H_{66}$，基本上是直链烷烃结构。它在橡胶中的迁移速率相对较快，能较快形成保护膜。

b. 微晶蜡　微晶蜡是通过较复杂的溶剂分离法从留在蒸馏釜里的渣油中分离出来的，主要成分是 $C_{34}H_{70}\sim C_{80}H_{162}$，其中既有直链烷烃，也有支链烷烃（约占 70%）和环烷烃。在橡胶中的迁移速率相对较慢，形成保护膜的时间稍长，防护效果较长。如图 4-14 所示是微晶蜡与普通石蜡的结晶形态。

(a) 微晶蜡　　　　　　　　　　　　　　(b) 普通石蜡

图 4-14　微晶蜡与普通石蜡的结晶形态

c. 橡胶防护蜡　橡胶防护蜡是由精选的各种石蜡组分和改性剂调和而成的混合物，主要成分是 $C_{20}H_{42}\sim C_{57}H_{116}$，其中既有正构烷烃（即直链烷烃），又有异构烷烃（支链烷烃和环烷烃），不同型号产品烷烃的含量各异。在橡胶中的迁移速率介于普通石蜡和微晶蜡之间，如邓禄普公司生产的橡胶防护蜡，正构烷烃与异构烷烃的比例为 70∶30。

不同品种的石蜡在橡胶中的溶解度不同，依次为普通石蜡＞橡胶防护蜡＞微晶蜡。只有当石蜡的用量超过其溶解度时才会迁移到橡胶表面，但用量过多，保护膜过厚，易开裂和脱落，反而影响防护效果，且胶料性能下降。因此，不同的石蜡，根据其溶解度和质量特征，均存在一个最佳用量，达到最佳的防护效果。通常用量不宜超过 2 质量份。

4.4.2　防老剂的选用

材料设计中防老剂的选用，应该在充分了解各种防老剂基本性质的基础上，综合考虑橡胶材料的性能要求、使用条件和成本等因素进行设计选择。

(1) 对防老剂性能的要求　防老剂的性质直接影响使用效果，防老剂应有以下性能。

① 较高的防护效果　所谓防护效果主要是指抗氧活性、抗屈挠龟裂活性和抗臭氧活性等性质。显然防老剂的防护效果取决于防老剂的化学结构特征，例如胺类防老剂的防护效果一般好于酚类防老剂。

② 不易变色和污染　变色和污染也与防老剂的化学结构有关，一般来说酚类防老剂不

易变色和污染，而胺类衍生物的防老剂易变色和污染。浅色橡胶制品可以选用高效的酚类和污染很轻微的胺类防老剂。

③ 挥发性小 挥发性与防老剂的化学结构和分子量有关。一般酚类防老剂的挥发性较某些胺类防老剂高；在相同条件下，分子量越大，挥发性越小。另外，挥发性还与制品的表面积和使用温度有关。

④ 溶解度适宜 防老剂溶解度过低，易发生喷霜，影响防护效果，通常酚类和亚磷酸酯类防老剂在橡胶中的溶解度较高，不存在喷霜问题。抗臭氧剂在橡胶中的溶解度很重要，它既应溶解于橡胶，又应能迁移到橡胶表面，才能达到防护效果。

⑤ 稳定性好 防老剂必须对热、光、水和其他化学品具较好的稳定性，才能保持长期的防护效果。

⑥ 易分散、无毒 实际使用的防老剂难以完全满足上述性能要求，应视具体情况进行分析选用。表 4-30 列出各类防老剂的性能比较。

表 4-30 各类防老剂的性能比较

防老剂类型	抗氧活性	抗屈挠龟裂活性	抗臭氧活性	变色性	污染性	挥发性	化学稳定性
取代酚类	G 或 M	M 或 B	B	轻微	轻微	低或中等	稳定
双取代酚类	E 或 M	M 或 B	B	中等	中等	低	轻微氧化
多元酚类	E 或 M	M 或 B	B	轻微	轻微	低	轻微氧化
亚磷酸酯类	G 或 M	M 或 B	B	轻微	轻微	低	水解
酮胺类	G 或 M	M 或 G	M	大	大	中等	氧化
醛胺类	M	M	M	大	大	中等	氧化
苯基萘胺类	G	G	M	大	大	低	氧化
二烷基对苯二胺类	G	G 或 M	E	大	大	低	氧化
芳基烷基对苯二胺类	E	E	E	大	大	低	氧化
二芳基对苯二胺类	E	E	E	大	大	低	氧化

注：E——优；G——良好；M——中等；B——差

（2）常用防老剂的选用 防老剂在实际应用中一般按主要性能分为抗热氧化、抗臭氧化、抗疲劳老化、抗紫外线以及变价金属钝化剂等类型进行选用。

为了进一步提高防老剂的防护效果，实际生产中，一般采用两种或两种以上防老剂并用，以达到协同作用或加和作用的效果。例如，天然橡胶选用不同的并用体系，其防护效果不同，表 4-31 是选用链反应终止型的胺类防老剂为第一防老剂（主抗氧剂），以破坏氢过氧化物型的防老剂为第二的防老剂（助抗氧剂），所显示的防护效果；表 4-32 是在浅色制品中，为减轻污染选用酚类防老剂为第一防老剂，与杂环类或其他类型防老剂（第二防老剂）并用的效果。

表 4-31 NR 中防老剂并用效果的比较 （深色制品）

第二防老剂	第一防老剂（D）			第一防老剂（4010NA）			第一防老剂（RD）		
	耐热性	耐疲劳性	耐臭氧化	耐热性	耐疲劳化	耐臭氧化	耐热性	耐疲劳性	耐臭氧化
防老剂 MB	☆	△	△	☆	○	△	☆	△	△
防老剂 TNP	☆	△	△	△~☆	○	○	○~☆	△	△
防老剂 TPS	☆	○	—	○	○	○	○	○	—
防老剂 NBC	×	△	△	△	△	☆~○	△	△	△

注：1. 配方为 NR-CZ-HAF（45 质量份）体系。试验条件：热老化 100℃×12，24h；屈挠龟裂成长法（4 万次）；臭氧老化 35×10⁻⁸×50℃×伸长率 25％（动态试验）。

2. 符号意义：防护效果为☆＞○＞△＞×。

表 4-32　NR 中防老剂并用效果的比较（浅色制品）

第二防老剂	第一防老剂(WA)			第一防老剂(264)			第一防老剂(MDP)		
	耐热性	耐疲劳性	耐臭氧化	耐热性	耐疲劳性	耐臭氧化	耐热性	耐疲劳性	耐臭氧化
防老剂 MB	☆	○	×	△	○	×	○	○	△
防老剂 TNP	☆	○	△	△	○	△	○	○	△
防老剂 TPS	☆	○	△	△	○	—	△	○	—
防老剂 NBC	×	△	○	×	△	○	×	△	○

注：1. 配方为 NR-DM-软质炭黑（75 质量份）体系。试验条件：热老化 100℃×12, 24h；屈挠龟裂成长法（1.5 万次）；臭氧老化 $35×10^{-8}×50℃×$伸长率 25%（动态试验）。

2. 符号意义：防护效果为☆＞○＞△＞×。

关于防老剂的用量，应考虑诸如性能、使用环境、条件、成本以及污染性、挥发性、溶解度等因素。不同种类的橡胶需要防老剂的用量也不同，对大多数防老剂来说，都存在一个最宜用量范围，超过这一用量。不但无益反而有害，因为超过最宜用量，能进一步增加橡胶的老化速率，或者引起喷霜。几种常用防老剂的用量范围见表 4-33。一般情况下，并用防老剂的总量宜控制在 2～4 质量份范围之内。

表 4-33　几种常用防老剂的用量范围

特性		耐热及氧老化	耐屈挠疲劳	耐臭氧老化	不污染性,抗辐射
防老剂品种		RD	4010	4010	
		BLE	H	4010NA	SP　4010
		A	D	88	MB
		D	4010NA	288	2246
		H	H+D	D	
		C(A+H)混合物	H+A	蜡类	
用量/质量份	一般	1～2	1～2	1～2	1～2　1～2
	高		3	3～5	

4.4.3　防老剂的进展

橡胶防老剂的发展趋于高分子量化、反应性化和非污染化等。目前发展较快的防老剂为烷基、芳基对苯二胺类、酚类、亚磷酸酯类以及复合防老剂等。苯基-β-萘胺和联苯胺类防老剂因有害健康已趋淘汰。

防老剂 4020 的性能与 4010NA 极为相近，但其毒性及对皮肤的刺激性均较后者小，被认为有利于环境和劳动保护的防老剂。

防老剂 1010 是以 2,6-二叔丁基苯酚为原料的一系列大分子量防老剂中的一种。它与橡胶相容性好，不变色、无污染、无臭味。

防老剂 1076 为性能优良的非污染型防老剂，无毒、无色，有极好的热稳定性。

防老剂 Mark-80，由于分子内含螺环结构和两个半受阻酚，具有极佳的耐热、抗氧老化效果。

防老剂 TNP 是亚磷酸酯类防老剂的代表性产品。低毒无污染，具有较突出的抗热氧化性能和抗疲劳龟裂性能，与酚类或胺类防老剂并用，能有效地提高其抗氧化能力。美国 GE 公司生产的抗氧化剂 TNP，由于含磷量高而有高抗氧性，在与防老剂 1010 并用时，具有极佳的热稳定性。

美国尤尼罗伊尔公司生产的 Durazon37，即 [2,4,6-三（N-1, 4-二甲基）戊基对苯二胺-1,3,5-三嗪，简称 TAPDA]，由于三嗪环的结构，氮含量高，防老剂具有优异的耐热性，被认为是动态和静态的橡胶制品抗氧及抗臭氧的理想防老剂。

4.5　补强填充体系

含有填料的橡胶是一种细观多相材料，填料的加入起到提高材料的性能（如物理机械性能、导电性能、耐热性等）和降低成本的作用。含有填料的橡胶材料实际上是应用最早的高分子复合材料。

4.5.1　补强与填充的概念

填料的种类繁多，可粗略地分为无机非金属填料、有机填料和金属填料三大类，见表 4-34。

表 4-34　填料的分类

无机非金属系	氧化物	二氧化硅（白炭黑）、氧化镁、氧化锌、氧化铝、氧化钛、硅藻土等
	氢氧化物	氢氧化铝、氢氧化镁、氢氧化钙等
	碳酸盐	碳酸钙、碳酸镁、白云石粉等
	硅酸盐	陶土、滑石粉、云母粉、石棉、玻璃珠、硅酸钙、硅酸铝等
	碳素	炭黑、石墨粉
	其他	硫酸钡、立德粉等
有机系		木质素、果壳粉、橡胶粉、树脂等
金属系		铁粉、铜粉、铝粉、银粉等

有的填料由于其物理的或化学的作用，使橡胶的性能获得明显的提高，称为补强剂（增强剂），如炭黑和白炭黑等；有的填料呈惰性，主要起增大体积、降低成本的作用，称为填充剂，如陶土、碳酸钙和滑石粉等。但是，通过填料的表面改性技术，可以提高填充剂的补强作用和其他性能，所以补强剂与填充剂并没有严格的区分界限。

填料对橡胶性能的影响主要取决于填料的粒径及分布、填料的形态结构和表面性质。

（1）粒径及分布　填料的粒径（或粒度）是指一次结构粒子的平均直径，由于大多数的填料粒子并非球状，所以填料粒径具有表观性和统计平均的意义。

人们习惯将粒径在 $100\mu m$ 以下的填料称为粉体，包括微粉体（$1\sim100\mu m$）和超微（细）粉体（$10nm\sim1\mu m$）。研究表明，填料粒径大于 $5\mu m$ 时，无补强作用，随填充量的增加，橡胶性能下降；当粒径低于 $1\mu m$ 时，方显示出一定的补强作用；作为补强剂，其粒径一般小于 $0.1\mu m$，因为粒径越细，比表面积越大，对橡胶的补强性也越大。

填料的粒径分布对橡胶的补强作用和加工性能都有影响，不同种类的填料，粒径分布的影响各异。一般平均粒径越细的填料，其分布也越窄。

测定粒径最常用的方法是电子显微镜（或光学显微镜）直接观察法和低温氮吸附法（BET 法）。

（2）形态结构　是指一次结构或其聚集体（高次结构）的形态和尺寸。形态结构对材料的加工性能和物理机械性能等有重要影响。

大多数填料的形态结构极不规则，同种填料的形态结构也有差异，呈现某种分布。比如热裂法炭黑的球形结构所产生的补强效果明显低于不规则形状的炉法炭黑；对于滑石粉、陶土、短纤维等类填料，由于分别呈片状、层状或柱状，从而使材料在性能上出现各向异性。电镜法和图像分析法能直观测定填料的形态结构。

（3）表面性质　是指填料粒子表面的物理性质和表面化学性质。表面性质直接决定了填料与橡胶之间的界面层结构与厚度，以及填料在橡胶中的分散性好坏。

　　任何物质表面上的质点（原子、离子、分子）与体相中的质点都不同，体相中的质点受到的作用是平衡的（饱和的），表面上的质点是不平衡的（不饱和的）。在固体表面除了表面质点不饱和外，还存在各种的缺陷，如晶体的位错、扭折、杂质等，因此填料粒子表面是不均匀的，表面能也就不相同。而且粒子越小，处于表面上的原子比例越大，故表面能也越大。填料的表面能等于填料的表面积与比表面能的乘积。据此，可将物质的表面分为高能表面（比表面能为 $0.2\sim5.0J/m^2$）和低能表面（比表面能一般在 $.0.1J/m^2$ 以下）两类。填料粒子的表面一般属高能表面物质，橡胶等高聚物为低能表面物质。低能表面物质倾向于强烈地吸附在高能表面物质的表面上，因为吸附后可以使高能表面上的不平衡力场得到某种程度的补偿，使体系的自由焓下降。而且高能表面特别亲水，对水的亲和性比对有机物的吸附性大一个数量级以上。填料粒子的表面物理性质指的就是这种吸附性，显然填料对橡胶的吸附性大小直接会影响到补强效果。实质上，吸附作用包括物理吸附和化学吸附。物理吸附作用具有可逆性，当橡胶发生变形时便解吸附，当变形趋于零时再逐渐被吸附；而化学吸附作用即发生了化学反应，不解吸附。可见填料对橡胶的补强作用是十分复杂的物理化学过程。

　　填料因其化学组成和制备方法的不同，粒子表面的化学基团各异，具有不同的表面化学性质。填料表面这些基团的反应性、基团的浓度以及酸碱性等，对填料的补强性能和分散性有重要影响，也是对填料进行化学改性的反应点。利用填料表面性质对其进行改性研究已经成为填料应用中的热点课题。

　　填料的性质对硫化胶的性能有重要影响。关于填料补强性的表征方法有诸多报道，其中补强效率的概念应用较广泛，定义为有填料硫化胶和无填料硫化胶的物理机械性能比。

$$补强效率＝\frac{有填料硫化胶物理机械性能}{无填料硫化胶物理机械性能} \tag{4-2}$$

式中的物理机械性能包括拉伸强度、撕裂强度、耐磨性以及断裂能等性能。

　　人们通过研究填料对填充橡胶的弹性模量影响，普遍认为填料的补强性主要取决于填料的体积效应、化学吸附和物理吸附作用，图 4-15 显示了补强填充橡胶的弹性模量与变形的关系，可以看出影响填料补强性的主要因素及变化规律。

4.5.2　炭黑

　　从 20 世纪初发现炭黑对橡胶具有补强作用后，炭黑的生产制造技术获得迅速发展，已经成为橡胶工业中最重要的补强剂，其消耗量为橡胶耗用量的 40%～50%。炭黑是以油类或天然气为原料经高温不完全燃烧、裂解而制造的，由于制造方法和原料的不同，可粗略分为接触法炭黑（如槽法炭黑、混气炭黑）、炉法炭黑（如油炉法炭黑和气炉法炭黑等）和热裂解法炭黑（如乙炔炭黑等）三类，其中炉法炭黑得到广泛的应用。

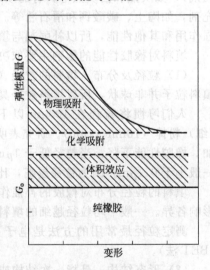

图 4-15　补强填充橡胶的弹性
模量与变形的关系

　　(1) 炭黑的补强机理　　填料的补强作用主要取决于填料与橡胶间的相互作用（物理的和化学的）。关于炭黑的补强机理主要有二维结构层机理、分子链滑动机理以及体积效应等。

　　① 二维结构层机理　　研究表明填充炭黑的橡胶在混炼和硫化过程中形成了不均质的多相结构体系。核磁共振研究已证实，在炭黑聚集体表面上，一部分橡胶分子链被吸附，形成特殊的二维取向排列的壳层，据此提出填充炭黑硫化胶的不均质多相结构的模型，如

图 4-16所示。

图 4-16 中 A 相是未交联或交联度低的橡胶分子链；B 相是交联反应产生的交联网构；C 相是炭黑与橡胶相互作用形成的界面层，即二维橡胶壳层，厚度为 $\Delta\gamma_c$（约 5nm），壳层内的橡胶分子链处于准玻璃态，由里层至外壳层，被吸附分子链的活动性逐渐增强；C 相连接着 A 相，起着骨架和过渡层的作用，形成了一个整体网络，表现出良好的补强效果。

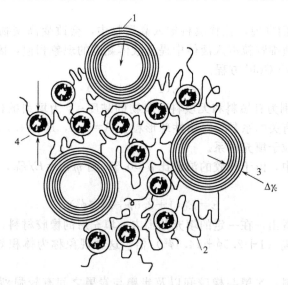

图 4-16　填充炭黑硫化胶的多相结构模型
1—炭黑聚集体；2—A 相；3—C 相；4—B 相

② 分子链滑动机理　该理论认为，吸附于炭黑等填料粒子上的橡胶分子链有一定的活动能力，在应力作用下，能在填料粒子表面上产生滑动，使材料中应力重新分布，避免应力集中，从而提高了橡胶的机械强度，表现出补强作用。

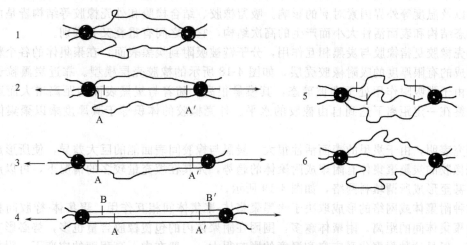

图 4-17　大分子链滑动补强机理示意
1—大分子链初始松弛状态；2—拉伸时大分子链中最短链段（AA′）完全伸直；
3,4—继续伸长时，大分子链滑动，呈规整排列；5—除外力后形变恢复
到初始预拉伸状态；6—大分子链恢复至接近初始松弛状态

滑动过程如图 4-17 所示。图中两个炭黑粒子间有三个不同长度的链，长度方向与应力方向一致。在拉伸过程中，开始时最短链 AA′首先达到完全伸张的程度；进一步拉伸引起

断链或链滑动，同理 BB′ 达到完全伸张后产生链滑动，直到第 3、4 阶段，三条分子链达到最大伸长值，并均匀地分担载荷。应力的均匀分布，使强度得到改善。第 5 阶段是拉伸负荷除去后的情况，此时与第 1 阶段的原始状态不同，由于滑动，三条分子链的长度基本相等，若再拉伸时，出现定伸应力下降的现象，称为应力软化（或称 Mullins 效应）。第 6 阶段是撤销负荷一段时间后，由于链段的热运动，吸附与解吸附的动态平衡，又逐渐恢复至接近原始状态。

③ 体积效应　　人们发现，粒状填料掺入高聚物中，会改变高聚物的黏度、硬度和模量等性能，这种现象与微细颗粒混入液体中提高液体黏度的现象相似，因此，从液体动力学观点提出了 Einstein-Guth-Gold 方程。

$$\eta = \eta_0(1 + A\phi + B\phi^2) \tag{4-3}$$

式中，η 与 η_0 分别为有填料和无填料高聚物的黏度；ϕ 为填料的体积系数；A、B 为与填料粒子形状等因素有关的系数，对惰性球形粒子 $A = 2.5$，$B = 14.1$。实验证明，式（4-3）适用于低浓度的刚性粒子填充体系。

在橡胶填充体系中，由于橡胶的泊松比 $\mu \approx 0.5$，则 $\eta/\eta_0 = E/E_0$，故式（4-3）可以写成弹性模量的表达式。

$$E = E_0(1 + 2.5\phi + 14.1\phi^2) \tag{4-4}$$

从以上分析可以看出，在一定的填充范围内，填充后的橡胶材料，其弹性模量等性能比未填充橡胶的模量提高 $(1 + 2.5\phi + 14.1\phi^2)$ 倍，这种现象称为体积效应，ϕ 也称为补强体积分数。

炭黑属于活性填料，炭黑与橡胶间以及炭黑与炭黑之间有较强烈的表面物理与化学作用，式（4-4）不适用。为了粗略地定量描述炭黑的体积效应，对式（4-4）进行了修正。

$$E = E_0(1 + 2.5\phi' + 14.1\phi'^2) \tag{4-5}$$

式中，ϕ' 称为有效体积分数。ϕ' 与炭黑的粒径、结构形态、表面活性以及温度和应变等因素有关。显然，ϕ' 比根据密度和用量计算的炭黑的实际体积分数 ϕ 大得多。

近年来，人们研究了由于炭黑的结构特征产生的吸留橡胶、结合橡胶和外壳橡胶与 ϕ' 的关系，以及温度等外界因素对 ϕ' 的影响。吸留橡胶、结合橡胶和外壳橡胶等结构皆是由于炭黑的形态结构和表面活性大小而产生的高次结构，它们之间有重叠又有区别。

外壳橡胶是指橡胶与炭黑相互作用，分子链被吸附到炭黑表面，在聚集体的各个粒子周围，形成的有限厚度的吸附橡胶壳层，如图 4-18 所示的橡胶壳层模型。靠近炭黑粒子内壳层橡胶由于强吸附作用处于准玻璃态，其模量很高，随着与炭黑表面的距离增大而逐渐降低，最终在一定距离下达到自由橡胶的水平。外壳橡胶的体积等于其厚度乘以聚集体的表面积。

研究表明，由于炭黑的表面活性很大，炭黑与橡胶间表面能的巨大差异，使所形成的带有外壳橡胶的炭黑聚集体有附聚成附聚体的趋势，尤其在填充量较多的情况下，可以产生附聚体，甚至形成所谓填料网络，如图 4-19 所示。

这种附聚体或网络的形成取决于炭黑聚集体-聚集体间相互作用、聚集体-橡胶间相互作用以及聚集体间的距离。附聚体越多，围困在附聚体内的包覆橡胶含量也多，势必影响胶料的性能，但是这种附聚化受应变和温度的影响很大，一般在中、高程度的应变下，附聚体可基本破坏，包覆橡胶得以"解放"，可以发挥自由橡胶的作用。所以炭黑的分散性很重要。

显然，外壳橡胶和形成的炭黑附聚体或网络均影响炭黑的有效体积分数。

吸留橡胶（也称包容橡胶）是炭黑聚集体凹陷的表面所屏蔽的部分橡胶，炭黑的结构度越高，这种吸留胶越多。如图 4-20 所示。由于吸留橡胶的活动性受到极大的限制，所以可以视为炭黑的一部分，构成有效体积分数。吸留橡胶是一个几何概念，Medalia 借助于经验

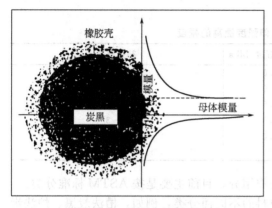

图 4-18　橡胶壳层模型

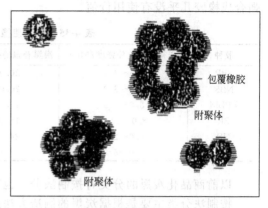

图 4-19　炭黑聚集体的附聚体或网络化模型

公式计算出 ϕ' 值。

$$\phi' = \phi\frac{1+0.2139DBP}{1.46} \tag{4-6}$$

式中，ϕ 为炭黑的体积分数；ϕ' 为有效体积分数；DBP 为炭黑的 DBP 吸油值，$cm^3/100g$。式（4-6）有一定的局限性，计算结果比实测值偏高。

结合橡胶（也称炭黑凝胶）是指填充炭黑的未硫化胶中不能被它的良溶剂溶解的那部分橡胶。结合橡胶的概念是以化学吸附为依据的，据报道，结合橡胶主要在混炼过程中形成，在硫化过程中，虽然能进一步产生橡胶与炭黑的结合，但其数量仅占化学吸附造成结合量的 10% 左右。如图 4-21 所示是 O'Brien 等人提出的结合橡胶模型。研究表明，结合橡胶量主要受炭黑的比表面积、表面活性和热处理过程的影响。一般认为结合橡胶量多，补强性强。

图 4-22 显示了结合橡胶、吸留橡胶和橡胶壳层三者存在的关系。

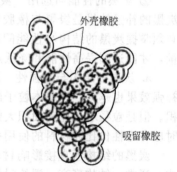

图 4-20　吸留橡胶与橡胶
壳层的区别示意

（2）炭黑的类型与选用

① 炭黑的补强效果与类型　填充炭黑明显改善了橡胶的静态和动态性能。一般情况下，填充炭黑会提高橡胶的模量、拉伸强度、撕裂强度、耐磨性、拉断伸长率及黏度等；会降低压缩永久变形和口型膨胀等性能。表 4-35 列出了炭黑使橡胶拉伸强度提高的幅度。从中可以看出炭黑使某些橡胶的强度提高约 10 倍，甚至 40 倍，如果没有炭黑的补强，许多非自补

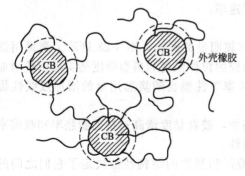

图 4-21　O'Brien 等人提出的
结合橡胶模型

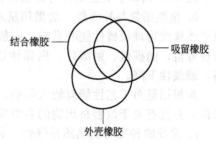

图 4-22　结合橡胶、吸留橡胶和橡胶壳
层三者之间存在的关系

强合成橡胶几乎没有使用价值。

表 4-35　炭黑使橡胶拉伸强度提高的幅度

胶种	未补强的拉伸强度/MPa	炭黑补强的拉伸强度/MPa	补强效率
SBR	2.5～3.5	20.0～26.0	5.7～10.4
NBR	2.0～3.0	20.0～27.0	6.6～13.5
EPDM	3.0～6.0	15.0～25.0	2.5～8.3
BR	8.0～10.0	18.0～25.0	1.8～3.1
NR	16.0～24.0	24.0～35.0	1.0～2.2
SiR	0.35	14.0	40

以前商品化炭黑的分类有按制法分，也有按作用分，目前主要是按 ASTM 标准分类。

按制法分类主要是根据炭黑的制造方法或原料的不同而分类，例如，槽法炭黑、炉法炭黑、混气炭黑、热裂法炭黑以及新工艺炭黑等。

按作用分可分为硬质和软质炭黑两类。硬质炭黑是指补强性高的炭黑，如超耐磨炭黑（SAF）、中超耐磨炭黑（ISAF）、高耐磨炭黑（HAF）等。软质炭黑是指补强性较低的炭黑，如半补强炭黑（SRF）、细粒子热裂法炭黑（FT）、中细粒子裂法炭黑（MT）等。表 4-36 为常用炭黑的技术指标。

② 炭黑的性能与选用　炭黑的性能取决于粒径、比表面积、表面化学性质等结构因素。炭黑的补强效果是炭黑与橡胶间和炭黑-炭黑间相互作用的综合体现。作为材料设计人员，必须掌握炭黑的结构与性能间的关系，针对材料的性能要求，合理地选用炭黑的类型和用量，才能达到提高性能和降低成本的要求。

a. 炭黑的结构与补强性　通常，炭黑粒径越小，比表面积越大，结合胶的生成量越多，补强效果也越大。当基本粒子的粒径小到 10nm 时，相当于每克填料具有几百平方米的表面积。但是粒径小、比表面积大的炭黑，加工时不易分散，生热大，而且价格也贵，因此选用时应考虑性价比和材料的使用条件。

炭黑的结构度直接影响材料的物理机械性能和加工性能，特别是对动态性能有重要影响。通常，结构度高，混炼时间长，分散较均匀；随着结构度增大，胶料的挤出收缩明显降低。炭黑的结构度对橡胶的导电性能有明显的影响，结构度越高，导电性越强。

炭黑的表面性质对补强作用有明显的影响。例如，将炭黑加热到 1600～2500℃，使炭黑微晶呈石墨化规整晶体，则补强性能大幅度下降。表面化学基团影响着炭黑-橡胶间的相互作用，比如含氧官能团对丁基橡胶的补强作用影响较大，当含氧量减少而含氢量增多时，橡胶的耐磨性会有提高。炭黑表面基团和自由基对加工性有较大影响，比如表面含氧基团多，呈酸性的炭黑会延长胶料焦烧时间。当炭黑表面活性很大时，吸附于炭黑表面的橡胶分子链活动性减少，有助于进行交联反应，加快交联速率。

表 4-37 列举了炭黑结构对橡胶性能的影响。

b. 炭黑用量与补强性　炭黑用量对补强效果有较明显的影响，图 4-23 显示了炭黑用量对天然橡胶物理机械性能的影响。一般情况下，橡胶的拉伸强度和撕裂强度随炭黑用量增加出现峰值；而模量、耐磨性、回弹性以及拉断伸长率等性能会随炭黑用量的增加或线性提高，或线性下降。

炭黑用量对工艺性能有较大影响。一般用量增加，胶料黏度增高；挤出膨胀率和收缩率降低，并且有助于改善挤出物的表面规整性和光滑性。

c. 橡胶的种类与炭黑的补强性　橡胶的结构特征和炭黑的结构特征决定了它们之间的相容性和亲和力的大小，并直接影响补强效果和加工性能。表 4-38 列举了部分橡胶与炭黑之间的适用性。

表 4-36 常用炭黑的技术指标

品种名称	吸碘值/(g/kg)	吸油值/(×10⁻⁵ m³/kg)	压缩样吸油值/(×10⁻⁵ m³/kg)	着色强度/%	CTAB吸附比表面积/(×10³ m²/kg)	外表面积/(×10³ m²/kg)	总表面积/(×10³ m²/kg)	加热减量/%	300%定伸应力/MPa	倾注密度/(kg/m³)
N110	145±8	113±6	91～103	115～131	112～128	107～123	120～134	≤3.0	−3.1±1.5	345±40
N115	160±8	113±6	91～103	115～131	121～137	116～132	129～145	≤3.0	−3.0±1.5	345±40
N120	122±7	114±6	93～105	121～137	110～126	106～120	119～133	≤3.0	−0.3±1.5	345±40
N121	121±7	132±7	105～117	111～127	111～127	107～121	115～129	≤3.0	0±1.5	320±40
N125	117±7	104±6	83～95	117～133	118～134	113～129	115～129	≤3.0	−2.5±1.5	370±40
N134	142±8	127±7	97～109	123～139	134～150	128～146	135～151	≤3.0	−1.4±1.5	320±40
N135	151±8	135±8	110～124	111～127	119～135	—	133～149	≤3.0	−0.3±1.5	320±40
S212	—	85±6	76～88	107～123	103～119	100～114	113～127	≤3.0	−6.3±1.5	415±40
N219	118±7	78±6	69～81	115～131	100～114	—	109～123	≤2.5	−3.5±1.5	440±40
N220	121±7	114±6	92～104	108～124	103～117	99～113	107～121	≤2.5	−1.9±1.5	355±40
N231	121±7	92±6	80～92	112～128	104～118	100～114	104～118	≤2.5	−4.5±1.5	400±40
N234	120±7	125±7	96～108	115～131	109～125	105～119	112～126	≤2.5	0.0±1.5	320±40
N293	145±8	100±6	82～94	112～128	109～123	104～118	115～129	≤2.5	−5.1±1.5	380±40
N299	108±6	124±7	98～110	105～121	94～108	90～104	97～111	≤2.5	0.8±1.5	335±40
S315	—	79±6	71～83	109～125	84～96	80～92	83～95	≤2.5	−6.3±1.5	425±40
N326	82±6	72±67	62～74	103～119	74～86	70～82	72～84	≤2.0	−3.5±1.5	455±40
N330	82±6	102±7	82～94	96～112	73～85	69～81	72～84	≤2.0	−0.5±1.5	380±40
N335	92±6	110±7	88～100	102～118	83～95	79～91	79～91	≤2.0	0.3±1.5	345±40
N339	90±6	120±7	93～105	103～119	86～94	82～94	85～97	≤2.0	1.0±1.5	345±40
N343	92±6	130±7	98～110	104～120	90～102	85～99	89～103	≤2.0	1.5±1.5	320±40
N347	90±6	124±7	93～105	97～113	81～93	77～89	79～91	≤2.0	0.6±1.5	335±40
N351	68±6	120±7	89～101	93～107	68～80	64～76	65～77	≤2.0	1.2±1.5	345±40
N356	92±6	154±8	1026～118	98～114	85～97	81～93	85～97	≤2.0	1.5±1.5	—
N358	84±6	150±8	102～114	91～105	76～88	72～84	74～86	≤2.0	2.4±1.5	305±40
N375	90±6	114±6	90～102	107～121	89～101	85～97	86～100	≤2.0	0.5±1.5	345±40
N539	43±5	111±6	76～86	—	35～47	33～43	34～44	≤1.5	−1.2±1.5	385±40
N550	43±5	121±7	80～90	—	36～48	34～44	35～45	≤1.5	−0.5±1.5	360±40
N582	100±6	180±8	108～120	61～73	70～82	—	74～86	≤1.5	−1.7±1.5	—
N630	36±5	78±5	57～67	—	29～41	27～37	27～37	≤1.5	−4.3±1.5	500±40
N642	36±5	64±5	57～67	—	28～40	—	34～44	≤1.5	−5.3±1.5	—
N650	36±5	122±7	79～89	—	32～44	30～40	31～41	≤1.5	−0.6±1.5	370±40
N660	36±5	90±5	69～79	—	31～43	29～39	30～40	≤1.5	−2.2±1.5	340±40
N683	35±5	133±7	80～90	—	31～43	29～39	31～41	≤1.5	−0.3±1.5	355±40
N754	24±5	58±5	52～62	—	21～33	19～29	20～30	≤1.5	−6.5±1.5	—
N762	27±5	65±5	54～64	—	25～37	23～33	24～34	≤1.5	−4.5±1.5	515±40
N765	31±5	115±7	76～86	—	29～41	27～37	29～39	≤1.5	−0.2±1.5	370±40
N772	30±5	65±5	54～64	—	27～39	25～35	27～37	≤1.5	−4.6±1.5	520±40
N774	29±5	72±5	58～68	—	26～38	24～34	25～35	≤1.5	−3.7±1.5	490±40
N787	30±5	80±5	65～75	—	29～41	27～37	27～37	≤1.5	−4.1±1.5	640±40
N907	—	34±5	—	—	7～17	5～13	5～13	≤1.0	−9.3±1.5	640±40
N908	—	34±5	—	—	7～17	5～13	5～13	≤1.0	−10.1±1.5	355±40
N990	—	43±5	32～42	—	6～16	4～12	4～12	≤1.0	−8.5±1.5	640±40
N991	—	35±5	32～42	—	6～16	4～12	4～12	≤1.0	−10.1±1.5	355±40
天然气半补强炭黑	14±5	47±6	—	—	—	11～19	11～19	≤1.5	−8.5±1.5	—
喷雾炭黑	15±5	120±7	—	—	—	11～19	1～19	≤2.5	−5.4±1.5	—
混气炭黑	—	100±6	—	—	68～80	—	84～96	≤3.5	−4.0±1.5	—

注：吸油值和压缩样吸油值使用的试剂是邻苯二甲酸二丁酯（DBP）。

表 4-37　炭黑结构对橡胶性能的影响（NR 和 BR）

橡胶性能	炭黑结构				
	粒径增加	比表面积增加	结构度增加	含氧基团增加	活性氢增加
黏度	−	＋	＋	○	○
分散性	＋	−	＋	○	○
交联速率	＋	−	−	−	○
拉伸强度	−	＋	＋	○	＋
定伸应力	−	＋	＋	○	＋
伸长率	＋	−	−	＋	＋
硬度	−	＋	＋	○	＋
耐磨性	−	＋	＋	○	○
回弹性	＋	−	−	○	○
生热性	−	＋	＋	○	○
疲劳寿命	＋	−	−	○	○

注："＋"表示物性提高；"−"表示物性降低；"○"表示物性无明显变化。

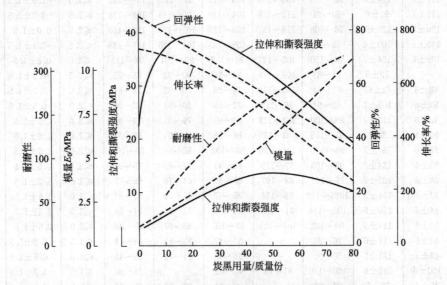

图 4-23　炭黑用量对天然橡胶物理机械性能的影响

表 4-38　部分橡胶与常用炭黑之间的适用性

胶种	炭黑品种									
	SAF	ISAF	HAF	槽黑	FEF	SRF	GPF	热裂法炭黑	FF	HMF
天然橡胶	△	△	△	△	△	△	△		△	△
丁苯橡胶	△	△	△	△	△	△	△		△	△
丁基橡胶				△	△	△	△	△		
氯丁橡胶				△	△	△	△	△		
丁腈橡胶				△	△	△		△		
丙烯酸酯橡胶					△	△				
氯磺化聚乙烯橡胶			△	△	△	△				
顺丁橡胶		△	△	△	△	△				
异戊橡胶		△	△	△	△					
氯醚橡胶				△						
乙丙橡胶	△	△	△	△	△	△	△			
聚氨酯橡胶			△			△				
氟橡胶			△	△				△		

注：△代表适用。

需指出，表 4-38 中列出的胶种与炭黑品种之间的适用性关系，并非绝对，完全可以灵活掌握，以材料性能要求为准，合理选用炭黑品种，通常是几种炭黑并用，以达到较理想的综合性能效果。

总体来说，炭黑的补强效果可以粗分为高补强型炭黑、中补强型炭黑、低补强型炭黑以及特殊用途炭黑。

高补强型炭黑是 N100、N200 和 N300 系炭黑。其中 N100 系炭黑，如超耐磨炉黑 N110，由于粒径和比表面积的原因，难以分散和加工，使用不多。应用较广泛的是中超耐磨（ISAF）和高耐磨（HAF）炭黑，而且根据粒径大小和结构度高低分为若干品种，例如 N220 和 N330 主要应用于轮胎制品中。

中补强型炭黑是 N500～N700 系炭黑。应用较广泛的是半补强炉黑（SRF）、通用炉黑（GPF）以及快压出炉黑（FEF）。比如 N774（SRF）可以大量填充并且易于加工，这种炭黑赋予橡胶优异的耐屈挠性和优良的回弹性，适用于各种橡胶；通用炉黑 N660（GPF）因兼有 FEF 炭黑的良好加工性、SRF 炭黑的高回弹性和 FF 炭黑的耐屈挠性而得到广泛应用；快压出炉黑（FEF）能赋予胶料较高的挺性，挤出速率快，口型膨胀小，挤出物表面光滑，常用于改善橡胶的挤出、压延等加工性能。

低补强型炭黑是热烈法炭黑（FT，MT）。例如 N880 和 N990，它们可以大量填充在橡胶中，赋予橡胶较低的定伸应力和较高的回弹性，是价格低廉的炭黑。

特殊用途炭黑主要是导电炭黑，是经过后处理制得的炉法炭黑。例如 N293（CF）、N195（SCF）和 N472（ECF）等。这类炭黑除具有较好的补强性外，突出的特性是良好的导电性，广泛应用于导电或除静电制品中。

4.5.3　白炭黑

白炭黑是补强效果最接近炭黑的浅色补强剂，于 1945 年实现工业化生产。由于白炭黑的补强性能好、电绝缘性高、生热低、不污染及黏合性好等优点，目前广泛应用于轮胎、工业制品、航空航天及卫生医疗制品等方面。

（1）白炭黑的分类　白炭黑属于硅酸和硅酸盐类物质，是含结晶水的硅氧化物，以 SiO_2 为主要成分，是白色无定形粉状物，质轻而松散。按制造方法的不同，白炭黑分为沉淀法白炭黑和气相法白炭黑两种。

由于制造方法不同，沉淀法白炭黑与气相法白炭黑的特性有较大区别，见表 4-39。

表 4-39　气相法白炭黑与沉降法白炭黑的特性

特性	分类	
	气相法白炭黑	沉淀法白炭黑
SiO_2 含量/%	>99	87～95
粒径/nm	8～15	16～100
比表面积/(m²/g)	200～380	40～170
吸油值/(cm³/g)	1.50～2.00	1.60～2.40
相对密度	2.10	1.93～2.05
pH 值	3.9～5.0	5.7～9.5
水分/%	1.0～1.5	6.0

白炭黑的补强性能主要取决于比表面积、形态结构和表面性质。气相法白炭黑与沉降法白炭黑相比较，前者的胶料有较高的硬度、定伸应力、拉伸强度、撕裂强度和耐磨性，但气相法白炭黑的价格较高。

（2）白炭黑的结构

① 结构特征　白炭黑的一次结构和炭黑类似，是由 SiO_2 粒子之间化学结合形成的链枝

状聚集体，但白炭黑是非结晶结构。

由于制法不同，构成白炭黑聚集体的基本粒子结构也不相同。气相法白炭黑粒子内部呈紧密无规排列的三维网状结构；沉淀法白炭黑呈较为疏松的无规三维网状结构，粒子表面粗糙，能形成一些毛细管结构，如图 4-24 所示。

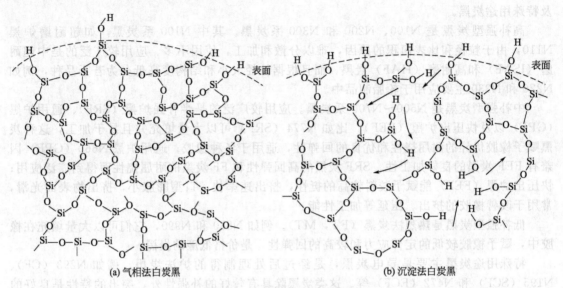

(a)气相法白炭黑　　　　　　　　　　　　　(b)沉淀法白炭黑

图 4-24　白炭黑的粒子结构示意

白炭黑与炭黑相比，粒径较小，比表面积较大，且白炭黑的表面官能团与炭黑的表面团也不相同，白炭黑表面上有硅氧烷和硅烷醇基团。研究表明，白炭黑表面对有机低分子物质发生较强的吸附作用，而且表面羟基可以与水分子发生强烈的氢键作用。表 4-40 列出了某些有机物在气相法白炭黑表面上的吸附热。

表 4-40　某些有机物在气相法白炭黑表面上的吸附热（比表面积为 $93m^2/g$）

有机物	$\Delta H/(kJ/mol)$	有机物	$\Delta H/(kJ/mol)$
正己烷	31.8	苯乙烷	39.4
正庚烷	36.5	甲苯	47.8
正辛烷	40.6	四氯化碳	30.2
正癸烷	47.8	氯苯	52.8
苯	45.3	苯胺	103.5
溴苯	43.6	硝基苯	62.4
氯苯	35.6	甲醇	55.3

从表 4-40 中的数据可以看出以下三点：脂肪族有机物在白炭黑表面的吸附比芳香族的弱，因为苯环上 π 电子与白炭黑表面的硅醇基间易极化产生偶极作用。可类推，烯烃类高分子的 π 键也可被极化，与白炭黑产生吸附作用；醇类的吸附与水相似，主要是与白炭黑表面硅醇基间形成氢键，因而有较高的吸附性；胺类有机物与白炭黑表面有强烈的吸附作用，因为它们之间产生强烈的氢键或偶极作用。

这种吸附作用使白炭黑成为橡胶的补强剂。但是，在白炭黑补强的胶料中，白炭黑表面会吸附胶料中的促进剂、防老剂等有关配合剂，产生延迟硫化的现象，为此经常在白炭黑胶料中加入乙醇胺、乙二醇、三乙醇胺等有机化合物，使其优先吸附在白炭黑表面上，起到活性剂的作用。

② 结构表征及特性　白炭黑的粒径（或比表面积）、结构度和表面化学性质对橡胶的补

强效果和加工性能均有很大影响。

　　a. 粒径及其分布。白炭黑的粒径与制造方法和工艺条件有关，白炭黑的平均粒径在 8～100nm 范围。同品种白炭黑粒径并不完全相同，如图 4-25 所示是六种气相法白炭黑的粒径分布。

　　白炭黑的粒径（或比表面积）可用电子显微镜法和吸附法（BET 值）来测定。

　　一般来说，白炭黑的粒径较小，比表面积较大，对橡胶拉伸强度、撕裂强度、耐磨性等物理机械性能有明显的补强效果，且随白炭黑比表面积增加补强作用增大，例如气相法白炭黑比沉淀法白炭黑补强效果好。但是随着粒径的减小，加工困难，在胶料中不易均匀分散，加工能耗增高。

　　b. 结构度　白炭黑的形态结构虽然不如炭黑那样发达，但结构度的高低对橡胶性能的影响规律基本上相同。如图 4-26 所示是白炭黑的结构度对几种橡胶应力-应变行为的影响，可见白炭黑结构度高的，在同样应变条件下其应力值也高，与炭黑有相同的规律。

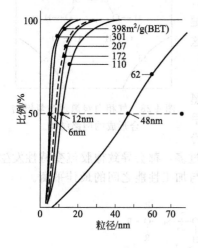

图 4-25　六种气相法白炭黑的粒径分布

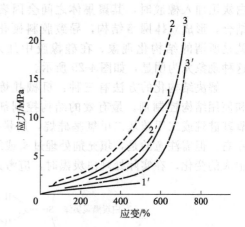

图 4-26　白炭黑的结构度对几种橡胶应力-应变行为的影响

1,1′—高、低结构，硅橡胶，$\bar{d}=5.8nm$；
2,2′—高、低结构，乙丙橡胶，$\bar{d}=7.8nm$；
3,3′—高、低结构，丁苯橡胶，$\bar{d}=7.8nm$

　　c. 表面性质　白炭黑表面上主要有羟基和硅氧烷基，如图 4-27 所示。红外光谱分析表明，白炭黑表面羟基有多种类型，主要是孤立羟基（隔离羟基）、相邻羟基（氢键羟基）和双羟基。各种羟基可用红外光谱分析测定。

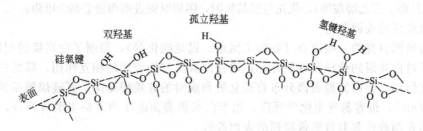

图 4-27　白炭黑的表面模型

　　气相法白炭黑经真空除湿后，表面羟基含量约为 2.19 个/nm²；沉淀法白炭黑在 150℃除湿后，羟基含量约为 12.5 个/nm²。

白炭黑表面的硅氧烷基为非极性，具有疏水性；羟基为极性，具有亲水性。因此白炭黑是一种两性物质。表面羟基能部分水解，起弱酸作用

$$—Si—OH \Longrightarrow —Si—O^- + H^+$$

因此，表面羟基具有醇和酸的双重特性，故又称为硅醇基。

白炭黑表面的隔离羟基较为活泼，能首先吸附有机物分子，并较容易地与含氧有机硅烷和烷氧基有机硅烷产生化学反应。相邻羟基活性较小，但也能与某些有机硅烷产生化学反应。

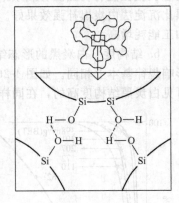

白炭黑表面羟基的存在，赋予它多种特性和功能，其中最重要的是形成氢键网络和表面吸附作用。白炭黑表面的羟基在聚集体之间起氢键作用，可以形成填料网络结构，如图 4-28 所示。

这种氢键网络结构会提高胶料的黏度（增稠）或赋予触变性能。在机械作用下，这种网络结构会被破坏。因此，白炭黑加入橡胶时，其聚集体之间会因表面羟基产生氢键结合，形成立体网络结构，导致胶料硬化，性能变差。这就是所谓的结构化现象。在硅橡胶中加入气相白炭黑时，这种现象尤为明显，如图 4-29 所示。

图 4-28　气相白炭黑通过氢键结合形成的网络结构

解决结构化的方法有三种：机械扎炼、预处理白炭黑和使用结构控制剂。最有效的结构控制剂有甲基苯基二甲氧基硅烷或二甲苯基二甲氧基硅烷，用量一般在 10 质量份左右。但需注意的是，填充剂处理过头或结构控制剂掺加过多，都会导致橡胶流变特性发生很大的变化。在实际处理白炭黑时，应考虑物理机械性能与加工性能之间的最佳平衡。

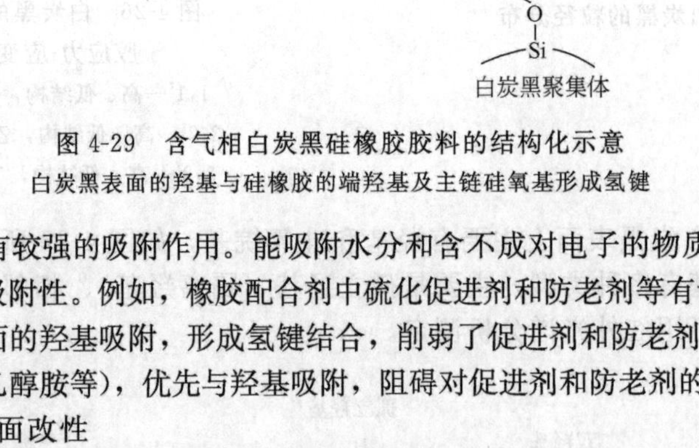

图 4-29　含气相白炭黑硅橡胶胶料的结构化示意
白炭黑表面的羟基与硅橡胶的端羟基及主链硅氧基形成氢键

白炭黑表面羟基有较强的吸附作用。能吸附水分和含不成对电子的物质等，特别是对含 N、O 等有机物有强烈的吸附性。例如，橡胶配合剂中硫化促进剂和防老剂等有许多是含不成对电子物质，易被白炭黑表面的羟基吸附，形成氢键结合，削弱了促进剂和防老剂的效果。为此，配用活性剂（二甘醇、三乙醇胺等），优先与羟基吸附，阻碍对促进剂和防老剂的吸附。

（3）白炭黑的表面改性

由于白炭黑自身的一些缺点（如加工困难、迟延硫化等），限制了白炭黑的应用。为此，人们开展了对白炭黑的化学改性研究，以增强白炭黑与橡胶间的相互作用，降低白炭黑聚集体间的相互作用。在白炭黑表面分布着孤立的和成对的硅烷醇基团，其硅烷醇基的表面浓度为 $4\sim7$ 个/nm^2，很容易发生化学反应，用于白炭黑表面改性的方法主要有两种，即用单官能偶联剂的表面改性和双官能偶联剂的表面改性。

① 单官能偶联剂的表面改性　单官能偶联剂与白炭黑表面产生接枝反应，使白炭黑表面在性质方面发生很大改变。研究发现，将带有长烷基链的单官能硅烷如十八烷基三甲氧基硅烷（ODTMS）或十六烷基三甲氧基硅烷（HDTMS）与白炭黑反应，可产生非极性和较

低能量表面，从而增大白炭黑与橡胶的相容性和亲和力，降低白炭黑聚集体间的氢键作用，改善其分散性。

② 双官能偶联剂的表面改性　　所谓双官能偶联剂是指在填料与橡胶间形成"分子桥"的一类化学品。白炭黑改性最重要的偶联剂是双官能有机硅烷类，其中最常用和最有效的偶联剂如下。

a. 四硫化双（三乙氧基丙基）硅烷（TESPT），商品名 Si-69。
$$(H_5C_2O)_3—Si—(CH_2)_3—S_4—(CH_2)_3—Si—(OC_2H_5)_3$$

b. 3-氰硫基丙基三乙氧基硅烷（TCPTS），商品名 Si-264。
$$(H_5C_2O)_3—Si—(CH_2)_3—SCN$$

c. 乙烯基三乙氧基硅烷（VTEO），商品名 A151。
$$H_2C=CH—Si—(OC_2H_5)_3$$

d. 3-胺丙基三乙氧基硅烷，商品名 KH550、A1100。
$$H_2N(CH_2)_3—Si—(OC_2H_5)_3$$

偶联剂 Si-69 的使用大大改善了白炭黑对非极性橡胶的补强效果，尤其在需要降低生热，改善抗湿滑性的轮胎胶料中，白炭黑可部分替代炭黑使用。

偶联剂在白炭黑表面产生的硅烷化改性反应分两步进行：第一步是偶联剂的乙氧基与白炭黑表面的孤立和成对的硅烷醇基迅速反应，如图 4-30(a) 所示；第二步是慢反应阶段，四硫化基团由于热处理和硫黄系硫化体系的影响而断裂，并在胶料混炼和硫化过程中与橡胶分子交联反应形成单、双和多硫共价键，如图 4-30(b) 所示。

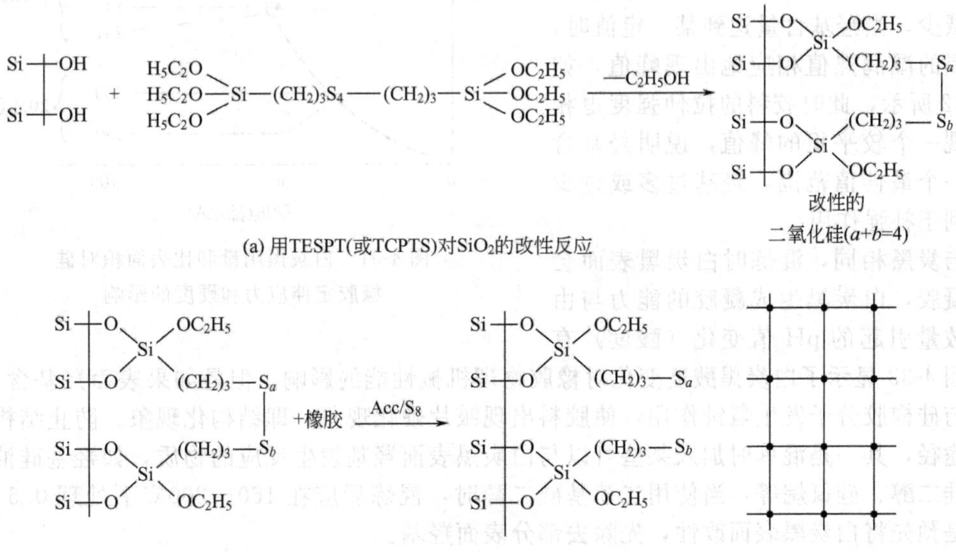

(a) 用TESPT(或TCPTS)对SiO₂的改性反应

(b) 橡胶-填料间成键示意

图 4-30　偶联剂的硅烷化改性反应示意

可以看出，偶联剂改性白炭黑表面，减弱了白炭黑之间的相互作用，增强了白炭黑与橡胶间的相互作用，在两者之间引入共价键，产生较高含量的结合胶，因此，显著提高了白炭黑的补强效果。应注意，硅烷偶联剂对硫化体系有选择性，如 Si-69、Si-264 适用于硫黄硫化体系；A151 适用于过氧化物硫化体系；A1100（KH550）适用于聚氨酯橡胶等。偶联剂的用量一般为 1～3 质量份。

具体的改性工艺方法主要有两种：一种是预处理方法，将液体或稀释的偶联剂喷洒在一定温度下搅拌着的白炭黑中，进行充分混合，在最佳的温度和时间下进行改性反应，这种预改性白炭黑已实现商品化；另一种方法是现场改性方法，需考虑偶联剂与其他配合剂的加料顺序，应排除任何有可能与偶联剂的乙氧基团产生干扰的配合剂，因此，在密炼机一段混炼时先将偶联剂与白炭黑一起加入，或白炭黑在其后加入，以获得最佳改性，然后再添加其他相关配合剂，要严格控制混炼温度和混炼时间，否则将影响改性效果。

（4）白炭黑的应用　白炭黑的补强作用取决于白炭黑的结构特性及其配合特性。

① 白炭黑的性能及用量　前面已经述及白炭黑的粒径（或比表面积）、结构度、表面性质等结构因素对其补强作用的影响。一般情况下，白炭黑的粒径小、比表面积大、结构度高、补强效果好，但白炭黑的用量以及表面性质对补强的影响更为重要和复杂。

图 4-31 显示了白炭黑用量和比表面积对硅橡胶定伸应力和硬度的影响。可见，与粒径相比，白炭黑的用量对硅橡胶的补强效果的影响更显著。

白炭黑的表面性质对其补强效果影响很大，主要影响因素有羟基含量、吸附水和表面改性等。

在白炭黑比表面积和用量一定的条件下，表面羟基量对橡胶的补强效果起主要作用。通过对白炭黑表面进行热处理研究表明，白炭黑表面羟基数随热处理而减少，当羟基含量达到某一定值时，白炭黑的湿润热值相应地出现峰值，如图 4-32 所示，此时胶料的拉伸强度也相应出现一个较平坦的峰值，说明羟基含量有一个最佳值范围，羟基过多或过少都不利于补强作用。

与炭黑相同，混炼时白炭黑表面会产生凝胶，白炭黑生成凝胶的能力与由羟基数量引起的 pH 值变化（酸度）有

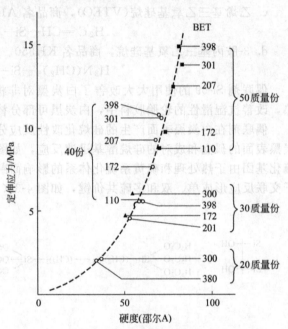

图 4-31　白炭黑用量和比表面积对硅橡胶定伸应力和硬度的影响

关，图 4-33 显示了白炭黑酸度变化对橡胶物理机械性能的影响。但是如果表面羟基含量多，则易与硅橡胶分子发生氢键作用，使胶料出现皱片硬化现象，即结构化现象。防止结构化有两个途径，其一是混炼时加入某些可以与白炭黑表面羟基发生反应的物质，如羟基硅油、二苯基硅二醇、硅氮烷等，当使用二苯基硅二醇时，混炼后应在 160~200℃下处理 0.5~1h；其二是预先将白炭黑表面改性，先除去部分表面羟基。

白炭黑表面会吸附水，一定量的吸附水可使白炭黑表面羟基钝化，有一定的补强效果，而且能改善胶料的工艺加工性能。但含水量过高或过低都会使胶料性能变差，对沉淀法白炭黑来说，含水量的最佳范围分别为 7.1%~9.5%（天然橡胶）和 8% 左右（合成橡胶）。另外，由于气相法白炭黑和沉淀法白炭黑在表面羟基含量和吸水性方面有明显差异，它们对硅橡胶的电性能的影响也明显的不同，前者优，后者差。

由于白炭黑表面的亲水性，与橡胶的相容性较差，对性能要求较高的胶料往往采用表面改性的方法来提高补强效果。一般应用于硅橡胶时，采用预处理方法改性；应用于通用橡胶时，多采用现场改性方法，在混炼时加入表面改性剂，但需注意氧化锌不应在混炼开始时加入，应该在炭黑与硅烷偶联剂充分反应后加入，以免干扰改性处理。

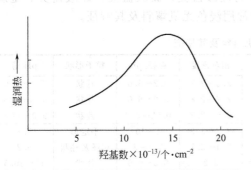

图 4-32 白炭黑羟基含量与湿润热之间关系

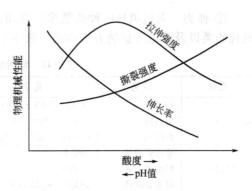

图 4-33 白炭黑酸度变化对橡胶物
理机械性能的影响

白炭黑表面改性不仅能提高胶料的物理机械性能，而且能改善加工性能。一般在相同用量下，加入偶联剂能显著降低胶料的门尼黏度，白炭黑改性程度越高，胶料黏度越低，流动性越好，而且白炭黑改性后，使胶料稳定，能阻止胶料结构化的进程。

② 白炭黑的配合特性　白炭黑主要在硅橡胶中和烯烃类橡胶广泛应用，是性能良好的浅色补强剂。

a. 在硅橡胶中的配合特性　白炭黑由于结构的原因与硅橡胶有较好的相容性，对硅橡胶的补强效果十分显著，未补强硅橡胶的拉伸强度只有 0.35MPa，加入白炭黑后可提高到 10MPa 以上。

白炭黑在硅橡胶中的用量一般为 30～40 质量份，且以气相法白炭黑为主。沉淀法白炭黑补强效果较差，价格便宜，用于一般性能要求的产品。

白炭黑加入硅橡胶会因羟基的氢键作用产生结构化现象，因此应加入结构控制剂如二苯基硅二醇等，或采用表面改性白炭黑。采用表面改性白炭黑不但能改善胶料的加工性能，而且能较大幅度提高硅橡胶的补强效果。

对单组分室温硫化硅橡胶，需靠空气中的水分交联，因此所用白炭黑的水分含量要少，以少于 0.5% 为好。

b. 在通用橡胶中的配合特性　由于白炭黑的综合补强效果不及炭黑，一般除浅色或彩色橡胶制品外，往往是炭黑与白炭黑并用，以提高橡胶的某些性能，如撕裂强度和耐磨性。

白炭黑在通用橡胶中单独用量一般为 40～60 质量份，最高时可达 90 份，且以沉淀法白炭黑为主。

用偶联剂改性白炭黑，一般是采用现场改性方法。

在通用橡胶中应用白炭黑时，要注意软化剂、促进剂和活性剂的影响。

在天然橡胶与白炭黑胶料中，植物油类软化剂较好。

由于白炭黑延迟硫化速率，一般选用噻唑类与胍类促进剂并用效果较好。

在白炭黑胶料中，活性剂十分重要，影响硫化反应和硫化胶性能。常用活性剂为多元醇和胺类化合物，一般胺类活性剂适用于天然橡胶，醇类活性剂适用于丁苯橡胶。

在白炭黑胶料中，特别是在天然橡胶中采用噻唑-胍类并用体系时，可不加氧化锌和硬脂酸，但并不具有普遍性，与促进剂类型和胶种有关，例如在丁腈橡胶中则需要加入一定量的氧化锌。

4.5.4 无机填料及表面改性

无机填料在橡胶工业中已有百余年的应用历史。随着橡胶工业的发展，促进了这类填料从单纯的填充降低成本，逐步发展为补强填充剂，而得到日益广泛的应用。

（1）无机填料的种类及表面改性

① 种类　无机填料的种类繁多，常用的可分为硅酸盐类、碳酸盐类、硫酸盐类、金属氧化物类以及其他无机物五大类型。表 4-41 列出常用浅色无机填料及其特征。

表 4-41　常用浅色无机填料及其特征

类别	名称	化学式	相对密度	粒径/μm	粒子形状	pH 值
硅酸盐类	陶土	$Al_2O_3 \cdot SiO_2 \cdot nH_2O$	2.5~2.7	0.2~5.0	片状	5.0~8.0
	滑石粉	$3MgO \cdot 4SiO_2 \cdot H_2O$	2.7~2.8	2.0~6.0	片状	8.0~9.5
	硅酸钙	$CaSiO_2 \cdot SiO_2 \cdot nH_2O$	2.0~2.8	0.02~0.3	片状	9.0~11.0
碳酸盐类	重质碳酸钙	$CaCO_3$	2.7~2.9	1~10	不定形	8.8
	轻质碳酸钙	$CaCO_3$	2.4~2.7	0.5~3	纺锤及柱状	9.2
	轻质碳酸镁	$xMgCO_3 \cdot yMg(OH)_2 \cdot zH_2O$	2.2	0.3~0.5	片状	10~10.5
硫酸盐类	硫酸钡	$BaSO_4$	4.3~4.6	0.2~15	片状、柱状	6~8
	硫酸钙	$CaSO_4 \cdot 2H_2O$	2.3~2.9	0.3~5	片状	——
	锌钡白	$ZnS \cdot BaSO_4$	4.1~4.3	(320目)	片状、柱状	6~8
金属氧化物类	氧化镁	MgO	3.5	0.2~5	不定形	——
	氧化锌	ZnO	5.6	0.09~0.3	立方状、柱状	——
其他类	水合氢氧化铝	$Al(OH)_3$	2.4~2.7	0.4~20	片状	——

在橡胶中无机填料的用量与炭黑的用量大致相当。由于无机填料表面存在亲水基团（如羟基），与橡胶的亲和性不好，不易被橡胶分子链湿润，容易造成界面结合不良，影响橡胶的性能。为了扩大无机填料的应用范围，提高其补强性，需要对填料进行表面改性处理。填料表面改性方法的研究报道较多，诸如：

a. 亲水基团调节，主要是通过物理方法对填料进行热处理，把表面亲水基团脱掉并控制其数量；

b. 应用偶联剂或表面活性剂使填料表面成为疏水性，提高与橡胶的相容性和湿润性；

c. 表面接枝反应，在填料表面引发活性点吸附单体并产生接枝聚合反应；

d. 填料粒子包覆化，用高聚物或低聚物将填料粒子包覆一层，或称胶囊化。

目前工业上广泛采用的是用偶联剂及表面活性剂改性无机填料。

② 偶联剂改性　常用的偶联剂分为硅烷偶联剂和钛酸酯类偶联剂，后者在橡胶材料中应用较少。硅烷类偶联剂是目前品种最多，用量较大的一类偶联剂。结构通式为 X_3—Si—R，式中，X 为能水解的烷氧基（如甲氧基、乙氧基）和氯等；R 为有机官能团，如巯基、氨基、乙烯基、环氧基等。表 4-42 列举了常用的硅烷偶联剂。

选择何种硅烷偶联剂主要取决于橡胶的硫化体系和填料的特性，因为偶联剂是在橡胶硫化时产生化学结合的。下面以巯基硅烷偶联剂与陶土和二烯烃橡胶间的反应，说明硅烷类偶联剂的改性机理：

表 4-42 常用的硅烷偶联剂

化学名称	结构式	国内商品名	国外商品名	适用橡胶
乙烯基三乙氧基硅烷	$H_2C=CH-Si(OC_2H_5)_3$	A151	A151	EP(D)M、QR
γ-氨丙基三乙氧基硅烷	$H_2N(CH_2)_3-Si(OC_2H_5)_3$	KH550	A1100	EP(D)M、CR、QR、NBR、SBR、PU
γ-缩水甘油醚丙基三甲氧基硅烷	$H_2C-CH_2CH_2O(CH_2)_3Si(OC_2H_5)_3$ 带O环	KH560	A187	氯醇胶、PU、IIR
γ-甲基丙烯酰氧基丙基三甲氧基硅烷	$H_2C=C-C-(CH_2)_3Si(OCH_3)_3$ 含O与CH_3	KH570	A174	EP(D)M、BR
γ-巯基丙基三甲氧基硅烷	$HS-(CH_2)_3Si(OCH_3)_3$	KH580	A189	EP(D)M、SBR、CR、NR、IR、BR、NBR、IIR、PU
乙烯基三（叔丁基过氧化硅烷）	$H_2C=CHSi(-O_2-C(CH_3)_3)_3$	VTPS	A1010	多种聚合物
四硫化双（三乙氧基丙基）硅烷	$(H_5C_2O)_3Si(CH_2)_3S_4(CH_2)_3Si(OC_2H_5)_3$	Si-69	Si-69	EP(D)M、NR、IR、CR、SBR、BR、NBR、IIR
N-β-氨乙基-γ-氨丙基三甲氧基硅烷	$H_2N(CH_2)_2NH(CH_2)_3Si(OCH_3)_3$	YG01305	A1120	EP(D)M、SBR、CR、NBR、PU
乙烯基三甲氧基硅烷	$H_2C=C-Si(OCH_3)_3$ 带H	Y4302	A171	EP(D)M、QR
乙烯基三（β-甲氧基乙氧基）硅烷	$H_2C=CHSi(OC_2H_4OCH_3)_3$	YG01204	A172	EP(D)M、BR
乙烯基三氯硅烷	$H_2C=C-SiCl_3$ 带H	YG01201	A150	聚酯、玻璃纤维

③ 表面活性剂改性　表面活性剂一端具有亲水性，另一端具有疏水性。工业上广泛应用的表面活性剂主要有高级脂肪酸（如硬脂酸等）和官能化的低聚物（如羧基化液体聚丁二烯等）两种。

现以 $CaCO_3$ 的改性说明这两种表面活性剂的改性机理。它们的共同点是填料表面的羟基与羧基反应。

a. 硬脂酸

$$H_3C(CH_2)_{16}COOH+HO-\!\!\big(CaCO_3 \longrightarrow H_3C(CH_2)_{16}COO-\!\!\big(CaCO_3$$

b. 羧化聚丁二烯

$$\sim\!\!\sim\!\!H_2C-C=CHCH_2CH_2CH\sim\!\!\sim + HO-\!\!\big(CaCO_3$$

含 CHCOOR / CH$_2$COONH$_2$ / CH / CH$_2$ 支链

$$\longrightarrow \sim\!\!\sim\!\!H_2-C-C=CHCH_2CH_2CH\sim\!\!\sim$$

含 CHCOOR / CH$_2$COO$-\big(CaCO_3$ / CH / CH$_2$ 支链

两者的不同点是硬脂酸改性的 $CaCO_3$ 表面上为饱和长脂肪链，一般不参与橡胶的交联反应，而羧基化聚丁二烯在 $CaCO_3$ 表面上不仅分子链长，而且有双链可以参与交联反应，与橡胶之间可形成化学交联的界面层，因此改性效果后者好于前者。

用偶联剂或表面活性剂进行表面改性的工艺方法有干法和湿法两种。干法包括预处理法和现场改性法，在白炭黑小节中已述及；湿法是将无机填料置于改性剂的乳浊液或者改性剂与溶剂构成的溶液中，充分搅拌，让其吸附改性，再经干燥处理。

（2）常用的无机填料　最常用的无机填料是陶土和碳酸钙。

① 陶土　陶土又称黏土、白土、皂土、高岭土和瓷土，是含水硅酸铝，属天然硅酸盐类物质。由天然陶土经风选、漂选、沉淀制得。

橡胶用陶土可分为硬质陶土和软质陶土，两者的主要区别是粒径及分布不同，见表 4-43，显然硬质陶土的补强性好于软质陶土。经表面改性处理的陶土称为活性陶土，具有较好的补强效果。

表 4-43　陶土的粒径及分布　　　　　　　　　　　单位：%

粒径	种类	
	硬质陶土	轻质陶土
$>5\mu m$	3	20
$2\sim5\mu m$	7	20
$<2\mu m$	90	60

陶土的补强性可达到半补强炭黑的补强效果，可用作天然橡胶、合成橡胶、胶乳和树脂的补强填充剂。含陶土的胶料加工容易，挤出物表面光滑，增大挺性和减小收缩率，同时也是炭黑和石墨的分散剂，故易与炭黑并用。

陶土有一定的迟延硫化作用，用量大时，宜配用少量活性剂，如三乙醇胺、二甘醇等。

② 碳酸钙　碳酸钙多为晶体结构，主要是六方晶系和斜方晶系等。若按制法不同可分为重质碳酸钙、轻质碳酸钙两种。

重质碳酸钙是用机械粉碎方法将石灰石、白垩或贝壳等天然资源粉碎筛选分级制得的。粒径一般在 $1\sim10\mu m$，作为填充剂应用。

轻质碳酸钙是由石灰石煅烧（180℃）生成消石灰（CaO），然后加水生成 $Ca(OH)_2$，再通入 CO_2 制成 $CaCO_3$，所以也称沉淀碳酸钙。轻质碳酸钙的粒子较细，通过控制生成条件可以获得不同粒径的产品，应用较广泛。

碳酸钙按粒径可分为普通碳酸钙、微细碳酸钙和超细碳酸钙三大类，见表 4-44。

表 4-44　$CaCO_3$ 的粒径范围

类型	粒径/μm
超细 $CaCO_3$	<0.1
微细 $CaCO_3$	$0.1\sim1$
普通 $CaCO_3$	$1\sim10$

经表面处理的碳酸钙，由表面亲水性变为疏水性，改善了与橡胶的亲和性，从而提高了补强效果，特别是动态性能较为显著。

碳酸钙是目前用量最多的白色补强填充剂之一，其补强性可达半补强效果。一般重质碳酸钙几乎没有补强效果，但能够降低胶料的挤出收缩率，提高挺性，改善绝缘性，而且价格较低；轻质碳酸钙有一定的补强效果，但仍以填充为主；活性碳酸钙的补强效果较好，其硫化胶伸长率、撕裂性能、压缩变形和耐屈挠性能都比一般碳酸钙为高。

碳酸钙在橡胶中的分散性较好，可以大量配用，但应控制水分含量（<0.4%），以免硫

化时产生气泡。

关于其他无机填料，由于种类繁杂，相关配合剂手册中均有介绍，不再赘述。

4.5.5　短纤维的补强作用

短纤维作为橡胶和热塑性弹性体的补强材料，得到人们的重视。短纤维补强就是将短纤维分散在橡胶基材中，成为补强性复合材料，使其既保持橡胶的高弹性，又兼具高模量、耐切割、耐撕裂、耐刺穿、低生热、低压缩变形和抗蠕变等优良性能。表 4-45 列出补强用短纤维的分类与示例。其中常用的是有机短纤维和部分无机短纤维。晶须是一种最小长度与最大截面直径（＜0.25mm）之比大于 10：1 的一维单晶材料，由于晶须内部和表面缺陷极少，近于理想晶体，其强度比普通纤维材料高数倍，是一种有前途的补强材料。

表 4-45　补强用短纤维的分类与示例

无机短纤维	玻璃纤维
	碳纤维
	氧化铝纤维
有机短纤维	维尼纶
	尼龙
	涤纶
	腈纶
	芳纶
晶须	石墨晶须
	氮化硅晶须
	金属晶须

短纤维的补强效果取决于长径比 (L/D)、取向状态、短纤维表面预处理和用量等因素。

（1）长径比　短纤维的长径比，又称形状系数，是短纤维的一个重要参数，直接影响对橡胶的补强效果。

短纤维补强，基材是橡胶，虽然负荷直接加于基材，但是有相当的负荷经基材传递到纤维上，此时纤维承受负荷的大小，在具有足够黏合力的前提下，主要取决于纤维长径比的大小，其受力情况如图 4-34 所示。

可看出，界面切应力 (τ) 以纤维两端处为最大，至纤维中部逐渐降为零，拉伸应力 (σ) 以纤维两端处为零，至纤维中部逐渐上升为最大值 (σ_f)。也就是说，由于纤维的两端不起承受负荷的作用，对一定直径的纤维，欲使纤维承受最大应力，纤维应该有一个临界长度 (l_c)，可推导出短纤维的临界长度的计算公式：

$$\frac{l_c}{d} = \frac{\sigma_f}{2\tau} \tag{4-7}$$

式中，σ_f 是纤维的拉伸强度；τ 是界面剪切强度或基材的剪切强度，两者之中取弱者；d 是纤维的直径。

对橡胶/纤维复合材料来说，一般 τ 值约为 55MPa，纤维的 σ_f 为 7000MPa，可算出理论上短纤维的长径比 $l_c/d>60$ 时，才有补强效果。考虑到短纤维在混炼加工中易拉断，因此短纤维的初始长径比一般控制在 $l/d=100\sim200$ 范围之间，长径比过大，纤维易缠结，影响补强效果。

（2）取向程度　短纤维在胶料中的取向程度决定了其性能的各向异性程度。在加工过程中，短纤维的排列方向与胶料流动方向平行，产生有向排列，因此在短纤维取向方向上拉伸强度高于其他方向，如图 4-35 所示，可看出，当短纤维排列方向与应力方向间夹角小于 20° 时胶料的强度大大提高。这种规律可用低应变模量（杨氏模量）表示为：

$$\frac{1}{E_\theta} = \frac{\cos^2\theta}{E_n} + \frac{\sin^2\theta}{E_r} \qquad (4\text{-}8)$$

式中，E_θ 为取向角为 θ 时的杨氏模量；E_n 为取向角为 0°时的杨氏模量；E_r 为取向角为 90°时的杨氏模量。

为了改变短纤维的排列方向，加工工艺需采用特殊设计的可变几何形状的机头口型。这种口型的工作原理是：短纤维胶料在扩张型流道内流动时，基材向垂直于流动方向扩延，这种扩延作用使纤维逐渐改变方向，纤维定向排列的角度与扩延程度有关，如图 4-36 所示。试验表明，当半径扩张比为 4∶1、扩张角为 60°～75°时，取向改变效果最好。

图 4-37 显示了传统口型挤出胶管与圆锥形扩张口型挤出的胶管短纤维的排列是不同的。若要短纤维混合取向排列，则需设计综合结构特征的口型。

（3）预处理　未经处理的有机短纤维由于表面存在羟基、酰氨基、酯基、氰基等极性基团，分子间作用力大，在橡胶中难以分散均匀，常以纤维束存在；无机短纤维虽然内聚力小，但韧性较差，混炼时长径比会减小至较低程度；同时这些短纤维表面非常光滑，都存在与橡胶间的黏结强度问题。因此，为了提高短纤维在橡胶中的分散性和混炼过程中长径比的保持率，增强短纤维与橡胶间的黏结性，需要对短纤维进行预处理，使经预处理的短纤维与橡胶之间存在某种物理或化学作用。图 4-38 显示了短纤维处理前后的补强效果。

关于短纤维预处理的方法，文献中有多种报道，但主要是浸渍法和干胶共混法（预分散法）。

① 浸渍法　在浸渍过程中，以液态高聚物和黏合剂为基础组分，将其浸渍在纤维表面，并渗透到纤维的毛细管中，从而增加短纤维的官能度及表面粗糙度，改善短纤维与橡胶间的浸润性，降低短纤维之间的亲和力，增加短纤维的分散性，而黏合剂有助于增加短纤维与橡

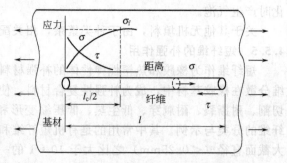

图 4-34　在短纤维中拉伸应力和切应力的分布

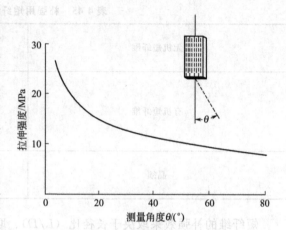

图 4-35　拉伸强度随测量角的变化

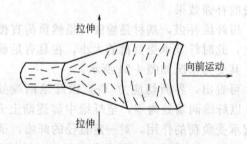

图 4-36　纤维排列方向的转变

(a) 传统口型挤出的胶管　　　(b) 圆锥形扩张口型挤出的胶管

图 4-37　传统口型与扩张口型挤出胶管的不同

胶之间的作用力。也可以在浸渍组分中加入表面活性剂改善材料的浸润性。例如通常采用的浸渍液是以天然橡胶或合成橡胶（主要为丁吡胶乳）与甲醛间苯二酚树脂构成的 RFL 浸渍体系。该体系对大多数纤维（维尼纶、尼龙、人造丝等）都适用。对聚酯和芳纶纤维，则应先用高活性化合物，如含有环氧基团的高聚物和芳香族多异氰酸酯的浸渍液浸涂，然后再用 RFL 体系浸渍。对化学惰性的玻璃纤维，可先用硅烷偶联剂对其进行表面处理后，再浸以 RFL 液。

② 干胶共混法　也称预分散法，是将少量橡胶、一定量的润滑剂和大量的短纤维混炼均匀制成短纤维的预分散体。润滑剂的存在不仅降低了短纤维间的亲和力，阻止了纤维间的缠结，而且改善了短纤维与橡胶间的作用。为了增加短纤维与橡胶间的黏结强度，在混炼中可以加入直黏剂，例如间苯二酚-六亚甲基四胺-白炭黑为基础的间甲白（HRH）等直接黏合体系。

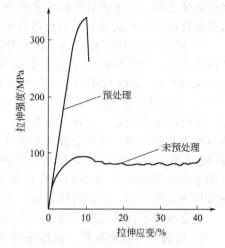

图 4-38　短纤维处理前后的补强效果

（4）用量　短纤维的用量对补强效果有明显的影响，如图 4-38 所示。纤维用量低时，易在较低应力下发生局部大变形，易使纤维与橡胶黏结破坏，导致拉伸强度下降；纤维用量增加时，会出现搭接效应，使材料中的应力趋于均匀地分散在所有短纤维之间，减弱了纤维端部处的应力集中，拉伸强度上升，同时橡胶变形受限，伸长率明显降低，如图 4-39 所示。

橡胶种类和纤维种类不同，产生的补强效果也不同。一般来说，短纤维可以补强所有的通用橡胶和特种橡胶，但是，纤维的类型不同，补强效果差别较大。

4.5.6　补强填充剂的进展

为了提高补强填充剂的补强效果，近年来通过增强填料/橡胶相互作用，降低填料/填料间相互作用的途径，研究出一些新型补强填充剂，其共同特征是技术含量高，更加精细化（图 4-40）。

（1）低滚动阻力炭黑　低滚动阻力炭黑是为了满足汽车轮胎领域要求大幅度降低轮胎滚动阻力，同时还要满足对其他性能的苛刻要求而生产的新炭黑品种。

① 超高结构炭黑　超高结构炭黑有较多高度链枝状聚集体（DBP 为 $140\sim170cm^3/100g$），在这些聚集体内部可产生相当多的吸留橡胶；而且这种链枝状聚集体在混炼加工中基本不被破坏。由于炭黑中的吸留橡胶部分被屏蔽而不受变形的影响，如同炭黑粒子的一个组成部分，相当于胶料含有比实际高得多的炭黑填充量。因此，在胶料中与常规品种炭黑相比较，超高结构炭黑可以在较低填充量下产生最佳的补强效果，可以在降低滚动阻力的同时，保持较好的耐磨性。超高结构炭黑的另一个特征是聚集体分布相对较宽，小聚集体可分散于

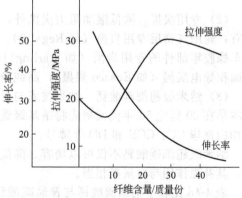

图 4-39　短纤维用量对橡胶拉伸
强度和伸长率的影响

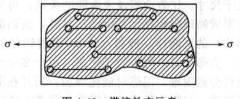

图 4-40　搭接效应示意

大聚集体之间，产生更有效的填充密度，有助于降低滞后损失，即滚动阻力。这类炭黑中结构性最高的是哥伦比亚公司的商品牌号为 CD2005～CD2038 系列炭黑。

② 炭黑/白炭黑双相填料　该品种炭黑号称生态炭黑，是卡博特公司采用共发烟技术生产的新产品。其结构特征是炭黑聚集体中镶嵌有白炭黑，称为"双相炭黑"（carbon-slica diphase filler，简称 CSDPF）。白炭黑相分散在炭黑相中，其中硅的质量分数为 3.5%～5.3%。研究表明，这种炭黑的准石墨结构区面积小于传统炭黑，晶格中形成更多的表面疵点，即吸附活性中心。这种生态炭黑的主要特点是提高了橡胶与填料间的相互作用，降低了填料间的相互作用，从而使胶料在降低滚动阻力的同时，有更好的综合性能。在添加双相炭黑的胶料中，结合橡胶的含量高于相同份数的炭黑/白炭黑并用胶料中的结合橡胶的含量，说明生态炭黑的填料/橡胶相互作用较强。CSDPF 填料容易混炼，与炭黑和白炭黑相比，它的混炼扭矩值较小，混炼时间较短，表明这种炭黑的填料/填料间相互作用较低。

生态炭黑已商品化产品有 Ecoblack CRX2000～CRX2006 系列。

③ 超高结构转化炭黑　也称为纳米结构炭黑（nano-black），是德固萨公司开发的新型炭黑，商品牌号 EB109～EB167。与常规炭黑相比较，纳米结构炭黑的微晶大小和表面粗糙度不同，如图 4-41 所示。在炭黑粒子表面有一些小的准石墨立方微晶粒，且排列极不规则，这种结构特征使炭黑粒子表面有极高的表面粗糙度，炭黑的吸附力增大。也就是说，橡胶分子链被紧密地吸附在粗糙的纳米结构炭黑的表面上，因此分子链沿炭黑表面的滑移运动受阻，从而降低了滞后损失，起到降低滚动阻力和生热性的作用。

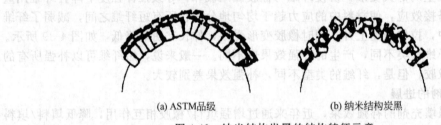

(a) ASTM品级　　　　　　　　(b) 纳米结构炭黑

图 4-41　纳米结构炭黑的结构特征示意

（2）专用炭黑　除低滚动阻力炭黑外，国外近年来还研发了一些专用炭黑产品系列。主要有：轮胎气密层专用炭黑（如 Regal 80、Regal 90 炭黑）；工业橡胶制品专用炭黑，包括汽车橡胶零部件的专用炭黑（如 sterling1120～8860 炭黑，XE-37 炉法软质炭黑等）；低比表面积导电炭黑（如 Ensaco 炭黑）；高纯净度炭黑等品级。

（3）纳米级超细碳酸钙　纳米技术与材料是当今材料科学领域中研发的热点，实际上，日本早在 20 世纪 50 年代就率先将纳米级碳酸钙投入工业化生产并成功地应用于橡胶工业，比如白艳华 CC、CCR 和 DD 等牌号。

纳米级超细碳酸钙不仅可以增容、降低成本，还具有补强作用。粒径小于 20nm 的碳酸钙，其补强作用与白炭黑相当。

表 4-46 比较了纳米碳酸钙与普通碳酸钙的主要技术指标，从中可以看出纳米级碳酸钙有以下特点。

① 粒子细、比表面积大，平均粒径为 40nm 左右。表 4-47 通过理论计算显示了碳酸钙粒子尺寸、比表面积及表面能的关系。可见，纳米碳酸钙的比表面积比普通碳酸钙大得多，为形成物理吸附提供了保证；另外，表面能的增大也增大了纳米粒子附聚生成附聚体（二次结构）的可能性，例如，40nm 碳酸钙的粒径分布表明，能以单个粒子形式存在的不到半数，大部分是以附聚粒子形式（由十多个至数十个单个粒子组成）存在。这表明，纳米级碳酸钙分散困难，混炼时能耗增加，而且在混炼过程中附聚体若不能被碾碎分散，可能会在胶料中进一步附聚形成填料网络，易成为应力集中点，导致补强效果下降。

表 4-46　纳米碳酸钙与普通碳酸钙主要技术指标

项目	纳米碳酸钙			普通轻质碳酸钙	普通重质碳酸钙
	白艳华 CC	白艳华 CCR	白艳华 DD		
密度/(g/cm³)	2.55	2.55	2.55	2.65	2.70
平均粒径/nm	40	40	40	≤1500	<2700
BET 比表面积/(m²/g)	≥24	≥24	≥24	≥2.8	≤1.0
白度/%	≥98	98	≥92	≥97	≥89
碳酸钙质量分数	≥0.965	≥0.965	0.965	≥0.965	≥0.965
水分质量分数	≤0.01	≤0.01	≤0.01	≤0.05	≤0.01
pH 值	8.7~9.5	8.7~9.5	8.7~9.5	8.7~9.7	8.0~9.0
加热减量/%	44±1	44±1	44±1	44±1	44±1
外观	白色粉末	白色粉末	白色粉末	白色粉末	白色粉末
粒子形状	立方体状部分成链	立方体状部分成链	立方体状部分成链	纺锤状	无规则
表面处理方法	脂肪酸	脂肪酸	树脂酸	未处理	未处理
活化率/%	≥95	≥95	≥95	—	—
主要用途	橡胶	塑料,橡胶	橡胶,油墨	橡胶,塑料	橡胶,塑料

表 4-47　碳酸钙粒子尺寸、比表面积及表面能的关系

项目	粒子尺寸(正方形边长)			比表面积/(m²/g)	表面能/(J/mol)
	/nm	/μm	/mm		
普通粒子	1×10^5	100	1×10^{-1}	2.3×10^{-2}	23.8×10^{-4}
	1×10^4	10	1×10^{-2}	2.3×10^{-1}	23.8×10^{-3}
	1×10^3	1	1×10^{-3}	2.3×10^0	23.8×10^{-2}
纳米粒子	100	0.1	1×10^{-4}	2.3×10^1	23.8×10^{-1}
	10	0.01	1×10^{-5}	2.3×10^2	23.8×10^0
	1	0.001	1×10^{-6}	2.3×10^3	23.8×10^1

② 粒子晶型为立方体状，部分粒子连接成链状形态，具有类结构性，与呈纺锤状的轻质碳酸钙和呈无规则状的重质碳酸钙明显不同。由于链状结构形态属于一次结构，这种结构越多，填料的结构化水平越高，补强性越好。

③ 由于碳酸钙是亲水性的粉体，特别是纳米碳酸钙必须做相应的表面活化处理，降低其表面能，提高与橡胶的湿润性和相互作用，改善其分散性。

④ 白度较高，增白效果好。纳米级碳酸钙可以部分或大部分替代炭黑和白炭黑作补强填充剂，具有填充量大（可达 100 质量份）、补强和增白效果好等优点，适宜在浅色橡胶制品中推广应用。

（4）黏土纳米复合技术　黏土纳米复合技术是通过层间扦入法将黏土以纳米级水平分散于高聚物中，以提高其性能。黏土（陶土）粒子是由层状硅酸盐微晶构成的聚集体，其粒子的尺寸为 0.1~1μm。层间扦入法是将单体或多聚物扦（渗）入层状结构的片层之间，利用聚合反应的放热效应破坏硅酸盐的片状叠层结构，从而将微米尺度的硅酸盐颗粒剥离成纳米厚度的片层单元，并使其均匀分散于高聚物基体材料中。

（5）其他无机纳米填料　由于纳米粒子展现出许多奇异的特性，引起人们广泛的重视。除以上介绍的纳米填料之外，文献中还报道了诸如纳米白炭黑、纳米二氧化钛、纳米氧化铝及纳米氧化锌和碳纳米管等无机纳米填料的应用研究。

4.6　增塑和加工助剂体系

增塑剂和加工助剂都属于广义的加工助剂体系，主要作用都是改善材料的加工性能，提

高工艺质量和效率。

4.6.1　增塑（软化）体系

增塑（软化）体系剂是一类不易挥发的低分子量的有机化合物，其作用是降低胶料的黏度，改善加工性能，使填充补强剂分散均匀，便于压延、挤出等一系列工艺操作；能改善硫化胶的某些物理机械性能，如降低硬度和定伸应力，降低玻璃化温度，提高耐寒性等。增塑剂用量范围较大，少则几质量份至十几质量份，多则可达几十质量份，过去习惯上把非极性增塑剂称为软化剂。

增塑剂的种类很多，按其来源不同可分为石油系增塑剂、煤焦油系增塑剂、植物油系增塑剂和合成增塑剂四大类。

（1）石油系增塑剂　石油系增塑剂是石油炼制过程中的副产物或由石油残渣炼出来的产品。在天然橡胶和通用合成橡胶中都能适用，是橡胶工业中使用最多的增塑剂之一。这类增塑剂具有增塑效果好、来源丰富、成本低的特点，例如操作油、机油、凡士林、沥青、石油树脂等种类。

① 操作油　操作油是石油的高沸点馏分，由分子量在 $300 \sim 600$ 的复杂烃类化合物组成，具有很宽的分子量分布，还含有烯烃和少量的杂环混合物等。操作油可分为芳香烃类、环烷烃类和链烷烃类。

在材料设计中，应根据橡胶与增塑剂的特性和材料的使用要求选择增塑剂品种，确定其用量。表 4-48 列举了操作油特性、相容性、用量及对橡胶性能的影响。

表 4-48　操作油特性、相容性、用量及对橡胶性能的影响

特性	橡胶	溶度参数 δ /$(J/cm^3)^{1/2}$	链烷烃油		环烷烃油		芳香烃油	
			$\delta, 12.6$	用量 /质量份	$\delta, 16.6$	用量 /质量份	$\delta, 17.3$	用量 /质量份
相容性	EPDM	16.3	良	$10 \sim 50$	良	$10 \sim 50$	良	$10 \sim 50$
	NR	16.8	良	$5 \sim 10$	良	$5 \sim 15$	良	$5 \sim 15$
	SBR	17.4	中	$5 \sim 10$	中	$5 \sim 15$	良	$5 \sim 50$
	BR	16.5	良	$10 \sim 25$	中	$10 \sim 25$	良	不使用
	IIR	15.7	良	$10 \sim 25$	中	$10 \sim 25$	差	不使用
	CR	18.9	差	不使用	中	$5 \sim 15$	良	$10 \sim 50$
	NBR	19.4	差	不使用	差	不使用	中	$5 \sim 30$
胶料性能	低温性能		优		良		中	
	加工性能		差		良		优	
	蒸发性(200℃以上)		无		很小		无	
	污染性		优		良		差	
	硫化速率		迟缓		中等		快	
	生热性		低		中		高	
	回弹性		优		良		良	
	拉伸强度		良		良		良	
	300%定伸应力		良		良		良	
性质	黏度 $SUS^{①}$(37.8℃)		$100 \sim 500$		$100 \sim 2100$		$2600 \sim 1500$	
	相对密度(15℃)		$0.86 \sim 0.88$		$0.92 \sim 0.95$		$0.95 \sim 1.05$	
	苯胺点/℃		$90 \sim 121$		$66 \sim 82$		$32 \sim 49$	
成分/%	石蜡烃碳原子(C_P)		$64 \sim 69$		$41 \sim 46$		$34 \sim 41$	
	环烷烃碳原子(C_N)		$28 \sim 33$		$35 \sim 40$		$11 \sim 29$	
	芳香烃碳原子(C_A)		$2 \sim 3$		$18 \sim 20$		$36 \sim 48$	

① 赛波特通用黏度。

② 其他常用石油系增塑剂

a. 机油类　机油类增塑剂包括机械油、锭子油、变压器油等。机械油根据其黏度从小到大，分为10#、20#、40#、50#等牌号，是由石油的润滑油馏分经脱蜡处理制得，不污染，适用于顺丁橡胶等。锭子油由含烯烃的轻质石油馏分经三氯化铝催化处理制得。有较好的工艺性能，适用于浅色橡胶制品。变压器油由石油润滑油馏分经脱蜡、酸碱洗涤或用白土处理制得，耐氧化、凝固点低、有较好的耐寒性及绝缘性。

b. 工业凡士林　褐色膏状物，由石油残油精制而成，污染性小，能使胶料具有较好的压延和挤出性能，但软化效果并不突出，易喷出制品表面，一般用量3~5质量份。

c. 石油树脂　黄色或棕色树脂状固体，分子量为600~3000，是由裂化石油副产品烯烃和环烯烃进行聚合或与醛类、芳烃、萜烯类化合物共聚而成。有增塑和增黏作用，可作为松香的代用品，适用于 NR、SBR、BR 等橡胶以及它们的并用胶。用量一般为3~10质量份。

d. 抽出油　是润滑油的副产品，是从原油中抽出。有三线油、六线油及残渣抽出油（分别简称为 K_3、K_6 及 K_7）三种，为淡绿色油状体。适用于 NR、SBR、BR 以及它们的并用胶。用量为3~50质量份。

e. 沥青　由石油的沥青成分经过加热氧化聚合而制成，也称矿质橡胶。有一定的补强作用，能增加橡胶的弹性、强度、抗水性等性能，增加材料的黏性和挺性。用量为5~10质量份。

以上石油系增塑剂根据它们的性能和结构，可大致归纳如下的规律性：随分子量增加，增塑剂的黏度、软化点也递增，即由稀液→黏稠液→半固体→固体；随结构中芳香烃含量增加，可提高其增塑作用和增黏作用（自黏性和互黏性），如图4-42所示。

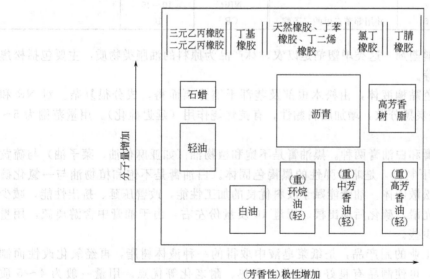

图4-42　橡胶与增塑剂的匹配

（2）煤焦油系增塑剂　煤焦油系增塑剂是炼焦的副产物，包括煤焦油、重蒽油和古马隆树脂。

煤焦油是煤经过干馏而得的油状产物，主要成分是芳香稠环烃和杂环化合物，与橡胶的相容性较好，有延迟硫化和脆性温度高的缺点。

重蒽油是从煤焦油中分馏而得，当其用量不超过5质量份时，对 NR 和 SR 性能均无明显影响，在 NBR 中使用时，可提高耐油性。

古马隆树脂是煤焦油系增塑剂中最重要的品种。煤焦油经硫酸处理，分离可得到古马隆（苯并呋喃）、茚和环戊二烯等成分，其中古马隆与茚共聚即得古马隆树脂，化学式如下。

$$\begin{bmatrix} -CH-CH-CH-CH- \\ O \qquad\qquad CH_2 \end{bmatrix}_n$$

古马隆树脂除具有增塑作用外，还兼有增黏、补强等作用，根据聚合度不同有固体和液体之分，见表 4-49。

表 4-49　古马隆树脂的分类

类别	软化点/℃	室温下外形	用　　途
液体古马隆	5～35	黏稠液	天然橡胶及合成橡胶的增黏剂
半固体	35～75	黏性块状体	软化剂、增黏剂
固体	75～135	脆性固体	软化剂、增黏剂、补强剂

古马隆树脂在橡胶中兼起多种作用，与橡胶的相容性很好，可抑制喷霜，促进分散，不污染，对硫化不干扰（本身呈中性），而且显示一定的补强作用。它在部分橡胶中的用量见表 4-50。

表 4-50　古马隆树脂在某些橡胶中的用量范围

胶种	用量/质量份	备注	胶种	用量/质量份	备注
NR	4～5		NR/SBR	3～5	
NR/BR	5～7		NBR	10～25	
NR/CR	4～6	并用邻苯二甲酸二丁酯	CR	10	

（3）植物油系增塑剂　这类增塑剂是以农、林产品为原料的油脂类物质，主要包括松焦油、油膏、妥尔油等。

松焦油为黑褐色黏稠液体，由松木根部及茎部干馏分离而得，成分很复杂。对 NR 和 SR 均适用，能促进炭黑分散，增加胶料黏性，有抗焦烧作用（延迟硫化）。用量范围为 5～10 质量份。

油膏分为黑油膏和白油膏两种。黑油膏是不饱和植物油（如亚麻仁油、菜子油）与硫黄在 160～170℃加热下制得，是略带弹性的黑褐色固体。白油膏是不饱和植物油与一氯化硫共热而制得的白色松散固体。油膏能赋予胶料优良的加工性能，改善压延、挤出性能，减少收缩率，使半成品光滑，硫化后易出模。用量 10 质量份左右，由于油膏中含游离硫，用量大时，硫黄用量应少些。

妥尔油是造纸工业的副产品，是纸浆皂液中取得的一种液体树脂，再经氧化改性而制得。增塑效果较好，可使制品有良好的密着、耐热、耐老化等优点。用量一般为 4～5 质量份。

（4）合成增塑剂　合成增塑剂是一类重要的增塑剂，应用范围不断扩大，由于价格较高，总的使用量较石油系增塑剂少些。合成增塑剂可简单分为酯类、聚酯类、环氧油类以及低聚物类等几类。主要用于极性橡胶，能显著改善橡胶的加工性能，提高耐寒性和弹性等性能。

① 酯类增塑剂　酯类增塑剂为极性化合物，主要用于一些极性橡胶，可分为邻苯二甲酸酯类、脂肪二元酸酯类、脂肪酸酯类以及磷酸酯和亚磷酸酯类等品种。

邻苯二甲酸酯类增塑剂目前用量较大，与橡胶相容性较好，增塑效果好，可提高橡胶的耐油性和耐寒性。表 4-51 是常用的邻苯二甲酸酯类增塑剂。

表 4-51　常用的邻苯二甲酸酯类增塑剂

名称	缩写	$\delta/(J/cm^3)^{1/2}$	名称	缩写	$\delta/(J/cm^3)^{1/2}$
邻苯二甲酸二甲酯	DMP	21.4	邻苯二甲酸二辛酯	DOP	18.2
邻苯二甲酸二丁酯	DBP	19.2	邻苯二甲酸二异辛酯	DIOP	18.2

脂肪二元酸酯类增塑剂主要作为耐寒性增塑剂应用。常用的脂肪二元酸酯类增塑剂见表 4-52。

表 4-52　常用的脂肪二元酸酯类增塑剂

名称	缩写	$\delta/(J/cm^3)^{1/2}$	特　性
己二酸二辛酯	DOA	17.8	优异的耐寒性,挥发性较大
癸二酸二丁酯	DBS	18.2	优良的耐寒性,挥发性较大
癸二酸二辛酯	DOS	17.8	优良的耐寒性,低挥发性和绝缘性

脂肪酸酯类增塑剂有代表性的品种为多元醇酯,主要有:

a. 一缩二乙二醇 $C_5 \sim C_9$ 脂肪酸酯,简称 1259 酯;

b. 二缩三乙二醇 $C_5 \sim C_9$ 脂肪酸酯,简称 2359 酯;

c. 一缩二乙二醇 $C_7 \sim C_9$ 脂肪酸酯,简称 1279 酯。

使用橡胶 100 质量份,分别与上述 3 种增塑剂、季戊四醇 $C_7 \sim C_9$ 酸酯、DBP 以及 DBS 各 30 质量份进行耐寒性试验,其结果见表 4-53,可看出,1279 酯具有更好的耐寒性,耐寒系数高达 0.75。说明 1276 酯用于合成橡胶中作为主增塑剂,可以取代 DBS 和 DBP,而且价格较低。因为 1279 酯分子结构中带有醚键,与橡胶相容性好,增加了橡胶分子的柔性,故其低温性能优于 DBS,而且其迁移性较小。

表 4-53　六种增塑剂胶料的耐寒系数

增塑剂	丁腈橡胶		氯丁橡胶	
	−25℃	−35℃	−25℃	−35℃
1259 酯	0.69	0.38	0.56	0.39
1279 酯	0.75	0.44	0.62	0.50
2359 酯	0.63	0.31	0.58	0.47
$C_7 \sim C_9$ 酯	0.45	0.18	0.51	0.31
DBP	0.38	0.22	0.54	0.44
DBS	0.61	0.47	0.59	0.45

磷酸酯和亚磷酸酯是一类具有较大极性和突出阻燃性能的增塑剂,主要品种及作用见表 4-54。

表 4-54　主要磷酸酯和亚磷酸酯增塑剂

名　称	性能特征
磷酸三丁酯	挥发性较大,适用于含氯的橡胶
磷酸三甲酚酯	耐油、绝缘、耐真菌、耐磨、抗污染,但耐寒性差,用于 CR 和 SBR 橡胶
磷酸三辛酯(TOP)	增塑效果较差,可与其他磷酸酯并用
磷酸二苯异辛酯	能与大多数橡胶相容,阻燃、耐寒、耐水、耐磨及电性能均较好
磷酸三甲苯酯(TCP)	能与多种橡胶相容,挥发性低、耐水、阻燃、酸度低
磷酸甲苯二苯酯	溶剂化和增塑效果好,耐低温、耐磨,光稳定性较差
磷酸三(丁氧基)乙酯	优良的耐寒性、阻燃性和防老化性,但迁移性较大
三芳基磷酸酯	优良的阻燃性,优良的抗霉能力
亚磷酸酯类	分子内含 P—O 键和 P—C 键,耐热(350℃以下),光稳定性好

② 聚酯类　聚酯类增塑剂的分子量较大，一般在 1000～8000 范围，所以它们的挥发性和迁移性都很小，具有良好的耐久性，享有永久性增塑剂之称。赋予硫化胶良好的耐热性、耐油性和耐水性，改善加工性能。

聚酯类增塑剂通常以二元酸的成分为主进行分类，分别称为癸二酸系、己二酸系、邻苯二甲酸系等。癸二酸系聚酯增塑剂的分子量为 8000，增塑效果好，对油类和水有很好的稳定性。己二酸系聚酯增塑剂的分子量为 2000～6000，增塑效果不及癸二酸系，耐水性较差，但耐油性较好。邻苯二甲酸系聚酯增塑剂价廉，但增塑效果不太好，无显著特性，应用不多。

③ 环氧油类　环氧油类增塑剂的特点是分子中含有环氧结构 $\overset{\displaystyle -CH-CH-}{\underset{\displaystyle O}{\diagdown\diagup}}$ ，代表性的品种是环氧大豆油，它对光、热稳定性好，耐水、耐油，与橡胶相容性较好，挥发性低，耐迁移，耐天候和耐电击。

④ 含氯类　含氯类增塑剂是阻燃性增塑剂，主要由氯化石蜡、氯化脂肪酸酯和氯化联苯组成，氯化石蜡含氯量在 35%～70%。具有良好的阻燃性、电绝缘性和化学惰性，能增加制品的光泽。氯化脂肪酸酯类多为单酯增塑剂，其耐寒性和相容性比氯化石蜡好，随氯含量增加耐燃性增大，但耐寒性下降。氯化联苯耐燃性良好，对金属无腐蚀作用，挥发性小，相容性和电绝缘性良好，有耐菌性。

⑤ 低聚物增塑剂　一般增塑剂加入橡胶中，长时间后难免要挥发，用量多又会喷出，导致制品收缩变形，影响使用寿命。从 20 世纪 60 年代起，陆续出现了低聚物增塑剂（分子量一般 4000～6000），即液体橡胶类增塑剂。这类增塑剂在加工过程中起物理增塑剂的作用，在硫化时可参与交联或本身聚合，防止挥发或被抽出，提高胶料物理机械性能。据报道：

a. 端基含有乙酸酯基的丁二烯及异戊二烯低聚物，可作为通用橡胶的增塑剂；

b. 液体丁腈橡胶对丁腈橡胶有优越的增塑效果；

c. 液体氯丁橡胶 FB 和 FC，可作为氯丁橡胶的增塑剂；

d. 由四氯化碳及三溴甲烷作调节剂合成的苯乙烯低聚物，可作为异戊橡胶、丁腈橡胶和顺丁橡胶的增塑剂；

e. 低分子量偏氟氯乙烯和六氟丙烯聚合物，也称氟蜡，可用作氟橡胶的增塑剂等。

4.6.2　加工助剂体系

加工助剂是一类用量较少却能改善胶料加工性能的材料。具有提高加工性能、节省能源、提高产品质量和生产效率而不影响胶料物理机械性能的特点。

对加工助剂的特性要求和作用可用表 4-55 表示。从中可以看出，由于加工助剂功能之多，决定了其品种之繁。常用的加工助剂包括塑解剂、均匀剂、分散剂、增强剂、增黏剂、脱模剂等种类。

表 4-55　加工助剂的特性和作用

项　目	产量	质量	项　目	产量	质量
提高填料分散性	—	Y	减小挤出膨胀	Y	Y
缩短混炼时间	Y	—	较优压延性能	Y	Y
降低混炼能耗	Y	—	缩短注射时间	Y	Y
较好开炼性能	Y	Y	提高脱模性能	Y	Y
较快挤出	Y		易于加工	Y	
较低生热	Y		改善产品外观		Y

注：Y 表示"是所要求的"。例如提高填料分散性是改善质量所要求的。

目前，橡胶用加工助剂仍在不断发展，品种和应用范围日益增加和扩大。

(1) 塑解剂　塑解剂可有效地提高生胶的塑炼效果，缩短混炼时间，对胶料各组分的混炼均匀性也有改进作用。塑解剂分为化学塑解剂和物理塑解剂两种。

化学塑解剂是通过化学作用增强生胶塑炼效果，缩短塑炼时间的化学品。化学塑解剂的作用有两种情况：一种是塑解剂本身在热氧作用下产生自由基，使橡胶分子链裂解；另一种是封闭塑炼时橡胶分子链断链的端基，使其表失活性，不再重新结聚。

化学塑解剂的用量一般在 2 质量份以下。常用的化学塑解剂大多是硫化合物，如硫酚、硫酚锌盐、芳烃硫化物以及噻唑类和胍类促进剂等。

物理塑解剂实质上是弹性体和填料网络中的内润滑剂，因此在混炼时，只需较小剪切力或在较低温度下使胶料产生更大的流动，可以降低能量消耗和避免焦烧。目前广泛应用的物理塑解剂是不饱和或饱和脂肪酸、脂肪酸酯或其锌皂等，如 Z-210、Z-210E 等。

(2) 均匀剂　均匀剂的主要功能是解决不同极性橡胶的共混问题，即橡胶之间的均匀分散。均匀剂实际上是不同极性的较低分子量树脂的混合物，因此它在相容性较差的两种橡胶之间起类似溶剂作用。均匀剂在解决高聚物共混的同时，也改善炭黑、填料、纤维质填料和胶粉的分散，提高胶料自黏性，缩短混炼时间。目前均匀剂主要是环烷烃、芳香烃等不同树脂的混合物。例如 Struktol 40MS、Struktol 60NS、Struktol HP55 和 Struktol TH10A 等。

(3) 分散剂　分散剂主要是改善胶料中粉料的分散性，多为高分子量脂肪酸酯的缩合物或与金属皂类的混合物，可以加快粉料的分散、防止粘辊，有利于提高胶料的流动性，减少焦烧和缩短加工时间。例如 AT-C、AT-B、胶易素和 FS-200 等国内产品，国外产品有 Struktol WB212、Dispergator FL 和 Aflux 系列产品等。

(4) 增强剂　增强剂一般是特定的线型酚醛树脂，它在固化剂（如六亚甲基四胺或蜜胺树脂固化剂等）存在下，可以进一步在橡胶中交联形成树脂相。这种树脂与炭黑和橡胶之间存在强极性的相互作用，使橡胶制品提高包括模量、硬度、黏弹性及物理机械性能，同时还具有增黏剂和增塑剂的功能。国外产品主要有 Durez 系列、SP 系列、Duphene 系列、PA53 系列、Koreforte 系列和 R 系列等；国内产品有 BQ205、BQ206、PFM-P、PFM-C 和 PFM-PC 等牌号。

(5) 增黏剂　增黏剂的作用是提高橡胶的自黏性，改善多层橡胶复合制品各部件贴合成型的黏性，确保成型工艺和产品质量。增黏剂主要有石油烃树脂、古马隆树脂、苯乙烯-茚树脂、苯乙烯-丁二烯树脂和非热反应型烷基酚醛树脂等。其中非热反应型烷基酚醛树脂增加的黏性是石油树脂的 2～3 倍。国内国外均有多种牌号的增黏剂供选用，其中乙炔酚醛树脂 (koresin) 的性能较好。

4.7　其他助剂体系

其他助剂体系主要包括发泡剂和阻燃剂等特殊性能助剂。

4.7.1　发泡剂

发泡剂是在硫化过程中能产生气体（如 N_2、CO_2 等），从而使橡胶材料成为多孔结构制品的专用配合剂。发泡剂总的要求是：化学稳定性好，无毒无臭，发泡后不产生污染作用；在短时间内能完成气体的分解作用，且发气量可调节；粒度均匀，易分散等。

根据发泡过程的不同，可分为物理发泡和化学发泡两种。物理发泡采用物理发泡剂，如脂肪烃（戊烷、庚烷等）、卤代脂肪烃（二氯乙烷、三氯氟甲烷等）以及空气等，依靠它们在高聚物中物理状态的改变形成大量气泡。化学发泡是依靠化学发泡剂分解产生气体实现发泡过程的，在橡胶工业中以化学发泡为主。

化学发泡剂是热敏物质，易受热分解，可分为有机和无机两种类型。无机发泡剂的分解温度较低，分解出的气体渗透性较大，难于制得闭孔结构，因此应用范围不广。目前大多采用有机发泡剂，这类发泡剂的分子中几乎都含有 $=N-N=$ 或 $-N=N-$ 结构，这些结构比较不稳定，受热易断裂放出氮气和少量其他气体，从而起到发泡作用。表 4-56 列出了常用的无机和有机发泡剂。为了调节发泡剂的分解温度和分解速率，改进发泡工艺，稳定发泡结构，提高发泡质量，往往采用发泡助剂与发泡剂并用。常用的发泡助剂有尿素和氨基化合物，如尿素、乙醇胺等；有机酸类，如硬脂酸、苯甲酸、水杨酸等；有机酸或无机酸的盐类，如硬脂酸锌、明矾等；金属氧化物，如氧化锌等；其他如多元醇、有机硅等。发泡剂助剂的用量一般为发泡剂用量的 $50\%\sim100\%$，要注意对硫化速率的影响。

表 4-56　常用的无机和有机发泡剂

	名称	化学式	分解温度/℃	产生气体	气体量/(mg/L)	备注
无机发泡剂	碳酸氢钠	$NaHCO_3$	$60\sim150$	CO_2	267	需使用硬脂酸作发泡助剂，分散性较差
	碳酸氢铵	NH_4HCO_3	$36\sim60$	CO_2,NH_3	$35\sim60$	
	碳酸铵	$(NH_4)_2CO_3$	$40\sim120$	CO_2,NH_3	$30\sim40$	
有机发泡剂	N,N'-二亚硝基五亚甲基四胺（H、BN、DPT）		205	N_2,NH_3	260	发泡助剂为有机酸和尿素
	偶氮二甲酰胺（AC、ADCA）		$195\sim200$	N_2,CO,CO_2,NH_3	$200\sim300$	发泡助剂为有机酸、尿素、乙胺三甲基硫酸铝等
	o,o-氧化二苯磺酰肼（OT、OBSH）		$130\sim160$	N_2	$120\sim130$	不需加发泡助剂
	偶氮二异丁腈（AZDN）		100	N_2	155	有微量四甲基丁二腈产生，有毒，应通风良好
	对甲苯磺酰肼（TSH）		$104\sim110$	N_2	125	可不用发泡助剂

目前陆续出现了一些商品化复合发泡剂，复合发泡剂选择性强，可以针对不同的高聚物、不同的成型工艺进行选择。这类发泡剂大多是以 AC、H、OT 和无机发泡剂为主要原料，匹配发泡助剂及其他添加剂构成，复合发泡剂克服了单一发泡剂本身的缺点。

发泡剂是在硫化过程中产生气体致使硫化胶形成多孔结构的，整个发泡过程是十分复杂的物理化学过程，影响因素很多，诸如橡胶种类、填充体系、软化体系等，但影响发泡质量和泡孔结构的主要因素是发泡剂的选择与硫化体系相匹配，包括发泡温度与硫化温度的匹配和发泡速率与硫化速率的匹配。

4.7.2 阻燃剂

阻燃剂是一类赋予硫化胶阻燃性能的化合物。橡胶在高温下发生裂解产生的可燃性低分子物与空气中的氧作用产生燃烧，而燃烧中产生的大量热又促进了燃烧更剧烈地进行。加入阻燃剂可以阻滞燃烧过程，有的阻燃剂能抑制高聚物裂解产生的自由基或阻止氧向高聚物燃烧表面扩散，或者产生惰性气体冲淡燃烧气体，在高聚物表面形成保护层；有的阻燃剂受热时放出结晶水、吸收热量或提高热传导性，起到降温作用。

阻燃剂可分为两种类型，即反应型和添加型。反应型阻燃剂是在高聚物聚合过程中加入的，这种阻燃剂阻燃效果好，但价格高、品种少，应用不多。添加型阻燃剂是在高聚物加工过程中加入的，是通过自身的燃烧变化发挥阻燃作用，是目前橡胶工业中应用最广的阻燃剂。

添加型阻燃剂分为有机和无机两类，品种包括含磷、含卤素、含卤磷、含锑、含铝、含钼以及含硼等化合物。表 4-57 和表 4-58 分别列出常用添加型有机和无机阻燃剂。

表 4-57　常用添加型有机阻燃剂

名　称		分子量	阻燃元素含量/%			作用
			P	Cl	Br	
含磷	磷酸三甲苯酯(TCP)	368.4	8.3	—	—	生成水和不燃性气体形成保护层，降低燃烧速率
	磷酸甲苯二苯酯(CDPP)	340	9.1	—	—	
	磷酸三苯酯(TPP)	326.5	9.5	—	—	
	磷酸二苯一辛酯(DPOP)	362.4	8.57	—	—	
含卤素	氯化石蜡	900~1000	—	40~72	—	生成含卤气体，隔离氧和热源。含溴阻燃剂较含氯阻燃剂效果好
	全氯五环癸烷	540	—	78.3	—	
	四溴乙烷	346	—	—	92.5	
	四溴丁烷	374	—	—	85.5	
	六溴环十二烷	632	—	—	76	
	六溴苯	515	—	—	86.9	
	十溴联苯	944	—	—	84.6	
	十溴二苯醚	960	—	—	83.4	
	四溴双酚 A	944	—	—	65~67	
含卤磷	三(β-氯乙基)磷酸酯	286	10.8	37.4	—	具有卤素与磷协同效应特点，阻燃效果好
	三(一氯丙基)磷酸酯	328	9.5	32.5	—	
	三(2,3-二氯丙基)磷酸酯	428	7.2	49.4	—	
	磷氯化合物	611	15	27	—	
	磷氯低聚物	—	14	26	—	
	三(2,3-二溴丙基)磷酸酯	697	4.45	—	63.9	
	三(溴氯丙基)磷酸酯	560	5.54	19	42.8	
	三(2,3-二溴丙基)氯丙基磷酸酯		5.1	11.6	52.6	
	溴氯磷酸酯	—	10.1	22	12.5	
	含卤多磷酸酯	855	6	17	45	

大多数阻燃剂在橡胶中的阻燃效果与其用量并不成正比例关系，并用比单用的效果好，但应注意并用时产生的协同效应和消长效应。产生协同效应的并用类型有含卤素与含锑阻燃剂并用、含卤素与含磷阻燃剂并用等；产生消长效应的并用类型有碳酸钙与含卤素（或含磷）阻燃剂并用、含锑与含磷阻燃剂并用等，应避免应用。

表 4-58　常用添加型无机阻燃剂

名称		作用
含锑	三氧化二锑	不宜单用,与含卤阻燃剂并用,生成三卤化锑和氧化卤锑起阻燃作用
含铝	氢氧化铝	受热时有较多结晶水脱出,起稀释与降温作用
含硼	硼酸 硼酸锌 硼酸钠 硼酸钡 氟硼酸铵	形成保护层,脱出结晶水,稀释可燃性气体,降低燃烧温度,有消烟效果
含钼	氧化钼 二钼酸铵 八钼酸铵	有阻燃和消烟作用,促进炭化层和卤化氢的形成

4.8　材料设计程序与方法

随着经济的发展,橡胶材料的应用范围越来越广泛,原材料品种日益增多,对材料性能、环保和节能方面的要求也更加苛刻。由于橡胶材料工作者面对的信息量越来越大,为材料配方设计提供了广阔的技术空间。因此必须不断提高材料的设计水平,实现提高质量、降低成本、缩短新材料研发周期。

4.8.1　材料配方的表示形式

材料配方是一份表示生胶和各种配合剂用量的配比表。生产配方包含的内容较为详细,包括胶料名称及代号、胶料的用途、生胶及各种配合剂用量、含胶率、密度、成本及胶料的物理机械性能等。

同一种材料配方根据不同的需要可用不同的形式来表示,通常有下列四种,见表 4-59。

表 4-59　材料配方的表示形式

原材料	用量/质量份	质量分数/%	体积分数/%	生产配方/kg
天然橡胶	100	62.2	76.7	50
硫黄	3	1.8	1.00	1.5
促进剂 M	1	0.6	0.50	0.5
氧化锌	5	3.1	0.60	2.5
硬脂酸	2	1.2	1.60	1
炭黑	50	31.0	10.60	25
合计	161	100.00	100.00	80.5

① 以质量份来表示的配方,即以生胶的质量为 100 质量份,其他配合剂用量都相应以质量份表示。这种配方称为基本配方,常在实验中应用。

② 以质量分数来表示的配方,即以胶料总质量为 100%,生胶及各种配合剂用量都以质量分数来表示。这种配方可以直接从基本配方中算出,常用于计算原材料成本。

③ 以体积分数表示的配方,即以胶料的总体积为 100%,生胶及各种配合剂都以体积分数来表示。这种配方也可从基本配方中算出,其算法是将基本配方中生胶及各种配合剂的质量份分别除以各自的密度,求出它们的体积分数,然后以胶料的总体积分数为 100%,分别求出它们的体积分数。

④ 生产配方是实际生产线上用的质量配方。设定混炼机(开放式或密闭式炼胶机)的有效容量等于胶料的总质量(Q),用 Q 除以基本配方总质量得换算系数(a)。

$$a = \frac{Q}{\text{基本配方总质量}}$$

用换算系数乘以基本配方中各组分的质量份，即可得实际用量。例如表 4-59 中生产配方中有效容量为 80.5kg，基本配方总质量 161g。

换算系数
$$a = \frac{80.5 \times 1000}{161} = 500$$

天然橡胶的实际用量为 0.1kg×500＝50（kg），配方中其他配合剂用量以此类推。

在实际生产中，有些配合剂往往以母炼胶或膏剂的形式加入，因此使用母炼胶或膏剂时对配方应进行换算。例如，现有如下配方：

天然橡胶	100.00	硬脂酸	3.00
硫 黄	2.75	防老剂 A	1.00
促进剂 M	0.75	硬质炭黑	45.00
氧化锌	5.00	合 计	157.50

若其中促进剂 M 以母炼胶的形式加入，M 母炼胶的配方为：

天然橡胶	90.00
促进剂 M	10.00
合 计	100.00

上述配方中促进剂 M 的含量为母炼胶总量的 1/10，而原配方中促进剂 M 的用量为 0.75，因此需 M 母炼胶为：

$$\frac{1}{10} = \frac{0.75}{x} \quad 则 \quad x = 7.5$$

即 7.5 质量份母炼胶中含有促进剂 M0.75 质量份，其余 6.75 质量份为生胶，因此原配方应作如下修改：

天然橡胶	93.25	硬脂酸	3.00
硫 黄	2.75	防老剂 A	1.00
促进剂 M	7.50	硬质炭黑	45.00
氧化锌	5.00	合 计	157.50

在进行具体的配方设计之前，应该充分了解所要解决的问题是什么？是提高某性能？还是降低成本？还是试验新胶种或新型助剂的适用性？试验目的明确之后，方可按以下三个配方类型，进行材料配方试验研究。

(1) 基础配方 基础配方的目的是研究新胶种和新型助剂的性质，包括研究物理化学性质、反应机理以及各种配合剂对橡胶性能的影响等。在工厂也经常使用基础配方研究或鉴定不同产地、不同批次原材料的性能。从而为生产提供必要的使用依据。

NR、IR、IIR 和 CR 可用不加填充剂的纯胶配合，而其他通用合成橡胶因其物理机械性能太低而无实用性，所以要添加补强剂。最有代表性的基础配方示例是以 ASTM 作为标准提出的纯胶配方，ASTM 规定的标准配方和合成橡胶厂提出的基础配方是很有参考价值的。基础配方最好根据具体情况进行拟定，应以积累的经验数据为基础，拟定出基本配方，并以此作为配方设计的出发点，这样才能少走弯路。

(2) 性能配方 通过性能配方的研究，使胶料具有符合使用要求的性能，性能配方应全面考虑胶料各物理机械性能的搭配，以满足材料使用条件的要求。

(3) 实用配方（生产配方） 实用配方是在前面两种试验配方的基础上，结合实际生产条件所进行的实用投产配方。实用配方要全面考虑工艺性能、成本、设备条件等因素，最后选出的实用配方应能够满足工业化生产条件，使材料的性能、成本和生产工艺达到最佳优化。

4.8.2　材料设计程序与实验研究

橡胶材料设计是一个十分复杂的过程，不仅涉及原材料结构与性能关系等理论问题、加工设备与加工技术以及经济技术和环境保护等问题，而且与设计人员的素质和实际经验的积累有关，所以必须采用系统分析方法进行橡胶材料的设计。因此，材料设计只有通过结构-性能（功能）-评价指标（目标函数）这三个基本因素，才能全面地描述一个材料设计系统。也就是说，材料设计是为了达到某种性能（功能）要求，经过实验研究，使橡胶与各种配合剂材料通过化学反应和物理作用形成一个有机整体的微、细观结构的集合。如图 4-43 所示是材料设计的系统分析框图。

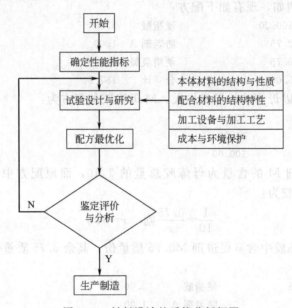

图 4-43　材料设计的系统分析框图

在开始阶段，设计人员应该充分了解材料的使用性能要求，使用条件与环境，收集翔实的有关资料文献，进行分析归纳，确定出恰当的性能指标，性能指标过高，套造成不必要的人力和物力浪费。

试验设计与研究是材料设计的关键，主要研究各类配合剂与材料性能，诸如物理机械性能、功能性能、耐久性及加工性能等之间的相关性。从中解析材料组分与硫化胶及混炼胶（俗称胶料）之间的相关性；组分的品种、类型和用量对硫化胶和混炼胶性能的影响；硫化胶性能与混炼胶性能间的相关性；以及制品性能与硫化胶性能间的相关性等。这种相关性通常采用数学模型来定量描述。研究过程包括基础配方研究和性能配方研究。基础配方研究是研究各种原材料对材料性能指标的影响规律，例如研究新胶种、新配合剂等。为了便于对比分析，基础配方的内容与配比要求尽可能简单，一些国家和企业均有规定的基础标准配方。性能配方研究是指为了达到材料性能指标要求而进行的全面研究。不但要考虑各种性能间的搭配，还要深入研究各组分间的相容性及其分散与分配，各组分间的配伍性（即协同效应、加和效应及消长作用），最终达到充分发挥整个配方系统的系统效果。

配方最优化是在试验设计与研究的基础上，寻求出各种配合剂的最佳配比组合，使材料的性能、成本和加工工艺可行性等方面取得最佳的综合平衡，并据此制定出能够满足长期连续工业化生产的配方。

材料鉴定评价与分析是对所设计的材料进行综合鉴定评价，主要包括：是否达到性能指标的综合要求；材料配方的稳定性，即实际生产中配方用量在偏离最佳用量时，性能指标值不会有很大变化；材料加工工艺的稳定性以及质量控制与检测措施；经济与社会效益分析，如性价比、生产周期、能耗、污染等。

可见，材料设计过程实际是材料工作者在掌握材料设计的经验规律与系统分析方法的基础上，通过科学的试验设计与相关研究，寻求各种原材料的最佳配比组合，使材料的性能、加工工艺和成本等方面取得最佳综合平衡的过程。

4.8.3　材料设计方法概述

材料设计的方法可以分为传统试验设计法、统计试验设计法和计算机辅助设计法三类。

（1）传统试验设计法　传统试验设计法是以前人的材料配方为基础，材料工作者根据自己的配方设计经验加以分析调整的设计方法。

① 瞄准目标法　该方法是为了满足某一目标性能，设计者根据其积累的经验，通过改变配方因子及用量来达到设计目的。该法成功的可能性与设计者的经验成正比。

② 单因素变量法　单因素变量法是经典的设计方法之一。其特点是在同一批试验中只变化一个变量（其他因素固定），因此不能反映出各种因素之间的交互作用对性能的影响。

上述传统试验设计方法的最大不足之处是不能建立用于解释和预测性能的数学模型。

（2）统计试验设计法　在材料设计中通常要同时考虑几个因素的影响，统计试验设计法属于多因素变量设计方法。该方法在橡胶材料设计中的应用，克服了传统试验设计方法中试验点分布不合理、试验次数多、不能反映因子间交互作用等缺点，将数理统计、运筹学等数学方法引入材料设计，以专业知识和设计经验为依据，合理地安排试验，大大减少了试验次数，通过建立描述配方与性能之间关系的数学模型，可以准确地确定各组分的最佳用量区间，并可提高最优区间的稳定性，同时为深入研究各因子及其交互作用，对材料性能影响的机制提供了系统的实验基础。基于上述特点，统计试验设计法近年来颇受人们的重视和发展，出现许多的试验设计方法，目前橡胶材料设计中常用的统计试验设计方法主要是正交试验设计和中心复合试验设计。

① 正交试验设计　正交试验设计是利用正交表进行整体设计、综合比较和统计分析，研究多因子试验问题的一种重要的数学方法。其特点是将试验点在试验范围内安排得"均匀分散，整齐可比"。均匀分散性使试验点均衡地分布在试验范围内，每个试验点都有充分的代表性；整齐可比性使试验结果的分析十分方便，易于估计各因子的主效应和交互作用，从而可分析各因子对指标的影响大小和变化规律。

由于正交试验是着眼于整体设计的，要做的试验已全面考虑，可以实现同一批试验、同时挑选，有利于缩短试验周期、节约时间、减少试验误差。要正确运用正交试验设计方法，必须熟练掌握正交表的性质和正交表的使用方法与要求。

正交试验设计通常是配方因子的水平数都相同的情况下的设计方法，事实上橡胶材料的设计要复杂得多，其应用受到了一定的限制。

② 中心复合试验设计　中心复合试验设计也称组合设计，是一种回归分析法。为了以较少的试验次数建立因子与性能之间的高精度的回归方程，有必要把试验安排、数据处理和回归方程的精度统一起来加以考虑，即根据试验目的和数据分析的要求合理地安排试验，使每一个试验点上获得的数据含有最大的信息量，从而减少试验次数，使试验结果的分析具有较好的统计特性，可以对材料的性能进行预测和解释。中心复合试验设计的基本思想是：在因子空间中选择几类具有不同特点的点，将其适当组合而形成试验计划。根据其统计特性（如正交性、旋转性、通用性）的不同，组合设计可分为回归正交设计、正交旋转设计和通用旋转设计等，其中常用的是通用旋转设计。前面所提及的正交性是指回归方程的各回归系数之间是相互正交的，没有相关性。旋转性是指与试验中心点等距离的球面上各点的回归预测值的方差相等。通用性是指回归设计的预测值方差在 $0 < \rho < 1$ 范围内基本保持为常数。

由于统计试验设计方法的数据处理与分析较为复杂，在应用初期并未显示出明显的优势，未能引起广大材料工作者的重视。计算机以及各种统计软件包的应用克服了这个缺陷，为统计试验设计方法的应用提供了条件。由于计算机在橡胶材料设计与优化方面的应用及研究较为活跃，有关橡胶材料设计中统计方法应用的理论研究和实践也越来越多。

（3）计算机辅助设计法　自 20 世纪 70 年代以来，随着材料优化设计的新理论与新方法的出现，以及计算机的应用，使橡胶材料设计从古老的经验方法发展为集数理统计与分析方法、橡胶化学与物理学理论和橡胶加工技术等结合在一起的复合学科，对材料的性能从定性的理解上升到定量地进行全面的预测和分析。

适用于橡胶材料设计的软件包基本上分为两类：一类是专家系统类，主要是以数据库的形式存放原材料数据、配方试验条件及胶料的物理机械性能，并在一定程度上根据专家知识，经过推理得出一些定性的辅助决策结论；另一类是决策支持系统类，主要是对试验设计方法和试验结果进行数学建模分析，提供定量的辅助决策结论。该软件包主要由试验设计模块、试验数据收集与结果模块、数学建模与优化模块、加工工艺模块、数据库管理工具模块以及数据库等部分组成。

现代橡胶材料优化设计应包括试验设计、数学建模、配方优化及质量控制等内容。其中试验设计是材料配方设计的基础，理想的试验设计方案应该以尽可能少的试验次数反映尽可能多的信息，试验点在试验空间中的分布要合理，既有一定的均匀性，又要便于试验结果的分析与模型建立；数学建模是关键手段，数学模型是描述材料设计过程中配方因子与性能指标间内在规律的重要手段，不仅要准确反映材料组分与各性能之间的关系，将误差（噪声）与因子的影响区分开来，还应该使配方的优选易于进行，因此模型应是高精度与结构简单的统一；寻求材料性能、工艺可行性和经济效益的综合平衡是目的，最优化的材料配方应具有稳定性，即实际生产中配方用量若偏离最佳用量时性能不会有很大的变化。这三个方面相互关联，不可分割。

近年来，人工智能神经网络在材料设计中的应用研究引起关注。人工神经网络是以试验数据为基础，经过有限次迭代计算获得一个反映试验数据内在联系的数学模型，具有非线性处理、自组织调整、自适应学习及容错抗噪能力的特点。神经网络采用矩阵计算，无论是增加配方因子、试验项目，还是增加试验次数，变化结果只是矩阵相应地增加一列或一行，无需进行大的结构变动。所以应用人工智能神经网络理论进行材料设计，特别适用于研究材料配方与性能间复杂的非线性关系，是现代橡胶材料设计的方向。

4.9　高性能材料设计简论

随着科学技术的进步和经济发展，促使橡胶材料进一步向高性能化方面发展。高性能化的含义是材料具有更高的物理机械性能和耐久性，或在极端苛刻条件下的适应性。高性能橡胶材料应用范围日趋广泛，诸如抗湿滑低滚动阻力材料、耐高低温材料、高耐介质材料、高真空材料等，大多用于汽车、航空航天、航海建筑及核工业等尖端技术领域。

4.9.1　低滚动阻力与抗湿滑材料

随着高速公路的发展和汽车速度的提高，人们的节能意识、环保意识和安全意识日益增强，对轮胎的性能提出了更高的要求，主要体现在三个方面：安全性——抗湿（冰）滑和行驶稳定性；经济性——低的滚动阻力和高的耐磨性，降低油耗、减少废气排放量；舒适性——低噪声和减震，乘坐舒适。要开发这种环保节能的绿色轮胎和高速安全的高性能轮胎，需要从轮胎的结构设计、材料设计和工艺设计等多个方面进行研究。在材料设计方面，低滚动阻力、高抗湿滑性的胎面胶材料设计一直是近年来的研究热点。

（1）滚动阻力和湿滑性与材料黏弹性的相关性　滚动阻力、抗湿滑性及耐磨性被称为轮胎的"三大行驶性能"，它们之间是相互影响、相互制约的。特别是要求降低轮胎的滚动阻力，又不损害抗湿滑性，求得两者之间的平衡，是人们关注的重点。

① 滚动阻力与湿滑性的概念　轮胎的滚动阻力主要来自：轮胎滚动行驶中反复变形而产生的阻力；在行驶中，轮胎与路面产生的摩擦阻力；轮胎行驶中遇到的空气阻力。在正常较低速度下，轮胎滚动阻力主要是上述因素造成的。当轮胎高速行驶时，轮胎表面出现"驻波"现象，使滚动阻力急剧增加。一般认为时速 $100\sim110km$ 是合理的经济速度。

轮胎滚动阻力仅次于车体空气阻力而大大超过汽车发动机传输产生的摩擦阻力，如图4-44 所示。在时速为 100km 的情况下，轮胎造成的阻力为发动机传输阻力的 3 倍，是车体空气阻力的 1/2 倍。总体来说，轮胎阻力已占到汽车全部阻力的 1/3 以上。实践证明，轮胎滚动阻力下降 20％，一般可节省燃料油 5％左右。可见降低轮胎的滚动阻力对于节能环保具有重要意义。

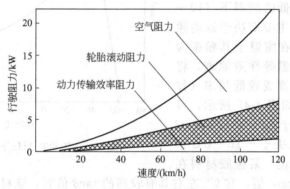

图 4-44　汽车行驶阻力

据统计，轮胎滚动阻力的组成及其比例为：轮胎胶料的滞后损失占 90％～95％；轮胎行驶的空气阻力与轮胎/路面摩擦损耗占 5％～10％。在轮胎胶料的滞后损失中，胎面胶占到轮胎总滚动损失的 25％～50％，因此，胎面胶材料设计对降低轮胎的滚动阻力是非常有效的。

由于轮胎反复变形引起橡胶材料的滞后损失，即单位体积的橡胶材料在每一变形周期中所损耗的功为（见第 3 章第 3.6 节）：

$$\Delta W = \pi E' \varepsilon_0^2 \tan\delta$$

也就是说橡胶材料的滞后损失与其损耗因子 $\tan\delta$ 是正比关系，故 $\tan\delta$ 值可用来表征橡胶材料的滞后性能和滚动阻力。研究表明，在一定频率范围内（$1\sim110Hz$）可用 $50\sim80℃$ 的 $\tan\delta$ 值表征材料的滚动阻力，$\tan\delta$ 值越低表明滚动阻力越小。

显然，材料的 $\tan\delta$ 值导致了轮胎行驶中的升温，有人对轮胎行驶温度（T）与轮胎耐久性寿命（S）提出以下关系式：

$$S = 225.847 - 0.147T - 0.00787T^2 \tag{4-9}$$

式中的常数项与轮胎的规格、结构、使用条件、配方等因素有关。可见，轮胎使用寿命随温度的二次方下降，足见轮胎升温过高的危害性。实际上，轮胎在高速行驶中暴露出的质量问题（如脱层、爆破等）大都与轮胎的升温密切相关，因而有轮胎使用的"临界温度"这一概念，即轮胎安全行驶时允许达到的最高温度，超过临界温度，安全性没有保障。

汽车在路面上的行驶行为依赖于轮胎与路面接触区域内的摩擦作用，包括黏附摩擦和滞后摩擦。统计表明，有5％～10％的交通事故是因为这种摩擦作用不够造成的，特别是在湿滑路面上，摩擦力大大下降，产生湿滑性。显然，轮胎的抗湿滑性能主要取决于路面状况、轮胎结构、胎面花纹、橡胶材料以及行驶速度等。

通过对轮胎胎面胶湿牵引性与黏弹性的相关性研究，发现在较低温度（0℃左右）测得的胶料的黏弹性（tanδ）可以很好地预测湿牵引性，tanδ值越高，胶料的抗湿滑性越好。

② 滚动阻力/抗湿滑性与tanδ的相关性分析　轮胎的滚动损耗是汽车耗能的主要原因之一。但是，当降低滚动阻力到最节省燃料的程度时，也会降低汽车在湿路面上的牵引力，说明在滚动阻力、抗湿滑性和牵引性之间存在微妙的平衡关系。

研究表明，轮胎由于旋转和制动而产生的反复应变可近似为一个涉及不同温度和频率的恒定的能量输入过程，可用橡胶材料的动态黏弹性参数表征轮胎的滚动阻力和抗湿滑性。由于轮胎的滚动阻力主要产生在较低的频率下（10～110Hz），而抗湿滑性主要取决于运动频率与路面的粗糙度，在室温下其频率为$10^4 \sim 10^7$Hz。根据时温等性效原理，将难以测量的高频率折算成较低频率（如1Hz）下的温度值，如图4-45所示，可得出，滚动阻力取决于50～80℃下tanδ的低值；抗湿滑性取决于−20～0℃下tanδ的高值。也就是说，某橡胶材料在

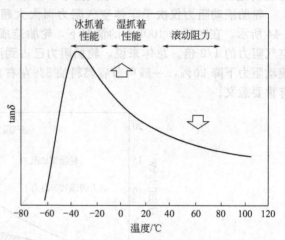

图4-45　轮胎在1Hz下的折算温度值

60℃左右具有较低的tanδ值，在0℃左右具有较高的tanδ值时，该材料的滚动阻力、抗湿滑性和牵引力之间达到较好的平衡。

（2）材料设计要点

① 橡胶的选择　轮胎胎面胶料中使用的橡胶主要有NR、BR、SBR、IR及它们通过分子设计而产生的改性胶种，如ENR、OENR、SSBR、HVBR、SIBR等。

天然橡胶由于其优异的综合性能，至今仍然是轮胎中不可缺少的本体材料，尤其是飞机轮胎。飞机对轮胎的要求最严格，不仅要耐高速，还要承受极大的负荷，确保飞行的安全。目前，大型客机的起降速度已达250km/h以上，小型歼击机则为300～400km/h，一条轮胎载荷高达25t，约为载重和轿车轮胎的10～50倍。更为苛刻的是飞机起飞时，由于携带大量燃料油，比着陆时要重20％～30％，从机场停机坪经由跑道滑行到加速起飞，轮胎内部温度急剧升高，因而要求具有低生热及耐热性，且每条轮胎要求使用200～300次，目前满足这一要求的胶种只有NR。研究发现，NR与环氧化天然橡胶（ENR）和充油天然橡胶（OENR）并用，在胎面胶胶料中可提高冲击回弹性、抗湿性，降低滚动阻力。

丁苯橡胶有乳聚丁苯橡胶（ESBR）和溶聚丁苯橡胶（SSBR）之分，ESBR与SSBR相比，ESBR虽然有较好的安全性，但其滚动阻力大，在低速轮胎胎面胶料中往往与NR或BR并用，不宜单用。而SSBR中的苯乙烯单体单元与丁二烯单体单元的比例、顺式-1,4结构含量、反式-1,4结构含量、乙烯基含量以及分子量和分子量分布都可以按分子设计要求进行控制，特别是通过锡化合物偶联改性和EAB法的分子末端改性，使SSBR胶料的滚动阻力降低25％，抗湿滑性提高5％，耐磨性提高10％，见表4-60。可见，改性SSBR是很有发展前途的轮胎通用橡胶。目前世界SSBR的产量逐年增长。

表 4-60　锡偶联 SSBR、ESBR、未偶联 SSBR 主要性能对比

性能	锡偶联 SSBR	ESBR	未偶联 SSBR
门尼黏度[ML(1+4)100℃]	65	72	87
拉伸强度/MPa	23.5	26.9	20.1
滚动阻力(60℃,tanδ)	0.102	0.185	0.140
抗滑指数	104	100	103
耐磨指数	115	100	95

据报道，环保型轮胎的胎面一般多为 SSBR、BR、NR 并用，可获得良好的综合性能，例如 SSBR/BR/NR＝50/30/20 或 SSBR/NR＝80/20 等。

顺丁橡胶的突出特点是弹性，耐磨性好，耐低温性能优异，耐屈挠和生热少，主要缺点是强度低于 NR 和 SBR，抗湿滑性差等，一般适合卡车轮胎胎面和胎侧胶料中与 NR 和 SBR 并用。对高性能轮胎来说，乙烯基丁二烯橡胶，特别是乙烯基含量为 35％～55％的中乙烯基丁二烯橡胶（MVBR）和乙烯基含量为 50％～70％的高乙烯基丁二烯橡胶（HVBR），由于抗湿滑性和热老化性能优于高顺式丁二烯橡胶（HCBR），其用量日渐增加。研究发现，乙烯基含量越高，越能改善生热性，在室温下虽然回弹性随乙烯基含量增加而降低，但与滚动阻力密切相关的高温下的回弹性，却几乎不随乙烯基含量的增加而降低。所以 HVBR 不仅生热少，抗湿滑性好，而且高温回弹性好。尽管耐低温性和耐磨性有所下降，但仍是一种较为理想的胎面胶材料。

苯乙烯-异戊二烯-丁二烯橡胶（SIBR）是由苯乙烯/异戊二烯/丁二烯三元共聚而成的高性能橡胶。它集中了 SBR、BR、NR 三种橡胶的特点，是一种集成橡胶，是人们利用高分子设计和计算机模拟技术开发的新型胎面胶材料的成功实例，美国固特异公司于 20 世纪后期开发了这种橡胶。SIBR 具有低温性能好、抗湿滑性好、滚动阻力低和较好的耐磨性等优良性能。SIBR 可分为线型无规（L-SIBR）、星型无规（S-SIBR）、线型嵌段（L-B-SIBR）和星型嵌段（S-B-SIBR）四种结构类型，其中 L-B-SIBR 橡胶具有微观相分离结构，呈现两个玻璃化温度和宽范围的阻尼峰值，特别适合用于高性能轮胎的胎面胶材料。

近年来有关 ENR 及其共混物的研究报道较多，研究表明，在胎面胶中并用 ENR 可以同时提高冲击回弹性、抗湿滑性和耐磨性，降低滚动阻力。

随着全天候轮胎的出现，要求轮胎不仅具有优良的干湿抓着性能，而且在冬季使用时也具有良好的冰面牵引性能。若以 OENR 部分替代 OESBR 时，不仅可以降低滚动阻力，而且冰面抓着性能也得到提高。

XIIR 多用于轮胎气密层胶料。研究表明，少量用于胎面胶时，可提高其性能，例如，XIIR/ESBR 并用胶料的 tanδ-T 曲线表明，随着 XIIR 含量的增加，胶料的阻尼峰变宽，因此，通过在胎面胶中并用 XIIR 可达到抗湿滑性与降低滚动阻力的有效平衡，但对耐磨性有一定的影响。

② 交联体系　一般选用半有效硫化体系（S-EV）和平衡硫化体系（EC）。硫化剂可选用高温稳定的不溶性硫黄，例如 IS-HS 系列，但应注意配合剂中有机胺或金属氧化物对不溶性硫黄有诱发降解作用。研究表明，橡胶常用的促进剂和防老剂都不同程度地促进不溶性硫黄向可溶性硫黄返原，其促进返原能力的顺序如下。

促进剂：胍类（DPG）＞次磺酰胺类（CZ、DZ、OTOS、NOBS）＞秋兰姆类（TMTD）＞噻唑类（M、DM）

防老剂：酮胺类（RD）＞对苯二胺类（4010NA）＞萘胺类（A）

因此，在用不溶性硫黄作为硫化剂时，要充分考虑多种助剂的促进返原能力，即选择适当的助剂品种、配合量及加工温度。

金属氧化物包括二价金属氧化物、三价金属氧化物和四价金属氧化物等，均对不溶性硫黄有影响。实验表明，金属氧化物干燥程度越高，促进返原能力越小，甚至可以忽略，湿度越大、越明显地促进返原能力的提高。

③ 补强填充体系　在低滚动阻力与抗湿滑性橡胶材料中使用的补强填充体系主要是炭黑和白炭黑。

自轮胎问世以来，炭黑一直是不可缺少的最重要的补强填料。现有的各种耐磨型炭黑，粒子微细的耐磨性提高，抗湿滑性变好，但滚动阻力也随其增大；粒子粗一些的，滚动阻力降低，但耐磨性和抗湿滑性也下降。为了解决这一矛盾，目前已开发出一系列可使滚动阻力降低而又具有抗湿滑性和耐磨性能的新型炉法炭黑，表 4-61 列举了近年新开发的低滞后和低滚阻炭黑。

表 4-61　近年新开发的低滞后和低滚阻炭黑

类别	生产厂家	商品牌号	质量级别	特　点
低滞后炭黑	卡博特(美国) Cabot	Vucan 5H 8H 10H	N300 N200 N100	
	哥伦比亚(美国) Columbian	CD2005 CD2038		高结构低滞后
	大陆碳(美国) (工程碳) Witco	LH10 LH20 LH30 LH32 LH40	N100 N200 N300 N326 N351	
	德固萨(德国) Degussa	EB111 EB118 EB122 EB123	N234 N347 N220 N115	低结构、低滞后
低滚阻炭黑	卡博特(美国) Cabot	ECO black CRX2000		生产过程中混入白炭黑活化处理
	大陆碳(美国) (工程碳) Witco	LHi 2597A		使改性炭黑滚动阻力更低
	德固萨(德国) Degussa	EB136 EB137		增加活化炭黑高结构牢固度

白炭黑因为能使橡胶 $\tan\delta$ 值的温度依赖性增大，除了提高橡胶强度之外，还有良好的抗湿滑性和低滚动阻力的作用，但由于耐磨性不如炭黑而不能广泛应用。通过硅烷偶联改性之后，白炭黑的补强效果进一步得到改进，耐磨性能有了很大提高，取得低阻、抗湿滑和耐磨三者的综合平衡。例如用硅烷偶联剂 Si-69（TESPT）改性，用量为白炭黑的 8%～10%。白炭黑与硅烷偶联剂需要用动态反应型混炼方法充分混合，并保持较高温度才能达到反应完全，通常用三段混炼方式进行。

在胎面胶材料中白炭黑用量可达 50～80 质量份之多。由于普通白炭黑很难分散，门尼黏度大，加工较困难，因此开发出轮胎用易分散性白炭黑，如 ZS1165MP（法国罗纳-普朗克）、HI-Sill EZ（美国 PPG 公司）、Ultrasil VN_3SP（德国 Degussa）等。

据报道，在胎面胶中掺用 35 质量份白炭黑与 25 质量份炭黑并用，可使其滚动阻力降低 18%，而抗湿滑性和耐磨性仍然保持在原来全炭黑的水平。由于添加白炭黑后胶料的电阻增大，易产生静电，有时需要加入抗静电剂。

④ 老化防护体系　轮胎胶料对老化防护体系的要求是：选用对热、氧、疲劳和变价金属离子的老化防护效能高、迁移速率慢、挥发性低、耐抽出性好的防老剂并用体系。

4.9.2　耐高低温和导热材料

随着航空航天和能源等尖端工业的发展，对橡胶制品特别是精密橡胶制品的耐高温、耐低温和导热性方面的要求越来越高，应用条件也日益苛刻，大大促进了这方面橡胶材料的研发速度。

（1）耐高温材料　许多橡胶材料是在特定的高温或热氧环境中使用，因此必须从提高橡胶微观结构的热裂解（降解）温度和阻滞老化反应速率入手，进行材料设计。

① 橡胶的选择　从分子设计角度，欲提高橡胶本体材料的耐热性，必须提高橡胶分子链的刚性，增大分子内和分子间的相互作用力。比如：用耐热的无机元素取代主链上的碳原子，提高化学键能；尽量降低主链的不饱和度；引入极性基团和庞大的侧基等途径改变橡胶分子链的微观结构，方能提高耐热性。表 4-62 列出了各种橡胶的使用温度范围。

表 4-62　各种橡胶的使用温度范围

橡胶	使用温度/℃	橡胶	使用温度/℃
NR BR SBR	＜100	23 型 FPM 四丙 FPM 26 型 FPM	160～120
CR NBR CO PU	100～130	MVQ MPVQ	200～250
EPDM IIR Cl-IIR CSM HNBR ACM	130～160	全氟醚橡胶 全氟三嗪橡胶 亚苯硅橡胶 氟硅橡胶	250～300
		硼硅橡胶	＞300

目前作为耐热橡胶经常使用的有乙丙橡胶、丁基橡胶、卤化丁基橡胶、卤磺化聚乙烯、氯醇橡胶、丙烯酸酯橡胶、氢化丁腈橡胶、氟橡胶、硅橡胶等，后几种属于耐高温橡胶。考虑到性价比的问题，在材料设计中可采用这些橡胶间的并用共混技术，例如 NBR/FPM、EPDM/MVQ、四丙 FPM/EPDM 等。耐高温（300℃以上）硅橡胶除硅硼橡胶外，还有亚苯醚橡胶和硅氮橡胶等，由于合成困难，价格昂贵。

② 交联体系　不同的交联体系形成不同的交联键。显然各种交联键的键能和吸氧速率不同，键能越大、吸氧速度越慢，硫化胶的耐热氧老化性能越好。不同类型交联键的热稳定性顺序为：—C—C—＞—C—S—C—＞—C—S$_x$—C—。

在常用的交联体系中，过氧化物交联体系的耐热性最好。通常硅橡胶、丁腈橡胶、乙丙橡胶、氯磺化聚乙烯以及聚氨酯橡胶等都可以用过氧化物交联体系，但有时选用某些共交联剂或活性剂并用，例如双马来酰亚胺、三烯丙基氰脲酸酯、对苯醌二肟、六亚甲基二胺等，可获得较好的交联效果。但应注意过氧化物交联剂用量需经过试验确定，并严格控制。

用树脂交联体系的丁基硫化橡胶的耐热性较其他交联体系好。卤化丁基橡胶可用氧化锌、促进剂 TMTD 和 DM 硫化，也可用树脂硫化体系。

氯醇橡胶的交联体系一般是金属氧化物或金属盐与促进剂并用，例如亚磷酸二铅、邻苯二甲酸二铅、氧化锌等。

丙烯酸酯橡胶由于含有不同的少量单体单元（提供交联位置），而分为活性氯型和环氧型两种商品牌号。其中活性氯型 ACM 可用金属皂/硫黄交联体系，例如硬脂酸钾/硫黄等；环氧型 ACM 可用羧酸铵盐、促进剂 PE 交联体系。

氟橡胶用二元酚/苄基三苯基氯化磷或二元酚/四丁基氢氧化铵交联时，其耐热性优于多胺（1#、3# 硫化剂）交联的氟橡胶。采用过氧化物并用共交联剂（如 TATM）可提高氟橡胶的耐湿热性能。使用双酚 AF 等芳香族二醇为交联剂与季铵盐类助剂并用，可以形成醚键交联，也有良好的耐热性。

③ 老化防护体系　氧的存在是影响橡胶耐高温的重要因素，在无氧条件下，大多数橡胶都可承受 175℃ 的高温，而一旦有氧气，就会迅速降解，所以防老剂的选择非常重要。橡胶材料在高温下使用，防老剂会因挥发迁移等原因损耗较快，防护效果下降。因此应选用挥发性小、分子量大的防老剂，尤其是反应性防老剂有良好的防护效果。

④ 补强填充体系与加工助剂的选用　但就耐热性而言，一般无机填料比炭黑耐热，比如白炭黑、氧化锌、氧化镁、氧化铝和硅酸盐等。但需注意填料对硫化体系的影响，比如碱性填料对含有酸性基团的过氧化物有较大影响，妨碍交联反应；酸性填料对不含有酸性基团的过氧化物会有较大影响。

软化剂应选用高温下热稳定好，不易挥发的品种，如高闪点的石油系软化剂，分子量较大的聚酯类增塑剂，以及高分子低聚物（如液体橡胶）等。

氟橡胶的配方中加入吸酸剂（稳定剂），是为了解决加工过程产生氟化氢对金属材料的腐蚀和环境的污染，一般是 MgO、ZnO、PbO、CaO、Ca(OH)$_2$ 等。吸酸剂还可改善胶料的其他性能，MgO 可改善耐热性；CaO 可改善压缩变形；PbO 可改善耐酸性；ZnO 和二碱式亚磷酸铅可改善胶料流动性和耐水性；加入 Ca(OH)$_2$ 和活性 MgO 可改善低压缩变形。补强填充剂可用 N990 炭黑、喷雾炭黑、氟化钙等，可改善耐热性。增塑剂可用氟蜡、低分子聚乙烯、棕榈蜡、莱茵散等，有改善操作性的作用。

（2）耐低温材料　橡胶材料耐低温性能也称耐寒性，是指在低温下硫化胶仍保持其弹性和正常工作的能力。

① 橡胶的选择　与耐热橡胶相反，欲提高橡胶本体材料的耐寒性，则必须提高橡胶分子链的柔性，减弱分子间的相互作用力。可用玻璃化温度 T_g 和结晶熔融温度（T_m）两个参数表征耐寒性。

分子链的柔性与其主链结构和侧基结构有关，对饱和主链的橡胶，其柔性顺序为：—C—C—＜—C—N—＜—C—O—＜—Si—O—，由于分子链可以围绕单键进行内旋转，所以柔性大 T_g 值低，其中硅橡胶的 T_g 值最低，可达约 −123℃，是目前耐寒性最好的橡胶。

二烯类橡胶的结晶温度与结晶度对耐寒性有很大影响。结构越规整越易结晶，耐寒性下降，例如高顺式与高反式结构的橡胶结晶能力最强。二烯类橡胶中的耐寒性顺序为 BR＞NR＞SBR＞IIR，其中 BR 和 NR 仅次于硅橡胶的耐寒性。

在橡胶分子链中，侧基的体积大小和极性大小等都直接影响其耐寒性。非极性橡胶的柔性受侧基大小和分布影响较大，如 SBR＞IIR；极性橡胶的柔性随极性基团的极性大小和数量而降低，T_g 值均高于非极性橡胶，所以氯丁橡胶、丁腈橡胶等的耐寒性均较差，特别是高丙烯腈含量的丁腈橡胶、丙烯酸酯橡胶和氟橡胶等耐寒性最差。

耐寒性差的橡胶与耐寒性好的橡胶并用可改善共混胶的耐寒性，比如 NBR/NR 并用。目前的所有橡胶中，硅橡胶可以在超低温度下，保持弹性和工作能力。表 4-63 是各种硅橡胶低温下的长期工作温度。硅橡胶的品种牌号较多，大多选用硅橡胶混炼胶，这种商品化的混炼胶可提供多种用途、多种硬度品种。由于是批量生产，混炼时才采用抽真空的捏合机，所以混炼胶质量比较好而且稳定。

表 4-63 硅橡胶低温下长期工作温度

硅橡胶品种	长期工作温度/℃	硅橡胶品种	长期工作温度/℃
二甲基硅橡胶(MQ)	−60	乙基硅橡胶	−120～−90
甲基乙基硅橡胶	−100	氟硅橡胶(FMVQ)	−60
甲基苯乙烯基硅橡胶(MPVQ)	−100～−70	硼硅橡胶	−60
甲基乙烯基硅橡胶(MVQ)	−70～60		

② 交联体系 交联体系对耐寒性的影响主要是交联密度大小和交联键的类型，其中前者的影响较大。橡胶分子链的动力学单元是链段，柔性分子链的链段平均长度短，相对链段数增多，链段的动能大，故 T_g 值较低。交联体系使橡胶材料成为网络结构，若网链（M_c）的长度大于链段的平均长度，且链段运动不受限制时，则硫化橡胶的 T_g 值几乎不变；随着交联密度的提高，若网链的 M_c 值接近链段平均分子量时，或者说在较高交联密度下，链段运动已经受到限制时，则玻璃化温度 T_g 上升，材料的耐寒性下降。也就是说，随交联密度提高，T_g 值存在峰值，选择交联剂用量时应综合考虑。

交联键类型的影响在硫黄硫化体系中比较明显。用硫黄硫化时，在生成多硫键的同时，还生成一些分子内交联和环化反应，降低了网络的柔性，使链段活动性下降，故玻璃化温度上升。所以硫黄硫化体系对耐寒性的影响有以下顺序：CV＜S-EV＜EV，即半有效和有效硫化体系的耐寒性较好。

硅橡胶最常用的交联剂是有机过氧化物。交联剂的用量应通过试验确定，因为过氧化物交联剂在硅橡胶中的用量范围比较狭窄，应严格控制。

③ 补强填充体系与加工助剂体系 补强填充体系对耐寒性的影响取决于补强填充剂粒子的活性。填充剂的活性越大，与橡胶分子链间的作用越强，势必影响链段的活动性，使耐寒性下降。

软化（增塑）体系对耐寒性的影响颇为重要。加入软化（增塑）剂后，有屏蔽分子链中的极性基团，增大了分子链间距离的作用，降低了分子间的作用力，增强链段的活动性，致使 T_g 下降，耐寒性提高。

对非极性橡胶应选用凝固点较低的非极性软化剂。表 4-64 列出了非极性橡胶常用的耐寒软化剂。

表 4-64 非极性橡胶常用的耐寒软化剂

胶种	软化剂
NR、IR	癸二酸酯、邻苯二甲酸酯、己二酸酯、磷酸甲酚二丁酯
BR	邻苯二甲酸酯、乙二酸酯
SBR	癸二酸二辛酯、邻苯二甲酸二丁酯、己二酸二辛酯、壬二酸酯
EPDM	邻苯二甲酸酯、癸二酸酯、磷酸三甲苯酚酯
IIR	癸二酸二辛酯、低黏度的石蜡油

极性橡胶应选用溶度参数相近、溶剂化作用强、相容性好、凝固点较低的增塑剂，主要是一些酯类和聚酯类的合成增塑剂。

硅橡胶的补强剂主要是白炭黑，气相法白炭黑补强的硅橡胶胶料贮放过程中会变硬，降低塑性，失去加工性，称为"结构化"现象，需加入结构控制剂才能改变流动性。结构控制剂一般是含有羟基的低分子有机硅化合物，如二苯基硅二醇等。

（3）导热材料 橡胶是热的不良导体，导热性相对较差，目前关于高分子材料导热性变化的内在制约规律还没有完全弄清楚。对六种橡胶（包括天然橡胶）导热性研究表明，在 60～300K 范围内，橡胶的热导率随温度的升高而上升，在玻璃化温度附近大到最高值后下降，在 290K 左右达到平衡。也就是说玻璃化温度区是导热性最高的区域。第 3 章表 3-9 列出某些橡胶的热物理参数。

目前，关于橡胶导热材料的研究，主要是通过填充导热性好的填料实现。

① 常用的导热性填料　导热性填料的导热能力取决于填充剂的粒度、形态、表面特征和填料本身的导热性及其导热性随温度、湿度、压力等因素的变化。常用的导热性填料有：

a. 金属粉　银粉、铜粉、铝粉等。

b. 金属氧化物　Al_2O_3、TiO_2、Fe_2O_3、MgO、ZnO、BeO 等。

c. 金属氮化物粉　AlN、BN 等。

d. 无机非金属　石墨、SiC、白云石粉、金刚石粉、石英粉等。其中石墨粉的热导率与金属相近。

e. 短纤维　石墨短纤维及其晶须、硼纤维及其晶须、碳纤维等。

传统的导热性金属和金属氧化物填料的热导率见表 4-65。据文献报道，碳纳米管有极高的导热性能，热导率为 $1800\sim6000W/(m\cdot k)$，呈现良好的应用前景。

表 4-65　传统的导热性金属和金属氧化物填料的热导率

材　料	$\lambda/[W/(m\cdot k)]$	材　料	$\lambda/[W/(m\cdot k)]$
Ag	417	BeO	219
Al	190	CaO	15
Cu	380	NrO	12
Mg	103	MgO	36
Fe	69	Al_2O_3	30

为了获取导热性好的材料，在橡胶中应添加足够多的导热填料，使导热性填料在橡胶中形成导热网络。为了提高导热填料的加工性能和相容性，应对填料表面进行改性处理。

② 导热橡胶材料设计示例　涉及导热橡胶材料的研制开发有以下报道。

a. 硅橡胶导热材料　在硅橡胶中大量加入 Al_2O_3（可达 300 质量份）可同时获得高导热性和阻燃性材料，用于制作电子元件的导热层。材料的热导率可达 $2.72W/(m\cdot K)$。

在硅橡胶中填加 $100\sim500$ 质量份 MgO 粉，其导热性和耐永久性均较好。

b. 丁腈橡胶导热材料　在丁腈橡胶中加入 150 质量份晶态 SiO_2、250 质量份 Al_2O_3、15 质量份邻苯二甲酸二辛酯（DOP）等可获得良好的导热性和电绝缘性能的材料。导热性填料也可以从金属粉、金属氧化物和氮化物以及晶态石英、SiC 中选择。

c. 天然橡胶导热材料　在天然橡胶中填加 55 质量份碳纤维晶须，可使胶料的抗裂纹增长能力提高 1.6 倍，热导率可达 $1.02W/(m\cdot K)$。

d. 液体橡胶导热材料　在液体硅橡胶中加入经表面处理的 SiC、$BaSO_4$ 和铝粉，并将此液体混合物放在两个电极间，在电场中使导热填料取向，可制得导热性非常好的橡胶材料。

在液体端羟聚丁二烯中加入 250 质量份 Al_2O_3、150 质量份 BN 及 6.5 质量份甲苯二异氰酸酯，混合物经过热压固化可制得热导率为 $2.55W/(m\cdot K)$ 的材料。

研究表明，炭黑对导热性有较明显的影响。随炭黑用量的增加，胶料的导热性提高，可达生胶的 $1\sim2$ 倍。炭黑胶料的导热性随交联密度的增加，BR、SBR、NBR 等的热导率逐渐下降，至达到某一特定值后不再变化。

4.9.3　耐介质材料

橡胶材料在各种油类或化学介质中使用时，会发生一系列化学的或物理的侵蚀，致使材料性能变差而损坏，因此耐介质材料的研制开发具有重要意义。

（1）耐油材料　橡胶材料的耐油性是指抵抗各种有机介质作用的能力，包括有机溶剂、燃料油、矿物油和润滑油等。材料接触或浸泡于油类中时，液体从表面逐渐渗透扩散进入材料内部发生溶胀，在多数情况下溶胀速率随着温度升高而增加。有机溶剂和矿物油在橡胶中的扩散活化能分别为20kJ/mol左右和40kJ/mol左右。

关于耐油性的评价，通常是用标准实验油，测定硫化胶在油中浸泡后的体积、重量变化率和物性变化率。因此，硫化胶的耐油性实验以 ASTM D-471 为准，其中列出若干标准油的黏度、苯胺点、闪点的标准规定。在 ASTM D-2000 标准中汽车用橡胶材料的耐油等级和耐热等级如图 4-46 所示。

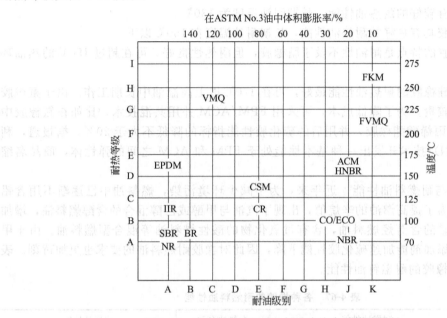

图 4-46 在 ASTM D-2000 标准中汽车用橡胶材料
的耐油等级和耐热等级

① 橡胶的选择 橡胶的耐油性取决于橡胶的结构和有机介质的化学性质。

a. 橡胶结构与耐溶剂性 常见溶剂可分为饱和烃类、芳烃类、卤代烃以及醇类和酮类等。各种橡胶的耐溶剂性见表 4-66。

表 4-66 各种橡胶的耐溶剂性

溶剂类型	适用橡胶
饱和烃	NBR、CR、CO、CPE、CSM、ACM、FPM、Q-F、PU
芳香烃	NBR、CR、CO、Q-F、FPM
卤代烃	CO、Q-F、FPM
甲醇	SBR、IR、NBR、CR、IIR、EPM、EPDM、CSM、QR、Q-F、FPM
乙醇	IR、SBR、NBR、CR、IIR、EPDM、EPM、FPM、Q-F、QR
乙二醇水溶液	IR、SBR、NBR、CO、EPM、EPDM、ACM、FPM、Q-F
酮、酯类	SBR、CR、EPM、EPDM、CSM、IIR、QR

注：Q-F 为氟硅橡胶。

氟橡胶和氟硅橡胶对芳烃和卤代烃类溶剂有较高的稳定性。氟橡胶、氟硅橡胶和丁腈橡胶具有良好的耐醇类溶剂的性能，也可采用氟橡胶或氟硅橡胶与其他橡胶并用，以降低成本。

丁苯橡胶、氟橡胶和乙丙橡胶具有较好的耐丙酮和耐酯性能；据报道，氟橡胶中的ECD-006牌号有良好的耐丙酮和耐酯性，其溶胀率只有1%～3%。

　　b. 橡胶结构与耐矿物油性能　矿物油属于非极性油，一般选用极性橡胶。目前常用耐矿物油的橡胶有以下顺序。

氟橡胶＞氟硅橡胶＞丙烯酸酯橡胶＞氢化丁腈橡胶＞氯醚橡胶＞丁腈橡胶＞氯丁橡胶

　　氯丁橡胶的耐油性低于丁腈橡胶，特别是含高芳烃油中不宜应用。长期耐油温度为100℃。

　　丁腈橡胶是常用的耐油橡胶，其耐油性随丙烯腈含量增加而增加，长期耐油温度为120℃。

　　氯醚橡胶具有较好的耐热油性能，长期耐油温度为130℃。

　　氢化丁腈橡胶具有良好的耐热油性能，长期耐油温度在150℃以下。

　　丙烯酸酯橡胶的特点是耐油性不及丁腈橡胶，但耐热性良好，可在超过150℃的热油环境中工作。

　　氟橡胶和氟硅橡胶的耐热油性能最好，可在170℃以上高温油中长期工作。由于氟橡胶和氟硅橡胶价格较贵，为了降低成本，可采用FPM/ACM并用共混技术，比如在氟橡胶中并用50％以下的丙烯酸酯橡胶，并用后的硫化胶性能指标的降低不大于20％。据报道，利用互穿网络（IPN）技术开发出一种基本性能处于FPM和ACM之间的弹性体，商品名缩写为AG。

　　c. 橡胶结构与耐燃料油性能　近年来，为了减少环境污染，燃料油中已逐渐不用含铅化合物添加剂。为了提高燃油的辛烷值，出现了汽油与甲醇或乙醇混合的含醇燃料油，增加芳香族化合物含量的含芳烃燃料油，含有过氧化物的酸性燃料油等混合型燃料油。由于甲醇、过氧化物等添加剂能加速硫化胶性能下降，因此对橡胶耐燃料油的要求也更加苛刻。表4-67列出了各种橡胶的耐燃料油性能。

表 4-67　各种橡胶的耐燃料油性能

燃料油名称	耐燃油性能	燃料油名称	耐燃油性能
一般燃料油	FPM＞FMVQ＞CO＞NBR＞CPE＞CR	酸性(氧化)燃料油	FPM＞PNF＞FMVQ＞H-NBR＞NBR
含芳烃燃料油	FPM＞PNF＞FMVQ＞ECO＞NBR＞ACM	含醇燃料油	FPM＞FMVQ＞CO＞H-NBR＞NBR

　　注：PNF为氟化磷腈橡胶；FMVQ为氟硅橡胶

　　d. 橡胶结构与耐合成润滑油　合成润滑油一般由基本液体和添加剂两部分组成，基本液体主要为二元酸的酯类，含硅、氟等有机化合物，以及合成的碳氢化合物等。添加剂主要用于改善基本液体的物理化学性能，通常大多数添加剂的化学性质比基本液体活泼，对橡胶的化学侵蚀性较大，比如抗氧剂、腐蚀抑制剂、分散剂、极限压力剂等。因此在合成润滑油中工作的橡胶材料，不仅要耐基本液体，而且要耐其中的添加剂，性能要求比耐燃料油和矿物油更加复杂和苛刻。在对各种合成润滑油选用橡胶时，要有针对性地做浸渍实验，测定硫化胶在浸渍前后的情况变化，经过分析后方可做出抉择。表4-68是各种合成润滑油适用橡胶的导向，供材料设计时参考。

　　② 交联体系和老化防护体系　交联键类型对耐油性的影响与油的种类和温度有关。例如在酸性燃料油中，过氧化物交联体系或半有效硫化体系的丁腈橡胶比普通硫化体系的耐油性好；而用氧化镉和硫载体硫化体系的丁腈橡胶，在125℃的酸性燃料油中的耐油性较其他交联体系要好。随着交联密度增加，耐油性提高。

　　在老化防护体系中应加入不易被油抽出的防老剂。目前已经商品化的耐油抽提防老剂有：N,N'-二（β-萘基）对苯胺（DNP）和N-异丙基-N'-苯基-对苯二胺等。

　　③ 补强填充和软化体系　补强填充剂的活性高，与橡胶间的作用强，硫化胶的溶胀率低。可以通过选用高活性填料并增加其用量来提高耐油性。

表 4-68　各种合成润滑油适用橡胶的导向

合成润滑剂基本液体	在下列温度下可使用的橡胶类型			
	100℃	120℃	150℃	200℃
PAOs	CR①,低 ACN 级 NBR	CSM①,ECO①	AEM①,HNBR①	FKM,MVQ
烷基化芳香烃	NBR	ECO	HNBR,ACM	FKM
PAGs	NBR,CR	EPDM,HNBR	EPDM,HNBR	—
有机酯	NBR	HNBR,FKM	FKM	—
磷酸酯	EPDM	EPDM,FKM	FKM	—
硅油	NR①,SBR①,CR①,NBR	CSM①,ECO①	EPDM①,HNBR①AEM①	FKM
聚全氟烷基醚	EPDM,FKM	FKM	FKM	FKM②
聚苯基醚	EPDM,FKM	FKM	FKM	FKM②
氯代烃	FKM	FKM	FKM	—

① 无增塑剂的胶料。
② 需进行长时间浸渍实验。

软化（增塑）剂应选用不易被油类抽出的低分子量聚合物，如低分子量聚乙烯、聚酯类增塑剂和液体橡胶等。

（2）耐化学介质材料　化学介质主要包括强氧化剂、酸、碱、盐类以及卤化物等。这种化学腐蚀介质与橡胶材料接触，会引起橡胶化学键和次价键破坏，产生结构降解，性能变差甚至损坏。

① 橡胶的选择　橡胶的耐化学介质的性能主要取决于微观结构，细观结构因素也有较大的影响。耐腐蚀橡胶应具有较高的饱和度，尽量减少活泼的取代基团；分子间作用力强、结晶等结构因素都会提高橡胶的化学稳定性。不饱和度高的橡胶在硝酸或二氧化氮介质中，如顺丁橡胶和天然橡胶会发生硝化及异构化反应；而饱和的橡胶如氟橡胶和丁基橡胶有良好的耐无机酸性能，硅橡胶有良好的耐有机酸性能等。表 4-69 列举了化学介质与适用的橡胶类。许多塑料具有较好的化学稳定性，与橡胶并用可获得较好效果。

表 4-69　化学介质与适用的橡胶类

化学介质		适用橡胶	注
强氧化剂	N_2O_4,H_2O_4	亚硝基氟橡胶,FPM,FMVQ	
无机酸	硫酸	FPM,IIR,EPDM,CSM	FPM 适用于 80％浓度以上的浓硫酸
	硝酸	FPM,CSM,IIR	温度＞70℃、浓度≥60％时，只能用 FPM
	盐酸	FPM,CSM,IIR,CR	FPM 适用于高温、高浓度盐酸
	氟酸	FPM,IIR,CR	FPM 适用于浓度＞50％的氟酸
	铬酸	FPM,IIR	FPM 适用于高浓度的铬酸
有机酸	极性有机酸	QR,IIR	其他非极性橡胶
	非极性有机酸	FPM,H-NBR,NBR,ACM,CR	其他极性橡胶
无机碱		BR,NBR,IIR,EPDM	一般通用橡胶均有耐碱性，但 FPM 和 QR 不耐碱
有机碱		NR,SBR,BR,EPDM,IIR	EPDM、IIR 可用于 90℃以上的有机碱
无机盐		NR,SBR,EPDM,IIR	

应该在研究各种橡胶在不同的酸、碱溶液中以及不同的浸渍条件下体积变化率的基础上选择橡胶。

② 交联体系　一般情况下，增加交联密度可以提高硫化胶耐化学介质性能。例如在二烯类橡胶中，只要硬度和其他物理机械性能允许，应尽量增加硫黄用量，以提高交联密度。硫黄用量在 30 质量份以上的硬质天然硫化胶，耐化学腐蚀性比天然橡胶的软质胶好得多。

使用金属氧化物交联的氯丁橡胶、氯磺化聚乙烯等，应以氧化铅代替氧化镁，可以明显提高硫化胶的耐化学腐蚀性。但使用氧化铅时，应注意其分散和胶料的焦烧问题。

交联键类型对化学腐蚀的影响，在对饱和碳链橡胶和杂链橡胶的应用中尤为重要，其中—C—C—交联的稳定性最好。例如丁基橡胶的树脂交联体系好于醌肟交联体系，更优于硫黄硫化体系。用过氧化物交联的氟橡胶，耐化学腐蚀性明显好于应用胺类或酚类交联体系的氟橡胶。

③ 填充与增塑体系　填充补强剂应按照所接触的介质性质来选择。填充补强剂应具有化学惰性，不易被侵蚀，不含水溶性的电解质杂质。例如，在耐酸胶料中，可选用炭黑、陶土、硫酸钡、滑石粉和白炭黑等，其中硫酸钡的耐酸性最好，碳酸钙和碳酸镁的耐酸性很差；在耐碱胶料中，不宜选用含有二氧化硅类的填料和滑石粉等，这些填料易与碱反应而被侵蚀。应避免使用水溶性的和含水量高的填料，因为胶料在硫化时，水分会迅速挥发而产生许多微孔，增大了化学腐蚀介质的渗透速率，故有时配入一定量的矿物石膏或生石灰粉吸收水分。

应选用不会被化学介质抽出、不易与其发生反应的增塑剂，例如可选用某些液体低聚物或油膏等。

(3) 耐水与吸水材料　所有弹性体经过很长时间后都会吸收一些水，通常情况下，由于溶度参数的影响，橡胶的吸水率很低，主要取决于橡胶的极性、交联程度以及硫化胶中水溶性物质的含量等因素。

① 橡胶结构与耐水介质性　非极性橡胶的耐水性一般优于极性橡胶。非极性橡胶如 NR、SBR、EPDM、IIR 等，在 23～28℃ 的水浸泡 8760h 后，吸水量为 1%～6%；而极性橡胶，例如，NBR、CR、CSM 等，在相同条件下的吸水量为 7%～9%。据报道，一条在海水中浸泡了 42 年的轮胎（沉船中发现的），所吸收的水分不超过 5%，而且橡胶性能也没有明显的降低。

水在橡胶中的扩散速率极慢，即使经过长时间浸水，也难以达到饱和液态，因此很难测出它的扩散常数。有人用试样吸水 10% 时的时间的倒数来表示吸水速率（Briggs 法），表 4-70 是某些橡胶的吸水速率。可看出温度升高时，橡胶的吸水性都增大。

表 4-70　某些橡胶的吸水速率（Briggs 法）　　　　　　　　　单位：1/h

温度/℃	NR	IIR	EPM	BR	NBR	SBR
25	0.029	—	0.0018	0.054	0.048	0.017
48	0.180	0.0018	0.016	0.015	0.019	0.066
75	1.100	0.035	0.065	0.410	1.100	0.310
92	3.300	0.110	0.280	0.800	3.000	0.740

a. 耐水橡胶的选择　单纯从耐水性角度考虑，应从非极性橡胶中选择。实验证明：NR、SBR 和 BR 等不饱和的橡胶，只能在 100℃ 以下的水中工作，不应在热水中长期使用。乙丙橡胶耐过热水的性能最好。据报道，由乙丙橡胶制备的密封制品，在 160～180℃ 和 20MPa 压力的过热水中使用 1700h 后，仍能保持工作能力。丁基橡胶在过热水中的稳定性也很好，特别是树脂交联的丁基橡胶，在 177℃ 的过热水中浸泡，其强伸性能变化不大。

极性橡胶在常温下一般耐水性能尚可。丁腈橡胶在低于 150℃ 的热水中尚可使用，但随着丙烯腈含量增加，耐水性下降。其他橡胶如氟橡胶、硅橡胶、丙烯酸酯橡胶和氯丁橡胶等均不耐沸水和过热水。

b. 吸水性橡胶的选择　总体上橡胶是疏水性的，若要提高橡胶的吸水性，需要橡胶和吸水树脂共混或接枝形成细观复合材料，它遇水时能吸水膨胀，并保持橡胶特有的弹性和强度，故也称吸水膨胀橡胶。吸水膨胀橡胶材料能吸收自重几倍甚至几十倍以上的水，并在一定压力下水不会渗出，从而起到良好的水密封作用。这种橡胶材料在建筑工程上作为止水剂、填缝剂及密封剂而获得广泛应用。

吸水膨胀橡胶的主要成分是橡胶和吸水树脂。吸水树脂是结构中含有亲水性基团的高聚物。吸水树脂应选用吸水率大、保持水能力强、与橡胶的相容性较好的品种。一般吸水树脂的用量越大，吸水膨胀率越高，如图 4-47 所示。但用量过大会影响胶料的物理机械性能，应视具体要求而酌定，一般为 10~30 质量份。例如聚丙烯酸酯吸水树脂（KM-3、KM-4）、亲水性聚氨酯、部分交联的聚丙烯酸钠、异丁烯与马来酸酐的共聚物以及聚乙烯醇与丙烯酸盐的接枝共聚物等。

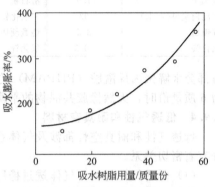

图 4-47　吸水树脂用量与
吸水膨胀率的关系

橡胶的品种选择应以弹性好为原则，并要具有一定的强度，工艺性能好。常用的有 NR、SBR、EPDM、CR、NBR 以及热塑性弹性体 SBS 等。据报道，从吸水膨胀率、物理机械性能和工艺性能等综合性能考虑，选择 NR 和 CR 为基材较好，例如 NR 与 KM-3 或 KM-4 并用、CR 与亲水性聚氨酯并用等。

为了增加吸水后的强度，有文献报道，除加入吸水树脂外，还可以加入酮亚胺化聚酰胺树脂和缩水甘油醚。据称这两种化合物的作用是胶料吸水后，由于酮亚胺化聚酰胺树脂和缩水甘油醚发生交联反应，形成遇水固化的骨架，可以长期保持形状稳定性，且膨胀率较高。用量 5~15 质量份为宜。所用的酮亚胺化聚酰胺树脂是聚酰胺树脂与甲基异丁酮的反应产物，缩水甘油醚是丙二醇与环氧丙烷的反应产物。

② 配合体系

a. 耐水橡胶的配合体系　增加硫黄等交联剂的用量，增大交联密度，可提高耐水性。乙丙橡胶和氟橡胶易采用过氧化物交联。氯丁橡胶和氯化聚乙烯最好使用氧化铅，不用氧化镁和氧化钙。丁基橡胶最好使用树脂交联体系。在热水中使用的天然橡胶，宜选用有效硫化体系或硫载体硫化体系。不使用含水溶性电解质的配合剂。防老剂在水中易被抽出，其抽出程度与防老剂的化学结构有关，应尽量选用反应型防老剂。填充补强剂应选用炉法炭黑和不含可溶性盐类的填料，如硫酸钡、硫酸钙等。含结晶水的填充剂不宜使用。填充剂的用量尽量少一些。各种补强填充剂的吸水率见表 4-71。

b. 吸水橡胶的配合体系　与耐水橡胶相反，吸水橡胶的吸水率随交联密度增加而减少。所以遇水膨胀橡胶的交联体系应该是：在保证硫化胶必要的物理机械性能的同时，尽量减少交联剂和促进剂的用量。吸水橡胶材料大多是在潮湿恶劣的环境中使用，必须使用不易被水抽出的防老剂，而且要适当增加用量，还要加入适当的防霉剂。当雨水、淤泥或海水中含有金属离子时，橡胶的吸水膨胀性就会受到影响。此时，加入金属离子的封闭剂，如缩合磷酸盐和乙二酸四乙酸及其金属盐类，用量在 1~50 质量份，视水质情况而定。研究表明，某些低聚物和表面活性剂的应用可改善橡胶材料的吸水膨胀性能。例如，在天然橡胶与 10 质量

表 4-71　各种补强填充剂的吸水率

名称	重量增加 (25℃×100% 湿度×30d)/%	名称	重量增加 (25℃×100% 湿度×30d)/%	名称	重量增加 (25℃×100% 湿度×30d)/%
气相白炭黑	57	含水软质陶土	8	易混槽黑	15
陶土	29	含水硅酸镁	4	可混槽黑	13
硫酸钡	0.5	粗石灰石	0.8	超耐磨炉黑	21
硅酸钙陶土	9	活性碳酸钙	8	高耐磨炉黑	14
沉淀碳酸钙	5.0	硬质陶土	16	快压出炉黑	3.5
硅藻土	1.5	滑石粉	1.8	热裂法炭黑	0.6~0.7
沉淀白炭黑(含水)	92	二氧化钛	3.0	乙炔炭黑	2.5
锌钡白	3.5	烧煅硬质陶土	3.5		
氧化镁	10.2	氧化锌	1.5		

份部分水解聚丙烯酰胺（PHPAM）的共混体系中，加入非离子型极性助剂乙二醇，其用量为 6 质量份时，天然橡胶共混物的平衡吸水率由原来的 200% 提高到 600%。

4.9.4　低透气性和耐真空材料

低透气性和耐真空性都涉及气体在橡胶中的溶解与扩散传递的问题，与构成材料的各组分有着密切关系。

（1）低透气性材料　气体透过橡胶的过程是一种渗透扩散过程。第一阶段是气体被材料吸收溶解；第二阶段是气体在材料内扩散渗透，在另一侧解吸逸出。所以材料的透气性主要取决于气体在材料中的溶解度和扩散速率，可用下式表示。

$$P = SD$$

式中，P 为气体渗透系数；S 为气体溶解度系数；D 为气体扩散系数。详见第 3 章 3.9.2。

气体溶解度系数主要取决于气体的分子结构及其与橡胶的相容性。扩散系数主要取决于橡胶分子链的柔性大小，柔性越大，D 值越高，例如硅橡胶的分子链柔性最好，其渗透系数 P 值也最大。各种气体在橡胶中的溶解度系数、扩散系数和渗透系数见表 4-72。温度升高，P 值增大，增加橡胶的透气性。

表 4-72　各种气体在橡胶中的溶解度系数、扩散系数和渗透系数（25℃）

气体	参数	NR	BR	SBR	NBR-26	NBR-40	CR	PIB	IIR	EPDM	FKM	MVQ
He	S	0.011	—	—	0.008	0.007	—	—	0.011	—	—	—
	D	2160	—	—	—	790	—	—	590	—	—	—
	P	24	—	—	17	93	52	—	6	5.6	6.4	—
H₂	S	0.03	0.034	0.033	0.027	0.002	0.027	0.034	0.030	0.018	—	—
	D	1020	960	950	350	340	370	140	150	—	—	—
	P	37	32	31	12	54	10	4.9	4.8	—	—	—
N₂	S	0.055	0.045	0.048	0.032	0.028	0.036	0.050	0.055	0.08	0.084	—
	D	110	110	100	2.5	6.4	2.5	4.2	4.5	—	—	—
	P	6.1	4.9	4.8	0.8	0.18	0.9	0.2	0.25	6.4	0.3	200
O₂	S	0.112	0.094	0.093	0.068	0.054	0.075	0.108	0.022	130	—	—
	D	160	150	140	43	14	39	8.1	8.1	—	—	—
	P	18	14	13	2.9	0.7	3	0.9	1.0	19	—	400
CO₂	S	0.90	0.97	0.89	1.24	1.40	0.83	0.69	0.68	0.71	1.77	0.43
	D	110	105	105	19	38	4	5.4	5.8	—	—	—
	P	100	105	94	2.3	5.7	19	38	3.9	82	14.5	1600
空气	P	44	—	29	8	4.1	9.8	—	3.2	—	8.8	45

注：S——溶解度系数，$cm^3/(cm^3 \cdot bar)$；D——扩散系数，$10^{-8} cm^2/s$；P——气体渗透系数，$10^{-8} cm^3/(cm \cdot s \cdot bar)$，$1bar = 10^5 Pa$。

对低透气性的橡胶材料，常用的非极性橡胶有丁基橡胶和改性的环氧化天然橡胶；极性橡胶有高丙烯腈含量的丁腈橡胶、聚氨酯橡胶、氯醇橡胶、氟橡胶等。

在进行低透气性材料设计时，除选用透气性小的橡胶之外，其他配合剂的选择也有较大的影响，应注意以下几点。

① 适当提高交联密度可以降低硫化胶的透气性。

② 一般情况下，加入填充剂能使透气性降低。适当的片状结构的无机填料如云母粉、滑石粉、石墨粉等，比球形结构填料更能有效地降低透气性。

③ 增塑（软化）剂会增加硫化胶的透气性。例如，NBR、FPM、EPDM 在油中有很少量的溶胀（2%），也会使氮气和氨气的透气性增大 1～2 倍；NR 中加入凡士林时，氮气的透气性增大，因此应尽量减少增塑剂或软化剂的用量。

④ 尽量排除橡胶和配合剂等原材料中的杂质，这些杂质会造成制品内部和表面的缺陷，损坏胶料的气密性。同样，各种配合剂要在胶料中均匀分散，否则使透气性增大。

(2) 耐真空材料　在真空系统中使用的橡胶材料，除了要求具有高度的气密性之外，往往要求有优异的耐寒、耐热、耐辐射等性能。材料按真空性能分级见表 4-73。

表 4-73　材料按真空性能分级

级别	压强范围/Pa	级别	压强范围/Pa
低真空	$101.3 \times 10^3 \sim 1.3 \times 10^3$	高真空	$133.3 \times 10^{-3} \sim 10^{-8}$
中真空	$133.3 \times 10 \sim 10^{-3}$	超高真空	$< 133.3 \times 10^{-8}$

在低真空和中真空条件下使用的橡胶制品，一般对材料的要求并不严格，但高真空条件下使用的制品，对橡胶材料的要求相当苛刻，比如透气性低、升华量小、耐热氧化和耐辐射。

在真空中硫化橡胶中的低分子物（包括软化剂、防老剂等配合剂）会发生抽出挥发，特别是在高度真空的减压情况下，这些低分子物会发生升华现象，使硫化胶失重。表 4-74 是各种橡胶在真空中的失重率。合成橡胶中残留的低分子量组分更容易在减压下升华，在材料设计中应予以注意。

表 4-74　各种橡胶在真空中的失重率

胶种	真空度/Pa	温度	真空中放置时间/d	失重率/%
PUR	1.33×10^{-4}	室温	5	12.0
IIR	1.33×10^{-5}	室温	5	2.0
IIR	2.66×10^{-6}	室温	5	31.0
IIR	5.32×10^{-5}	71.1℃	1	39.0
CR(WRT)	5.19×10^{-6}	室温	5	6.0
NBR	3.99×10^{-6}	室温	5	5.0
FKM(Viton A)	2.50×10^{-7}	室温	5	2.1
FKM(Viton A)	2.66×10^{-6}	71.1℃	1	3.0
FKM(Viton B)	2.66×10^{-7}	室温	5	2.3

升华失重还会引起硫化胶性能的变化。例如软化剂的挥发，会使硫化胶逐渐变硬、发脆，透气性增大。

橡胶在真空中的失重率随温度升高而增大，拉断伸长率随温度升高而降低。

供高真空条件下使用的橡胶制品，有时需经过高温烘烤和低温抽空等特殊处理。所以在高真空下应用的橡胶材料还应有较好的耐高温性能，以适应其真空系统的高温烘烤处理。一般选用丁腈橡胶、丁基橡胶和氟橡胶。在超高真空条件下，应选用氟橡胶。

在进行耐真空橡胶材料设计时，应严格控制各种配合剂的挥发性。凡是容易挥发、喷出的配合剂，如增塑剂、操作油、防老剂等尽量少用。补强填充剂不宜多用白炭黑，加入适当的炭黑有助于降低橡胶的气体渗透性。

4.10　功能性材料设计简论

功能性是指材料具有特定功能，具有敏锐的应答能力，可进行选择性和特异性工作等。功能性橡胶材料已经冲破传统橡胶的概念，赋予橡胶所没有或极端缺乏的新功能，它已经同其他功能高分子密切联系在一起，正在形成新的材料领域。

4.10.1　阻燃材料

阻燃橡胶材料的设计，主要是选择难燃主体材料和添加各种阻燃剂，以及燃烧传播速率较低的助剂和填料。

（1）橡胶的选择　阻燃橡胶材料的主体材料多选用难燃橡胶或其与难燃树脂并用。评价高聚物可燃性最常用的方法是氧指数法。氧指数表示试样在氧气和氮气的混合物中燃烧时所需的最低含氧量。氧指数越大，表示可燃性越小，阻燃性越好。一般规定，氧指数（OI）大于27%的为高难燃材料，如氟橡胶、硅氟橡胶和聚氯乙烯等；OI值在22%～27%范围内的为难燃材料，如氯丁橡胶、氯化聚乙烯、氯磺化聚乙烯、氯醚橡胶以及丁腈橡胶等；OI值<22%的为易燃材料，如天然橡胶、顺丁橡胶、乙丙橡胶等。表4-75列出了常用橡胶和树脂的氧指数。

表 4-75　常用橡胶和树脂的氧指数

橡胶	OI/%	橡胶	OI/%	树脂	OI/%
NR	18	CPE	30～35	PE	18
BR	18	CR	26.3	PP	18
SBR	18	CSM	25	PA	20～28
IIR	18～19	ECO	20～33	PVC	45～60
EPDM	20	FPM	42	PI	36.5
NBR	17～25	QR	20～43	PTFE	79

总之，难燃主体材料的选择应注意：本身具有一定的阻燃性；燃烧时发热量小；具有优良的高温耐热性。

（2）阻燃剂的选择　阻燃剂是具有延迟或阻滞高分子材料燃烧作用的配合剂。加入阻燃剂可以阻滞燃烧过程。有的阻燃剂能抑制高聚物裂解产生自由基，或阻止氧向高聚物燃烧表面扩散，或者产生惰性气体冲淡可燃性气体，在高聚物表面形成保护层；有的阻燃剂受热时放出结晶水，吸收热量，或提高热传导性，起到降温作用。

橡胶材料中常用的阻燃剂主要是添加型阻燃剂，是在橡胶加工过程中加入的，是通过自身的燃烧变化发挥阻燃作用。分为有机类阻燃剂和无机阻燃剂两种，其作用机理不同。

① 有机类阻燃剂　有机阻燃剂分为卤系和磷系两种。

a. 卤系阻燃剂　卤系阻燃剂是指氯和溴的有机化合物。卤化物受热分解出卤化氢（HX），HX 能及时与橡胶燃烧中产生的活性自由基 H· 和 ·OH 反应，从而降低活性自由基的浓度，起到阻燃作用，而生成的 HX 还能形成防护层阻滞氧和热向燃烧物扩散。

卤系阻燃剂中，常用的含氯的化合物是氯化石蜡、全氯五环癸烷和氯化聚乙烯。其阻燃效果随含氯量增加而增大。含氯阻燃剂的阻燃效果虽然很好，但毒性大，不符合无烟、低毒的要求，因此其应用受到限制。

含溴阻燃剂由于反应速率快、活性强，捕捉自由基·H 和·OH 的能力较含氯阻燃剂强，阻燃效果比氯高 2～4 倍，而且受热分解产生的腐蚀性气体毒性小，在环境中残留量小。所以含溴阻燃剂是卤系阻燃剂中发展最快的一种。目前众多含溴阻燃剂中，四溴双酚 A 和十溴二苯醚的加工热稳定性好，毒性较低。含溴阻燃剂的价格较含氯阻燃剂贵一些。

b. 磷系阻燃剂 使用磷系阻燃剂，在燃烧时可发生氧化反应，生成挥发性磷化合物和磷酸。其中挥发性磷化合物起到稀释氧气的作用，同时由于挥发作用，带走热量，起到冷却效果，从而抑制了燃烧程度；分解成的磷酸，在燃烧温度下脱水生成偏磷酸，偏磷酸又聚合生成聚偏磷酸，呈黏稠状液态膜覆盖于固体可燃物表面。磷酸和聚偏磷酸都有很强的脱水性，能使高聚物脱水炭化，使其表面形成保护性碳膜，这种液态和固态膜起到隔绝空气、阻止燃烧的作用。

目前常用的磷系阻燃剂中，磷酸二苯一辛酯（DPOP）被确认为无毒的阻燃剂。磷系阻燃剂的用量与高聚物的类型有关，在燃烧时不生成碳的高聚物中，用量较多一些。与卤系阻燃剂相比较，磷系阻燃剂可提高硫化胶的耐寒性。含卤素的磷酸酯阻燃剂效果较好，具有卤素与磷协同效应的特点，但发烟较大，易水解，稳定性较差。

② 无机类阻燃剂 无机类阻燃剂热稳定好，燃烧时无有害气体产生，符合低烟、无毒要求，安全性较高，既能阻燃又是填充剂，因此得到广泛应用。常用的无机类阻燃剂主要有氢氧化物（如氢氧化铝、氢氧化镁）、金属氧化物（如氧化锑）和硼酸锌等。

a. 氢氧化物阻燃剂 表 4-76 是几种常用无机阻燃剂的阻燃效果。可以看出，与空白试样比较，这几种无机阻燃剂的阻燃效果都很明显，其中氢氧化铝和氢氧化镁的效果更为显著。添加氢氧化铝的硫化胶其燃烧速率和离火熄灭时间分别仅为空白试样的 45% 和 34%。

表 4-76 几种常用无机阻燃剂的阻燃效果

项目	空白	氢氧化铝	氢氧化镁	氧化镁	三氧化二锑	四硼酸钠
阻燃剂用量/质量份	0	40	30	10	15	8
燃烧速率/(mm/min)	20.9	9.3	11.9	18.2	12.8	17.2
离火熄灭时间/min	300	102	86	161	135	235

注：硫化条件为 160℃×8min。

由于 $Mg(OH)_2$ 的脱水反应比 $Al(OH)_3$ 较迟，工艺性能也较差，且价格较高，故一般选用 $Al(OH)_3$。随着 $Al(OH)_3$ 用量的增加，硫化胶的燃烧速率降低，火焰熄灭时间缩短。如图 4-48 所示是 $Al(OH)_3$ 用量对白炭黑补强的 NBR 硫化胶阻燃性能的影响。可看出当 $Al(OH)_3$ 用量达到 100 质量份后，硫化胶燃烧速率和离火熄灭时间趋于恒定。但用量过大会降低硫化胶的物理机械性能，应综合考虑。一般用量在 60～80 质量份为好。

b. 金属氧化物阻燃剂 金属氧化物阻燃剂中应用最广泛的是氧化锑。但氧化锑必须与卤化物并用，发挥协同作用，才具有阻燃效果。

卤化物受热分解，释放出氢卤酸和卤元素，然后与氧化锑反应，生成三卤化锑、氧化卤锑和水。

反应生成的卤化锑和卤化氢起稀释可燃性气体的作用。它们的密度较大，覆盖在高分子材料表面上，起隔离空气的作用，并促进炭化反应，生成炭化层起到隔热屏蔽作用。反应是吸热反应，可降低燃烧的温度。卤化氢能捕捉燃烧过程中的自由基 HO· 和 H·，起到阻滞作用。

氧化锑-卤化物体系的阻燃效果，受卤素与锑的比例、卤化物的性能及分解产物的种类所支配。当卤素与锑的摩尔比为 3：1 时，卤化物能迅速分解并生成卤氢酸，形成的产物几乎全部是三卤化锑。例如氯化石蜡（含氯 70%）和氯化锑的摩尔比为 3：1 时，可形成 94% 的三氯化锑。如图 4-49 所示是氯化石蜡与 Sb_2O_3 体系的阻燃效果，可看出氯化石蜡用量在

20～25 质量份时，阻燃效果较好。氯化锑密度较大，价格较贵，用量不宜过多。

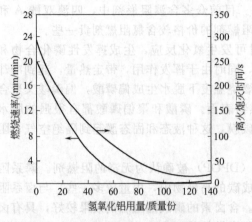

图 4-48　Al(OH)₃ 用量对白炭黑补强的 NBR
硫化胶阻燃性能的影响

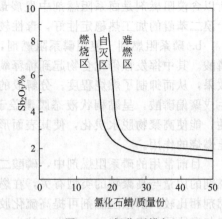

图 4-49　氯化石蜡与
Sb₂O₃ 体系的阻燃效果

c. 含硼化合物阻燃剂　含硼化合物中，硼化锌是常用的无机阻燃剂，因含结晶水不同可有以下化学式：$ZnO \cdot B_2O_3 \cdot 2H_2O$、$2ZnO \cdot 3B_2O_3 \cdot 3.5H_2O$、$3ZnO \cdot 2B_2O_3 \cdot 5H_2O$ 和 $2ZnO \cdot 3B_2O_3 \cdot 7H_2O$。

硼化锌在 300℃ 以上时，能释放出大量的结晶水，起到吸热降温作用。它与卤系阻燃剂并用时，有良好的阻燃协同效应，除放出结晶水外，可生成卤化硼和卤化锌。

卤化硼和卤化锌可以捕捉活性自由基 HO· 和 H·，在高温下卤化锌和硼酸锌能在可燃物表面形成覆盖层，而气态的卤化锌和卤化硼又笼罩于可燃物的周围，体现出良好的阻燃效果。硼化锌与氢氧化铝并用也有很好的协同阻燃效果。

4.10.2　导电材料

（1）橡胶的选择　橡胶的导电性与其结构（如侧基的性质、体积和数量）以及主链的规整性、柔顺性、结晶性等有关；也与其中的杂质有关。目前导电橡胶材料中常用的橡胶主要有 BR、SBR、EPDM、CR、NBR、ECO、PU 和 QR 等。表 4-77 列出了某些橡胶及其硫化胶的体积电阻率。

表 4-77　某些橡胶及其硫化胶的体积电阻率

胶种	橡胶体积电阻率/Ω·cm	硫化胶体积电阻率/Ω·cm
天然橡胶	$(1\sim6)\times10^{15}$	$10^{14}\sim10^{15}$
丁苯橡胶	$10^{14}\sim10^{15}$	$10^{14}\sim10^{15}$
丁腈橡胶	$10^{10}\sim10^{11}$	$10^{10}\sim10^{11}$
氯丁橡胶	$10^{9}\sim10^{12}$	$10^{12}\sim10^{13}$
丁基橡胶	$>10^{15}$	
乙丙橡胶	6×10^{15}	$10^{15}\sim10^{16}$
硅橡胶	$10^{11}\sim10^{12}$	$10^{13}\sim10^{16}$

使用硅橡胶制作导电橡胶材料，除具有导电、耐高低温、耐老化的特性外，而且工艺性很好，适宜制造形状复杂、结构细小的导电橡胶制品；用于电器连接器材时，能与接触面紧密贴合，准确可靠，并可起到减震和密封的作用，是特点比较突出的导电橡胶材料。氯醚橡胶不但有良好的耐油、耐寒、耐热、耐臭氧性能，而且体积电阻率较低，已经在导电胶辊中应用。

（2）导电填料的选择　普通的橡胶几乎都是绝缘体，体积电阻率都在 10^{13} Ω·cm 以上。

导电橡胶材料的导电性能完全取决于填料的选择与应用。复合型导电材料所用的导电填料主要有金属系、碳系和导电氧化物等几类。表 4-78 列出了几种无机及金属粉填料的导电性能。

表 4-78　几种无机及金属粉填料的导电性能

填料名称	电导率/$\Omega^{-1} \cdot cm^{-1}$	填料名称	电导率/$\Omega^{-1} \cdot cm^{-1}$
银	6.17×10^5	镍	1.38×10^5
铜	5.92×10^5	锡	8.77×10^4
金	4.17×10^5	铅	4.88×10^4
铝	3.82×10^5	石墨	$1 \sim 10^3$
锌	1.69×10^5	炭黑	$1 \sim 10^2$

从表 4-78 中可看出，银粉的导电性最好，炭黑的导电性不及金属，但它较便利，价格较低，来源丰富，已被广泛应用于导电橡胶材料中。

① 金属系导电填料　金属系导电填料包括金属粉或短纤维等。具有优良的导电性和化学稳定性。当需要特别高的电导率时，最好选用银粉。当银粉含量为 50%～55% 时，导电材料的体积电阻率约为 $10^{-4} \Omega \cdot cm$，甚至可达 $(5 \sim 7) \times 10^{-5} \Omega \cdot cm$。但是银粉的价格太高，有时可以用镀银的铜粉或铁粉替代。铜粉和铝粉具有较好的导电性，但在空气中易氧化，造成导电性能不稳定。目前出现一种以孟德法精制成的镍粉，价格尚可，性能较稳定，应用较广。

金属填充的导电材料，其导电性能与金属的性质、粉末粒径的大小和形状等均有很大关系。金属粉的用量较大，在 40%～50%（体积分数）含量时才会形成渗流网络，但是用量大会导致材料的力学性能和加工性能变差，而且由于金属与橡胶的相容性差，易出现分散不均匀，某些性能重现性也较差的现象。据报道，纳米金属粉可明显提高导电性能。

在磁场作用下，可使磁性金属填料（如 Ni 粉等）粒子沿外场磁力线分散，而显著提高导电性能。

② 碳系导电填料　碳系导电填料包括石墨、炭黑和碳纤维等。石墨粉的化学稳定性和导电性均好，但不具有炭黑那样的结构化形态和表面活性，与橡胶的黏合性差。用石墨填充的硫化胶经多次弯曲后，其导电性下降，故在橡胶中应用不多。

炭黑是目前复合型导电填料中应用最广泛的一种。炭黑的价格低廉，适用性强，可以根据不同的导电要求有较大的选择余地，其电阻率可在 $10^0 \sim 10^8 \Omega \cdot cm$ 之间调整，而且其导电性持久、稳定。试验表明：炭黑粒度越小，表面积越大，分散均匀后粒子间距离越小，形成渗流网络的能力越强，导电性就越好；炭黑粒子的表面粗糙度越大，导电性越好；炭黑的结构性越高，越易形成渗流网络，导电性越好；炭黑表面的化学性质也影响其导电性，表面上含氧基团增多，会使炭黑粒子间的接触电阻增大，导电性下降。表 4-79 是几种导电炭黑的性能。

表 4-79　几种导电炭黑的性能

名称	缩写	平均粒径/μm	比表面积/(m^2/g)	吸油值/(mg/g)	挥发分/%
乙炔炭黑	AC	35～45	55～70	2.5～3.5	
导电槽黑	CC	17.5～27.5	175～420	1.15～1.65	
导电炉黑	CF	21～29	125～200	1.3	1.5～2.0
超导电炉黑	SCF	16～25	175～225	1.3～1.6	0.05
特导电炉黑	ECF	<16	225～285	2.60	0.03

在碳系填料中，也可使用碳纤维作导电填料，其导电能力介于炭黑与与石墨之间。由于具有高强度、高模量和优异的抗腐蚀、耐辐射等性能，碳纤维导电复合材料在高科技领域中

有良好的应用前途。据报道，碳纳米管因其特殊结构、表面效应和导电性突出得到重视，制得的导电材料重量轻、力学性能好、环境适应性强。

③ 导电氧化物填料　导电氧化物填料中，比较突出的是氧化锌晶须（简写为 ZnOw），它是一种微晶体，由 4 根长 $10\sim100\mu m$、直径 $0.1\sim3\mu m$ 的针状单晶体构成，4 根针向空间三维发射，如图 4-50 所示。

与传统的导电填料相比较，氧化锌晶须有以下优点：具有高效率的导电性。当三维结构的氧化锌晶须分散到基材中时，易形成有效的渗流网络，与粒状填料相比，赋予导电性所需的氧化锌晶须的用量较小，为 $10\%\sim30\%$。因此可在不失去基材原有性能的基础上获得较好的导电性能，而且稳定性好，复合材料颜色的可调性好。该晶须是

图 4-50　氧化锌晶须电镜照片

无色透明的单晶，可与颜料复合成各种颜色的导电材料，环境适应性好。以单晶形式存在的晶须，其升华点在 1700℃ 以上，热膨胀率为 $4\times10^{-6}℃^{-1}$，所以氧化锌晶须复合材料可在较苛刻的环境条件下使用。

（3）加工工艺的影响　导电橡胶材料的导电性很大程度上取决于橡胶与填料的分散状态和导电结构的形成，与加工工艺有非常密切的关系。

加工前物料应尽可能干燥，因为痕量水分或其他低分子挥发物可能使胶料出现气泡或表面缺陷，影响渗流网络的完整性。

为保证各组分充分混合，必须进行混炼，但控制混炼条件十分重要。因为混炼往往会破坏填料的形态结构（如炭黑的链状结构、晶须的三维结构等），从而影响导电性能。

挤出时，受力尽可能小一些，剪切速率尽可能低，以保持渗流网络的完整性。

通常升高加工温度，降低材料的黏度和剪切应力，对保持渗流网络的完整性有利。

除上述因素外，使用环境、使用介质、加工模具等许多因素都会在一定程度上影响材料的导电性能。

4.10.3　声学材料

（1）橡胶的选择　吸声橡胶应选择内耗大的胶种。常用的橡胶中丁基胶和丁腈胶的内耗较大，天然橡胶和丁苯橡胶较低，氯丁橡胶居中。

橡胶的结构不同，吸声性能也不同，在实际应用中，为了提高其吸声性，往往做成夹层或微孔结构材料。比如，海绵橡胶等多孔物质的吸声效果，比实心的纯橡胶材料好。当声波投射到海绵橡胶上时，除了声波在表面散射一部分外，投射到海绵微空中的声波，由于橡胶的内摩擦、黏滞作用及薄壁的振动等，使声波的能量变成热能被吸收而衰减。另外，微孔还可以将产生的压缩形变转变为剪切形变，声波能量由于剪切损耗而衰减。所以海绵橡胶的吸声系数较高。

橡胶材料的吸声系数与声波频率有关，若声波的频率增大，材料的吸声系数增加，直至出现峰值后下降。如图 4-51 所示是海绵橡胶（NR）吸声系数与频率的关系。可看出，在频率为 500Hz 时，吸声系数为最低值（0.3）；在 1500Hz 时，吸声系数出现峰值（0.9）；而且高频率时的

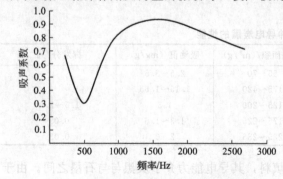

图 4-51　海绵橡胶吸声系数与频率的关系

吸声系数比低频时的数值大。实验证实：IIR、NBR、CSM 等橡胶的吸声系数受频率的影响较大；NR、SBR、QR 等受影响较小；CR、EDPM 和 AU、EU 等居中。

（2）填料的影响 选择气孔性填料时，材料中的声速较显著地下降，衰减常数明显增加，在一定用量范围内，声速随填料用量增加而降低，衰减常数随用量增加而增大。通常选用木屑、铝粉、蛭石粉等气孔性填料，其中蛭石粉较好。使用蛭石粉应注意粒径大小必须适当，粒径太细，吸声效果差。实验显示，蛭石粉用量对材料的特性声阻抗 Z 的影响为：

蛭石粉用量/质量份	0	10	30	50
Z 值/ $[\times 10^5/(Pa \cdot s/m)]$	18.5	13.4	9.6	6.7

应指出，吸声橡胶制品的结构与构型对吸声性能有较大影响，如厚度、孔形及分布等，几何构型可以提高吸声性能。

（3）关于水声吸声材料 随着水下探测技术、核动力潜艇及水下武器的发展，对水下声系统及水下噪声控制的要求越来越苛刻，促进了水声橡胶材料的发展。水声吸声橡胶材料还可以用作防探测材料，覆盖在潜艇、水雷或水下目标的表面，起到对抗敌方声呐的探测作用。

水声吸声材料必须满足两个条件：材料的特性声阻抗与水的特性声阻抗相匹配；材料具有最高的内耗，使声波在材料内很快衰减。常用水声吸声橡胶的衰减常数见表 4-80。

表 4-80 常用水声吸声橡胶的衰减常数

胶种	密度/(kg/m³)	测试温度/℃	频率									
			7kHz		8kHz		9kHz		10kHz		12kHz	
			声速/(m/s)	衰减常数	声速/(m/s)	衰减常数	声速/(m/s)	衰减常数	声速/(m/s)	衰减常数	声速/(m/s)	衰减常数
氯化丁基橡胶	1162	14.3	1500	6	1540	6	1550	10	1530	17	1545	18
氯丁橡胶	1311	14.5	1465	4	1495	7	1535	4	1500	3	1540	7
天然橡胶	1031	15.2	1530	2	1510	3	1553	2	1503	2	1575	5
丁基橡胶	1160	22.8	1455	7	1445	11	1490	27	1460	20	1440	22

通常丁基橡胶和氯丁橡胶应用较多，除了内耗较大外，还具有较好的耐老化和耐水性能。

理想的透声材料是声波入射到材料时能够无反射地、无损耗地透过去。因此透声橡胶材料在声学性能上主要有两点要求：①橡胶材料的特性声阻挠值应该与声波的传播介质（比如空气和水）的特性声阻挠值相匹配；②声波通过橡胶材料时，声能的损耗要尽可能小些。透声橡胶材料在水声工程中，常用作水听器的包覆层、潜艇的声呐罩等。

声波通过橡胶时，如同力作用在材料上一样，使橡胶产生黏弹形变，材料中的声波衰减随材料的滞后损失增大而增大。因此，常用橡胶的透声性能按顺序下述递减：

$$NR > NR/CR > CR > EU > Cl\text{-}IIR > IIR$$

也就是说，声波透过橡胶的衰减以天然橡胶为最小，丁基橡胶最大。所以天然橡胶是较好的透声材料，另外硅橡胶和顺丁橡胶也具有良好的透声性。但是天然橡胶用作透声材料，最大缺点是透水性较大。在深水中使用的透声橡胶材料尤应该注意透水性。丁基橡胶的透水率比天然橡胶和氯丁橡胶低 50 倍。因此透声橡胶胶种的选择应据材料的使用环境和性能要求综合分析确定。

除胶种的选择外，透声材料中的其他组分，如补强填充体系等，均应以尽量降低声波在材料中的衰减为原则。

4.10.4　生物材料

生物功能橡胶材料是用于与生物或活体组织接触（长期或短期）的有功能的无生命材料，主要是生物医用橡胶材料。生物医用橡胶材料早期仅用于制作导管、外科手套等医疗卫生用品，目前已在人工器官或组织代用品、医疗和药物装置等方面获得日益广泛的应用。

生物医用橡胶材料可粗略分为两类：一般用途生物医用材料和体内生物医用材料。一般用途生物医用材料主要用于医药包装及配件，如药物瓶塞或滴管、密封垫片等；体外用医疗器械和护理用品，如输液管、洗涤器、医用手套等；体内用内脏医疗器械和妇科器械，如洗胃器、各种引流管等。体内生物医用材料主要用于长期或短期植入人体内作为器官或组织代用品；植入人体内的药物载体等。

目前，作为生物功能橡胶材料主要是以硅橡胶、聚氨酯、乳胶、丁基橡胶以及热塑性弹性体等为基材，表 4-81 列出了某些生物功能橡胶材料在医学方面的用途。随着材料科学和生物工程技术的发展，出现了一些改性材料和新材料，如生物杂化材料、表面固定生物活性材料等。

表 4-81　某些生物功能橡胶材料在医学方面的用途

材料名称	缩写	用　　途
硅橡胶	SIR	脑积水引流装置、各类导管、人工心肺机泵管、模式氧合气模、人工皮、整形植入物、人工心脏、人工心脏辅助材料、药物缓释系统、房室引流、人工耳、心脏瓣膜、肌腱和指关节、人工气管、人工膀胱、肠补片、人工脑膜、视网膜脱落束扎带、印模材料
聚氨酯	PU	人工心脏泵材料、心脏配件、人工心脏瓣膜、人工血管、假肢、弹性绷带、人造皮、医用药管、薄壁制品、医用手套、避孕套、人造软骨
胶乳		一次性医用手套、避孕套、奶嘴、医疗器械、真空采血橡胶塞
丁基橡胶	IIR	橡胶瓶塞、采血试管塞、输液瓶塞、注射气塞
热塑性弹性体	TPE	人工心脏模、医疗导管、医用手套、人造血管、输液袋、假肢、人造皮

应指出的是，由于对人体（生物体）的组织结构与性质，功能材料与人体组织、血液界面的相互作用，特别是在分子水平上的反应机制尚缺乏透彻的理论解析，因此生物医用高分子材料目前仍处在"半经验"的水平，有待于进一步研究探索。

（1）一般用途生物医用材料设计　一般用途生物医用橡胶材料因为要和各种药剂、人体组织及生物有机体相接触，并且要在高温高压条件下或在各种有机消毒剂中进行消毒处理，有的还需要在低温条件下长期贮存，故对材料的物理机械性能和化学性能均有一些特殊的要求。在选择本体材料和各种配合剂时，应充分考虑。

① 橡胶的选择　医用橡胶要求纯洁、杂质少，与人体组织相容性好，无毒副反应。目前主要是天然橡胶、丁腈橡胶、丁基橡胶、卤化丁基橡胶、热塑性弹性体和硅橡胶等。其中硅橡胶用于与人体内脏组织接触的医疗用品和器械。

天然橡胶具有优异的物理机械性能、良好的耐针刺性和自密封性，但化学惰性和生物惰性较差，橡胶中的抽出物多，易与药物相互作用，对空气和水蒸气渗透性较高，会产生"蛋白质过敏"现象等。因此，应用范围受限，逐渐被丁基橡胶或卤化丁基橡胶取代。

丁基橡胶具有低透气性和低吸水性，具有良好的化学稳定性、耐热、耐臭氧、耐紫外线照射。卤化丁基橡胶除具有丁基橡胶的特性外，由于卤素（溴或氯）的存在，具有较高的硫化活性，容易与高不饱和度的弹性体共硫化。丁基橡胶和卤化丁基橡胶主要用于医药瓶塞类医疗用品。

丁腈橡胶主要用于抗生素油剂瓶塞。

硅橡胶与人体组织相容性好，无毒副反应，适于制备各种形状的医疗用品，是目前应用最广泛的生物医用材料。热硫化硅橡胶和室温硫化硅橡胶都必须严格控制原材料的纯度、催化剂的种类和用量以及其中低分子挥发物的含量、重金属的含量等。

热塑性弹性体在医疗卫生领域的应用主要是聚苯乙烯系、聚酯系（包括聚氨酯）、聚酰胺系以及聚烯烃系等热塑性弹性体。其中聚氨酯弹性体应用较广泛，具有优良的抗凝血性能，生物相容性好，无过敏反应，有优良的韧性和弹性，化学惰性好等特点。热塑性弹性体多用于医用插管、医用软管、手套、血袋等医疗用品。

乳胶的应用主要是天然乳胶、丁苯乳胶、丁腈胶乳、丁基乳胶、硅胶胶乳等。多用于医用手套、计划生育用品、海绵卫生用品等。

目前除了上述生物弹性体外，人们正在研究性能可调节、生物相容好、可生物降解等特点的新型生物弹性体，如网络型聚酯、聚醚酯、聚肽等。

② 各种配合剂的确定　由于各种配合剂的加入，往往在加工和使用中某些配合剂会产生分解产物，会引起过敏反应和组织反应。因为生物医用材料的生物安全性要求极高，材料的配方组成的原则是：组分尽量简单，硫化性能良好；配合剂中不能含有铅、汞、砷、钡等可溶性化合物；配合剂不能有苔味和刺激性气味；配合剂应在酸、碱及药剂接触下不变质，不分解，不析出。

硫化体系应采用低硫或无硫硫化体系，以减少游离硫的析出。

填充剂多采用白炭黑、碳酸钙、陶土、滑石粉等。

含蜡量较高的软化剂不易使用。一般不加着色剂，或加少量无机颜料。

(2) 体内生物医用材料设计　由于体内生物医用橡胶材料主要用于长期或短期植入人体（生物）内作为器官或组织代用品，因此需要与人体（生物）组织相容性好，无毒副反应，生物安全性要求更加苛刻。

① 橡胶的选择　用于体内生物医用橡胶主要是硅橡胶和聚氨酯弹性体，前者应用较多。如前所述，硅橡胶特征如下。

a. 生物相容性较好，其一是生物组织反应较轻，由于 Si—O 主链被侧基（甲基等烷基）屏蔽而具有疏水性，因而与周围组织不发生粘连，并且会在材料周围形成纤维包膜，所以在体内受活组织和体液的影响较小，生物稳定性优越；其二是血液相容性较好，与血液接触后的凝血时间较长。

b. 良好的透气性，适合作为体内药物释放载体。

c. 具有良好的耐化学介质性能和生物老化过程。

d. 耐高温消毒性能优异，一般作为器官或组织代用品，需进行更为严格的消毒，经常先用蒸馏水洗净后，放在 10％甲醛水溶液中浸泡 4h，冲洗干净后再煮沸消毒 4h，灭菌备用，在手术前再煮沸消毒 1h，要求性能不下降。

医用硅橡胶的制备较工业级硅橡胶必须更加严格地控制纯度、催化剂的种类及用量，控制其中低分子挥发物的含量、重金属的含量，以及环境和设备的清洁度等。目前使用较多的是热硫化硅橡胶（如甲基乙烯基硅橡胶）和室温硫化硅橡胶。室温硫化硅橡胶能在人体温度下固化成型，适用于人体器官组织及人体的外部整容和修补手术。

用于体内材料较好的是聚醚型聚氨酯，具有伸长率大、硬度范围广、耐磨等优点，生物相容性特别是抗凝血性突出。国外已用于人工心脏辅助泵的材料，疲劳数据已超过 1.5 亿次。

② 各种配合剂的确定　体内医用材料的要求与一般用途医用材料一样，即材料配方力求简单，配合剂组分尽量减少，配合剂要求纯净无毒，确保生物安全性。

热硫化硅橡胶的交联剂一般采用过氧化物，如 2,4-二氯过氧化苯甲酰（DCBP）和 2,5-二甲基-2,5-二叔丁基过氧化己烷（DBPMH）。它们在硫化过程中产生的副产物——苯甲酸之类，在两段硫化时可除去，故对人体无害。

　　聚醚型聚氨酯是由二胺类作为扩链剂逐步聚合而成的热塑性弹性体，不需要加入交联剂。

　　补强填充剂，主要是气相法白炭黑（如2号气相白炭黑）及其改性白炭黑（如2号 D_4 处理白炭黑、硅氮烷处理白炭黑）。2号 D_4 处理白炭黑是2号气相白炭黑经八甲基四硅氧烷表面处理而成，可改善混炼胶的结构化现象。用硅氮烷（如六甲基二硅氮烷）处理白炭黑，不但可改善混炼胶结构化现象，同时也可提高硅橡胶的撕裂强度，故也称为高抗撕白炭黑。

　　为了改善橡胶的加工性能，往往加入少量操作助剂，如羟基硅油和烷氧基硅烷等。

参考文献

[1] 梁星宇，周木英主编. 橡胶工业手册（第三分册）. 北京：化学工业出版社，1994.
[2] 邓本诚等编. 橡胶并用与橡塑共混技术. 北京：化学工业出版社，1998.
[3] 杨清芝著. 现代橡胶工艺学. 北京：中国石化出版社，1997.
[4] 张殿荣，马占兴，杨清芝主编. 现代橡胶配方设计. 北京：化学工业出版社，1994.
[5] Eirich, Frederick R. Science and Technology of Rubber, NewYork：© Academic Press, 1978.
[6] 王梦蛟等主编. 橡胶工业手册. （第二分册）修订版. 北京：化学工业出版社，1993.
[7] Freakley P K, Payne A R, Theory and Practice of Engineering with Rubber. London：Applied Science Pubilshers, 1978.
[8] 蔡永源，刘静娴. 高分子材料阻燃剂手册. 北京：化学工业出版社，1993.
[9] 孙酣经. 功能高分子材料及应用，北京：化学工业出版社，1990.
[10] 李法华主编. 功能性橡胶材料制品. 北京：化学工业出版社，2003.
[11] 申玉生等. 轮胎工业. 2000, 20（5）：259.
[12] 蒲启君. 橡胶工业. 1999, 46（2）：104.
[13] Datta R N, Helt W F, Flexsys B V. Rubber World, 1997, 216（5）：24-27.
[14] Byron H T. Rubber World, 1998, 218（5）：19-29.
[15] Kooi J V. . Rubber World, 1997, 216（8）：21-23.
[16] Jon Menough. Rubber World, 1989, 199（5）：14-16.
[17] 谭德征. 橡胶工业. 1999, 46（9）：529.
[18] 吴国江. 橡胶工业. 1994, 42（10）：625.
[19] 味曽野，伸司. 日本ゴム協会誌, 1997, 70（10）：564.
[20] Wolff S, Wang M J. Rubb. Chem. Tech. 1993（66）：163.
[21] Wang M J, Rubb. Chem. Tech., 1998, 71（3）：520-589.
[22] Rikki Lamba. Rubber World, 2000, 222（1）：43-49.
[23] 梁天纬. 橡胶工业, 1995, 42（1）：26-40.
[24] 周彦豪等. 合成橡胶工业, 1998, 21（1）：1-6.
[25] 邹坤容等. 特种橡胶制品, 1999, 20（4）：19-22.
[26] 李炳炎. 炭黑工业, 2000（3）：1.
[27] Noboru Tokita. 日本ゴム協会誌, 1998, 71（9）：522-533.
[28] 吴绍吟，陈恩生. 橡胶工业, 1999, 46（3）：146-150.
[29] 白木義一. 日本ゴム協会誌, 1992, 65（5）：68-77.
[30] 贾红兵等. 橡胶工业, 2000, 47（11）：647-650.
[31] Larsc Larsen. Rubber World, 1998, 219（1）：707.
[32] Larsc Larsen. Rubber World, 1997, 217（1）：26-28.
[33] Larsc Larsen. Rubber World, 1997, 217（3）：22-24.
[34] Derringer G C. Rubb Chem and Technol, 1988, 61（3）：377.
[35] 藪田司郎. 日本ゴム協会誌, 1993, 66（6）：368.
[36] 方庆红等. 特种橡胶材料制品, 2009, 30（3）：68.
[37] Schuring D J. Rubb. Chem. Tech, 1980, 153（3）：6.
[38] 王登祥. 轮胎工业. 1997, 17（12）：707.
[39] Bond R, etal. Polymer, 1984, 25（1）：132.
[40] 陈士朝. 合成橡胶工业, 1995, 18（5）：260.
[41] 吴祉龙. 合成橡胶工业, 1987, 10（5）：368.
[42] 游长江等. 轮胎工业, 2000, 20（7）：387.
[43] 刘其林，董长征. 轮胎工业, 1999, 19（3）：131.
[44] 陈士朝. 合成橡胶工业, 1997, 20（1）：6.

[45] 贾红兵等. 合成橡胶工业，2000，23（2）：81.
[46] Tsumi F, Sakakibara M, chishima N. Rubb. Chem. Tech., 1990, 63 (1): 8.
[47] 赵素合等. 合成橡胶工业，1995，18（4）：212.
[48] 张华，张兴英，程珏，金关泰. 弹性体，1997，7（1）：34.
[49] 谢忠麟. 橡胶工业，2000，47（3）：145.
[50] 张立群等. 合成橡胶工业，1998，21（1）：57.
[51] Mitsuru Kishine, Tsuyoshi Noguchi, Rubber World. 1999, 219 (5): 40.
[52] 罗权焜，王真智. 橡胶工业，2000，47（9）：534.
[53] Medalia A. Rubber. Chem. Tech., 1986, 59: 432.
[54] 余钢，章明秋，曾汉民. 高分子材料科学与工程，1998，14（3）：5.
[55] 席保锋，刘辅宣等. 高分子材料科学与工程，1999，15（6）：25.
[56] 裴怿明，傅政，胡义强. 特种橡胶制品，1999，20（2）：5.
[57] 周祚万，卢昌颖. 高分子材料科学与工程，1998，14（2）：5.
[58] 夏芙等. 橡胶工业，2009，56（2）.
[59] 丁涛等. 合成橡胶工业，2006，29（5）：322.

第 5 章   橡胶材料加工过程与技术

5.1   引　言

橡胶材料的加工工艺是由一系列加工过程单元构成的复杂的加工制造系统。该系统的基本加工工艺过程如图 5-1 所示。其中基本的加工过程单元是塑炼、混炼、挤出、压延、成型、硫化等。

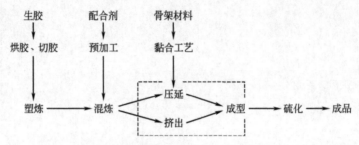

图 5-1   橡胶材料基本加工工艺过程示意

塑炼是降低橡胶分子量、增加塑性、提高加工性能的工艺过程。

混炼是使配方中各组分均匀分散于橡胶中，形成细观复合材料的工艺过程，是橡胶材料制备的关键技术。

挤出、压延和成型这三个过程单元的目的是制造具有一定形状的半成品，可统称为成型工艺。挤出是混炼胶通过挤出机挤出各种断面的半成品；压延是混炼胶或与骨架材料通过压延机进行压形挂胶，制成一定规格的半成品；成型是通过成型机将各种半成品构件经粘贴、压合等工艺组装成一定规格型号可供硫化的半成品，该过程单元与特定的制品结构有关，如轮胎、胶管等本章从略。

硫化是将已成型的半成品通过一定的温度、压力和时间条件，使橡胶材料发生交联反应，最终生产出橡胶制品的加工过程单元。

在这些基本加工过程中，每一过程单元所采用的加工技术，对生产能力以及最终产品的质量都有着实质性突出影响。

5.2   塑　炼

由于生胶的高弹性给加工过程带来极大的困难，各种配合剂难以均匀分散，流动性很差。难以成型，而且动力消耗很大。因此必须在一定条件下对生胶进行机械加工，使其由强韧的弹性状态变为可塑的弹性状态，以满足各种加工工艺对胶料可塑性的要求，这一加工过程单元称为塑炼。

生胶的可塑性大小并不是任意确定的，主要根据加工过程单元的要求和硫化胶的物理机械性能的要求来确定。塑炼胶的可塑性大小必须适当，在满足加工工艺要求的前提下，塑炼胶的可塑性应当尽量减小。

塑炼胶可塑性的技术参数主要是门尼（Mooney）黏度，是在一定温度、时间和压力下，根据试样在转子与模腔之间变形时所承受的扭力来确定生胶的可塑性，如图 5-2 所示。检测时，将试样按要求放入模腔内，在 100℃下预热 1min，待转子转动 4min 时所测取的扭力值（用百分表示）。一般表示为 ML（1+4）100℃，其中 M 表示门尼，L 表示大转子（转子直径为 38.10mm ± 0.03mm）。门尼黏度数值范围为 0～200，数值越大，表示可塑性越小。

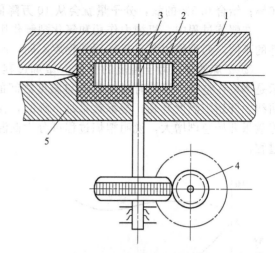

图 5-2 门尼黏度仪的转子与模腔
1—上模腔；2—生胶；3—转子；
4—蜗杆；5—下模腔

5.2.1 塑炼机理

（1）塑炼过程的特征　生胶经过塑炼后，分子量降低，黏度下降，可塑性增大，塑炼过程有以下特征。

① 塑炼的作用　塑炼过程是力化学过程，存在两种作用：一种是机械力作用；另一种是氧化裂解作用。

机械力作用是机械力使橡胶分子链断裂，降低分子量。橡胶分子链在塑炼过程中，受机械的剧烈摩擦、挤压和剪切作用，使相互卷曲缠结的分子链很容易产生局部应力集中现象，当应力集中值超过主链中该部位的键能时，便会造成分子链的断裂。机械力作用与橡胶分子链断裂的概率之间有如下关系。

$$\rho \approx K_1 \frac{1}{\mathrm{e}^{\frac{E-F_0\delta}{RT}}} \tag{5-1}$$

$$F_0 \approx K_2 \eta \dot{\gamma} \left(\frac{M}{\overline{M}}\right)^2$$

式中，ρ 为分子链断裂概率；E 为分子主链的化学键键能；F_0 为作用于分子链上的力；δ 为链断裂时的伸长长度；$F_0\delta$ 为链断裂时的机械功；$\eta\dot{\gamma}=t$，为作用于分子链上的剪切力；M 为最长分子的分子量（包括有长支链的缠结点在内）；$\overline{M}$ 为平均分子量；K_1、K_2 为常数。

可见，对一定橡胶来说，E 和 K_1 为定值，低温下 RT 值不大，分子链的断裂概率主要取决于 F_0，F_0 值越大，ρ 值越大，而 F_0 值大小主要取决于剪切应力 τ，故提高机械的剪切速率 $\dot{\gamma}$ 值或降低温度增大黏度 η 值，也会增大 ρ 值。研究表明，机械力作用下分子链的断裂有一定的规律。当分子链受到剪切作用时，分子链沿着力场方向伸展，其中央部位受力最大，伸展程度也最大，当剪切应力值达到一定程度时，分子链中央部位首先断裂。分子量越大，分子链中央部位承受的剪切应力也越大，剪切应力一般随着分子量的平方而增加，故分子量大的分子链容易断裂。随着塑炼过程的进行，高分子量级分逐渐断裂、减少，低分子量级分基本保持不变，致使平均分子量降低的同时，分子量分布趋于变窄。

氧化裂解作用是在塑炼过程中，橡胶分子链处于应力伸张状态，活化了分子链，促进了氧化裂解反应的进行。橡胶分子链在机械力作用下，断裂生成化学活性很大的分子链自由基，这些分子链自由基必然引起各种化学变化。塑炼过程中空气中的氧可以直接与分子链自由基发生氧化作用，产生氧化裂解反应。如图 5-3 所示是 NR 在氮气和氧气中的塑炼效果。在氮气中，虽经长时间塑炼，塑炼效果不明显；在氧气中，生胶的黏度迅速下降，可见，氧是塑炼过程中必不可少的重要因素。实验证明，生胶结合 0.03% 的氧就能使分子量降低

50%；结合 0.5%的氧，分子量就会从 10 万降低为 5 千。

　　在塑炼过程中，机械力作用和氧化裂解作用同时存在。根据所采用的塑炼方法和工艺条件的不同，两种作用各自起作用的程度不同，所产生的塑炼效果也不相同。

　　② 塑炼效果依赖于温度的变化　塑炼过程中，温度对塑炼效果影响很大。如图 5-4 所示是 NR 在空气中塑炼时塑炼效果与温度之间的关系。可以看出，是一种近乎 U 形的关系曲线。开始随温度升高，塑炼效果是下降的，在 100℃左右达到最低值；温度继续升高，塑炼效果开始急剧增大，说明塑炼过程可分为低温塑炼（A 线）和高温塑炼（B 线）两个独立过程。

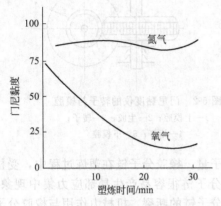

图 5-3　NR 在氮气和氧气中
的塑炼效果

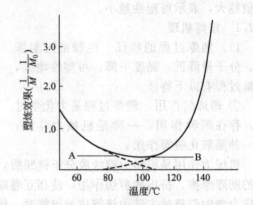

图 5-4　NR 在空气中塑炼时塑炼效果与温度的关系
M_0—塑炼前的分子量；M—塑炼后的分子量

　　在低温塑炼的情况中，由于橡胶较硬，流动性较差，受到机械力破坏较剧烈，分子链易断裂，随着塑炼温度的逐渐升高，橡胶变得越来越柔软，分子链比较容易产生滑动而难以被切断，因而塑炼效果下降。同时，由于温度较低，氧的化学活性较小，故氧直接引发氧化裂解作用不显著。也就是说，低温塑炼过程主要是机械力作用为主。

　　在高温塑炼的情况中，由于热和氧的自动催化氧化裂解作用随温度的升高而急剧增大，橡胶分子链的氧化裂解速率大大加快，塑炼效果也迅速增大。可见，高温塑炼过程主要是以氧化裂解作用为主。

　　③ 塑解剂的化学增塑作用　在塑炼过程中，可加入塑解剂增大塑炼效果。塑解剂是一种低分子化合物，其作用是强化氧化作用，促进分子链断裂。塑解剂的应用原则是改善和提高塑炼效果，而不影响硫化胶的物理机械性能和硫化速率。

　　根据增塑机理不同，可将塑解剂分为三种类型：一是链终止型塑解剂，用于低温塑炼，当机械力破坏分子链生成分子链自由基时，塑解剂起到自由基接受体的作用，防止分子链自由基再结合或链传递反应，使分子链自由基稳定生成较短的分子链，这类塑解剂如苯醌和偶氮苯等；二是用于高温塑炼的链引发型塑解剂，在高温下塑解剂首先分解生成活性较大的自由基，从而引发并加速分子链在高温下的氧化裂解反应，提高塑炼效果，这类塑解剂如过氧化苯甲酰、偶氮二异丁腈等；三是混合型塑解剂，既可用于低温塑炼，又可用于高温塑炼，具有链终止和链引发两种功能，目前常用的混合型塑解剂是硫酚类和芳香族二硫化物，以及由它们与活化剂或饱和脂肪酸盐组成的混合物，见表 5-1。

　　塑解剂的用量，天然橡胶一般为生胶重量的 0.1%～0.3%，合成橡胶一般为 2%～3%。塑解剂不仅能提高塑炼效果，节约电能消耗，还能减小塑炼胶停放过程中的弹性复原性和收缩率。

　　从塑炼过程的特征分析可看出，生胶的塑炼过程，既非单纯的机械力作用，也非单纯的

表 5-1　国内外塑解剂的主要品种

成　　分	商品名称	研制与生产国家
五氯硫酚	12-Ⅱ Renacit Ⅴ	中国 法国
五氯硫酚＋活化剂	Renacit Ⅸ	法国
五氯硫酚＋活化剂＋分散剂	Sj-103 Renacit Ⅶ 塑解剂 R1、R2、R3、R4	中国 法国 中国
硫酚改性塑解剂	劈索 1 号	日本
2,2′-二苯甲酰氨基二苯基二硫化物	12-Ⅰ Pepton 22	中国 英国、美国
2,2′-二苯甲酰氨基二苯基二硫化物＋活化剂	Pepton 44 Noctizer-SK Pepter 3S	美国 日本
2,2′-二苯甲酰氨基二苯基二硫化物＋饱和脂肪酸锌盐＋活化剂 或＋不饱和脂肪酸锌＋活化剂	Dispergum 24 Aktiplast F Renacit HX Renacit Ⅷ	法国 法国

化学作用，而是十分复杂的物理和化学作用的综合过程。它包括机械断裂、氧化降解以及化学增塑等作用，是可控降解的反应型加工过程。

（2）天然橡胶和合成橡胶的塑炼特性　橡胶的塑炼特性与其化学组成、分子结构、分子量及分子量分布有密切关系。不同橡胶其塑炼特性也不相同。一般情况下，天然橡胶塑炼比较容易，合成橡胶塑炼比较困难。

① 天然橡胶的塑炼特性　天然橡胶的塑性很低，初始门尼黏度在 95～120 之间，为了便于加工应用，必须进行塑炼。对于一些改性天然橡胶如低黏度天然胶和恒黏度天然胶由于初始门尼黏度较低，一般不需要塑炼；易操作天然胶虽然门尼黏度较高，因为含有 20% 的硫化胶乳，具有良好的加工性，也不需要塑炼。

天然橡胶因产地不同，塑炼效果也存在一定差别。在实际生产中，塑炼胶的可塑度可按其用途分为若干段，一段塑炼胶可塑性较低，二段、三段塑炼胶可塑性较高，发泡材料用塑炼胶有时需用四段塑炼胶，每段塑炼必须待充分停放冷却后才能进行下段塑炼。

为了缩短天然橡胶的塑炼过程，采用塑解剂，可缩短塑炼时间 1/4～1/2。

② 合成橡胶的塑炼特性　合成橡胶的塑炼效果比天然橡胶差。因为合成橡胶一般有以下结构原因：分子链中的双键数量少，不饱和度低；分子链中往往存在吸电子基团（如 CR、NBR、SBR 等橡胶中）；在高温下分子链中的乙烯侧基会产生环化作用；非结晶型，生胶强度低等。所以合成橡胶低温塑炼和高温塑炼塑炼效果较差，而且高温塑炼时，因生成的分子链自由基较活泼，在产生裂解反应的同时，还会产生交联反应，导致生成凝胶。

目前，合成橡胶工业的技术水平，已经能够在合成过程中适当控制和调节分子量大小及其分布，制得门尼黏度较低、工艺性能良好的级别品种，可以适应各种加工的可塑性要求。所以大多数合成橡胶一般都无需单独塑炼，可直接混炼。

5.2.2　塑炼工艺与设备

塑炼过程是利用开放式炼胶机、密闭式炼胶机和螺杆塑炼机完成的。生胶在塑炼之前尚需进行烘胶、切胶和破胶等准备工艺。

（1）准备工艺

① 烘胶　生胶在常温下黏度很高，难以切割和加工，特别是冬季，生胶会硬化或结晶。

所以在塑炼之前应在专门的加温室（烘胶房）中对胶包进行加温软化，称为烘胶。烘胶的作用是使生胶软化、结晶熔化、便于塑炼。否则会增加塑炼时间，消耗大量电能，甚至导致机械设备损坏。

生胶在烘胶房中按一定规则和顺序存放，不应与加热器接触。烘胶温度一般为 50～70℃，不宜过高，否则会降低橡胶的物理机械性能。烘胶时间根据生胶的种类和季节温度不同而异，天然橡胶在夏季烘胶时间为 24～36h，冬季烘胶时间较长，一般在 36～72h。

② 切胶和破胶　生胶从烘胶房取出，用切胶机切成小块。天然橡胶一般切成 10kg 左右的小块。切胶之前应清除胶包表面的杂质，切胶后应进行外观检查，对各种杂质或霉烂等进行挑选和分级处理。

为了提高生产效率和确保质量及设备安全，在塑炼之前还要将切好的胶块用破胶机进行破胶。破胶时辊温应在 45℃以下，辊距为 2～3mm，生胶通过辊距 2～3 次即可，但破胶容量应适当，以免损坏设备。

（2）开放式炼胶机塑炼　开放式炼胶机塑炼是最早的塑炼方法，至今还在使用。这种塑炼方法自动化程度低、生产效率低、劳动强度大、操作危险性也大，所以不适于现代化大规模生产。但由于开放机塑炼温度低，塑炼胶的塑性均匀，机台容易清洗，设备投资省，所以适用于生胶品种变化多和生产规模较小的加工生产。

① 开放式炼胶机的基本构造　开放式炼胶机（简称开炼机）的基本构造如图 5-5 所示。虽然不同类型的开炼机构造各有差别，但基本构造却都一样。主要由两个空心辊筒 10、机架 2、底座 1、调距装置 3、紧急刹车装置 8、传动装置及加热冷却装置组成。

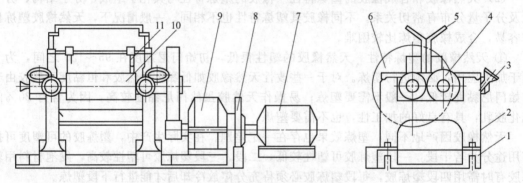

图 5-5　开放式炼胶机的基本构造
1—底座；2—机架；3—调距装置；4—速比齿轮；5—安全装置；6—大齿轮；7—电动机；
8—刹车装置；9—减速机；10—辊筒；11—挡胶板

两个辊筒 10 穿过轴承安装在机架 2 上。调距装置 3 通过调距螺杆与前辊筒轴承体连接，用来调整辊距。电动机 7 通过减速机 9 和大小驱动齿轮及速比齿轮带动前后辊筒以不同速度旋转。冷却水（或蒸汽）经管道通入辊筒内腔，从辊筒头部的喇叭口溢出，以调节辊温。通过安装在炼胶机上部的安全装置 5 和刹车装置 8 可以进行紧急刹车。

开炼机的主要工作部分是两个速度不等，相对回转的空心辊筒。当胶料加到两个相对回转辊筒上面时，在胶料与辊筒表面之间摩擦力的作用下，胶料被带入两个辊筒的间隙中。由于辊筒的挤压作用，胶料的断面逐渐减小。这时，在辊筒速度不同而产生的速度梯度作用下，胶料受到强烈的摩擦剪切和氧化裂解作用。这样反复多次，达到炼胶目的，如图 5-6 所示。

由图 5-6 可看出，生胶是在辊筒表面的摩擦力作用下被带入并通过辊距的，在两辊筒不同的圆周速度作用下，在辊缝中沿辊筒断面中心线的各点处，生胶的移动速度不一样，假定

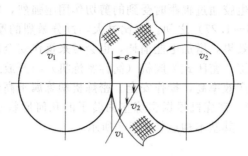

图 5-6　开炼机炼胶作用示意

靠近辊筒表面生胶的速度与辊筒表面的线速度相等，由于后辊转速快，前辊转速慢，故在沿着辊筒断面中心线的辊缝处产生速度梯度，此时的切变速率（$\dot{\gamma}$）为：

$$\dot{\gamma} = \frac{v_1 - v_2}{e} = \frac{v_2}{e}(f-1)$$

$$f = \frac{v_1}{v_2}$$

式中，v_1 为后辊表面的线速度；v_2 为前辊表面的线速度；f 为两辊筒的速比；e 为辊距。

可见，切变速率随辊筒速比的增大和辊距的减小而增大，$\dot{\gamma}$ 值越大，生胶的剪切变形也越大，有利于分子链的断裂，从而提高塑炼效果。

② 工艺条件　开炼机塑炼过程中的工艺条件主要是容量、辊温和塑炼时间、辊距和速比等。这些工艺条件的确定和控制决定了塑炼效果和塑炼胶质量。

a. 容量　容量是一次炼胶时的有效装胶量。塑炼容量的大小取决于设备规格与生胶的种类。容量过大会使辊筒上面的积胶过多而难以进入辊距，产生的热量也难以散发，降低塑炼效果；容量过小会降低塑炼的生产效率。塑炼容量一般是根据经验公式计算或实际操作经验来确定。

b. 辊温和塑炼时间　开炼机塑炼属于低温塑炼过程，塑炼温度用辊筒表面温度表示。由于塑炼过程中的摩擦生热会使辊温升高而降低塑炼效果，所以必须不断向辊筒内腔通入冷却水，使辊温保持在较低的温度范围内。但辊温过低容易造成设备超负荷而受到损害，常用生胶的塑炼温度范围见表 5-2。前辊较后辊的温度高约 5℃。

表 5-2　常用生胶的塑炼温度范围

生胶种类	辊温范围/℃	生胶种类	辊温范围/℃
NR	45～55	NBR	40 以下
IR	50～60	CR	40～50
SBR	45 左右		

采用塑解剂增塑时，应适当提高辊温，一般控制在 70～75℃为宜。温度过高会影响机械剪切效果，反而降低塑炼效果。

试验证明开炼机塑炼过程的最初 10～15min 时间内，塑炼效果最佳，随后趋于平稳。因为随着塑炼时间的延长，塑炼胶的温度升高，分子链易产生相对滑移，降低了机械力的剪切作用效果。最好的办法是分段进行塑炼，当塑炼一定时间后，使塑炼胶下片冷却，停放一段时间，再重新塑炼，以获得较好的塑炼效果。

c. 辊距和速比　当辊筒的速比一定时，辊距越小，剪切速率 $\dot{\gamma}$ 值越大，塑炼效果越好。同时，由于胶片较薄，易于冷却降温，又进一步提高了机械力作用效果。所以低温塑炼均采取薄通塑炼方法。

两辊筒的速比越大，生胶通过辊距时受到的剪切作用越强烈，塑炼效果好。开炼机塑炼时的速比一般在 1:(1.25~1.27) 之间。速比过大，过分激烈的摩擦作用会使塑炼胶生热升温太快，反而降低塑炼效果，增加电能消耗，也会带来操作安全性问题。

(3) 密闭式炼胶机塑炼　密闭式炼胶机（简称密炼机）与开放式炼胶机相比较，工作密封性好，塑炼周期短，生产效率高，操作安全。密炼机塑炼属于高温塑炼。

① 密炼机的基本构造　密炼机根据密炼室内转子的几何形状不同分为若干类，比较通用的是椭圆形转子密炼机，其基本构造如图 5-7 所示。

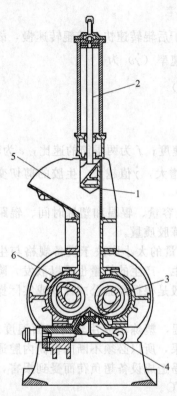

图 5-7　椭圆形转子密炼机基本构造

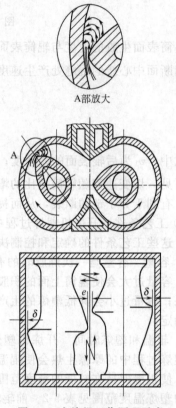

A部放大

图 5-8　密炼机工作原理示意

椭圆形转子密炼机的主要组成部分有上顶栓 1、风筒 2、转子 3、下顶栓 4、加料口 5 和密炼室 6。其他为加热冷却装置、润滑装置、密封装置以及电机传动装置等。

密炼室由两半机体组成，室内装有两个椭圆形转子，密炼室侧壁从外部喷水冷却。生胶的塑炼在密炼室内完成。

密炼室的上部有加料口，生胶加入后，塑炼时由风筒带动上顶栓升降，将加料口关闭加压。密炼室的下部有卸料口，用下顶栓关闭控制。

生胶在密炼机中所受的机械作用十分复杂，如图 5-8 所示。生胶从加料口进入密炼室后落在相对回转的两个转子的上部；在上顶栓压力及转子表面摩擦力作用下被带入辊距中受到机械剪切力的作用；通过辊距后的生胶被下顶栓分为两部分，分别随两转子回转，通过转子与室壁间隙及其与上、下顶栓之间的空隙，同时也受到剪切力作用，并重新返到转子上方；然后再进入辊距中，如此反复循环。整个过程中生胶处处受到机械剪切作用，尤其是通过转子突棱表面与密炼室之间的狭缝时，剪切作用最大。由于转子结构上的特点，使两转子相应点的速比不是定值，一般在 0.91~1.47 之间变化。转子表面的突棱使生胶绕转子运动的同时，还发生轴向移动，进一步增加了对生胶的搅拌和摩擦作用。

总之，由于密炼室中两转子之间的间隙和速比以及转子突棱表面与密炼室内壁之间的间隙都不断在变化，所以生胶不能随转子表面等速旋转，而是随时都在变换速度和方向，从间隙小的地方向间隙大的地方窜动，使生胶内部相互之间、生胶与表面之间以及生胶与密炼室壁之间产生剧烈的摩擦剪切作用，致使高温下产生剧烈的热氧化裂解反应，从而大大提高了塑炼效果和生产效率。

密炼机操作的自动化程度较高，适合于大规模生产，劳动强度较低，操作安全性好。但密炼机塑炼温度较高，操作不慎容易发生过炼现象，可塑性也不均匀，必须配备专用加工设备进行补充加工。

② 工艺条件　密炼机塑炼的工艺条件，主要是容量、上顶栓压力、转子转速、塑炼温度和时间等。

a. 容量和上顶栓压力　容量过小不仅降低生产效率，降低塑炼效果，而且塑炼胶的可塑性不均匀。容量过大，塑炼过程散热困难，易造成温度过高，塑炼胶的可塑性也不均匀，而且易使设备超负荷受到损害。合理的容量应依设备规格和新旧程度，以及上顶栓压力而定。通常的装胶量为密炼室有效容积的 48%～62%，即填充系数在 0.48～0.62 范围内。

塑炼过程中，上顶栓必须对生胶施加一定压力（0.5～0.8MPa），以加强对生胶的剪切和摩擦作用，获得良好的塑炼效果。在一定的范围内，塑炼效果随上顶栓压力的增加而增大。

b. 转子速度　转子的旋转速度对密炼机塑炼效果影响很大。在一定的温度下，转子速度越快，所需要的塑炼时间越短，生产效率也越高。但是，转速的提高必然加速生胶生热升温，因此必须加强冷却降温措施，以防过炼。

c. 塑炼温度　密炼机塑炼属于高温塑炼，随温度升高塑炼效果急剧增加。但温度过高会导致生胶过度氧化裂解。天然橡胶的排胶温度一般控制在 140～160℃ 为宜。合成橡胶的排胶温度要适当降低，否则会发生分子链支化或交联，产生凝胶，降低塑炼效果，如丁苯胶的排胶温度应控制在 140℃ 以下。

采用塑解剂塑炼，增塑效果比开炼机塑炼显著，排胶温度可降低，提高塑炼胶的质量。

排胶温度一定时，塑炼效果随塑炼时间的延长几乎呈线性增加，随后逐渐减缓。因为后期密炼室内充满了水蒸气和低分子挥发物气体，氧含量减少所致。可采用分段塑炼法获得所需要的塑炼效果。

（4）螺杆塑炼机塑炼　开炼机和密炼机都是间歇式的操作，用螺杆塑炼机可进行连续性塑炼，适合生胶品种较单一而耗量大的大型企业进行连续化自动化生产。具有生产能力大、动力消耗低等优点，但存在排胶温度高（可达 180℃ 以上）、塑炼胶的可塑性不均匀、热可塑性较大等缺点。螺杆塑炼机有单螺杆式和双螺杆是两种，如图 5-9 所示是单螺杆塑炼机的结构示意。

螺杆塑炼机的工作部分是螺杆和机筒衬套。螺杆螺纹分为两段：第一段为三角形螺纹，螺距由大到小，以保证进料、送料和初步加热及捏炼；第二段为不等腰梯形螺纹，生胶在此段经强制挤压剪切而被推向机头，在机头处还再次受到捏炼作用。

螺杆塑炼机塑炼是使生胶在机腔内受螺杆的螺纹与机筒壁的摩擦搅拌，并通过螺杆沿机筒向前推动胶料而进行塑炼的。由于塑炼温度比较高，致使生胶在高温下氧化裂解而获得可塑性。

操作之前，先用蒸汽将机身、机头、螺杆预热至一定温度，然后将胶块填入进行塑炼。塑炼胶由机头口型的空隙中挤出。正常操作过程中，螺杆、机身均需不断通入冷水进行冷却，以控制塑炼温度适当。

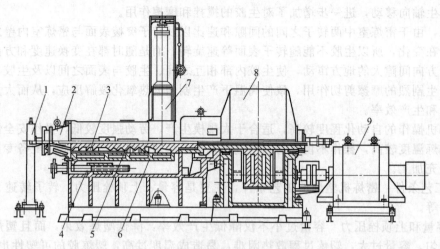

图 5-9　单螺杆塑炼机的结构示意

1—支架；2—机头；3—螺杆；4—调整杆；5—衬套；6—机身；7—喂料口；8—减速机；9—电机

螺杆塑炼机塑炼过程中，影响塑炼效果的主要因素是温度、填胶速率、机头出胶空隙大小以及生胶的温度等。

塑炼温度过低，不能获得良好的塑炼效果，设备负荷也太大；温度过高，会使胶料过度氧化而影响胶料质量。天然橡胶塑炼温度范围一般控制在：机头 90～100℃，机身 80～90℃，机尾 60℃ 以下。

填胶速率应与机腔容量相适应。速率太快，胶料在机筒内停留时间太短，塑炼程度不够，出现"夹生"现象，可塑度不均匀；速度太慢，会使胶料过度氧化裂解而降低其性能，并且降低生产效率。

机头出胶空隙大小依胶料可塑度要求而定。空隙小，出胶量少，生产能力小，胶料获得的可塑度大。空隙大，出胶量多，生产能力大，但胶料可塑度低。

生胶在塑炼以前必须先切成 8～10kg 的小块，并预热至 70～80℃。这样操作比较容易，塑炼出来的胶料可塑度较高且均匀，生产效率也较高。若胶块预热温度较低，则设备负荷很大，胶料可塑度低且不均匀。

（5）塑炼后的补充加工　塑炼后的生胶需要进行压片（造粒）、冷却干燥等补充加工，以备下一个工序使用。

① 压片或造粒　塑炼后的生胶必须压成厚度小于 10mm 的胶片，或者制成胶粒，以增加冷却时的散热面积，便于停放管理和输送称量等技术操作。

② 冷却与干燥　塑炼胶片或胶粒需要浸涂或喷洒隔离剂溶液进行冷却隔离，然后用冷风吹干，防止生胶中含有水分并使温度降低至室温，避免堆放时发生黏结。

③ 停放　经过冷却与干燥后的胶片或胶粒应按规定堆放 4～8h 后，才能供给下一工序使用。

④ 质量检验　停放后的塑炼胶在使用前还要进行质量检验，门尼黏度符合技术要求才能使用，否则，或进行补充塑炼，或少量掺混使用，或降级使用。

5.3　混　炼

将各种配合剂均匀混入生胶（塑炼胶）中，制成质量均一的混合物的过程叫混炼。混合物称混炼胶，是一种复杂的胶态分散体系。

混炼过程中除发生氧化降解反应外，还发生其他力化学作用，使橡胶分子链与活性配合剂（如炭黑）产生化学和物理的结合，形成某些不能溶解于有机溶剂的结合橡胶凝胶，对混炼胶和硫化胶的性能起着重要的影响。

对混炼胶的质量要求主要有两个方面：一是胶料能保证具有良好的物理力学性能；二是胶料本身要具有良好的工艺加工性能。两者之间相互制约，因此必须正确制定并严格控制混炼工艺条件，确保胶料中的配合剂达到能保证硫化胶具有必要的物理机械性能的分散程度，并使胶料具有能正常进行压延、挤出等各后序加工过程的可塑性要求。

混炼操作之前，尚需做一些准备性工作。例如，各种原材料与配合剂的质量检验；对某些配合剂进行补充加工（粉碎、干燥、筛选、过滤等）以及称量配合等前期工作。

混炼过程中采用的混炼方法分为间歇混炼和连续混炼两种。用开放式炼胶机混炼和密闭式炼胶机混炼属于前者，也是最早出现的混炼方法；连续混炼是 20 世纪 60 年代末出现的，混炼设备是外形类似挤出机的连续混炼机，主要特点是自动化、连续化生产水平高，但加料系统比较复杂，仍存在一定局限性，故应用尚不广泛。

5.3.1 开放式炼胶机混炼

开放式炼胶机混炼（简称开炼机混炼）是最早的混炼方法，长期以来混炼设备的基本结构和操作原理没有什么变化。开炼机混炼生产效率低，劳动强度大，操作安全性差，污染环境，很难实现标准化操作程序和控制批次间混炼胶质量的均匀性。但开炼机混炼灵活性较大，适合生产规模小、批量小而配方品种多变的胶料加工。另外，某些胶料如发泡胶料、硬质胶胶料以及某些合成橡胶（硅橡胶和混炼型聚氨酯等）适合于开炼机混炼。

（1）混炼过程　开炼机混炼过程中，先让生胶包于前辊，两辊筒上方应有适量的堆积胶存在，再按规定的加料顺序往堆积胶处依次加入配合剂。堆积胶不断地被转动的辊筒带入辊距中，同时新的堆积胶又不断地形成。当生胶夹带配合剂通过辊距时，受到剪切作用而被混合和分散。但堆积胶的量不能过多，否则会有一部分堆积胶只能在辊距上面抖动或回转，而不能及时地进入辊距，降低混炼效果。

开炼机混炼过程可分为包辊、吃粉和翻炼三个阶段。

① 包辊阶段　胶料的包辊性与生胶本身的性质、混炼温度及切变速率等因素有关。胶料在开炼机中有四种包辊状态，如图 5-10 所示。图 5-10（a）为弹性固体状态，由于混炼温度过低，胶料硬度高，弹性大，难以进入辊距中，若强制压入辊距，则胶料通过辊距后呈碎块掉下，无法包辊，也无法进行混炼操作。图 5-10（b）为黏弹性固体状态，此时胶料既有

生胶在辊筒上的状况	生胶在辊筒上的状况			
	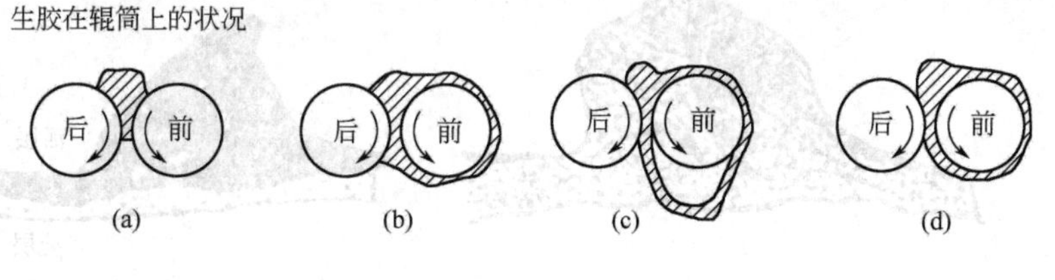 (a)	(b)	(c)	(d)
辊温	低 → 高			
生胶力学状态	弹性固体 → 黏弹性固体 → 黏弹性流体			
包辊性	生胶不能进入辊距或强制压入，否则成为碎块	紧包前辊，成为弹性胶带，不破裂，混炼分散好	脱辊，胶带呈袋囊形或破碎，不能混炼	呈黏流薄片，包辊

图 5-10　胶料在开炼机上的包辊状态

一定的塑性，又有适当的高弹形变，胶料通过辊距后成为弹性胶带紧紧地包在前辊表面上，不发生碎裂和脱落，有利于混炼操作和配合剂在胶料中的均匀分散。图 5-10 (c) 仍为黏弹性固体状态，由于温度较高，胶料的塑性流动增大，高弹形变减弱，胶料不能紧包前辊而呈袋囊状脱辊或破碎掉下，无法进行混炼操作。图 5-10 (d) 为黏弹性流体状态，由于温度过高，胶料主要发生塑性流动，通过辊距后呈黏流薄片包于前辊表面，且对辊筒发生黏附而难于切割，也难以进行混炼操作。所以应当控制混炼工艺条件使胶料处于状态图 5-10 (b) 的状态方能顺利地进行混炼操作。

在混炼过程中，橡胶的黏弹性不仅与温度有关，还受到外力作用速率的影响，根据时温等效性原理，减小辊距、增大切变速率与降低温度是等效的，所以，当温度较高呈如图 5-10 (c) 所示的状态时，可通过适当缩小辊距来调整至如图 5-10 (b) 所示的状态。

各种橡胶的结构特性不同，其包辊性也不同，天然橡胶和乳聚丁苯橡胶在混炼中的包辊性良好，顺丁橡胶、乙丙橡胶等某些合成橡胶的包辊性较差，主要原因是分子量分布较窄，生胶的强度低，胶料的松弛时间短，易出现破裂脱辊现象。

橡胶中加入炭黑后，由于生成结合橡胶，提高了橡胶的强伸性能，会扭转脱辊现象。

② 吃粉阶段　胶料包辊后，应在辊距上方留有适量的堆积胶，然后再向堆积胶上面填加配合剂，进入吃粉阶段。如果没有堆积胶，胶料通过辊距时只发生周向的混合作用，无径向剪切形变和混合作用。当堆积胶存在时，在堆积胶处因胶料发生拥塞和皱褶将进入狭缝内部的配合剂夹带一起进入辊距，受到剪切而产生径向混合，使配合剂向包辊胶片的厚度方向混合分散，如图 5-11 (a) 所示。但是堆积胶过多，反而会减慢混炼速率，影响混炼效果，为此，通常是当胶料包辊后，将多余的堆积胶料割下，再填加配合剂，待全部配合剂混入后，再将割下的余胶加入并翻炼混合均匀。若胶料的填充量较大，应在混炼过程中逐步放大辊距，以使堆积胶数量始终保持在适宜的范围内。

③ 翻炼阶段　堆积胶的存在虽然使胶料在辊距中产生了径向的混合作用，但并不能使配合剂分散到包辊胶片的整个厚度内。实际上只能达到包胶层厚度的 2/3 处，在贴近辊筒表面的一侧仍有占胶片厚度 1/3 的一层胶料无配合剂混入，这层胶料叫做呆滞层或死层，如图 5-11 (b) 所示。因此，当全部配合剂加完后，立即进行切割翻炼，使死层进入活层，进一步混炼均匀。常用的翻炼方法有手工割刀法和机械割刀法。切割翻炼后，需将胶料薄通 3～5 遍，然后放大辊距下片冷却，结束混炼操作。

(a) 堆积胶吃粉示意　　　　　(b) 吃粉后的包辊胶片混合状态断面示意

图 5-11　开炼机混炼吃粉示意

（2）混炼工艺条件　开炼机混炼依据胶料种类和性能要求不同，工艺条件各有差别。需注意的工艺条件和影响因素主要有以下几方面。

① 辊筒的转速和速比　辊筒的转速越快，配合剂在胶料中的分散速率也越快，混炼时间短，生产效率高。但转速过快，操作不安全，胶料升温过快，影响混炼效果。

两辊筒的速比产生剪切作用，促使配合剂在胶料中均匀分散，速比越大，混炼速率越快，但摩擦生热大，胶料生热升温快，容易引起焦烧。用于混炼的开炼机速比一般在 1：

(1.1～1.2) 之间。

② 辊温和混炼时间　辊温过低，胶料的流动性差，生胶对配合剂粒子的湿润性差，不利于混合吃粉过程，增加设备负荷。辊温过高容易产生胶料脱辊现象和焦烧现象，降低混炼效果和混炼胶的质量。应根据生胶种类和配方特点，合理地确定混炼温度。由于胶料在混炼过程中不断生热，需及时加强冷却调节辊温，使其保持在包辊性最好的适应温度范围内。

为了便于操作，通常混炼时前后辊筒的温度应保持 5～10℃ 的温差。表 5-3 列出了各种橡胶用开炼机混炼时的适宜温度范围。天然胶容易包热辊，故前辊温度高于后辊，多数合成橡胶容易包冷辊，故前辊温度应低于后辊。

表 5-3　各种橡胶用开炼机混炼时的适宜温度范围

生胶种类	辊温/℃		生胶种类	辊温/℃	
	前辊	后辊		前辊	后辊
天然橡胶	55～60	50～55	氯醚橡胶	70～75	85～90
丁苯橡胶	45～50	50～60	氯磺化聚乙烯	40～70	40～70
丁腈橡胶	35～45	40～50	氟橡胶 23-11	49～55	47～55
氯丁橡胶	≤40	≤45	丙烯酸酯橡胶	40～55	30～50
丁基橡胶	40～45	55～60	聚氨酯橡胶	50～60	50～60
顺丁橡胶	40～60	40～60	聚硫橡胶	45～60	40～50
三元乙丙橡胶	60～75	85 左右	硅橡胶	≤50	≤50

开炼机混炼时间受转速、速比、温度、容量和加药顺序等因素的影响。混炼时间过短或过长都会影响混炼效果和混炼胶质量。适宜的混炼时间由试验确定，应在保证混炼胶质量的前提下，适当缩短混炼时间，以提高生产效率和节约能耗。

③ 辊距　在容量比较合理的情况下，辊距一般为 4～8mm。在一定的辊速和速比条件下，辊距越小，辊筒之间的速度梯度越大，对胶料产生的剪切作用越大，混炼效果越好。辊距不能过小，否则会使辊筒上面的堆积胶过多，胶料不能及时进入辊缝，反而会降低混炼效果。为使堆积胶保持适当，在配合剂不断加入、胶料总容积不断递增的情况下，辊距应不断放大，以求相适应。

④ 装胶量和堆积胶　合理的装胶量是根据胶料全部包覆前辊筒以后，并在两辊筒的上面存有一定数量的积胶来确定。一般按下述经验公式估算。

$$Q = KDL \tag{5-2}$$

式中，Q 为一次加胶量，kg；K 为经验系数，$K = 0.0065 \sim 0.0085$；D 为辊筒直径，cm；L 为辊筒工作部分长度，cm。

生产中可根据实际情况适当增加和降低公式计算数值。如填充量较大、密度较大的胶料，装胶量可适当减小。装胶量过大，会使辊筒上面堆积胶过多而降低混炼作用，影响分散效果，并导致设备超负荷、胶料散热不良、劳动强度加大等一系列问题。装胶量过小，降低生产效率并易产生过炼现象。

⑤ 加药顺序　加药顺序是影响混炼胶质量的重要因素之一。加药顺序不当，会影响配合剂均匀分散，甚至发生胶料焦烧、脱辊或过炼等现象，使混炼操作难以进行，混炼胶性能下降。加药顺序的先后，取决于配合剂在胶料中所起的作用以及它们的混炼特性和用量多少。一般情况下，配合量较少而且难以分散的配合剂先加，用量多而容易分散的配合剂后加，硫黄等交联剂最后加入。常用的加药顺序如下：生胶（包括并用胶、母炼胶、再生胶）→固体软化剂→促进剂、活性剂、防老剂等助剂→补强填充剂→液体软化剂→硫黄及超速促进剂。

液体软化剂一般在配合剂混入后再加，以免配合剂结团和胶料打滑，若补强填充剂和液体软化剂的用量较多时，可分批交替加入。

　　对某些特殊胶料，加药顺序不相同。例如，硫黄含量高达 30～50 质量份的硬质胶，应先加硫黄，最后加入促进剂，这样才能保证硫黄分散均匀，又不引起焦烧现象。又如发泡胶料，其生胶的可塑性较大，软化剂用量较多，此时应最后加入软化剂，以免胶料的流动性太大而影响其他配合剂的分散。

5.3.2　密闭式炼胶机混炼

　　密闭式炼胶机混炼（简称密炼机混炼）是在高温和加压条件下进行的。与开炼机相比较，混炼容量大，混炼时间短，生产效率高；投料、混炼和排料操作自动化程度高，劳动强度低，操作安全；配合剂飞扬损失少，混炼胶质量和环境卫生条件好。密炼机混炼特别适合于胶料配方变换少、生产批量大的大规模工厂采用，是现代混炼工艺的主要而普遍的加工方式。

　　（1）转子结构类型和上辅机系统

　　① 转子结构类型　转子是密炼室中的主要工作部件。转子的几何形状和尺寸决定了密炼机的生产能力和混炼胶的质量。密炼机转子的基本构型有两种，即剪切型转子和啮合型转子，如图 5-12 所示。

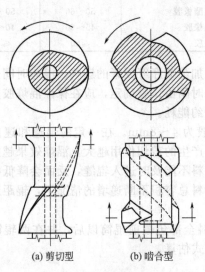

图 5-12　转子构型比较

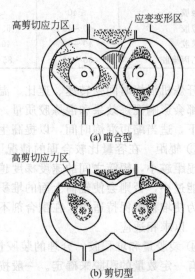

图 5-13　剪切型和啮合型密炼室中胶料的流动方式

　　剪切型转子的生产效率较高，可以快速加料，快速排胶；啮合型转子具有分散效率高、生热性低等特点，但啮合型转子的混炼装填系数较剪切型转子低。表 5-4 是剪切型和啮合型转子的性能比较。

表 5-4　剪切型和啮合型转子的性能比较

项　　　目	剪切型	啮合型
比能耗	＋	＋＋
热学特征	＋	＋＋＋
混炼效率	＋	＋＋＋
与部分填料共塑炼性	－	＋
增塑剂混合能力	－	＋
设备利用率	＋＋	＋
进料与卸料特性	＋＋	＋

　　注：＋＋＋表示优；＋＋表示良；＋表示满意；－表示不满意。

如图 5-13 所示，胶料在剪切型转子和啮合型转子中的流动区域并不相同。在剪切型转子中，转子间有相当大的空隙，使胶料能很快进入密炼室，混炼主要在转子凸棱顶部和密炼室壁之间进行，大部分胶料在转子凸棱前端，沿着凸棱移动。在啮合型转子中，转子间的空隙比较小，经上顶栓挤压，胶料才能通过转子空隙进入密炼室，混炼主要也是在转子凸棱与密炼室壁间进行，由于啮合型转子凸棱的表面积比剪切型的大，所以与密炼室壁的热交换良好。啮合型密炼机适宜较硬的胶料，炼胶温度较低，被用于加工白炭黑胶料。

目前，我国各橡胶厂仍然采用剪切型密炼机进行混炼。或者对剪切型转子进行改造，表面凸棱由两凸棱改为四凸棱结构，加强了转子对胶料的混合搅拌作用和剪切作用。使用四凸棱剪切型转子可缩短混炼周期 25%～30%，生产能力提高 25%，能耗降低 15%～20%。

②上辅机系统　混炼前各种原材料和配合剂的称量配合操作对保证混炼胶质量至关重要，要求称量配合操作必须做到精密、准确、不漏、不错。随着密炼机混炼技术的发展，特别是由计算机进行远距离操纵和集中控制技术的应用，使原材料的称量配合与密炼机形成了一套完整而又系统的装置，称为上辅机系统。

如图 5-14 和图 5-15 分别是上辅机系统中大料的称量与投料系统和小料的称量与投料系统的流程示意。

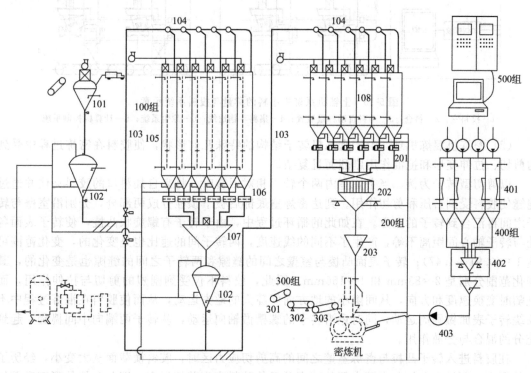

图 5-14　上辅机系统中大料的称量与投料系统示意

100 组—炭黑压送系统；　　200 组—炭黑称量及投料系统；　　400 组—油料贮存、称量及注油系统；
　101—解包机；　　　　　201—螺旋输送机；　　　　401—油保温罐；
　102—压送罐；　　　　　202—炭黑称；　　　　　402—油料称；
　103—气力输送双管；　　203—检量斗；　　　　　403—注油泵；
　104—二位分配器；　　　300 组—胶料称量及投料系统；　500 组—计算机控制系统
　105—炭黑大贮仓；　　　301—胶片导开机；
　106—空气流槽；　　　　302—胶料称；
　107—集料罐；　　　　　303—中间运输机
　108—日贮仓

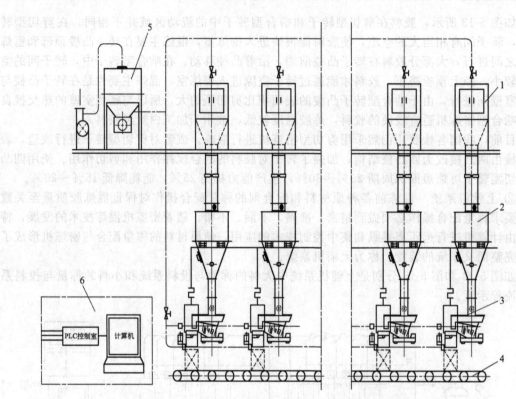

图 5-15　上辅机系统中小料的称量与投料系统示意

1—投料室；2—料仓；3—小料自动称量装置；4—集料斗输送线；5—除尘系统；6—计算机控制系统

（2）密炼机混炼机理　由于密炼机转子结构的特殊几何形状，使胶料在密炼过程中受到的剪切、拉伸变形和搅混作用剧烈而且复杂。

以剪切型转子为例，当密炼室内两个转子相对回转时，将来自加料口的胶料夹住并通过辊缝使胶料受到挤压和剪切作用。到达密炼室底部后被下顶栓分成两部分，分别沿室壁与转子之间再汇合到转子的上方。在如此的循环过程中，由于转子有螺旋状凸棱，使转子表面各处与转子轴心间距离不等，产生了不同的线速度，两转子间的速比也是变化的，变化范围可达 1∶（0.91～1.47）；转子表面凸棱与室壁之间的缝隙和两转子之间的缝隙也是变化的，其变化范围分别是 2～83mm 和 4～166mm。因此，胶料不仅受到剧烈的剪切与拉伸作用，而且随时变换速度和方向，从间隙小的地方向间隙大的地方运动，从而使胶料在混炼过程中不仅绕转子表面做圆周运动，同时还沿转子的螺槽做轴向运动，从转子两端向中间捣翻，起到充分的混合与分散作用。

在胶料进入转子凸棱与密炼室壁之间的高剪切应力区时，胶料横截面从大变小，经历了拉伸形变，而转子凸棱与室壁之间的速度差又使胶料产生剪切形变，即此时拉伸形变和剪切形变同时存在。若两种形变超过胶料的极限应变，胶料产生破碎，如图 5-16 所示。

橡胶与炭黑等配合剂的混合不是熵增过程。混炼中橡胶黏度很大，不可能发生炭黑自发扩散现象，必须依赖机械作用。随着胶料的变形和破碎作用的增强，与炭黑混合的均匀度提高。因此对混炼过程，应包含两种机理：①层状机理——即橡胶在外力作用下，产生大形变，使其表面积增加，先把炭黑等包覆在内，然后进一步分散；②破碎机理——即橡胶破碎后与炭黑等混合，然后包覆分散，如图 5-17 所示。实际上，机理①与②是同时进行的，大形变有可能先于破碎过程。在如此反复产生形变、破碎和恢复过程中，达到混炼均匀的目的。

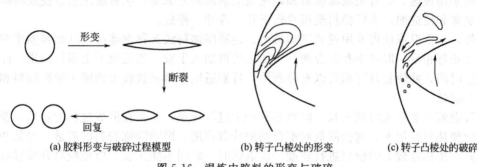

（a）胶料形变与破碎过程模型　　　（b）转子凸棱处的形变　　　（c）转子凸棱处的破碎

图 5-16　混炼中胶料的形变与破碎

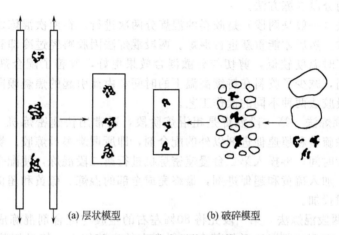

（a）层状模型　　　　　　（b）破碎模型

图 5-17　混炼中两种机理模型

（3）密炼机混炼的工艺条件　密炼机混炼过程中的主要工艺参数是：加料顺序、装胶量（容量）、上顶栓压力、转子转速、混炼温度和混炼时间等。对于一台结构合理、维护良好的密炼机，只要恰当地选择这些参数便可以获得良好的混炼效果。

① 操作方法与加料顺序　密炼机混炼可以采用一段混炼和分段混炼两种方法。

一段混炼是从加料开始到混炼完毕一次完成混炼，然后排料至压片机下片冷却，停放备用。这种混炼方法所得胶料可塑度较低，填料配合剂不易分散均匀，混炼周期较长，胶料容易升温而产生焦烧现象。

一段混炼操作中常采用分批逐步加料方法，对于用量多的填料有时还要分若干次加入。每次加料前要提起上顶栓，加料后再放下加压。加压程度需视所加组分而定，例如，生胶加入后，为使胶温上升并加强摩擦，则需施加较高的压力。但在投加其他配合剂时，则应适当减少加压程度，加硬质炭黑时甚至可以不加压，以免粉剂受压过大而结团，或升温过高而导致焦烧。

密炼机一段混炼通常将料排到压片机上，再加入硫黄和超速促进剂。胶料加硫黄时的温度必须冷却至100℃以下。也可以在密炼机中直接加硫黄，但前提条件是排胶温度必须在110℃以下。

密炼机一段混炼方法分批逐步加料的顺序通常为：生胶（生胶、塑炼胶、再生胶）→固体软化剂（石蜡、硬脂酸等）→小药（促进剂、活性剂、防老剂）→补强填充剂（炭黑、碳酸钙等）→液体软化剂→压片机加硫黄

一段混炼为避免胶料升温过快，一般采用慢速密炼机，也可以采用双速密炼机。在混炼

过程前期采用快速、短时完成除硫黄和超速促进剂以外的混炼，接着改用慢速使胶料降温后再加入硫黄和促进剂，然后排料至压片机下片、冷却、停放。

此外，一段混炼还可采用逆顺序加料法。逆顺序加料法又称倒炼法，其加料顺序与一般加药顺序正好相反，即将所有配合剂一次加入后再加入生胶，然后放下上顶栓加压。此法可缩短混炼时间，并使装料容积得以充分利用，特别适用于填充量较大的顺丁橡胶胶料和乙丙橡胶胶料混炼。

一段混炼方法混炼时间较长，胶料容易产生过炼现象，尤其在混炼过程的后期，胶料温度升高而使热塑性增大，这会降低对配合剂的分散作用，影响混炼胶料的质量。对某些填料含量较高、生热性较大的胶料进行连续一次混炼时，时间不能太长，以免胶料升温过高，但又必须保证充分混炼均匀。某些合成橡胶本身生热性大，又难于混炼，不适于采用一段混炼方法，而必须采用分段混炼方法。

分段混炼方法（一般是两段）是胶料的混炼分两次进行。在两次混炼之间，胶料必须经过压片冷却和停放，然后才能重新进行混炼。两段混炼法因胶料经过冷却和停放后，黏度增大，使第二次混炼时温度较低，剪切与分散混合效果更好，改善了配合剂在胶料中的分散性，缩短混炼时间，减少了胶料在持续高温下的时间和由此引起的焦烧倾向。两段混炼法又有传统法和分段投胶法两种不同的操作工艺。

a. 传统两段混炼法　第一段混炼是粗混炼阶段，通常用快速密炼机（40r/min以上），制得的胶料含有除硫黄和超速促进剂以外的配合剂，即所谓炭黑母炼胶。炭黑母炼胶经压片冷却后，停放一段时间，再投入第二台慢速密炼机进行第二段混炼，使配合剂在胶料中得到更加均匀的分散，加入硫黄和超促进剂，最终完成全部的混炼。硫黄和超促进剂也可以在压片机上补充混炼时投加。

b. 分段投胶两段混炼法　第一段先将80％左右的生胶与配合剂混炼成炭黑母炼胶，经压片冷却和停放；在第二段混炼时将其余20％左右的生胶加入，使母炼胶中的高浓度炭黑在1～2min内迅速稀释和分散均匀后排料，在压片机上加入硫黄和超促进剂，完成混炼过程。

② 装胶量　装胶量过大或过小都会造成胶料混炼不均匀，导致硫化胶物理机械性能的波动。在合理的装胶量下，依靠上顶栓的压力，可使胶料在混炼室中受到最大的摩擦剪切作用，并使配合剂分散均匀。装胶量大小依设备特点和胶料特性而定。如果设备使用很久，由于密炼室内磨损，转子凸棱与室壁的间隙较大，以及上顶栓压力较大，或胶料可塑性较大，均可相应增加装胶量。密炼机装胶量大小依密炼室总容积和装料系数来计算，提高装料系数是提高密炼机效率的重要手段之一。填充系数过低，密炼机供料不足，混炼过程中的剪切和拉伸作用不能充分发挥，影响混炼效果，填充系数过高，会延长混炼时间。目前国内密炼机的装料系数一般在0.55～0.75之间，可用下式估算有效装胶量（w）。

$$w = fV\rho \tag{5-3}$$

式中，f 为装料系数；V 为密炼室容积；ρ 为胶料（配方）理论密度。

③ 上顶栓压力　提高上顶栓对胶料的压力，不仅可以增大装胶容量，而且可以使胶料与设备之间以及胶料内部各部分之间更为迅速、有效地互相接触和挤压，加速配合剂混入橡胶中的过程，从而缩短混炼时间，提高密炼机的生产效率。增大压力还可以增加物料之间的接触面积，减少物料在设备接触面上的滑动，增加胶料所受的剪切作用。所以，提高密炼机生产效率的主要手段之一就是提高上顶栓对胶料的压力。

④ 转子的转速　提高密炼机转子的速度是强化混炼过程的有效措施之一。因为密炼室内胶料的主要剪切区是转子凸棱与室壁间的最小间隙处，其剪切速率与转子的转速呈正比，转速提高，剪切速率增大，单位时间的总剪切变形量增大，混合周期缩短。转速过高，胶料

温度上升，黏度下降，剪切作用减少，混炼效果反而降低。目前，剪切型转子的转速已由原来的 20r/min 提高到 100r/min 以上，一般在 40～60r/min 之间。

⑤ 混炼温度　由于混炼过程中摩擦剪切作用极为剧烈，在混炼室内生热量大而且散热又比较困难，所以胶料温度较高。虽然提高混炼温度有利于橡胶与配合剂的湿润混合，但若混合温度过高，反而会降低混合剪切作用，使混炼不均匀，并且加剧了分子链的氧化裂解，降低胶料的性能，同时也会促使橡胶和炭黑之间产生过多的凝胶，使胶料表面粗糙，后序加工工艺困难。因此，混炼过程必须及时采取有效的冷却措施，使胶料温度保持在规定的范围之内。由于密炼机混炼时，胶料温度难以测定，通常用控制排胶温度来调整混炼温度。排胶温度因胶种的不同和混炼方法的不同一般控制在 100～160℃之间。在压片机加硫黄时，温度应低于 105℃。

⑥ 混炼时间　密炼机混炼时间比开炼机短得多。混炼时间的长短取决于胶料配方、转子转速和结构、上顶栓压力等。填充量较大的胶料以及转速和上顶栓压力较低的密炼机都会使混炼时间延长。混炼时间增加，能改善胶料混炼均匀程度，但混炼时间过长又容易使胶料过炼而降低其性能。因此，适宜的混炼时间必须依胶料配方特点、设备特点和混炼工艺条件而定，力求在保证混炼胶质量的前提下尽量缩短混炼时间。

⑦ 补充加工与停放　一般情况下，混炼后的胶料不马上投入下一个加工过程单元，需要进行压片（造粒）、冷却和停放等后处理。

混炼后的胶料都要压制成一定厚度的胶片或造粒，以便于冷却和存放管理。为了防止胶料发生焦烧和相互黏结，压片（造粒）后需立即浸涂隔离液进行冷却与隔离，并经吹风干燥，使胶片温度降低到 50℃以下的常温范围。

胶片冷却干燥后必须按照一定堆放方式静置 4～8h 以上方能使用。停放的目的是：松弛胶料内部的剩余应力，消除材料疲劳；减少后续加工中的收缩率；使橡胶与配合剂之间进一步扩散渗透，促进均匀分散；有利于橡胶与炭黑进一步相互作用，提高结合橡胶生成量和补强效果。

经实验证明，停放后胶料的物理机械性能得到一定程度的改善，但停放时间不应超过 36h。

（4）混炼过程的在线检测　为了获取较理想的混炼效果，必须对密炼机的混炼工艺进行在线检测和控制。目前的主要方式是通过密炼机微机监控仪获取瞬时功率-时间曲线、温度-时间曲线、能量-时间曲线等工作或状态参数，通过这些曲线或数据可以优化混炼工艺过程，可以建立与混炼胶质量指标之间的相互关系，实时地显示混炼状况，及时发现质量问题并加以调整，确保了混炼胶质量的稳定性和合格率。

图 5-18 显示了一种标准的混炼过程中的功率-时间（P-t）曲线。可以如实地反映某胶料的全部混炼过程。曲线下的面积是混炼各阶段的能耗的累加的积分值。扣除设备空负荷运转所消耗的能量即为胶料混炼所耗用的总能量。按段可找出各混炼阶段的能量消耗，依此可用于混炼全过程的能量控制标准。实验证明，P-t 曲线与混炼胶质量性能指标紧密相关，性能不同，曲线各异。可以通过实验设计，根据胶料的主要性能要求对相应的功率曲线形状、波峰高低和各段时间长短及能耗多少进行分析判断，优化并绘制标准的 P-t 曲线，以确定混炼总能耗和各段能耗的标准设定值。

5.3.3　连续混炼机混炼

所谓连续混炼是指采用连续混炼机，将生胶和配合剂连续地进行混炼，而混炼胶则可从排胶口连续地排出。

连续混炼机的型式和种类较多，工业上已获得应用的连续混炼机主要为转子式连续混炼机和螺杆式连续混炼机两类。

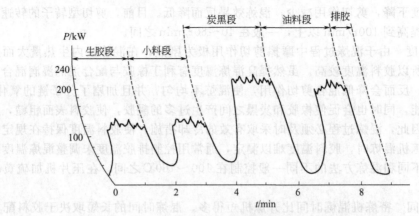

图 5-18　一种标准的混炼过程中的 $P\text{-}t$ 曲线

　　粉末橡胶的发展更加促进了连续混炼机的发展。粉末橡胶的连续混炼是先将配合剂和粉末橡胶称量后在一台高速混合器内搅拌均匀，而后投入连续混炼机进行混炼，并能在预定的温度限度内用口型压型。

　　(1) 转子式连续混炼机　如图 5-19 所示，这种机器有两根相切并排的转子作相对回转。其工作原理和密炼机相似，很像一台转子延长了的椭圆形密炼机。但转子结构与一般密炼机不同，它的一端具有和挤出机相似的螺纹，为喂料螺杆区段；另一端则和密炼机转子工作部分相似，为混炼区段。此外，该机还带有能调节孔径的排胶孔以及像密炼机那样的加料斗和上顶栓。胶料从加料斗加入后首先受到转子螺纹部分的作用，并被送入混炼区段。在该区段中，两根带凸棱的转子使胶料和转子凸棱与机筒之间及两个转子之间受到剧烈的剪切与搅拌作用而完成混炼。喂料速率是可调的，借此可以调整物料在混炼区段内的停留时间。转子的回转是变速的，调节转速即可以调整胶料在机内停留时所受的剪切和搅拌作用。此外，通过调节排料孔的孔径，还可调整混炼区段内的压力。在正常情况下，混炼区段的胶料温度，一般可通过转子转速和排胶孔大小的调节进行控制，通过上述这些方面的调节，根据胶料性质的不同，选取最宜混炼条件，可取得最好的质量和相应的产量。

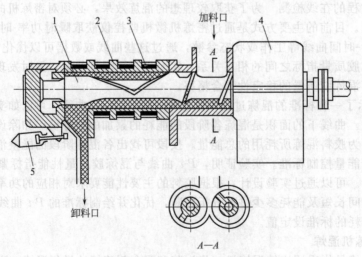

图 5-19　转子式连续混炼机

1—转子；2—机身；3—调温装置；4—减速机；5—内部清扫气筒

　　(2) 螺杆式连续混炼机　螺杆式连续混炼机是一种特殊构型的螺杆挤出机，其螺杆具有各种异形，且前、后直径不等。如图 5-20 所示为一种单螺杆式连续混炼机的结构。可见，右侧的螺杆沟槽与普通挤出机沟槽相同，便于生胶进料，进行塑炼和推进；沿身机的轴向设有生胶加料口和 2～3 个配合剂加料口；螺杆和机身夹套都是中空结构，供通冷却水和蒸汽之用；螺杆转速在 40～60r/min 之间。

这种混炼机是通过螺杆构型的变化形成若干个不同的剪切区，胶料在剪切区不断改变质点流线，进行强烈的剪切形变，从而达到均匀混炼的目的。

连续混炼机混炼的优点是连续加料，连续排胶，自动化程度和生产效率高。缺点是称量加料系统复杂，而且不能混炼填充量较大的胶料，更换胶种时清理困难，不适合批量小、配方多变的小规模生产。

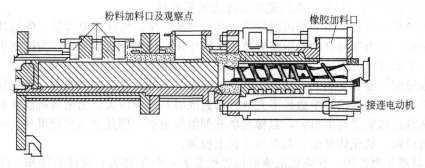

图 5-20　一种单螺杆式连续混炼机的结构

5.3.4　各种橡胶的混炼特性

（1）天然橡胶　天然橡胶具有良好的混炼性能，包辊性好，各种配合剂比较容易混入与分散。用密炼机混炼时要使用预先进行塑炼的胶料，值得注意的是，混炼时间不能超过规定时间，排放温度宜在 120℃以下。

（2）丁苯橡胶　丁苯橡胶的内摩擦大，因此混炼生热也大。用开炼机混炼时，辊温及辊距小为宜，胶料包低温辊，后辊辊温应高于前辊 10～15℃，混炼顺序是先加氧化锌，包辊胶变硬有利于混炼，开始逐步少量添加补强性填充剂，然后再大量添加填充剂，否则，胶料容易脱辊。用密炼机混炼时，防老剂要早期添加，可采用分段混炼，有利于配合剂的分散，混炼时间短可控制高温下产生凝胶。

（3）丁腈橡胶　丁腈橡胶混炼生热很大，因此使用便于冷却的开炼机混炼，而且混炼时辊距要小，混炼容量也要少。丁腈橡胶收缩也较大，混炼时包低温辊。硫黄在丁腈胶中分散困难，因此无论是开炼机还是密炼机都要在混炼最初添加，促进剂最后添加。若采用密炼机混炼，应加强冷却措施，排胶温度不超过 130℃，装料系数以 0.8 为界，可分段混炼。

（4）丁基橡胶　用开炼机混炼时，辊距要小，先在少量的橡胶中加入炭黑或白炭黑等，待胶料紧包辊后再加入剩余的橡胶。丁基橡胶易粘低温辊，因此，后辊温度比前辊高 15～20℃为宜。胶料添加补强填充剂后易收缩，有时包在转速快的辊上，但此时不妨碍继续混炼。另外，根据填充剂的种类不同，有时粘辊严重，以致不能混炼。此时加入 1～3 质量份硬脂酸、2～5 质量份硬脂酸钙有一定防治作用。丁基橡胶用密炼机混炼比用开炼机混炼容易，通过高温混炼，可使橡胶部分进行凝胶化，产生混炼所必要的硬挺性，使加工性能得以改善。此外，采用逆序混炼法也可得到分散均匀的结果。

（5）顺丁橡胶　用开炼机混炼时，胶料包辊性差，混炼操作困难，应调小辊距，先要加入使橡胶变硬的补强性填充剂，以利于胶料包辊。用密炼机混炼时，混炼容量要多一些，而且上顶栓压力要充分，排胶温度为 130～140℃。

（6）氯丁橡胶　开炼机混炼时，温度低一些好，胶料包低温辊，氧化镁在 110℃以下有防焦烧效果，因此在混炼最初加入，但它在辊筒面上有凝聚现象，所以最好是与少量补强性填充剂一起投入，氯丁橡胶混炼生热较大，因此混炼距要小，冷却要充分。用密炼机混炼时，混炼容量过多会使胶料温度上升，增加焦烧危险。装料系数为 0.6～0.7。氧化镁在 110℃以上起硫化剂作用，因此胶温不应超过 110℃。因存在焦烧问题，促进硫化的防老剂等最好是与硫化体系的氧化锌等一起在压片机上投加。

（7）三元乙丙橡胶　开炼机混炼难易程度依乙烯单体单元含量而异，一般乙烯单体单元含量高的三元乙丙橡胶混炼性能好，胶料包低温辊，补强性填充剂最先投入，以使胶料紧密包辊，加填充剂后胶料易包在转速快的辊上，但不妨碍继续混炼。三元乙丙橡胶用密炼机高温混炼，有利于改善填料的分散状态和补强效果，排胶温度一般取 150～160℃，混炼容量比其他胶种应高 10%～15%，采用逆序混炼法效果更好。

（8）丙烯酸酯橡胶　用开炼机混炼时，粘辊现象严重，因此辊温要低，混炼开始不宜大量投加填充剂，作为润滑剂的硬脂酸有防止粘辊作用。用密炼机混炼时，为控制生热要减少混炼容量，混炼时间也要短，排胶温度为 80℃，硫化体系配合剂在压片机上投加。

（9）氟橡胶　混炼生热大，用便于冷却的开炼机混炼为宜。酸吸收剂（氧化镁等）在混炼开始时投加，填充剂投加半数后不充分进行翻炼时粘辊倾向大。用密炼机混炼时，因生热大，最好选择冷却效果好的机种，氟橡胶填充剂填加量少，因此混炼容量可稍大一些，以利于缩短混炼时间。硫化体系配合剂在压片机上投加。

（10）氯磺化聚乙烯　开炼机混炼时包辊性良好，但生热大，应注意冷却，硫化剂通常是由氧化铅制成的母胶，有利分散，促进剂应最后加入。密炼机混炼时装料系数以 0.7～0.75 为界，排胶温度控制在 105～110℃，氧化铅和促进剂制成母胶有利于分散和缩短混炼时间，促进剂最好在压片机上加入。

（11）氯醚橡胶　开炼机混炼时，均聚型氯醚橡胶的包辊性良好，但易粘辊，可添加防粘剂硬脂酸、硬脂酸锌或硬脂酸锡，共聚型氯醚橡胶不粘辊，但包辊困难，应先薄通几次才能包辊。密炼机混炼比较容易，对均聚型氯醚橡胶可投加一部分防粘剂，另一部分从压片机上加入；对共聚型橡胶可在压片机上加入防粘剂。

（12）硅橡胶　一般采用开炼机混炼。生胶易包前辊（慢辊），加料吃粉时易包后辊，可两边操作。混炼分两段进行。

① 第一段　生胶→补强剂（白炭黑）→结构控制剂→耐热添加剂（氧化铁）→薄通→下片。

② 第二段　一段胶回炼→硫化剂→薄通→停放。

硅橡胶柔软，混炼切割和下片一般用腻子刮刀。混炼胶停放 24h 以上，有利于配合剂分散均匀，但不应停放过久，应随炼随用。

目前已有商品化的硅橡胶混炼胶，这种混炼胶由于批量生产，质量比较稳定，规格品种较多，可供选择，但热稳定剂和交联剂要自行调配。

（13）混炼型聚氨酯　一般用开炼机混炼，辊温为 50～60℃，过低易脱辊，过高则易粘辊。生胶较硬，可切成小条加入，薄通 6～7 次，然后包辊（辊距 2～3mm）加入硬脂酸镉，混匀后相继加入补强剂和硫化剂，最后加硬脂酸，吃粉后经翻炼、薄通达到均匀分散，然后放下片，加工时严禁进入水分。混炼胶不应停放，应随炼随用。

5.3.5　混炼胶的质量检测

混炼胶抽样检测的目的是检查胶料中配合剂是否分散均匀，有无漏加和错加，操作是否符合工艺要求等。常规检测项目如下。

（1）快速检测项目　混炼胶的传统快检项目有可塑度、密度、硬度等，必须逐批胶料进行抽样检验。

① 可塑度　从每一批混炼胶的不同部位取三个试样，测定威氏可塑度或门尼黏度，检验可塑度大小和均匀程度是否符合质量规定。

② 密度　从每一批混炼胶中取三个不同部位的试样，按标准方法检验密度。配合剂少加、多加或漏加都会出现密度不符合规定标准，配合剂分散不均匀会使密度值波动。

③ 硬度　取每批混炼胶的三个不同部位的胶料，检验其硫化胶试样的硬度是否符合标准要求，试样各部位硬度是否均匀。若硬度不符合要求或硬度不均匀，表明配合剂用量可能有差错，或混炼分散不均匀。

（2）流变性能检测　震荡型流变仪（硫化仪）对混炼胶的加工条件，如加料顺序、混炼段数、混炼周期和混炼温度等的变化较为敏感，可以利用流变曲线来检验和研究混炼工艺及混炼胶的质量。如果混炼胶的组分（用量）发生变化，或者分散不均匀，所测的胶料（不同部位取样）流变曲线必然与标准流变曲线产生偏离。

5.4　压延和挤出

压延和挤出的目的都是制造具有一定形状的半成品。压延是混炼胶或与骨架材料通过压延机进行压形或挂胶的过程单元；挤出是混炼胶通过挤出机挤出各种端面的半成品的过程单元，也可用于骨架材料挂胶工艺。

5.4.1　压延

（1）压延设备与压延原理　压延工艺是利用压延机辊筒的挤压力作用使胶料发生塑性流动和变形，并延展成为具有一定断面形状的胶片，或在纺织物表面上实现挂胶的加工工艺，包括压片、贴胶和擦胶等工艺形式。

压延机的种类很多，为适应不同的工艺形式的要求，主要有三辊压延机和四辊压延机两种。辊筒的排列形式有 I 形、L 形、Γ 形和 Z 形等多种，如图 5-21 所示。

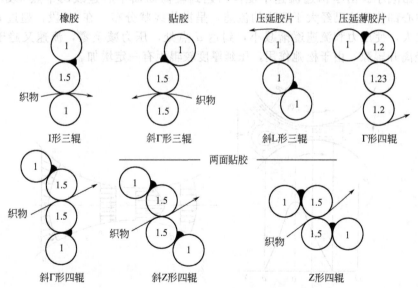

图 5-21　压延机辊筒的几种排列形式与工艺

三辊压延机灵活性好，可进行压片、贴胶和擦胶工艺；四辊压延机具有两面同时贴胶的优点。

压延机的结构一般由辊筒、机架、机座、传动装置、调速和调辊距装置、厚度检测装置以及辊筒的加热和冷却装置等部分组成，如图 5-22 所示是四辊压延机的结构示意。随生产技术的发展,对压延半成品的厚度及其均匀性的要求越来越高,因而,压延机的精度、速度和自动化程度也越来越高。

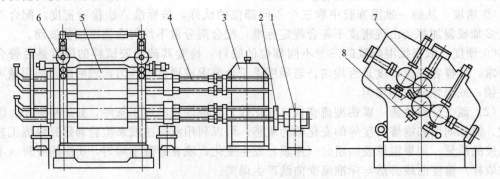

图 5-22　四辊压延机的结构示意

1—电动机；2—联轴器；3—减速箱；4—万向联轴节；5—辊筒；6—调距装置；
7—辊筒交叉装置；8—胶片厚度检测装置

① 压延过程中胶料的受力状态和流速分布　压延时胶料在摩擦力作用下被辊筒带入辊距,受到挤压和剪切作用而发生塑性变形。胶料在辊筒上所处的位置不同,受到的挤压力大小和流速分布不一样,这种压力变化与流速分布之间是一种因果关系。假设胶料在压延过程中的温度和黏度不变,辊筒以相同的线速度相对转动,且不考虑胶料的裂解和打滑,从图 5-23 可看出:在 ab 段,胶料在压力起点 a 处受到的挤压力很小,断面中心处流速小,靠近辊筒表面的流速较大。随着胶料的前进,辊隙逐渐减小,胶料受到的压力逐渐增大,使断面中心处的流速逐渐加大,达到 b 点时,中心部位和两边流速趋于一致,此时胶料受到的挤压力达到最大值;在 bc 段,辊隙继续减小,断面中心部位的流速也继续加快,而胶料受到的挤压力却开始减小。由于两边流速不变,当达到辊筒断面中心连线的中点 c 处(即辊距)时,断面中心部位流速已经大于两边的流速,呈抛物线状分布;在 cd 段,超过 c 点后,因辊隙逐渐加大,使压力和流速逐渐减小,到达 d 点处,压力减至零,流速又趋于一致。这时胶料已经离开辊隙,由于松弛作用,压延厚度较辊距有一定增加。

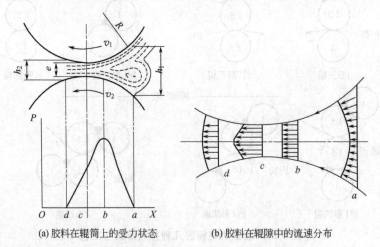

(a) 胶料在辊筒上的受力状态　　　　　(b) 胶料在辊隙中的流速分布

图 5-23　胶料在辊筒上的受力状态和流速分布

压延时,胶料对辊筒产生一个与挤压力大小相等、方向相反的径向反作用力,称为横压力。一般来说,胶料黏度越大,辊温越低,供胶量越多,横压力也越大。因此,压延过程中横压力的影响不可忽视。

② 辊筒挠度的影响及补偿 压延过程中，辊筒在胶料产生的横压力、重力及转矩等作用下，会产生轴向的弹性弯曲变形，其程度大小用辊筒轴线中央处偏离原来水平位置的距离表示，称辊筒的挠度，如图 5-24 所示。挠度的产生使压延半成品沿宽度方向的断面厚度不均匀，中间厚度大于两边厚度，影响压延质量。为了减轻这种影响，必须对辊筒产生的挠度采取适当的补偿措施。常用的补偿装置为辊筒轴线交叉装置和辊筒预弯曲装置。

辊筒轴线交叉装置是采用一套专门机构使辊筒轴线之间交叉一定角度 α，形成两端辊隙大，中间处辊隙小，与挠度对辊隙的影响相反，从而起到补偿作用。补偿效果随交叉角度的增加而增加，交叉角度的变化范围在 $\alpha=0°\sim2°$ 之间，具体依补偿作用要求而定，如图 5-25 所示。

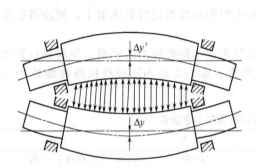

图 5-24 辊筒在负荷作用下的弯曲变形

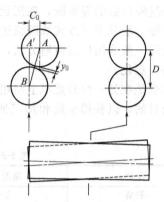

图 5-25 辊筒轴线交叉示意

该装置的优点是补偿程度可以调整，能适应胶料和压延条件的变化，但补偿曲线和辊筒挠度曲线的差异使补偿效果受到限制。

辊筒预弯曲装置是利用辊筒两端的辅助液压装置对两端施加外力作用，使辊筒产生与横压力作用相反的弯曲变形，从而达到对辊筒挠度的补偿作用，如图 5-26 所示。该装置可以调整反弯曲量，一定程度上满足了多种胶料和压延工艺的要求，补偿效果较好，但该法会加大辊筒轴承负荷，故反弯曲的补偿量多在 $0.075\sim0.1mm$ 之间。

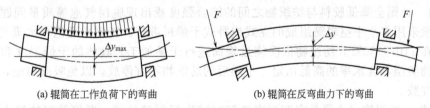

(a) 辊筒在工作负荷下的弯曲　　　　　　　(b) 辊筒在反弯曲力下的弯曲

图 5-26 辊筒预弯曲示意

③ 压延后的松弛现象和压延效应 胶料通过压延机辊距时的流速是最快的，因而受到的剪切变形和拉伸变形也是最大的，当胶料离开辊距后，黏弹变形中的弹性应变部分由于松弛现象必然会产生弹性恢复，使胶片的厚度增加，长度和宽度缩小。这种松弛作用非常明显，直到胶片的温度与室温相近时，才逐渐减弱，收缩才基本停止。所以压延半成品要经过充分冷却和停放后才能使用。压延时胶料的弹性变形程度越大，压延后的半成品的收缩变形也越大，取决于胶料的性质、压延工艺方法和工艺条件。

压延后的胶片还会出现性能方面的各向异性现象，称为压延效应。例如，胶片的纵向拉伸强度大于横向拉伸强度，而横向伸长率大于纵向伸长率等。产生压延效应的原因是胶料通过辊距时，外力作用使橡胶分子链被拉伸取向，以及几何形状不对称的配合剂粒子沿压延方向取向排列所致。

通过适当提高压延温度和半成品停放温度，减慢压延速率，适当增加胶料的可塑性等途径可以减轻压延效应。另外，在胶料设计时要尽量避免使用各向异性的配合剂，如陶土、滑石粉等。

（2）压延前的预加工和冷却卷取装置　　压延前的预加工包括胶料的热炼与供胶、纺织物的浸胶与干燥、化学纤维织物的热处理等。冷却卷取装置是压延后的辅助工序。它们与压延机组成了联动流水作业线。

① 胶料的热炼与供胶　　向压延机以恒定速度提供可塑性均匀的胶料，是获得压延半成品尺寸精度和良好外观表面的先决条件，因此必须对胶料进行预加工。

经过停放后的混炼胶，在压延之前必须进行预热软化，以获得必要的热流动性，称为热炼。热炼一般采用开放式炼胶机进行，可分为三步完成：粗炼→细炼→供胶。

粗炼一般采用低温薄通方法，以较低辊温和小辊距对胶料进行翻炼加工，使胶料逐步升温、均匀塑化。

细炼是在另一台开炼机上将粗炼后的胶料以较大的辊距和较高的辊温，使胶料达到加热软化的目的，以获得压延和加工所必需的热流动性。表 5-5 是 NR 胶料粗炼和细炼的工艺条件。

表 5-5　　NR 胶料粗炼和细炼的工艺条件

工序	辊距/mm	辊温/℃	操作
粗炼	2～5	40～45	薄通 7～8 次
细炼	7～10	60～80	薄通 6～7 次

供胶必须采用一种供胶运输带装置，它的一端连接细炼机台，另一端能在压延机辊筒上方来回摆动供胶。只有这样才能确保供胶速率恒定，供胶量均匀。

随着压延速率的提高，现代化大规模生产已经采用冷喂料挤出机进行热炼和供胶，提高了自动化程度和生产效率。

② 纺织物的预加工　　纺织物的预加工包括干燥、浸胶和热伸张处理等工序。

a. 干燥　　纺织物的含水率一般比较高，而压延工艺要求纺织物的含水率应控制在 1%～2% 范围内，否则会降低胶料与纺织物之间的结合强度或出现脱层气泡等质量问题。纺织物的干燥一般采用多个中空辊筒组成的立式或卧式干燥机进行。辊筒内通饱和水蒸气，使表面温度保持在 110～130℃，纺织物依次绕过辊筒进行干燥加工。具体的干燥温度和牵引速率根据纺织物类型和含水率的高低而定。干燥后的纺织物不宜停放，以免吸湿回潮，应立即进入压延机挂胶。

b. 浸胶　　纺织物（主要是帘布）在挂胶之前需经浸胶处理，即将纺织物浸入并穿过浸胶槽内的浸渍液，使纺织物表面和缝隙内附着和充满一层浸胶，以改善纺织物与胶料之间的黏合强度和动态疲劳性能。纺织物浸胶工序一般单独进行，不参与压延机联动流水作业线，有关浸渍液的组成及浸渍工艺详见本章 5.5.1 小节。

c. 热伸张处理　　某些纺织物（如尼龙、聚酯帘布等）热收缩性大，为保证半成品的尺寸稳定性，在压延前必须进行热伸张处理，在压延过程中也要对其施加一定的张力作用，以防发生热收缩变形。实际生产中浸胶和热伸张处理往往是由纺织厂单独进行预加工，然后供给橡胶厂使用。

③ 冷却卷取装置　　压延半成品需进行充分冷却，以保证尺寸稳定性和工艺安全性。冷却装置由水冷却的辊筒组成，压延半成品依次从冷却辊通过，达到冷却目的。

卷取装置是将冷却后的半成品用垫布作间隔卷取停放。对尺寸稳定性较差的半成品，卷取装置能提供有控制的张力，以保持半成品的尺寸精度要求。

（3）压延过程的在线检测　压延工艺过程属于联动作业过程，压延速度快，对半成品厚度及精度要求高，而且供胶速率与温度、压延机辊距中堆积胶的多少、辊筒温度以及卷取张力等因素均对压延半成品的质量产生很大影响。因此压延过程的在线检测与控制不仅对确保产品质量意义重大，在减少原材料消耗、降低成本等方面也有重大的技术经济效益。

目前压延机的发展趋势是压延精度高，控制技术现代化。计算机控制系统已经获得广泛应用。该系统具有记忆功能，能迅速、自动地调整从热炼供胶至卷取停放压延全过程中的负荷、温度、生产线速率、辊距与厚度等工艺参数；能对半成品进行连续扫描，对诸如帘线密度、宽度、帘布表面和边缘缺陷等，在彩色显示器上显示出来，并快速分析计算，迅速做出校正，以防止发生更大的偏差。如图 5-27 所示是一种两面贴胶的压延工艺计算机控制系统示意。

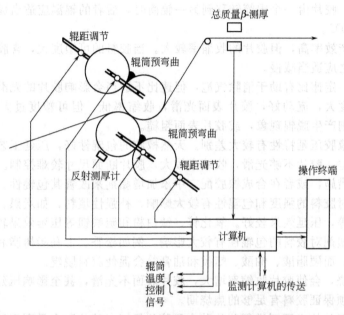

图 5-27　一种两面贴胶的压延工艺计算机控制系统示意

压延过程中胶片厚度的连续测厚方法是射线测厚计，射线测厚的原理是当射线（β 射线）穿透胶片时，随着胶片厚度的变化，使射线透过强度也发生相应的变化，通过信号处理系统显示出厚度的测试结果。其特点是仪器不需要与胶片接触，且精度高，测厚范围为0.1～3.2mm，精度为±0.01mm；不仅能连续测量，还能使胶片进行扫描，可测知任意方向上厚度的波动情况。

射线自动测厚计分为透射式和反射式两种。透射式用于检测压延胶片离开辊筒后的厚度。反射式用于检测包辊胶片的厚度，其原理是 β 射线透过胶片后被辊筒反射回来再次穿透胶片时被检测出来。

（4）压延工艺与影响因素

① 压延胶片　压延胶片时利用压延机将混炼胶制成具有一定几何形状的胶片。压延胶片的质量要求：表面光滑无皱缩；内部密实、无孔穴、气泡或海绵；断面厚度均匀、精确，各部分收缩率均匀一致。图 5-21 显示了斜 L 形三辊压延机和 Γ 形四辊压延机压延胶片工艺。采用四辊压延机压延胶片，胶片的收缩率比三辊压延机的小，断面厚度精密度较高，但压延效应较明显。

影响压片工艺质量的主要因素是辊温、辊速、可塑度及原材料等。

辊温高，胶料的黏度低，流动性好，胶片收缩率低，表面光滑，但温度过高容易产生气泡和焦烧现象。表 5-6 是各种橡胶的压片温度范围，可据胶料的可塑度、含胶率等调整。

表 5-6　各种橡胶的压片温度范围　　　　　　　　　　单位：℃

胶种	上辊	中辊	下辊	胶种	上辊	中辊	下辊
天然橡胶	100～110	85～95	60～70	氯丁橡胶	90～120	60～90	30～40
异戊橡胶	80～90	70～80	55～70	丁基橡胶	90～120	75～90	75～100
顺丁橡胶	55～75	50～70	55～65	三元乙丙橡胶	90～120	65～85	90～100
丁苯橡胶	50～70	54～70	55～70	氯磺化聚乙烯橡胶	80～95	70～90	40～50
丁腈橡胶	80～90	70～80	70～90	二元乙丙橡胶	75～95	50～60	60～70

为了使胶片在各辊筒之间顺利通过，还必须使各辊筒之间保持适当的温差。例如，天然橡胶容易粘热辊，胶片由一个辊筒转移到另一辊筒时，后者的辊温应适当提高。各辊筒间的温差一般为 5～10℃。

辊速快，生产效率高，但胶片的收缩率较大。当胶料的可塑度大，含胶率较低时，辊速可适当加快；反之应适当减慢。

辊筒之间有一定速比有助于消除气泡，但速比不适当会影响胶片的光滑度。

胶料的可塑度大，流动好，胶片表面光滑，收缩率低。但可塑度过大，易产生粘辊现象；可塑度过小则产生脱辊现象，或胶片表面粗糙。

不同种类的橡胶压延特性有较大差别。天然橡胶的包辊性好，压延工艺性能好。合成橡胶一般包辊性较差，胶片不够光滑，收缩率较大，胶片断面尺寸较难控制。可采取合成橡胶与天然橡胶并用措施，或者在合成橡胶配方中添加增黏剂来改善其包辊性。

填料的种类对胶料的强度和包辊性有较大影响。补强性填料，如炭黑、硅酸钙、硬质陶土、活性碳酸钙等，压延效果较好。氧化锌、钛白粉和硫酸钡等压延效果较差。

软化剂和增塑剂对胶料的包辊性有较大影响。例如松香、古马隆树脂和脂肪烃油类会增加胶料的包辊性；而硬脂酸、油酸、蜡类和油膏等会促使胶料脱辊。

胶料发生焦烧，会使胶片收缩率增大，胶片表面不光滑，甚至影响压延操作。因此，硫化体系的设计必须保证胶料有足够的焦烧期。

利用压延机压片技术还可进行胶片贴合和胶片压型。胶片贴合是利用压延机将两层以上的同种或异种胶片贴合成为整体胶片的压延工艺。适用于胶片厚度较大、质量要求高的胶片制造和复合胶片的制造。压型工艺与压片工艺基本相似，只是压延机必须有一个表面刻有花纹的辊筒，且花纹辊筒可以随时更换，以变更花纹品种与规格。

② 纺织物贴胶和擦胶　纺织物贴胶和擦胶是利用压延技术将混炼胶渗入纺织物内部缝隙并附着于织物表面的工艺，可统称为挂胶。贴胶与擦胶的区别在于辊筒有无速比，擦胶是通过转速不等的辊筒将胶料渗入织物之中。贴胶和擦胶可单独使用，也可以结合使用。

贴胶和擦胶的质量要求主要是胶料对纺织物的渗透性要好，附着力高；附胶层厚度要均匀，符合标准规定；表面无缺胶、起皱和压破纺织物等问题；不得有杂物，无焦烧现象。

a. 贴胶　贴胶是织物和胶片在压延机等速回转的两辊筒之间的压力作用下贴合在一起的挂胶工艺。三辊压延机每一次可完成织物的单面贴胶，四辊压延机可一次完成织物的双面贴胶。图 5-21 示意了斜 Γ 型三辊压延机贴胶和各种四辊压延机的双面贴胶。

贴胶压延工艺的优点是对织物的损伤小，表面附胶量较大。但胶料对织物的渗入性较差，附着力较低，易产生气孔。因此，未经浸胶处理的纺织物不用贴胶工艺。

用于纺织物贴胶的胶料应有适当的可塑度。胶料可塑度小，渗透力小，表面附胶不光滑，收缩率较大。胶料可塑度大，渗透性好，但硫化胶的强伸性能下降。例如，天然橡胶的可塑度在 0.4～0.5 之间为宜。

　　贴胶工艺的辊温可参照表 5-7。压延温度主要取决于胶料的配方组成。例如，天然橡胶胶料以 100～105℃较好，胶料易粘热辊，贴胶时，上、中辊的温度应高于下辊和旁辊温度 5～10℃。贴胶时辊筒线速度高，收缩率增大，应适当提高辊温。

表 5-7　贴胶工艺的辊温

胶　　种	工艺方法	辊温/℃		
		上	中	下
天然橡胶,天然橡胶和丁苯橡胶的并用	贴胶 擦胶	105 95～105	95 85～95	60～70 85～90
丁苯橡胶	贴胶	50～60	45～70	50～55
通用型氯丁橡胶	擦胶	90～100	70～90	50
丁腈橡胶	贴胶 擦胶	80～85 85	70 70	50～60 50～60
顺丁橡胶	贴胶 擦胶	85 90～105	75 70～80	50～60 80～100
丁基橡胶	贴胶 擦胶	120～130 80～100	140～150 70～90	50～60 90～100
氯磺化聚乙烯	贴胶	80	90	室温

　　另一种贴胶工艺称为压力贴胶，工艺方法与贴胶相同，唯一区别是在织物进入压延机的辊隙处存有适当的积存胶料，借以增加胶料对织物的挤压力和渗透作用，提高胶料与织物间的附着力。压力贴胶的操作技术水平要求较高，因为积存胶料的多少对织物易产生损伤（如劈缝、压扁等）。实际生产中压力贴胶多与贴胶或擦胶工艺结合使用，如织物一面贴胶，另一面压力贴胶。压力贴胶又称为半擦胶。

　　b. 擦胶　擦胶是利用压延机辊筒速比产生的剪切力和挤压作用将胶料挤擦到织物缝隙中的挂胶工艺。该法提高了胶料对织物的渗透作用与结合强度，适用于纺织结构比较密实的织物（如帆布）的挂胶。

　　擦胶工艺一般在三辊压延机上进行。上辊缝供胶，下辊缝擦胶；中辊转速大于上、下辊，速比范围控制在 1：1.3，上、下辊等速。

　　擦胶用的纺织物必须经过预加工（预热干燥、热伸张），使含水率降至 1.5%～3.0%。布类的温度应保持在 70℃以上，张力大小视纺织物种类而异，均有一定标准要求。

　　一般情况下，提高压延温度有利于胶料的流动，有利于对织物的渗透，具体应视橡胶种类而定。

　　擦胶胶料的可塑度要求较高，不同橡胶有差异，几种橡胶的适宜可塑度（威氏）范围为：

　　天然橡胶 0.5～0.6　　　　　氯丁橡胶 0.40～0.50
　　丁腈橡胶 0.55～0.65　　　　丁基橡胶 0.45～0.50

5.4.2　挤出

　　挤出工艺是通过挤出机将胶料连续挤压成各种断面形状半成品的过程。挤出工艺广泛用于制造轮胎胶面、内胎、胶管、电线、电缆和各种断面形状的空心或实心的半成品。

　　(1) 挤出设备特征　挤出工艺的专用设备是挤出机。按工艺要求不同，挤出机的结构和类型各异，但挤出机的基本结构特征变化不大，都是由螺杆、机筒、机头、机架和传动装置等部分构成的，如图 5-28 所示。

　　① 螺杆　螺杆是挤出机的主要工作部件。挤出机的规格是用螺杆直径大小表示的，例

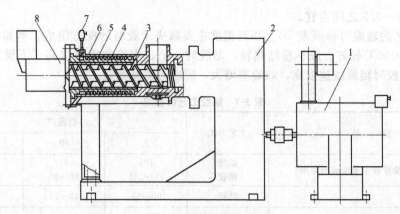

图 5-28　挤出机结构示意

1—整流子电机；2—减速箱；3—螺杆；4—衬套；5—加热、冷却套；6—机筒；7—测温热电偶；8—机头

如，XJ-115 挤出机，即螺杆直径为 F115mm。螺杆的主要技术特征是螺杆直径、长径比、压缩比、螺纹结构等。

螺杆直径与螺杆螺纹部分的工作长度之比为长径比。长径比大，胶料在挤出机内走的路程就长，受到的剪切、挤压作用大，但阻力也大，耗能高。热喂料挤出机的长径比一般在 4～5 之间；冷喂料挤出机的长径比一般为 8～12，甚至 20。

螺杆加料端一个螺槽容积与出料端一个螺槽容积的比称为压缩比，表示胶料在挤出机内受到的压缩程度，压缩比影响半成品的致密程度。热喂料挤出机的压缩比一般为 1.3～1.4；冷喂料挤出机的压缩比一般为 1.6～1.8。

螺纹结构比较复杂。螺纹有单头、双头和复合螺纹三种，复合螺纹即加料端为单头螺纹，出料端为双头螺纹。螺距有等距和变距之分，螺槽深度有等深和变深之分，一般为等距不等深或等深不等距。所谓等距不等深，即全部螺纹间距相等，而螺槽深度从加料端起渐浅；所谓等深不等距，即螺槽深度相等，而螺距从加料端起渐减。

热喂料挤出机与冷喂料挤出机的主要区别在于螺杆结构不同。冷喂料挤出机的螺杆明显地分为加料段、压缩段和计量段（挤出段）等区段，其中压缩段对胶料进行加热和混合，计量段则均化胶料并增加压力。如图 5-29 和图 5-30 所示分别为热喂料挤出机和冷喂料挤出机螺杆的结构形式。

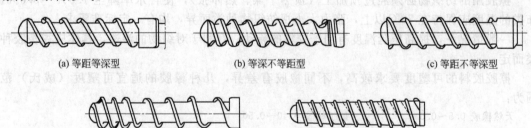

(a) 等距等深型　　　　(b) 等深不等距型　　　　(c) 等距不等深型

(d) 复合型　　　　(e) 锥型

图 5-29　热喂料挤出机螺杆结构示意

② 机筒　机筒是一种夹套圆筒，夹套内可通蒸汽或冷却水，以调节机身温度。

为了使胶料沿螺槽推进，必须使胶料与螺杆和胶料与机筒之间的摩擦系数尽可能的悬殊。机筒壁表面应粗糙一些，如加刻沟槽等，以增大摩擦力；而螺杆表面则力求光滑，以减小摩擦系数和摩擦力，否则，胶料将紧包螺杆而无法推向前进。

20 世纪 80 年代出现的销钉机筒冷喂料挤出机，其机筒上固定有数根销钉，对螺杆呈径

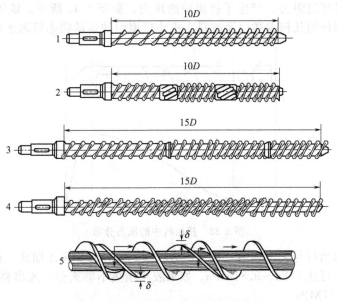

图 5-30　冷喂料挤出机螺杆结构示意

1—等深不等距型；2,3—带混合段的等距不等深型；

4—带主副螺纹的复合型；5—主副螺纹结构放大图

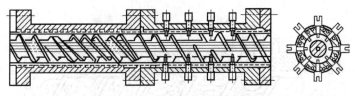

图 5-31　销钉机筒结构示意

形排列，如图 5-31 所示。这些销钉可以进行径向调节，能达到与螺杆芯部的间隙为 1mm。这种结构可使胶料受到分割和低速度的剪切，有较好的混合和均匀化作用，特别是螺槽中心胶层，也得到搅拌，胶料温度均匀，同时具有较好的热交换作用。

　　③ 机头和口型　机头和口型位于机身的前端，变换机头和口型可以挤出不同规格和形状的半成品。

　　机头的主要作用是将挤出机挤出的胶料引导到口型部位。将离开挤出机螺槽的不规则、不稳定流动的胶料，引导过渡为稳定流动的胶料，使其通过口型时成为断面形状稳定的半成品。机头结构随挤出机用途不同而有多种。直向机头挤出胶料的方向与螺杆的轴向相同。可用于挤出纯胶管、内胎胎筒等；扁平形机头可用于挤出轮胎胎面、胶片等。T 形和 Y 形机头（胶料挤出方向与螺杆轴向成 90° 角称 T 形，成 60° 角称 Y 形）适用于挤出电线电缆的包皮、钢丝和胶管的包胶等。此外，还有复合机头等各种专门机头。

　　机头前安装有口型。口型是决定挤出半成品形状和规格的模具。口型一般可分为两类：一类是挤出中空半成品用的，由外口型、芯型及支架组成，芯型有喷射隔离剂的孔道；另一类是挤出实心半成品或片状半成品用的，具有一定形状的孔板。

　　(2) 挤出原理　胶料在挤出过程中的运动状态是很复杂的。挤出工艺不同，所采用挤出机的机筒和螺杆结构参数也不相同，所以胶料的运动状态也不一样。现仅就胶料在热喂料挤出机中的运动状态及挤出后的变形加以解析。

　　① 挤出过程中的压力变化　挤出过程中，胶料所受的压力是不断变化的。由于螺杆旋

转的推力和机头口型的阻力，产生了挤出中的压力，如图 5-32 所示。该压力与螺杆的剪切力、胶料硬度、螺杆的几何参数以及胶料在机头口型中的运动状态等因素有关。

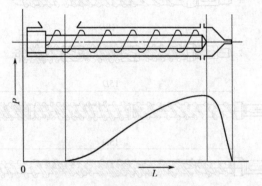

图 5-32　挤出机中的压力分布

由于加料口和出口与大气相通，该处压力较低。螺杆有一定压缩比，在螺杆端部附近压力最大，一般情况可达 7.84～9.81MPa。如果胶料预热不够充分，或出料口断面尺寸过小，压力甚至可达 12.17MPa。

② 胶料在螺杆和机筒中的流动状态　胶料在螺杆和机筒中的运动状态，既像螺母沿轴向运动，又具有黏流态熔体的流动特征。在螺杆的不同部位有不同的运动状态，大体上可分为加料段、压缩段和挤出段三个工作段，如图 5-33 所示。

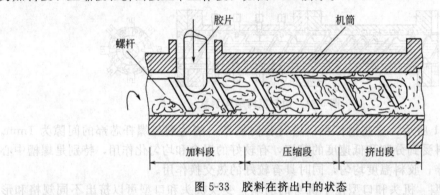

图 5-33　胶料在挤出中的状态

加料段位于加料口附近，用于加热胶料并输运胶料到压缩段。胶料进入加料口后，在旋转螺杆的推挤作用下，在螺纹槽和机筒内壁之间做相对运动，形成一定大小的胶团，并不断边旋转边向前推进。

压缩段的作用是压实胶料，把胶料中夹带的空气排出。由于受到机械和热的作用，黏度发生变化，逐渐由胶团变成为黏流态的熔体。

挤出段也称均化段，是将熔体胶料进一步塑化均匀，并输送到机头和口型挤出半成品。胶料在挤出段中的流动可分解为两个流动方向：一是垂直于螺纹方向的流动，使胶料在螺槽中形成环流；二是平行于螺纹方向的流动，使胶料向前推进。在这两个流动方向中包含着四种流动形式（漏流属于返流），如图 5-34 所示。

a. 正流　又称顺流，是由于螺杆转动使胶料沿着螺纹槽向机头方向的流动。胶料的挤出就是这种平行于螺纹方向的流动产生的，其流动速度分布如图 5-34 中 a 所示，螺槽底部胶料流速最大，靠近机筒部位流速最小。

b. 返流　由于胶料在螺槽内沿着运动方向的压力是逐渐增加的，会出现由机头和口型阻力引起的反向流动。返流由逆流和漏流两部分构成。逆流是沿螺槽的反方向流动，其速度

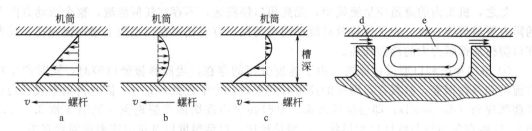

图 5-34　胶料在挤出段的流动

a—正流；b—返流；c—净流；d—漏流；e—环流

分布如图 5-34 中 b 所示，中间速度大。

c. 漏流　产生在螺棱与机筒壁之间的反向流动，如图 5-34 中 d 所示，漏流流量会因间隙磨损增大后而成倍增加。

d. 净流　正流与返流的综合流动称为净流。净流流速的分布如图 5-34 中 c 所示。

e. 环流　由螺杆旋转作用引起的在螺槽中的旋转运动，也称横流，如图 5-34 中 e 所示意。环流对胶料有混合和塑化作用，对挤出机的体积流量影响不大。

③ 胶料在机头和口型中的流动状态　胶料在机头内的流动是胶料离开螺纹槽到口型板之前的流动。胶料进入机头后，在后续胶料的推动下流向口型，此时的速度分布呈抛物线形状，如图 5-35 所示，正常情况下，这种流动为层流。胶料在机头内流动速度的不均，必然导致挤出后的半成品产生不规则的收缩变形，为此机头内表面光洁度应尽量提高，以减少摩擦阻力。为了使挤出的半成品断面形状稳定，胶料在机头内的流动必须是均匀和稳定的，所以机头的设计应使胶料在机头内的整个流动方向上受到的推力和流动速度尽可能保持一致。例如轮胎胎面挤出机头的内腔曲线和口型的形状，就是按照这一原则设计的，如图 5-36 所示。此机头的内腔曲线中间缝隙小，两边缝隙大，流道中形成的阻力为中间大，两边小，与如图 5-35 所示的速度分布相反，这样，胶料的流动速度和压力才较为均匀一致。

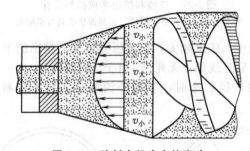

图 5-35　胶料在机头内的流动

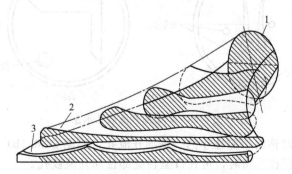

图 5-36　轮胎胎面挤出机头内腔曲线

1—机头与螺杆末端接触处的内腔截面形状；2—机头出口处内腔的截面形状；3—口型板处缝隙的形状

总之，机头内的流道应呈流线型，无死角口停滞区，不存在任何湍流，整个流动方向上的阻力要尽可能一致。为了保持胶料流动的均匀性，有时还可在口型板上增加流胶孔，或者在口型板局部阻力大的部位加热。

④ 挤出膨胀和口型设计原则　由于速度分布的存在，当胶料流经口型时，同时产生塑性流动和弹性形变。胶料在口型中的停留时间很短，力学松弛不充分，因此挤出半成品会出现膨胀现象（die swell），即巴拉斯效应，有时甚至出现熔体破裂现象（见第 3 章 3.8.3 小节）。这些现象与胶料特性口型形状、口型长径比、口型温度以及挤出速率等因素有关。

为了使挤出物形状和尺寸稳定，必须合理设计口型。口型设计要凭借流变学原理结合生产经验进行。一般原则如下。

a. 根据胶料在口型中的流变行为和挤出膨胀分析，确定口型断面形状和挤出半成品断面形状之间的差异，如图 5-37 所示。

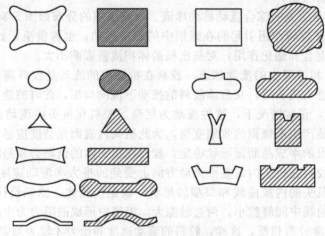

图 5-37　口型和挤出半成品的差异

有刻面线的是挤出物形状；无刻面线的是口型形状

b. 口型应有一定的锥度，锥度越大，挤出压力越大，挤出的半成品致密，但收缩率大。

c. 口型内部应光滑，呈流线形，无死角，不产生涡流。

d. 若挤出量大而口型口径过小时，应加开流胶孔，防止胶料焦烧和损坏机器，如图 5-38（a）所示。

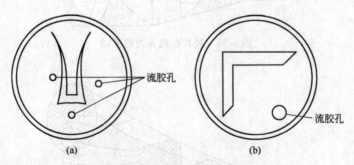

图 5-38　口型加开流胶孔示意

e. 若口型形状不对称时，应在小的一侧加开流孔，如图 5-38（b）所示。

f. 若机头或口型存在死角时，可在口型相应部位加开流胶孔。

由于影响挤出膨胀的因素很多，口型很难一次设计成功，需要边试验，边修正，方能完成。

（3）挤出工艺及影响因素　挤出工艺包括热炼、供胶、挤出温度、挤出速率以及半成品的冷却等。

① 热炼和供胶　目前，除冷喂料挤出机外，经混炼和冷却停放的胶料都必须进行充分的热炼预热。热炼方法和要求与压延胶料相同。胶料的温度和可塑性，根据配方和工艺要求而有所差别，但保持胶料温度和可塑性的均匀及稳定是一样的。返回胶的掺用率最好不要超过 30％，而且掺和要均匀，保证胶料温度和可塑性在工艺规定的范围内。

挤出机的供胶方法对挤出半成品的质量、产量和劳动生产率都有影响。连续生产的挤出机，所需胶料量大，供胶方法一般多采用带式运输机。从开炼机上割取一定宽度和厚度的胶条，带式运输机向挤出机连续供胶。胶条宽度比加料口略小，厚度由所需胶料量决定。采用这种供胶方法，挤出半成品的规格大小比较稳定，质量较好。为了与此种供胶方法配合，在加料口的上方，设有喂料辊，使胶条沿着转动的螺杆从螺杆底部进入，这对提高挤出机的吃料能力和均匀性有较好的作用。

② 挤出温度　挤出机各段温度的控制，一般以口型处温度最高，机头次之，机筒最低。采用这种控温方法，有利于机筒进料，可获得表面光滑、尺寸稳定和收缩较小的挤出制品。在口型处温度较高，有利于橡胶分子链松弛，胶料热塑性大，高弹变形小，挤出后膨胀和收缩率低，尺寸也较准确。如温度过低，挤出时的功率增大，半成品松弛慢，收缩大，表面粗糙。温度过高，易引起胶料焦烧、起泡，影响质量。几种橡胶的挤出温度见表 5-8。表中的温度控制有一定范围，可根据情况调节。如胶料含生胶较多，可塑性小，应用较高的温度，取该温度范围的上限；相反，可取该范围的下限。两种或两种以上生胶并用，以含量大的组分为主。例如，70％天然橡胶与30％丁苯橡胶并用胶料，基本上参照天然橡胶的温度即可。等量并用的生胶可取两者的平均值作参考。

表 5-8　几种橡胶的挤出温度

胶料	机筒温度/℃	机头温度/℃	口型温度/℃
天然橡胶	40～60	75～85	90～95
丁苯橡胶	40～50	70～80	90～100
丁基橡胶	30～40	60～90	90～110
丁腈橡胶	30～40	65～90	90～110
氯丁橡胶	20～35	50～60	70

③ 挤出速率　挤出机的特征如螺杆结构、转速范围、机头口型结构、加料方法和加料口形状等对挤出速率影响很大。在挤出机可能的挤出速率范围内，胶料的组成和性质也有很大影响。

挤出速率在正常条件下，应尽量保持一定。因为在胶料性质、挤出温度、口型都一定时，机头内的压力也一定。挤出半成品的膨胀和收缩率也就会不变，保持在一定的公差范围内。如果挤出速率改变，而其他因素不相应调整，结果机头内的压力也会改变，这样就会引起半成品断面尺寸和长度收缩发生变化，超出预定的公差范围。如想改变挤出速率，有关因素也应相应地调整。

④ 半成品的冷却　半成品离开口型时，有时温度可高达100℃以上。为了获得需要的断面尺寸，防止热塑变形和焦烧危险，需要冷却。采用喷淋和水浸冷却都可以。但对较厚和厚度相差较大的半成品，不宜骤冷，以免冷却程度不一、收缩快慢不同导致变形不规则。

半成品长度收缩、厚度增加的现象，常表现为刚刚离开口型时变化较快，以后逐渐减慢。如果没有外因的影响，需较长时间这种变化才能基本停止。所以生产上采用加速松弛收缩的措施，如收缩辊道。这种办法可促使松弛收缩过程在冷却降温前已大部分完成。使半成品在较低温度下，在实际停放和使用的时间内，收缩基本停止，断面尺寸稳定。

⑤ 胶料的配方组成　首先，胶料中生胶含量大，挤出速率则较慢，收缩（或膨胀）大，表面不够光滑。一般来说，顺丁橡胶的挤出性能接近或略优于天然橡胶。丁苯橡胶、丁腈橡胶、丁基橡胶膨胀和收缩都比天然橡胶大，挤出也比较困难，表面粗糙。氯丁橡胶挤出性能类似天然橡胶，但易焦烧，应注意防止。

随填充剂用量的增加，挤出性能逐渐改善，收缩减小，挤出速率增加。但对某些补强填充剂来说，随其用量的增加，胶料硬度增加较大，从而导致挤出生热也有所增加。而快压出和半补强炭黑的胶料，硬度增加不大，性能较好。软化剂除松香、沥青外，其他如油膏、矿物油等都能加快挤出速率，促使半成品表面光滑。再生胶可使胶料加快挤出速率、降低收缩率和减少生热。总之，为改善挤出性能，调整配方可起很大作用。

除胶料的组成外，胶料的可塑性对挤出性能也有影响。胶料的可塑性要适当，在可能时可大些。胶料可塑性比较大，挤出过程中内摩擦小，生热低，不易焦烧，流动性好，挤出速率较快，表面光滑，但容易变形，形状稳定性较差，停放时间长容易走样。如有些胶管内层胶，为防止变形，可塑性要求在 0.2 左右。对焦烧性能较差、生热较大的胶料，应适当增大可塑性，以减少焦烧的危险。

⑥ 挤出机的规格选用　挤出机（普通结构）的选用，由所需挤出半成品的断面大小和厚薄决定。对于挤出实心或圆形中空半成品，一般口型尺寸为螺杆直径的 0.3～0.75。口型过大，螺杆推力小，机头内压力不足，速率慢，排胶也不均匀，半成品形状不规整；口型过小，压力太大，速率虽会快些，但剪切作用增加，易引起胶料生热，增加焦烧的危险性。对于像胎面胶那样的扁平形半成品，挤出宽度可为螺杆直径的 2.5～3.5 倍，具体参数见表5-9。对于某些特殊情况，如小机大断面，则应尽可能增加螺杆转数，适当增加机头温度。而大机小断面，就可用加开流胶孔，或者改单条为双条，或多条挤出等措施来解决。另外，氟橡胶、氯磺化聚乙烯等黏性胶料，要求挤出机的螺杆、机筒和喂料辊筒进行镀铬处理。

表 5-9　螺杆直径与半成品尺寸　　　　　　单位：mm

螺杆直径	挤出半成品最大尺寸	
	扁平状	实心或圆形中空状
30	—	15
60	—	15～45
85	210	25～55
115	300	40～80
150	380	50～100
200	650	75～150
250	800	

（4）挤出设备的进展

① 冷喂料挤出机　由于热喂料挤出机需要一套预热供胶系统，特别是热喂料挤出机的螺杆长径比较短，挤出半成品质地往往不密实，影响橡胶制品的质量。因此，德国在20世纪40年代发明了冷喂料挤出机。这种冷喂料挤出机初期是在原有的热喂料挤出机基础上，加大螺杆长径比，使挤出机外的胶料热炼供胶功能变成挤出机机内的热炼功能，因而可以取消较庞大的热炼供胶系统；同时也提高了挤出机的机头压力，使挤出机半成品质地致密。但是早期的冷喂料挤出机螺杆构型比较简单，一般是等深不等距或等距不等深的普通螺杆。这种类型的螺杆主要是起输送作用，其剪切、混合功能较差，经过20多年的发展，出现了主副螺纹强力剪切螺杆，这类冷喂料挤出机的出现，使挤出机的剪切功能和混合功能得到显著提高，同时也提高了机头压力，突破了冷喂料挤出机塑化能力差的问题，使冷喂料挤出机得到较快发展。销钉式冷喂料挤出机采取在机筒的一定部位上安装数排销钉，每排沿圆周方向

又分布有数个销钉，相对应螺杆的螺旋部位开有环形槽，销钉直接插入槽中。挤出过程中胶料在销钉的作用下，产生横向运动、分流运动和旋转运动。由于这三种运动形式的综合作用，螺杆每旋转一周，胶料便会受到数排多个销钉的分割和剪切，强化了捏炼和塑化效果，提高了挤出半成品的质量。

还有一种冷喂料排气挤出机，主要用于常压下硫化的非模型制品。其结构特点是机筒和螺杆由加料、排气和挤出三个区段组成。在挤出过程中，机筒中部用真空泵抽气，排除的胶料在 80～100℃能气化的杂质，以使其在常压下硫化时，不易发生气孔，制品比较密实。一般与微波或盐溶硫化设备组成连续化的生产流水线，可提高生产效率和产品质量。

② 双螺杆挤出机和专门化挤出机 随着反应性挤出机技术的发展，双螺杆挤出机在橡胶共混和橡塑共混等改性技术中得到应用。双螺杆挤出机的工作原理与单螺杆不同，胶料在单螺杆挤出机中的输送主要靠摩擦力，双螺杆挤出机主要是由两根相互啮合的螺杆在机筒内旋转所产生的正向输送作用，并强化了捏炼

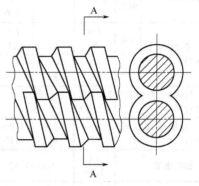

图 5-39 双螺杆视图

和塑化效果，如图 5-39 所示。双螺杆挤出机具有胶料在机筒内停留时间分布窄、挤出量大和能耗低等优点。

随着橡胶工业的发展，人们对挤出机结构不断进行改良，出现了一些特种用途的挤出机，例如，可变机头结构的复合挤出机，辊筒机头的挤出机等专门化挤出机，还对挤出机辅助设备做了改进，提高了自动控制水平。

5.5 胶料与骨架材料的黏合

橡胶宏观复合材料中存在许多胶料与骨架材料的黏合问题，所用的骨架材料主要是纺织纤维（织物）和金属，它们必须在成型加工过程中与胶料紧密地组装成为完整的整体并通过硫化工艺才能真正发挥其骨架作用。因此胶料与骨架材料的黏合技术与工艺成为确保宏观复合材料使用性能的关键因素。关于黏合强度的论述见第 3 章第 3.7.4 小节。

5.5.1 胶料与纤维（织物）的黏合

（1）纤维及织物主要性能

① 纺织纤维 纺织纤维的种类很多，可分为天然纤维和化学纤维两大类。橡胶工业中常用的天然纤维包括棉纤维、玻璃纤维和石棉纤维；化学纤维包括人造纤维（如黏胶纤维）和合成纤维（如锦纶、涤纶、维纶等）。

纺织纤维用"纤度"或"支数"表示。纤度的单位是旦（den），即每 9000m 长的纤维所具有的质量（g）。例如，长度为 9000m 的一根纤维，若质量为 1650g，则它的纤度为 1650den，可见旦数越大，纤维越粗。所谓支数是每克重纤维所具有的长度数（m），例如某 1g 纤维的长度为 100m 时，它的细度为 100 支，记作 100N。可见支数越高，纤维越细。

表 5-10 列出了几种纤维的主要性能比较。

a. 棉纤维 棉纤维的组成主要是纤维素（占 90%～94%），其次是水分、脂肪、蜡及灰分等。棉纤维的湿强度较高，干强度较低，伸长率较低，与橡胶的黏合性能好，但耐热性较差（在 120℃下强度下降 35%），耐疲劳性差，生热性高，弹性较低。目前棉纤维在橡胶工业中的用量已经被化学纤维所取代。

表 5-10　几种纤维的主要性能比较

性能		棉纤维	黏胶纤维		尼龙6纤维		尼龙66纤维		涤纶纤维		维纶纤维	
			普通	强力	普通	强力	普通	强力	普通	强力	普通	强力
拉伸强度/(gf/den)	干态	2.6~4.2	1.5~2.8	3.6~5.0	4.8~6.4	6.4~9.5	5.0~6.5	5.9~9.5	4.3~5.0	6.3~9.0	3.0~4.0	6.0~9.5
	湿态	3.3~6.4	0.7~1.6	2.5~4.0	4.2~5.9	5.9~8.0	4.5~6.0	5.1~8.0	4.3~5.0	6.3~9.0	2.1~3.2	5.0~8.5
断裂伸长率/%	干态	7~8	15~30	7~11	28~45	16~25	25~38	15~22	20~32	7~17	17~22	8~11
	湿态	7~11	20~35	8~15	36~52	20~30	28~45	20~28	20~32	7~17	17~25	8~26
回弹率(伸长3%时)/%		74(伸长2%时)	60~80		98~100		98~100		95~100		70~90	
初始模量/(gf/den)		68~93	65~85	110~160	20~45	27~50	30~52	40~60	90~160		60~90	70~250
相对密度		1.52~1.54	1.5~1.52		1.14		1.14		1.38		1.26~1.3	
吸湿率(必定)/%		8.5	13		4.5		4.5		0.4		3.5~4.5	3.0~5.0
耐热性		120℃时5h变黄	120℃以上强度下降		180℃软化		230~235℃软化		238~240℃软化		220~230℃软化	
耐候性		良好	良好		长期光照下强度下降		长期光照下强度下降		良好		优	
耐磨性		差	差		优		优		良好		良好	

b. 黏胶纤维　黏胶纤维俗称人造纤维，是以天然高聚物（如木材、棉短绒等）为原料，经过化学处理而制成的一种纤维。主要有普通黏胶纤维和高强度黏胶纤维（强力黏胶纤维）。

黏胶纤维的物理机械性能优于棉纤维，强度较高，耐热性和导热性较好，使用时生热小，耐疲劳。其缺点是吸湿性大，受潮后强度有较明显的下降。

c. 锦纶纤维　锦纶纤维即聚酰胺纤维，也称尼龙纤维，橡胶工艺主要用尼龙6和尼龙66纤维。

锦纶纤维是合成纤维中强度较高、用途较广的品种。突出的特点是耐磨性好，强度高（是黏胶纤维的1.5~1.8倍），耐疲劳性好（比黏胶纤维高7~8倍）。缺点是变形大，热稳定性差，容易产生热收缩现象。

d. 涤纶纤维　涤纶纤维即聚酯纤维，主要特点是耐冲击性比锦纶高，强度和耐磨性仅次于锦纶，伸长率较低，耐疲劳性和尺寸稳定性较好。

e. 维纶纤维　维纶纤维即聚乙烯醇纤维，俗称维尼纶纤维。该纤维的强度和弹性模量比棉纤维高，伸长率小，耐酸碱性好。缺点是耐湿性和耐疲劳性较差，强度下降较大。

f. 芳纶纤维和复合纤维　芳纶纤维是芳香族聚酰胺纤维的统称。在芳香族聚酰胺纤维中，目前普遍应用的是全芳香族聚酰胺纤维，我国称为芳纶14和芳纶1414，美国称凯芙拉（Kevlar）。由于分子主链中用芳香基取代了脂肪基，分子链的柔性减小，刚性增大，使纤维的玻璃化温度、耐热性以及弹性模量等性能显著提高，见表5-11。芳纶纤维兼有合成纤维和钢丝的优点，强度为钢丝的5~6倍，定伸应力为钢丝的2倍左右，密度仅为钢丝的1/5~1/4，伸长率只有3.7%~4.2%，被称为"有机钢丝"。这种纤维在很宽的温度范围内（-45~200℃）仍能保持十分稳定的物理机械性能，而且尺寸稳定性好（收缩率仅为0.2%），耐疲劳、耐腐蚀。

复合纤维是由两种或两种以上的高聚物的熔体或黏液分别输入同一个纺丝头而成的纤维，

表 5-11　主要芳纶纤维的结构与性能

学名	结构式	商品名	相对密度	玻璃化温度/℃	熔点或分解温度/℃	弹性模量/(gf/den)	断裂强度/(gf/den)	断裂伸长率/%	回潮率/%	最高使用温度/℃
聚对苯二甲酰己二胺纤维	$[-C(=O)-C_6H_4-C(=O)-NH(CH_2)_6-NH-]_n$	尼龙 6T	1.21	180	350	500~900	4.0	18	4.5	175
聚己二酰间苯二胺纤维	$[-C(=O)-(CH_2)_4-C(=O)-NH-CH_2-C_6H_4-CH_2-NH-]_n$	MXD-6	1.22	90	243	800~900	7.8~9.7	15~22	4.5~5.5	80~85
聚间苯二甲酰间苯二胺纤维	$[-C(=O)-C_6H_4-C(=O)-NH-C_6H_4-NH-]_n$（间位）	芳纶 1313（诺曼克斯）	1.38	270	370	150	5.5	17	4.2~4.9	200~230
聚对苯二甲酰对苯二胺纤维	$[-C(=O)-C_6H_4-C(=O)-NH-C_6H_4-NH-]_n$（对位）	芳纶 1414（凯芙拉 29）	1.43	340	500	480~540	21~22	3~5	2.0	240
聚对苯甲酰胺纤维	$[-C_6H_4-C(=O)-NH-]_n$	芳纶 14（凯芙拉 49）	1.46	—	500	1030	15.5~17	1.6	2.0	240
聚对苯二甲酰对氨基苯甲酰肼纤维	$[-C(=O)-C_6H_4-C(=O)-NH-NH-C(=O)-C_6H_4-NH-]_n$	X-500	1.47	—	525	650~800	15~17	3~4	2.0	240

即同一根纤维中存在两种或两种以上的高聚物，从而达到纤维改性的目的。复合纤维的断面结构有并列型、皮芯型、散布型（天星型）等类型，如图 5-40 所示。例如，由 70％锦纶（皮）与 30％涤纶（芯）制成的复合纤维商品名为 Source，强度高，初始模量为尼龙 6 的 2 倍，而且耐酸碱、耐日光。

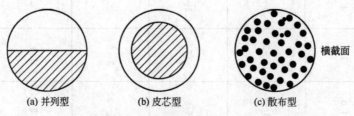

| (a) 并列型 | (b) 皮芯型 | (c) 散布型 |

图 5-40　复合纤维的断面结构示意

g. 玻璃纤维与石棉纤维　玻璃纤维由玻璃拉丝制成。玻璃纤维的类型较多，常用的是 E-玻璃纤维和 S-玻璃纤维。E-玻璃纤维是钙铝硼硅酸盐玻璃纤维的总称，大多数玻璃纤维属于此类，橡胶工业用的也是 E-玻璃纤维居多；S-玻璃纤维属于镁铝硅酸盐玻璃纤维类。玻璃纤维具有很高的拉伸强度，超过一般的钢丝，但其模量不高，与纯铝相近。玻璃纤维耐热、耐腐蚀、绝缘、导热，但耐疲劳性能很差。

石棉纤维是一种纤维状矿物，橡胶工业用石棉纤维主要是含硅酸镁的纹石石棉。石棉纤维的特性是绝热、防火、电绝缘、防腐强度高，但耐酸性能较差。

② 纤维织物　橡胶工业中使用的纤维织物主要是帘布和帆布。

a. 帘布　帘布是以合股组成的帘线作经线（也称帘线），用细单纱作纬线织成的。帘布中经线承受制品的全部负荷，纬线只起连接经线，使经线均匀排列的作用。帘布主要用作轮胎和胶带的骨架层，例如棉帘布、黏胶纤维帘布、合成纤维帘布等。选用帘布时，应依据制品的结构、使用条件和经济效益综合考虑。

棉帘布的强度较低，耐热性差，多用于使用条件不高的制品中。

黏胶帘布的强度较高，尺寸稳定性和耐热性较好。黏胶帘线按强度大小分为：强力黏胶帘线、一超黏胶帘线、二超黏胶帘线、三超黏胶帘线、四超黏胶帘线和超高模量黏胶帘线等品种，黏胶帘布的组织结构主要有：1650den/2、2200den/2 等，分别表示由两根 1650den 和两根 2200den 单丝捻成帘线构成的帘布。

合成纤维帘布的组织结构表示法与黏胶纤维帘布相同。其中，锦纶帘布和涤纶帘布主要用于轮胎和胶带制品；维纶帘布主要用于胶管、胶带和自行车胎等制品中。

b. 帆布　帆布一般是由密度相同的经线和纬线交织而成的平纹布，是胶管和胶带等制品的骨架材料。

棉帆布具有与橡胶黏着性好、湿强度高、成本低等优点，在一些使用条件不苛刻的橡胶制品中仍应用。

黏胶帆布中应用较多的是黏胶（经线）与锦纶（纬线）或维纶（纬线）交织而成的帆布。纬线采用锦纶可改善帆布的横向强度、伸长率和弹性，能增大胶带的成槽性和耐撕裂性能。

锦纶帆布一般分为全锦纶帆布和锦纶与其他纤维的交织帆布两类。全锦纶帆布即经线和纬线均是锦纶线的帆布；锦纶交织帆布是以锦纶为经线，其他纤维为纬线交织而成的帆布。

涤纶帆布也分为全涤纶帆布和涤纶与其他纤维交织的帆布。

（2）黏合方法与技术　提高胶料与纤维（织物）的黏合强度主要有两种方法。一种是间接黏合法，纤维表面先浸或涂某种黏合剂，然后再与胶料经成型工艺后进行硫化；另一种是直接黏合法，纤维表面不需要浸（涂）黏合剂，直接在胶料中加入增黏剂与黏合剂体系，经成型工艺和硫化后与纤维形成牢固黏合，例如间甲白（HRH）黏合剂体系的应用。下面介绍间接黏合法的应用。

间接黏合法的技术核心是浸（涂）黏合剂，而这种黏合剂并非单一组分，往往是一种多组分的黏合剂体系。例如帘布浸渍后，除了提高帘布-浸渍层-胶料之间的黏合强度外，也增加了帘线纤维间的附着力，使纤维在动态疲劳下不易动和摩擦生热。

① 常用的浸渍黏合剂体系　　常用的浸渍黏合剂体系主要是溶剂胶浆类和乳胶浸渍液类两种。

溶剂胶浆类黏合剂体系主要由天然或合成橡胶的溶剂胶浆与异氰酸酯类黏合剂等组分构成。这种黏合剂体系多用于胶布的涂刷。

乳胶浸渍液类黏合剂体系主要由乳胶和树脂等组分构成。常用的乳胶有天然乳胶、丁苯乳胶、丁吡乳胶和丁二烯-苯乙烯-乙烯基吡啶三元共聚乳胶（也称丁苯吡乳胶）。常用的树脂有酚醛树脂、环氧树脂、脲醛树脂及异氰酸酯等。其中由胶乳和酚醛树脂为主要成分组成的浸渍液，即间苯二酚-甲醛树脂（RF）和胶乳（L）浸渍黏合剂体系（简称 RFL 体系）是应用较广泛的纤维浸渍液。

RFL 黏合剂体系的作用机理比较复杂。酚醛树脂具有高度的表面活性，能够同时被吸附在乳胶和纤维的表面，RF 组分中的酚醛可以与纤维素中的羟基或者与合成纤维中的羟基、羧基、仲氨基等官能基团之间形成化学键和氢键，产生表面化学作用和表面物理作用，而乳胶中的橡胶分子链一方面与 RF 起反应，还与被粘胶料发生共硫化作用，因而提高了胶料与纤维间的黏合强度。另外，RF 本身还可形成网型结构，对黏合层起增强作用。

RFL 浸渍液的配制步骤一般是：先用少量的水将间苯二酚溶解，再加水稀释至规定浓度，然后加入甲醛并在缓慢搅拌下加入催化剂 NaOH 溶液，控制 pH 值为 8～10，室温下缩合反应 6～12h，即成酚醛树脂母液。最后在缓慢搅拌下将酚醛母液与胶乳混合均匀，并在室温下静置 12～24h，再用水稀释至规定浓度才能使用。混合时搅拌速率过快，乳胶易发生胶凝。

② 黏合效果与浸渍工艺　　胶料与纤维效果的好坏取决于浸渍液的成分组成、配比、反应温度与时间；胶料配方和纤维种类；浸渍工艺，包括工艺流程、浸渍时间、浸渍液附着量、浸渍次数以及干燥条件等。

浸渍液用的胶乳中，天然乳胶和丁苯乳胶成本较低，但黏合强度也较低，丁吡乳胶和丁苯吡乳胶含有活性官能团，故黏合效果好，但组分较贵，应根据纤维种类和被粘胶料性质选用，一般是天然胶乳与合成胶乳并用，例如天然胶乳/丁苯胶乳、天然胶乳/丁苯吡胶乳，以达到成本与黏合效果之间的平衡。

酚醛树脂母液中间苯二酚与甲醛的用量应控制在摩尔比 1∶（2～4）为宜。甲醛用量过多易产生凝胶，且干燥时会产生固化反应而降低黏合效果。

RFL 中酚醛树脂的含量应控制在胶乳干胶用量的 15%～20% 的范围以内。树脂的含量过少会降低黏合强度；过多会降低浸渍纤维的耐疲劳性能。

表 5-12 列举了棉帘布、黏胶帘布和锦纶帘布适用的 RFL 黏合体系的配方示例。

被粘胶料的配方对黏合效果有一定的影响，主要是硫化体系和促进剂的酸碱性，炭黑的种类等因素。

帘布的一般浸渍工艺流程，包括帘布导开、浸渍（俗称浸胶）、掺压、干燥和卷曲等工序。帘布导开后经过蓄布装置调节，然后按一定速率浸入浸渍槽浸夜，离开液面时帘布线表面和缝隙中附着一层 RFL 浸渍液，再经两挤压辊挤压作用，去掉过量的浸渍液，进入干燥室干燥至含水率达到规定限度，随后经扩布辊扩展使两边达到平整，最后卷曲或直接送往压延机进行压延工序。

表 5-12 棉帘布、黏胶帘布和锦纶帘布适用的 RFL 黏合体系的配方示例

组　分	棉帘布	黏胶帘布	锦纶帘布
丁吡乳胶(15%)	—	20.0	100.0
丁苯乳胶(2000 或 2108)	—	80.0	—
天然乳胶(30%)	100.0	—	—
酚醛树脂母液	17.3	17.3	17.3
氨水(28%)	—	—	11.3
pH 值	8~10	8.0~8.5	10.0~10.5

注：表中数字为干质量份。

对棉纤维、黏胶纤维、锦纶纤维和维纶纤维只需浸渍一次 RFL 即可。而聚酯纤维、芳纶纤维和玻璃纤维等，往往需要二步法浸渍处理：第一步是浸渍表面改性剂，经过干燥后，第二步再浸 RFL 才能保证黏合效果。也可以将改性剂组分直接加入 RFL 浸液中，采用一步法处理。表 5-13 是几种帘布浸胶的工艺参数。

表 5-13 几种帘布浸胶的工艺参数

工艺参数	帘布材料		
	棉纤维	黏胶纤维	锦纶纤维
浸渍时间/s ≥	5	5	5
辊压/MPa	1.2±0.1	1.0~1.2	0.8~0.9
干燥温度/℃	120~130	130±5	130±5
干燥时间/min	干燥至水分含量≤6%	>4	>4

另外，锦纶和聚酯纤维的热收缩性较大，为了保证其尺寸的稳定性，一般需进行热伸张处理。有两种处理工艺：一种为先浸渍黏合剂 RFL，后热伸张处理；另一种为先热伸张处理，后浸渍黏合剂 RFL。两种处理工艺对黏合效果的影响并不显著，一般采用前者较多。

5.5.2 胶料与金属的黏合

胶料与金属的黏合技术分为热黏合技术和冷黏合技术两大类。热黏合技术是胶料与金属骨架经成型后，在热硫化过程中实现与金属黏合的技术；冷黏合技术是利用黏合剂使硫化胶直接与金属黏合的技术，实际应用不广泛，工艺技术比较简单，本小节不作介绍。

（1）金属表面处理　金属表面处理是胶料与金属良好黏合的前提，主要是彻底清除金属表面的油脂、锈蚀、积垢和氧化膜等杂物，采用化学方法和机械方法使金属保持新鲜表面和适当的粗糙度。

机械方法主要是金属表面磨毛、喷砂，或用车床加工成具有"锯齿形"、"燕尾形"等凹形沟槽，增大与胶料的接触面积和机械结合力。

化学方法依据不同的金属特性，采用汽油、苯等溶剂或碱水清除表面油污；通过浸多种酸液（如硫酸、盐酸、铬酸等）处理来除去锈蚀；也可采用表面磷化处理技术（如改性磷酸钠处理钢件），使金属表面形成磷化膜，具有电化学惰性，不易长锈，有利于胶料与金属的黏合。

金属表面经机械或化学方法处理后，应用水或汽油洗净、烘干，并立即涂刷黏合剂，或贴一层胶片，或贮存在汽油中以防表面氧化和沾/蒙尘埃。

（2）黏合方法与技术　橡胶工业中热黏合方法主要有硬质胶法、电镀金属法（镀黄铜和镀锌）、直接黏合法和黏合剂法。

① 硬质胶法　硬质胶法是在金属表面贴（或涂）一层高硫黄含量的硬质胶料。再贴软质胶料，经加压硫化，使软质胶通过硬质胶层与金属黏合的方法。为了防止硬质胶中的游离硫渗入软质胶中，确保黏合效果，可增加一层无硫或低硫黄的半硬质胶过渡层。

天然橡胶和合成橡胶的硬质胶与金属均有良好的黏合强度，配方中硫黄用量40~50质量份，若加入15~20质量份氧化铁可明显提高黏合效果。例如天然橡胶硬质胶与钢的黏合强度可达6MPa左右。

硬质胶法是最古老的黏合方法，工艺简单，适用于70℃以下、不受严重冲击的制品使用，若外界温度超过70℃时，黏合强度显著下降，因为黏合界面结合力仅仅是机械结合力和物理结合力产生的。

② 镀黄铜法　镀黄铜法的优点是黏合强度较高，耐湿性好，耐冲击，耐老化。例如，钢丝帘线通常都用镀黄铜法，并能以各种黏合剂体系与胶料黏合。缺点是黏合强度受镀黄铜质量影响较大，且金属部件过大，电镀困难。

a. 胶料与黄铜的黏合机理　目前关于胶料与黄铜的黏合机理究竟是化学作用为主，还是物理作用为主没有定论。一种化学反应机理认为：主要是胶料中的硫黄与镀层中的铜反应生成具有活性的硫化亚铜（Cu_2S），同时硫黄又与橡胶分子发生交联反应，通过硫使分子链与铜结合起来，实现化学结合。反应历程如下。

$$2Cu+S \longrightarrow Cu_2S \tag{5-4}$$

$$Cu_2S+S \longrightarrow 2CuS \tag{5-5}$$

$$Cu_2S+S-R \longrightarrow Cu_2-S-S-R \tag{5-6}$$

$$Cu_2S+R-CH = CH-R \longrightarrow R-CH-CH_2-R \\ \qquad\qquad\qquad\qquad\qquad\quad | \\ \qquad\qquad\qquad\qquad\qquad\quad S \\ \qquad\qquad\qquad\qquad\qquad\quad | \\ \qquad\qquad\qquad\qquad\qquad\quad Cu_2 \tag{5-7}$$

$$Cu+R-S^* \longrightarrow Cu-S-R \tag{5-8}$$

其中，反应式（5-4）是初始反应，生成具有活性的Cu_2S；反应式（5-5）生成的CuS对黏合不利，应避免；反应式（5-6）和反应式（5-7）分别是Cu_2S与已和分子链结合的硫原子（R—S）生成的硫桥，以及Cu_2S与橡胶分子双键生成的桥联；反应式（5-8）是金属铜直接与分子链结合的活性硫反应生成的硫桥。

一种物理作用机理认为：胶料中的硫黄和硫化促进剂在黄铜表面上以自动催化反应形成硫化亚铜薄膜，此薄膜表面含有过量硫原子传递给橡胶分子链，结果使界面处橡胶分子链具有较高的极性，致使橡胶分子与硫化亚铜薄膜靠范德华力黏合在一起。

应注意，为了获得最好的黏合效果，硫黄与橡胶分子的交联反应必须同硫黄与镀铜层的反应速率相平衡，如果胶料配方中使用树脂形成物之类（如黏合剂A、RS或6号树脂等），则尚需与树脂化反应速率相平衡。这三个反应中的任何一个占优势都会降低黏合效果。由于硫黄与橡胶分子链的反应较快，所以通常选用延迟性促进剂。

近年来，人们应用X射线光电能谱仪（XPS）和扫描俄歇电子能谱仪等，对黄铜层的表面、黏合界面进行分析研究，不断发展和完善黏合机理，例如，运用XPS技术发现黏合界面所谓的硫化亚铜并非Cu_2S结构，而是一种$Cu_{2-x}S$（如$Cu_{1.97}S$）化合物。

b. 影响黏合效果的因素　影响镀黄铜黏合效果的主要因素是镀层的成分、Cu/Zn比例、镀层厚度、胶料中的配合剂用量以及黏合工艺等。

黄铜成分对黏合效果影响较大，一般含铜60%~75%、含锌40%~25%时较好，当含铜量超过80%时，黏合强度急剧下降。如果采用Cu/Zn/Co和Cu/Zn/Ni三元合金镀层，尤其是对湿、盐、蒸汽完全不敏感，黏合强度较高，耐疲劳性提高。

黏合强度不仅与黄铜的组成有关，还与镀层的厚度有关。一般镀层厚度为0.13~0.45μm。低铜含量（62%）与高镀层厚度（0.45μm）相结合，或者高铜含量（74%）与低镀层厚度（0.13μm）相结合，能取得良好的黏合效果。

生胶种类不同，与金属的黏合效果有差别。极性橡胶对金属的黏合效果比非极性橡胶好，极性越大，黏合效果越好。若以 IIR 的黏合指数为 1，SBR 则为 3，NR 为 4，CR 为 8，NBR 为 10。同一胶种，极性基团含量不同，黏合效果也有差别。

金属表面的黄铜镀层通过硫黄与橡胶发生化学和物理作用，为了保证有足够的硫黄向界面迁移扩散，通常硫黄用量一般为 3～5 质量份为宜，为避免高硫黄用量引起喷霜，应采用不溶性硫黄。

为了取得较长硫化诱导期，较宽的硫化平坦期，一般采用次磺酰胺促进剂比较理想，如图 5-41 所示。饱和性的丁基橡胶硫化速率很慢，为了使硫化速率与金属的黏合速率相适应，常采用超促进剂。

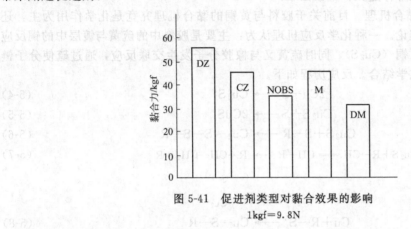

图 5-41　促进剂类型对黏合效果的影响

1kgf＝9.8N

氧化锌除了有硫化活性剂的作用外，对黏合效果有明显影响。黄铜表面中的 ZnO 层是控制硫化亚铜的主要因素，如果胶料中没有一定量的 ZnO，则黄铜表面中的 ZnO 层会由于硫化剂的作用而减少，会产生过量硫化亚铜而降低黏合效果。所以胶料中氧化锌的用量一般大于 5 质量份。

对于金属与胶料黏合效果，补强剂优于填充剂，主要是炭黑和白炭黑。一般炭黑的粒径小，比表面积大，黏合效果好，可依据硫化胶性能选用几种炭黑并用调节。白炭黑表面的硅烷醇可提高胶料中金属氧化物的相容性，因此可用白炭黑取代部分炭黑，白炭黑用量 10～40 质量份。在含有白炭黑的胶料中，氧化锌与白炭黑表面的硅烷醇反应会对交联、黏度和补强效果等产生影响，应注意协调。

胶料中使用适量软化剂，可降低界面张力，增大胶料与镀铜表面之间的湿润，有利于胶料的扩散，改善黏合效果。但应选用不易喷出的软化剂，如锭子油、古马隆、芳烃油、焦油等。

一般认为防老剂对黏合效果的直接影响不大。但其中防老剂 BLE 不仅具有良好的耐热、耐屈挠等性能，而且在 NR、BR、CR 与镀黄钢钢丝黏合中有明显的黏合效果。

胶料中加入金属助黏剂如有机金属钴盐可以提高在动态和热压力下钢丝帘线的黏合强度，效果比较好。

③ 镀锌法　锌是除黄铜外能够与胶料直接硫化黏合的金属，但胶料与锌的黏合强度与黄铜相比弱得多。通常橡胶与镀锌金属的黏合，需要在胶料中加入钴盐。在多种钴盐中萘酸钴较好。在硫化促进剂中次磺酰胺类较好，噻唑类次之，但秋兰姆类在硫化中易与萘酸钴反应，既减弱了硫化促进作用，同时也抑制了钴向锌表面的迁移扩散，降低黏合效果。

④ 直接黏合法　直接黏合法是把直黏剂直接均匀混炼入胶料中，在热硫化时胶料与金属牢固地黏合在一起。

　　RE 为间苯二酚和乙醛的低分子量缩合物（1∶0.5，摩尔比），是亚甲基接受体直黏剂，外观为半透明琥珀状固体，软化点为 70℃左右。易分散于胶料中，对胶料有软化作用。

　　黏合剂 A 是羟甲基三聚氰胺醚化物，由三聚氰胺和甲醛作用后经醚化而成，是亚甲基给予体直黏剂，呈白色糊状物，在 50℃左右可成流动体，易在胶料中分散，应在混炼后期不高于 90℃条件下加入。

　　RH 为间苯二酚与六亚甲基四胺 1∶1（摩尔比）的络合物，呈粉红色粉末，1mol 络合物含 6mol 的亚甲基，除与少量间苯二酚缩合外，剩余的可作为亚甲基给予体，有促进硫化的作用，故要适当调整促进剂品种及用量。RH 应在混炼后期不高于 90℃的条件下加入。

　　RL 为间苯二酚和黏合剂 A 按 1∶1 混合并添加 10％的邻苯二甲酸二丁酯稀释剂的高黏度液体。由于同时具有给予和接受亚甲基的能力，故一般不需要和其他直黏剂调配。混炼时也应在 90℃以下与硫黄等最后加入。

　　实际应用中的直接黏合剂体系多数是亚甲基接受体直黏剂和亚甲基给予体直黏剂的合理组合。间甲白直黏体系（HRH）主要是间苯二酚-六亚甲基四胺-白炭黑为基础构成。在胶料与织物的黏合中得到应用，有较好的黏合效果。

　　直黏体系用于胶料与金属的黏合中，应加少量的金属助黏剂，即有机金属钴盐和有机金属锌盐。在构成 HRH/钴盐体系中，如 RE/黏合剂 A/钴盐体系，用量为 5/4/5，并加入 6 质量份不溶性硫黄和 5 质量份 Fe_2O_3，其黏合效果可接近镀黄铜黏合水平。有机钴盐包括油酸钴、硬脂酸钴、松香酸钴、环烷酸钴以及硼酸化钴等，其中硼酸化钴含有硼和钴，是活性较高的金属助黏剂，由于硼酸化钴中 Co—O—B 键能较低，极易释放出活性钴，同时也分离出硼酸基，硼酸基既有利于胶料的耐热性，又有利于胶料的耐腐蚀性，既可吸收碱性物质，又可吸收酸性物质，因此硼酸化钴对热、氧、蒸汽、湿气、酸、碱等老化条件下的黏合效果，有较好的保持性。有机锌盐主要是丙烯酸锌盐（如二丙烯酸锌）和甲基丙烯酸锌盐（如二甲基丙烯酸锌），这种有机锌盐在胶料中起到黏合促进剂和交联剂双重作用，可以在橡胶和金属件间产生离子键交联。用过氧化物硫化体系时，对非电镀金属与胶料的黏合效果较显著。两种有机金属锌盐结构式如下。

$$H_2C = \overset{\displaystyle H}{\underset{}{C}} - \overset{\displaystyle O}{\underset{}{C}} - O - Zn - O - \overset{\displaystyle O}{\underset{}{C}} - \overset{\displaystyle H}{\underset{}{C}} = CH_2$$

二丙烯酸锌（商品名 Saret633）

$$H_2C = \overset{\displaystyle O}{\underset{CH_3}{C}} - \overset{\displaystyle O}{\underset{}{C}} - O - Zn - O - \overset{\displaystyle O}{\underset{}{C}} - \overset{\displaystyle CH_3}{\underset{}{C}} = CH_2$$

二甲基丙烯酸锌（商品名 Saret634）

　　在 EPDM、NR、EVA、CSM 及硅橡胶中都有较好的黏合效果。如图 5-42 所示是含有二丙烯酸锌的 EPDM 胶料与几种金属的直接黏合的效果，而且随丙烯酸锌用量的增加，黏合效果明显，其用量为 2 质量份时，剪切黏合强度为 0.5MPa；用量为 20 质量份时，剪切黏合强度可达 14MPa。有机金属锌盐直接黏合技术有三种实施方法：a. 加入胶料中作为增黏剂使用；b. 以薄黏合胶条的形式作为金属和胶料间的黏合层；c. 以胶浆的形式涂刷到金属或胶料表面。

　　⑤ 黏合剂法　黏合剂（也称黏胶剂）的品种繁多，性能各异，选择适宜的品种可获得较高的黏合强度。主要品种是异氰酸酯黏合剂、含卤黏合剂、合成树脂黏合剂、硅烷黏合剂和双涂层黏合剂等。

a. 异氰酸酯黏合剂　对通用橡胶与各种金属有良好的黏合效果。商品名为列克纳，代表性产品为 JQ-1 黏合剂，其成分为 20% 的 4，4′，4″-三苯甲烷三异氰酸酯的二氯乙烷溶液。特点是黏合强度较高、耐溶剂、耐油、耐酸碱等。缺点是不稳定，遇水易分解，其溶剂二氯乙烷对人体有害。

异氰酸酯黏合剂与光滑表面的金属黏合不良，因此金属表面必须经喷砂、酸洗等处理。

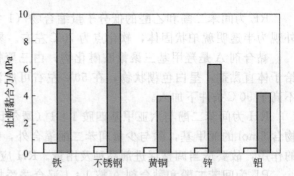

图 5-42　含有二丙烯酸锌的 EPDM 胶料与几种金属的直接黏合效果

1kgf＝9.8N

列克纳涂层厚度不宜超过 30μm。金属骨架在涂前和涂后均需干燥（低于 65℃），停放时间不宜过长，否则影响黏合效果。

列克纳对硬度较高的胶料黏合效果更好，可采用较高硬度（邵氏硬度 80～85）胶料的胶浆作为已刷过列克纳金属件的保护层和过渡层，例如采用该工艺钢-胶的黏合强度可达 7MPa 以上。

b. 含卤黏合剂　这类黏合剂包括氢氯化橡胶黏合剂、氯磺化聚乙烯黏合剂、氯化橡胶黏合剂和氯丁橡胶黏合剂等。

氢氯化橡胶黏合剂适用于橡胶与钢、铜、铝等金属材料的黏合，若在此黏合剂中配用氯丁橡胶可进一步提高黏合效果。

氯化橡胶黏合剂主要用于氯丁橡胶和丁腈橡胶等极性橡胶与金属（钢、铝、铁、锌等）的黏合，具有极佳的耐水耐海水性能。若在此黏合剂中配入氯化聚烯烃和芳香族亚硝基化合物时，可显著提高黏合效果。

10 质量份的 20% 氯丁橡胶黏合剂与 1 质量份 20% 列克纳均匀混合后，对氯丁橡胶与钢、不锈钢、玻璃钢、镀锌钢板等均有良好的黏合效果。

c. 合成树脂黏合剂　这类黏合剂主要包括酚醛树脂类、间苯二酚-甲醛树脂类、环氧树脂类和聚氨酯类黏合剂等。这些黏合剂可与橡胶构成结构型黏合剂，如氯丁酚醛树脂、丁腈酚醛树脂、丁腈环氧树脂、聚丁二烯环氧树脂、聚硫橡胶环氧树脂等品种。经选择可以适用各类橡胶与金属材料的黏合。

d. 硅烷黏合剂　这类黏合剂是以反应性硅烷为基础的。硅烷中的烃氧基与金属表面的羟基反应，而硅烷中的反应性基团（以—□表示）与橡胶反应，从而实现黏合，如图 5-43

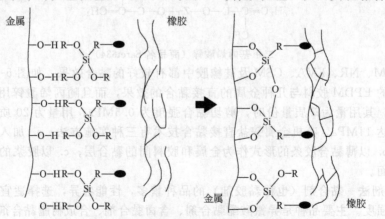

图 5-43　硅烷黏合剂的黏合机理示意

所示。目前这类黏合剂主要用于氟橡胶和硅橡胶等特种橡胶与金属的黏合，例如乙烯基过氧化硅烷等。

e. 双涂层黏合剂　　这类黏合剂是双涂层体系。第一层叫底涂，涂在经过适当处理过的金属表面上，干燥后，涂覆第二层，即涂刷面胶。当面胶完全干燥后，便可进行成型硫化。例如商品名为开姆洛克（Chemlok）黏合剂系列产品，可根据不同需要进行选择，其中适宜天然橡胶与钢黏合的有 Chemlok205 和 Chemlok220 两种配合使用，Chemlok205 为灰色胶浆，用作底涂层，然后再涂刷一层黑色的 Chemlok220 胶浆，然后进行成型硫化。氟橡胶和硅橡胶可用 Chemlok607 和 5150，氢化丁腈橡胶可用 Chemlok233，两者都使用 Chemlok205 为底涂层。

还有一些特殊的黏合剂，用于某些特种橡胶。

5.6　硫　化

硫化是橡胶材料加工的最后一个加工过程单元，是橡胶分子链发生化学变化形成交联结构的过程，最终使材料获得预期的物理机械性能和使用性能。

硫化工艺一般是在一定的温度、时间和压力的条件下完成的，这些条件称为硫化条件。如何制定和实施硫化条件、正确选用硫化设备和加热介质等都是硫化中的重要技术内容。

5.6.1　硫化历程和正硫化

（1）硫化过程　　通过解析胶料在硫化过程中物理机械性能的变化，硫化过程可分为四个阶段，即硫化诱导阶段、热硫化阶段、平坦硫化阶段和过硫化阶段。如图 5-44 所示是用定伸应力与硫化时间曲线表示的硫化过程的各阶段。

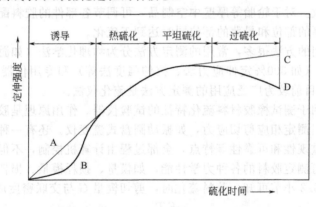

图 5-44　用定伸应力与硫化时间曲线表示的硫化过程的各阶段

A—硫化速率快的胶料；B—有迟延特性的胶料；
C—过硫化后定伸应力上升的胶料；D—具有硫化返原性的胶料

① 硫化诱导阶段　　该阶段实质上是硫化反应的诱导期。交联反应尚未开始，或反应速率较慢，胶料在模具内具有较好的流动性，进行充模。此阶段的长短决定了胶料的焦烧性能和操作安全性。

② 热硫化阶段　　该阶段以交联反应为主，逐渐形成硫化网络结构。此阶段橡胶的弹性和强度迅速提高，是交联反应动力学的标志性阶段。

③ 平坦硫化阶段　　该阶段交联反应已趋完成，硫化胶的综合性能达到或接近最佳值，且基本上保持不变或变化很少，故也称为正硫化阶段或硫化平坦期。

④ 过硫化阶段　　该阶段相当于交联反应中网络结构形成以后的反应，主要是交联键发

生重排、裂解以及结构化等反应，因此胶料的性能发生较大变化。一种为曲线继续上升，是由于在过硫化阶段中产生结构化反应的结果，如 SBR、NBR、CR 和 EPDM 等合成橡胶会出现这种现象；另一种为曲线转为下降，是发生网构热裂解所致，如 NR 等会出现这种硫化返原现象。

（2）正硫化及其测定方法　在硫化历程中，胶料的各种性能都随硫化时间而变化。当达到平坦硫化阶段时，硫化胶的主要物理机械性能达到或接近最佳值，即正硫化状态。平坦期越长，硫化胶的性能越稳定，所以正硫化是一个范围，若处在正硫化的前期称为欠硫化；若处在正硫化的后期称为过硫化。欠硫化或过硫化的胶料其性能都较差。

达到正硫化状态所需要的时间即为正硫化时间。正硫化时间的确定必须根据胶料的各种物理机械性能指标综合考虑。由于胶料的各项性能指标一般不会在同一时间达到最佳值，实际上只能根据某些主要性能指标来确定正硫化时间，也称为最宜硫化时间或工艺正硫化时间。

从第 2 章第 2.3 节中硫化反应动力学可知，正硫化状态理论上是指胶料达到最佳交联密度时的硫化状态，所以正硫化时间是指达到最佳交联密度时所需要的硫化时间。显然，由交联密度来确定正硫化状态是比较合理的，这已成为现代各种硫化测量技术的理论基础。为了与习惯上的工艺正硫化相区别，称为理论正硫化。

橡胶材料是不良的导热体，热导率小，传热时间较长。硫化时胶料本身升温慢，硫化结束后其散热降温也慢，故交联反应仍要继续一段时间，这种现象称为后硫化。对于厚制品的后硫化现象不可忽视，在确定正硫化时间时，应把后硫化过程考虑进去。为了加速硫化过程的进行，一般可选用平坦硫化期较长的无损于制品质量的快速硫化的交联体系，或采用对半成品进行预热的方法，如高频预热、微波预热等，可减少硫化过程中半成品内外温差，尽量使硫化程度达到一致。对于轮胎等厚壁中空制品，可调节各部件的胶料配方，使其硫化速率不同，从而导致最厚的部位和最薄的部位同时达到正硫化。

测定正硫化时间的方法很多，常用的测定方法分为物理化学法（如游离硫测定法和溶胀法等）、力学性能法（如 300% 定伸应力法、拉伸强度法等）和专用仪器法（如门尼黏度计法和硫化仪法等）。目前较为广泛应用的测定方法是硫化仪法。

硫化仪是专门用于测试橡胶材料硫化特征的试验仪器。作用原理是胶料试样在硫化中施加一定的振幅变形，测定相应剪切应力，如振动圆盘式流变仪。还有一种无转子硫化仪，具有热响应快及高度重现性和可靠性等特点，全部过程由计算机控制，不但用于测定加工过程中胶料质量，而且可测定胶料的各种力学性能，如模量、损耗模量、损耗角等。

由第 3 章第 3.6.2 小节可知，胶料硫化时，剪切模量 G 与交联密度成正比，即：

$$G=\frac{\rho KT}{M_c}=vKT$$

式中，v 为交联密度，单位体积中的网链数。

在硫化过程中 K 和 T 是常数，故剪切模量只和交联密度有关。硫化仪绘出的曲线实质就是剪切模量与硫化时间呈正比的转矩变化曲线。利用硫化仪可直接确定焦烧时间（诱导期 t_{10}）、理论正硫化时间（t_H）、工艺正硫化时间（t_{90}）以及硫化速率（$t_{90}-t_{10}$）等参数，如图 5-45 所示，在第 2 章中 2.2 节中也作了较详细的分析。对于过硫化阶段中产生结构化反应的胶料，由于曲线继续上升，无法确定最大转矩 M_H，可由硫化胶的某项主要性能指标辅助确定，进而合理确定它的

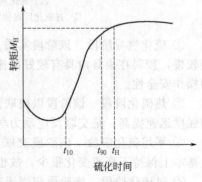

图 5-45　硫化仪取值

t_{10} 和 t_{90}。

5.6.2　硫化工艺条件及确定方法

硫化过程中的压力、温度和时间对硫化胶质量有决定性影响。硫化工艺条件的确定比较复杂，涉及胶料的导热性、制品结构中的骨架材料（如金属、纤维等）、制品的厚度、硫化模具的结构以及硫化设备特征等因素。

（1）硫化压力　除某些薄制品在常压下硫化外，一般的橡胶制品都要在一定压力下进行硫化。

硫化压力可保证材料的致密性，消除气泡。胶料中的生胶和配合剂含有微量的水分和空气，在硫化过程中因加热而会产生气泡；另外，在硫化过程中也会因产生某些挥发性的气体而导致制品产生气泡，所以要求一定的硫化压力，以保证制品的质量。表 5-14 表示明硫化压力对硫化胶密度的影响。

表 5-14　硫化压力对硫化胶密度的影响

硫化压力/Mpa	胶料密度/(g/cm³)	硫化压力/MPa	胶料密度/(g/cm³)
7.0	1.1603	35.0	1.1611
14.0	1.1613	70.0	1.1609

硫化压力可促进胶料在模内的流动，使其迅速充满模腔，以制得花纹清晰的制品。特别是在胶料处于未交联状态的硫化诱导期内，硫化压力的作用更为明显，因为胶料在这阶段具有良好的流动性。

硫化压力可提高制品中各层（胶层与布层或金属层、布层与布层）之间的黏着力和产品的耐屈挠性能。

硫化压力的大小由胶料的性质、产品结构和工艺条件等因素而定。对流动性差的胶料、结构和形状复杂的厚制品，硫化压力一般要大些；反之，硫化压力可小些。不同硫化工艺采用的硫化压力见表 5-15。

表 5-15　不同硫化工艺采用的硫化压力

硫化工艺	加压方式	压力/MPa
汽车外胎硫化	水胎过热水加压	2.2~4.8
	外模加压	15.0
模型制品硫化	平板加压	24.5
传动带硫化	平板加压	0.9~1.6
运输带硫化	平板加压	1.5~2.5
注压硫化	注压机加压	120.0~150.0
汽车内胎蒸汽硫化	蒸汽加压	0.5~0.7
胶管直接蒸汽硫化	蒸汽加压	0.3~0.5
胶布直接蒸汽硫化	蒸汽加压	0.1~0.3

（2）硫化温度　硫化过程本身是一个化学反应过程，反应过程的决定性条件是硫化温度，它直接影响硫化速率和产品质量。硫化温度高，硫化速率快，生产效率高。硫化温度的高低取决于橡胶的种类和交联体系的特征。尽管提高硫化温度可以缩短硫化时间，提高生产效率，但是硫化温度过高，易引起橡胶分子链裂解，导致硫化胶性能下降；而且会对制品中的纤维起破坏作用，使纺织物的强度下降。因此，在确定硫化温度时，对胶种、交联体系、硫化工艺方法以及产品结构都应有所考虑。一般情况下，各种胶料的最宜硫化温度见表 5-16。

表 5-16　各种胶料的最宜硫化温度

胶料类型	最宜硫化温度/℃	胶料类型	最宜硫化温度/℃
天然橡胶胶料	143	丁基橡胶胶料	170
丁苯橡胶胶料	150	三元乙丙橡胶胶料	160~180
异戊橡胶胶料	151	丁腈橡胶胶料	180
顺丁橡胶胶料	151	硅橡胶胶料	160
氯丁橡胶胶料	151	氟橡胶胶料	160

近年来，倾向于采用高温短时间的硫化工艺，个别产品甚至达到接近 200 ℃ 的高温硫化。

值得注意的是硫化过程中，交联反应是放热反应。实验证明，反应生成热随结合硫黄的增加而增加，例如在 184℃ 硫化时，含 4% 硫黄的胶料，反应放热为 41.87J/g；当结合硫量为 32% 时，则产生 1.85kJ/g 热量。所以含硫量低的胶料，硫化热效应对硫化过程影响不大，但含硫量较高的胶料（如硬质胶），这种热效应产生较大热压和温升，对硫化过程影响较大，在制定硫化胶条时，应考虑硫化热效应的影响。

（3）硫化时间　硫化是一个交联过程，需要一定时间才能完成反应。对于给定的某一胶料，在一定的硫化温度和压力条件下，有一个最宜硫化时间，硫化时间过长会产生过硫化，硫化时间过短会产生欠硫化。当硫化条件发生变化时，硫化时间必须调整，达到在不同的硫化条件下，都能获得相同性能的硫化制品。由于硫化时间与硫化温度是相互制约的，因此，在生产实践中，采用能反映两者内在联系的等效硫化时间或等效硫化效应的方法来调节硫化时间与温度的关系。

① 等效硫化时间的计算　等效硫化时间是指在不同硫化温度下，取得相同硫化效率（程度）的时间。

a. 用硫化温度系数法求等效硫化时间　硫化温度和硫化时间的关系可用范特霍夫方程表示。

$$\frac{\tau_1}{\tau_2} = K^{\frac{t_2 - t_1}{10}} \tag{5-9}$$

式中，τ_1 是温度为 t_1 时的硫化时间，min；τ_2 是温度为 t_2 时的硫化时间，min；K 是硫化温度系数，通常 $K=1.8 \sim 2$。

上式说明，若硫化温度增加 10℃ 时，硫化时间缩短一半；温度下降 10℃ 时，硫化时间将延长近一倍。

【例 1】　已知某胶料在 140℃ 时正硫化时间为 20min，采用式（5-9）可计算出当硫化温度为 130℃ 和 150℃ 时的等效硫化时间。

已知：$t_1=140℃$，$\tau_1=20$min，$K=2$。

当 $t_2=130℃$ 时，$\tau_2 = K^{\frac{t_2 - t_1}{10}} \tau_1 = 40$min。

当 $t_2=150℃$ 时，$\tau_2 = 10$min。

b. 用阿累尼乌斯方程求等效硫化时间　用阿累尼乌斯关于化学反应速率与温度关系的经验方程式可导出硫化温度和时间的关系。

$$\ln \frac{\tau_1}{\tau_2} = \frac{\Delta E}{R} \times \frac{t_2 - t_1}{t_2 t_1} \tag{5-10}$$

$$\lg \frac{\tau_1}{\tau_2} = \frac{\Delta E}{2.303R} \times \frac{t_2 - t_1}{t_2 t_1} \tag{5-11}$$

式中，τ_1、τ_2 为分别是温度 t_1 和 t_2 时的硫化时间，min；t_1、t_2 为硫化温度，用热力学温度表示，K；R 为气体常数 [$R=8.3143$J/(mol·K)]；ΔE 为硫化反应活化能，kJ/mol。

利用式（5-10）或式（5-11）可求出不同温度下的等效硫化时间，试验表明用阿累尼乌斯式计算结果比范特霍夫式更准确。

【例2】 已知某胶料的活化能 $\Delta E = 92kJ/mol$，在140℃时的正硫化时间为30min，求算硫化温度为150℃时的等效硫化时间。

已知：$t_1 = (140+273) = 413K$；$t_2 = (150+273) = 423K$；$\tau_1 = 30min$。

代入式（5-11）：

$$\lg \frac{30}{\tau_2} = \frac{92}{2.303 \times 0.008314} \times \frac{423-413}{423 \times 413}$$

$$\tau_2 = 15.7min$$

硫化反应活化能 ΔE 值的确定方法，最简便的是采用硫化仪确定。用硫化仪分别测出胶料在 t_1 和 t_2 温度下对应的正硫化时间 τ_1 和 τ_2，然后代入式（5-10）或式（5-11）中，就可以求出 ΔE 值。实验表明，常用交联体系的胶料其 ΔE 值为 $84 \sim 104kJ/mol$。

② 用等效硫化效应法确定硫化条件 据交联理论，硫化胶的性能取决于交联程度，即硫化程度。要在不同硫化条件下，制得具有相同物理机械性能的硫化胶，必须是它们的硫化程度相同。硫化程度的大小，在工艺中可用硫化效应来表征，硫化效应（E）定义为硫化强度（I）与硫化时间（τ）的乘积。

$$E = I\tau$$

式中的硫化强度是胶料在一定温度下，单位时间内所达到的硫化程度，与硫化温度系数（K）和硫化温度（t）有关。

$$I = K^{\frac{t-100}{10}} \tag{5-12}$$

因此

$$E = K^{\frac{t-100}{10}} \tau \tag{5-13}$$

应用式（5-13），可实现硫化条件的调整。

【例3】 某胶料的硫化条件为 $150℃ \times 20min$，硫化温度系数 $K=2$，现硫化温度改为140℃，求硫化时间。

已知：$t_1 = 150℃$，$\tau_1 = 20min$，$K=2$，$t_2 = 140℃$；令 $E_1 = E_2$，则：

$$K^{\frac{t_1-100}{10}} \tau_1 = K^{\frac{t_2-100}{10}} \tau_2$$

故

$$\tau_2 = \frac{640}{16} = 40(min)$$

在实际计算中，由于每一种胶料的硫化曲线都有一段平坦范围，因此在改变硫化条件时，一般只要把改变后的硫化效应控制在原来硫化条件的最大和最小硫化效应的范围内，硫化胶的性能就基本相近。若原来的最大硫化效应为 $E_大$，最小硫化效应为 $E_小$，改变后的硫化效应为 E，则要求：

$$E_小 < E < E_大$$

（4）关于两段硫化工艺 对某些特种合成橡胶，硫化工艺需分两个阶段进行，第一阶段胶料在加压下进行加热定型，称为一次硫化或定型硫化；第二阶段是在鼓风烘箱中热空气硫化，以进一步稳定硫化胶的物理机械性能，称为二次硫化或后硫化。一般情况下，二次硫化温度应高于材料的使用温度。例如氟橡胶、硅橡胶、氯醚橡胶和丙烯酸酯橡胶等往往需要进行两段硫化工艺过程。

硅橡胶品种不同，两段硫化工艺要求不同。例如乙烯基硅橡胶加压定型硫化条件，根据成品厚度不同一般为 $10 \sim 60min$，压力为5MPa，温度为 $120 \sim 160℃$，一段硫化后，有些低分子物质产生，如硫化剂分解产生的酸性物质等，残留在硫化胶中，影响物理机械性能，需经二次硫化除去低分子挥发物。二次硫化在电热鼓风箱中进行，烘箱要求能迅速升温，在300℃下能连续工作，具有足够的鼓风量，使挥发物及时排除，以免发生着火爆炸。通常起始温度为150℃，然后逐步升温至200～250℃，保持恒温4h，合计硫化时间为6～24h。近年来出现了一些不需要两段硫化的专用硅橡胶混炼胶，性能良好。

氟橡胶一段硫化使材料达到一定程度的交联，起定型作用，一般硫化条件为（165±5）℃×10～20min，由于胶料流动性差，硫化压力为9.80MPa；二段硫化使氟橡胶材料中低分子物如 H_2O、HF 等逃逸出来，达到充分交联，改进物理机械性能，鼓风恒温箱的硫化条件一般是：室温 $\xrightarrow{1h}$ 100℃ $\xrightarrow{1h}$ 150℃ $\xrightarrow{1h}$ 200℃ $\xrightarrow{1h}$ 250℃×10h。

5.6.3　硫化介质和热传导的检测

（1）硫化介质　硫化介质是指硫化过程中传递热能的载体，也称为加热介质。硫化介质要求具有良好的传热性和热分散性，具有较高的蓄热能力。常用的硫化介质有饱和蒸汽、过热蒸汽、过热水、热空气、热水以及固体介质和有机热介质等。近年来，电能、各种射线（红外、γ射线等）和微波等作为硫化能源而得到应用。

① 饱和蒸汽　饱和蒸汽是应用最广泛的一种硫化介质，饱和蒸汽热焓高，热导率大，可通过蒸汽压力调节加热温度，操作方便、成本低。其缺点是易产生冷凝点，形成局部低温，产生硫化不均匀。

② 过热水　高压过热水温度可达170～180℃，压力2.2～2.6MPa，其特点是既能保持较高温度，又能产生较大压力，热量传递均匀，可循环使用。缺点是热焓较低，热耗能大，而且过热水中的含氧量较高，易产生氧化作用。与饱和蒸汽相比较，过热水是高压低温硫化，饱和蒸汽是低压高温硫化。

③ 饱和蒸汽/氮气　为了克服饱和蒸汽和过热水的不足，出现了蒸汽/氮气硫化介质，即饱和蒸汽中充氮气，使硫化既能保证高温又可保证高压。氮气呈化学惰性，不与蒸汽发生化学反应，可降低氧化作用，氮气难溶于水，压力受蒸汽影响波动较小，氮气的压力可以调节，可达2.0～2.6MPa，而且氮气无色无味，无有害物质，可以直接排放也可回收重复使用。蒸汽/氮气作为硫化介质具有高效率、高可靠性、节约能源、低成本和无污染的特点，是一种比较理想的绿色环保硫化介质。

④ 热空气　热空气的优点是加热温度不受压力影响，可以高压低温硫化，也可以高温低压硫化。缺点是导热效率低，含有氧气，易产生氧化作用。

⑤ 热水　热水的传热比较均匀，密度较高。但热水热焓低，热导率较低，热耗能大，硫化时间长。

⑥ 固体介质　固体介质多用于连续硫化工艺。主要是共熔金属、共熔盐和微粒玻璃珠。共熔金属常用的是铋、钨合金和铋、锡合金，熔点140℃。共熔盐是一种配比为53％的硝酸钾、40％的亚硝酸钠及7％的硝酸钠的混合物，熔点为142℃。微粒玻璃珠由直径为0.13～0.25mm的玻璃微珠构成，硫化时玻璃微珠与翻腾的热空气构成有效相对密度为1.5的沸腾床，热导率很高，又称沸腾床硫化。

⑦ 有机介质　主要是硅油和亚烷基二元醇等耐高温的有机介质，可以直接在管路中循环，利用其高沸点提供高温，可在低压或常压下实现高温硫化。

（2）硫化热传导的检测　硫化过程中，硫化介质通过热传导或对流传热提供硫化热能。但是橡胶是热的不良导体，由表面传导的热能要经过一段时间才能传递到胶料的中心位置，内部温度场是不均匀的。可用两种方法研究传热过程温度和时间的关系：一种是直接检测法，把热电偶埋在测量位置，记录硫化温度和时间变化，直接而实用；另一种是用传热学理

论（见第 3 章中 3.8 节）进行热传导计算。由于橡胶硫化热
传导属于传热学中不稳定热传导，因此需用不稳定热传导理
论公式进行分析和计算。一些厚度比较薄的制品（如胶板
等），若其长度和宽度比厚度大很多，可视为一维热传导，并
假设热传是垂直于传热面的，在边缘的传热可以忽略不计等
简化条件下，可以进行热传导的计算。但是计算的理论近似
值与实际硫化过程的实例值存在一定的误差。对于较厚的几
何形状较复杂的半成品，传热属于二维或三维问题，有时还
涉骨架材料的传热问题等，传热计算比一维问题复杂得多，
需应用有限差分法和有限元法等数值解法，计算冗长繁杂。
计算机技术的应用，对于分析这些复杂制品硫化中的温度场
特征和温度分布成为可能，但是用于硫化过程中计算制品中
某处的温度和时间的关系，不及用热电偶直接检测方便且较
准确。所以生产实践中，仍沿用直接检测法。

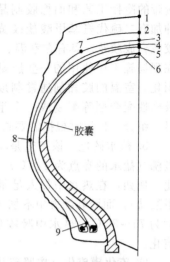

图 5-46　轮胎测温位置
1—胎面-模型间；2—胎面上下层间；
3—缓冲-胎面下层间；4—外层-
缓冲层间；5—内层-外层间；
6—油皮-胶囊间；7—缓冲-
胎面间；8—外层-胎侧间（肩部）；
9—双钢圈间

对于较厚的多层复合半成品，硫化过程必须考虑热传导，
因为硫化的热过程实际上是一个温度场分布不均的不等温过
程。只有对多部位硫化程度进行分析，才能确定合理的硫化
条件。通常将热电偶埋置在半成品比较重要具有代表性的不
同位置，图 5-46 显示了轮胎测温位置，通过热电偶导线引出
硫化机，并与测温仪表连通。在整个硫化过程中，测温仪表
按一定的时间间隔记录多测温点的温度变化，可获取半成品部位，包括升温、正硫化、后冷
却等全过程的内部温度场的变化情况。在具体的比较分析中，需将多部位的最高受热界面
（把测温点看做是界面的温度）和最低受热界面找出，利用前述等效硫化时间计算方法，求
出最高和最低受热界面的等效硫化时间。将多部位胶料的等效硫化时间与该胶料在实验室的
正硫化时间进行比较，以最低受热界面必须达到正硫化的要求，而最高受热界面的硫化程度
必须不超出该胶料的硫化平坦范围为佳。当然，也可以将测得的时间-温度曲线的等效硫化
时间全部计算出来，以便精确地分析多部位胶料在硫化结束后的硫化程度差异。然后，针对
多部位胶料的硫化特性匹配不合理的现象，调整多部位胶料的硫化体系特征，或采取相应的
技术措施，或调整硫化工艺条件，以保证厚半成品多部位在硫化结束时均获得最佳的硫化
程度。

据报道，已有商品化的测温仪，能同时测定 20 个不同部位、不同时刻的温度，在测温
的同时可计算多部位的等效硫化时间、最佳现场硫化时间等，并绘制出温度-时间关系曲线，
对硫化过程进行更直观的分析。

5.7　硫化方法与设备

硫化方法很多，可按使用设备类型，或加热介质的不同，或硫化工艺方法的不同进行分
类。按硫化工艺方法的不同可分为间歇性硫化工艺和连续性硫化工艺两大类。

（1）间歇性硫化工艺　大多数的橡胶制品是采用间歇性硫化工艺方法制备的，主要有常
压硫化、硫化罐硫化和硫化机硫化等。

① 常压硫化　常压硫化是指硫化过程在常压下进行的硫化工艺，主要是室温硫化和热
水硫化等。

a. 室温硫化　硫化是在室温和常压下进行，如用自硫胶浆进行自行车内胎的接头、运

输带的冷接工艺和旧橡胶制品的修补等。自硫胶浆是一种加有二硫代氨基甲酸盐或黄原酸盐等超促进剂的天然胶或合成胶浆,具有在室温、常压下硫化的特点。此外,在现场施工中使用的一些胶黏剂,也要求在室温下快速固化。室温的胶黏剂通常制成两种组分:硫化剂、溶剂及惰性配合剂等配制成一个组分;橡胶或树脂等配制成另一组分。使用时根据需要临时进行混合使用。

b. 热水硫化 该工艺是将半成品浸于热水或盐水中煮沸(盐水的沸点为110℃),适用于胶乳薄膜制品的硫化。例如,在热水中加入足量的超促进剂(二硫代氨基甲酸盐),而胶乳配方中不加入硫化促进剂,半成品从温度为75~85℃的热水中吸收促进剂,约经1h便可实现硫化。

② 硫化罐硫化 按照硫化罐的形式不同,有卧式和立式两种硫化罐。卧式硫化罐用于胶管、电缆及鞋类等制品的硫化;立式硫化罐用于轮胎外胎等制品的硫化。硫化介质为直接蒸汽,或间接蒸汽,或过热水等。如图5-47所示是立式硫化罐示意。

③ 硫化机硫化 硫化机的种类较多,往往是随制品的结构特征不同,选用不同的硫化机。主要有定型硫化机硫化、平板硫化机硫化和注射机硫化等。

a. 定型硫化机硫化 目前轮胎普遍采用定型硫化机硫化。模具与机体连接在一起,半边模具装在固定的下(上)机台,另半边模具装在可动的上(下)机台。可动部分可采用水压、油压或连杆机构启闭加压。

定型硫化机的优点是自动化程度高,劳动强度低,耗热量低,蒸汽利用率高,硫化周期短,产品质量好;缺点是占地面积大,设备投资高,不易经常变换制品规格型号。图5-48显示了B型硫化机硫化操作过程示意。

b. 平板硫化机硫化 平板硫化机的类型较多,除了通用的立式平板硫化机外,还有专用的平板硫化机,如颚式平板硫化机、胶鞋模压机等。平板硫化机由单层或多层平板构成,平板内可通蒸汽或电加热,压力通常由液压泵(水压或油压)提供,压力范围随硫化机规格不同在15~250MPa之间。如图5-49所示是平板硫化机示意。

硫化时,先把半成品放入模具中,然后把模具推入平板间,在上、下两平板压紧下进行硫化。

平板硫化机主要用于胶板、胶带及其模压制品和胶料试片的硫化。有一种真空平板硫化机,通过与平板相连的真空室,把模腔内的空气抽走,可消除制品内部气泡和外部缺陷,提高硫化制品的精确度。

c. 注射成型机硫化 是一种将胶料直接从机筒注入模具,进行硫化的工艺方法,与塑料注射成型相近。注射成型生产效率高,简化了工艺过程。另外,注射过程可以实现自动化,劳动强度小,产品质量(性能与规格尺寸等)优异,适合密封橡胶制品的制造。

在注射成型过程中,胶料主要经历了塑化注射和热压硫化(包括保压、硫化、出模)两个阶段。胶料通过喷嘴、流胶道、浇口等注入硫化模型之后,便进入热压硫化阶段。当胶料通过狭小的喷嘴时,由于摩擦生热,料温可以升到120℃以上,再继续加热至硫化温度,就

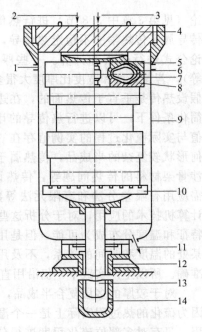

图5-47 立式硫化罐示意

1—加热蒸汽进口;2—冷却水进口;
3—压力介质进口;4—硫化罐顶板;
5—上模;6—轮胎;7—水胎;8—下模;
9—硫化罐外壳;10—加压台板;
11—冷凝水及冷却水进口;12—液压缸;
13—塞柱;14—液压进口(20~30MPa)

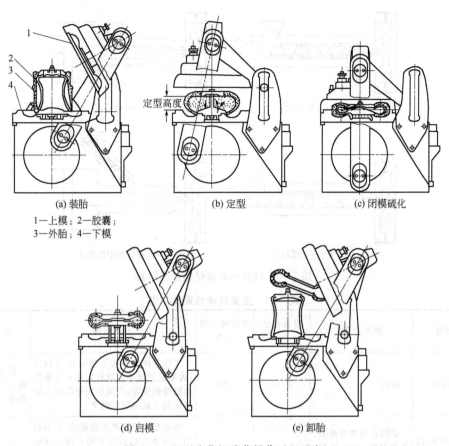

(a) 装胎 (b) 定型 (c) 闭模硫化

定型高度

1—上模；2—胶囊；
3—外胎；4—下模

(d) 启模 (e) 卸胎

图 5-48 B 型硫化机硫化操作过程示意

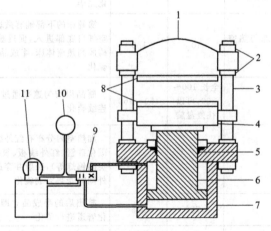

图 5-49 平板硫化机示意

1—上横梁；2—紧固螺母；3—拉杆；4—活动平台；5—密封圈；6—柱塞；
7—液压缸；8—热板；9—操纵阀；10—压力表；11—油泵装置及油槽

可以使半成品在很短的时间内完成硫化。由于内层和外层胶料的温度比较均匀，从而确保了产品的质量。

橡胶注射机的类型很多。可分为螺杆式、柱塞式、往复螺杆式和螺杆预塑柱塞式（图 5-50）。

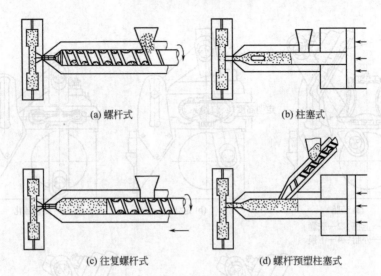

(a) 螺杆式   (b) 柱塞式

(c) 往复螺杆式   (d) 螺杆预塑柱塞式

图 5-50　橡胶注射机结构分类示意

表 5-17　主要连续性硫化工艺

设备名称	加热介质	设备长度/m	常用硫化温度/℃	工作原理	应用范围
鼓式硫化机	蒸汽	2～3	180	工作主体为直径≥900mm 的转鼓（内通蒸汽加热），鼓外周绕有无接头挂胶编织钢带，在圆鼓与带间放入被硫化的半成品进行硫化	胶带、胶毯、胶板、三角带或胶布等
液体介质硫化槽	高闪点石油系油类、聚烯烃醇、聚烷烃醇、共熔合金及共熔盐等	3～10	180～250	硫化槽与挤出机组成联动，挤出制品离开挤出机后马上进入盛有热液体的槽中，从槽的末端出来时已经硫化完毕	挤出制品
沸腾床	微粒玻璃珠与热空气	10	180	沸腾床的下部铺有微玻璃珠层，热空气自底部进入，促进玻璃珠沸腾，构成高热流体床，半成品通过时完成硫化	挤出制品、纯胶管及胶布等
热空气硫化室	热空气	全长 100～200，可以往复盘旋	150～160	制品以均匀速率通过加热室进行连续硫化	薄断面或胶布制品
红外线硫化室	空气		150～180	加热室内分布有红外线发热源（有碳化硅管、红外线板、氧化镁管及石英碘钨灯等），照射并穿透制品，使内外同时受热完成硫化	胶鞋或胶布等制品
蒸汽硫化管道	高压蒸汽	75	315	挤出后的半成品立即进入蒸汽硫化管道进行硫化	电缆
超高频（微波）发生器	1500MHz 超高频电波	5	250	制品的硫化过程分为两个阶段：第一阶段在微波道部分将胶料加热到硫化温度；第二阶段在热空气道部分保持此温并完成硫化	轮胎预热、生胶加温、海绵胶干燥以及挤出制品等
螺旋硫化器	多元醇如甘油或聚亚烷基二醇	500	150	硫化槽采用螺旋形长管道，介质采用电加热，介质通过泵的挤压作用输送。挤出后半成品在螺旋管道中通过周围流体介质的摩擦力而前进	挤出制品

（2）连续性硫化工艺　随着胶板、胶布、运输带及挤出制品等橡胶产品的发展，为了提高质量和产量，生产工艺不断革新，逐步采用了连续化硫化工艺。连续性硫化工艺的优点是产品无长度限制、无重复硫化区。表 5-17 列出主要连续性硫化工艺。

① 全面质量管理的特点就是"全面"，有以下四个方面的含义。

a. TQM 是全面质量的管理，包括产品质量、过程质量和工作质量。与一般的质量管理的区别，是其工作对象是全面质量，而不仅仅局限于产品质量。TQM 认为应从抓好产品质量的保证入手，用优质的工作质量来保证产品质量，这样能有效地改善影响产品质量的因素，达到事半功倍的效果。

b. TQM 是全过程的质量管理，不同于加工过程的质量管理。要求质量管理活动贯穿于产品质量的产生、形成和实现的全过程，全面落实预防为主的方针。逐步形成一个包括市场调研、开发设计直至销售服务全过程所有环节的质量保证体系，把不合格产品消灭在质量形成过程之中，做到防患于未然。

c. TQM 是全员参与的质量管理，产品质量的优劣，取决于企业全体人员的工作质量水平，提高产品质量必须依靠企业全体人员的努力。企业中任何人的工作都会在一定范围和一定程度上影响产品的质量，不能仅依赖少数人进行质量管理。因此，不论是哪个部门的人员，不论是厂长还是普通职工，都要具备质量意识，都要承担具体的质量职能，积极关心产品质量。

d. TQM 是全社会推动的质量管理，需要全社会的重视，需要质量立法、质量认证和质量监督等工作，进行宏观上的质量引导。因为一个完整的产品，往往是由许多企业协作完成的，例如轮胎的制造需要从其他企业输入生胶、多种配合剂和填料、纺织纤维（织物）和金属材料等，仅靠企业内部的质量管理无法完成保证产品质量，因此，需要全社会宏观上的控制指导。例如通过质量政策的制定，实行质量认证、立法和监督等措施，使企业认识到优质才能高效益，自觉地实施全面质量管理。

② 全面质量管理的主要内容　全面质量管理是生产经营活动全过程的质量管理，要将影响产品质量的一切因素都控制起来，其中主要抓好以下几个环节的工作。

a. 市场调查　市场调查过程中要了解用户对产品质量的要求，以及对本企业产品质量的反映，为下一步工作指出方向。

b. 产品设计　产品设计是产品质量形成的起点，是影响产品质量的重要环节，设计阶段要制定产品的生产技术标准。为使产品质量水平确定得先进合理，可利用经济分析方法，根据质量与成本及质量与售价之间的关系来确定最佳质量水平。

c. 采购　原材料、协作件、外购标准件的质量对产品质量的影响是很显然的，因此，要从供应单位的产品质量、价格和遵守合同的能力等方面来选择供应厂家。

d. 制造　制造过程是产品实体形成过程，制造过程的质量管理主要通过控制影响产品质量的各种因素，即操作者的技术熟练水平、设备、原材料、操作方法、检测手段和生产环境来保证产品质量。

e. 检验　制造过程中同时存在着检验过程。检验在生产过程中起把关、预防和预报的作用。把关就是及时挑出不合格品，防止其流入下道工序或出厂；预防是防止不合格品的产生；预报是将产品质量状况反馈到有关部门，作为质量决策的依据。为了更好地起到把关和预防等作用，同时要考虑减少检验费用，缩短检验时间，要正确选择检验方式和方法。

f. 销售　是产品质量实现的重要环节。销售过程中要实事求是地向用户介绍产品的性能、用途、优点等，防止不合实际地夸大产品的质量，影响企业的信誉。

g. 服务　抓好对用户的服务工作，如提供技术培训、编制好产品说明书、开展咨询活动、解决用户的疑难问题、及时处理出现的质量事故。为用户服务的质量影响着产品的使用质量。

参考文献

[1]　杨清芝主编. 现代橡胶工艺学. 北京：中国石化出版社，1997.

[2]　梁星宇，周木英主编. 橡胶工业手册（第三分册）. 北京：化学工业出版社，1994.

[3]　弗里克利 P K 著. 橡胶加工和生产组织. 周园楹等译校. 北京：化学工业出版社，1992.

[4]　Blackley D C. Synthetic Rubbers：Their Chemistry and Technology. London：Applied Science Publishers，1983.

[5]　[德] 霍夫曼 W. 橡胶硫化与硫化配合剂. 王梦蛟译. 北京：石油化学工业出版社，1975.

[6]　志贺周二郎. 日本ゴム協会誌，1999，72（7）：378.

[7]　Jurgem W. Pohl，Rubber World，1998，217（6）：22.

[8]　Edward Shaham Luigi Pomini. Rubber World，1997，215（6）：21.

[9]　Nakajima N. Rubber World，1998，217（6）：29.

[10]　周建辉，何杰英. 橡胶工业，2000，47（10）：607.

[11]　张海，鲍舟波，陈薇. 橡胶工业，1998，45（12）：707.

[12]　木原神一，船津和守. 成形加工，2000，12（11）：684.

[13]　于泳等. 轮胎工业，2000，20（11）：678.

[14]　傅彦杰. 橡胶工业，1997，44（9）：552.

[15]　王传生等. 橡胶工业，2007，54（5）：305.

[16]　Adolf Zellner. 橡胶参考资料，1999，29（4）：16.

[17]　李秀贞编译. 橡胶参考资料，2000，31（11）：9.

[18]　陈荣秋，马士华编著. 生产运作管理. 第 2 版. 北京：机械工业出版社，2007.

[19]　赵敏主编. 橡胶毒性与安全使用手册. 北京：化学工业出版社，2004.

[20]　杨清芝，张殿荣. 特种橡胶制品，2008，29（4）：51.

化学工业出版社橡胶类图书

书　　名	定价	出版日期
现代橡胶技术丛书——生胶及其共混物	68.0	2013-06
现代橡胶技术丛书——橡胶助剂	78.0	2012-10
现代橡胶技术丛书——橡胶补强填充剂	48.0	2013-06
现代橡胶技术丛书——橡胶分析与检验	58.0	2012-08
现代橡胶技术丛书——橡胶硫化	48.0	2013-04
现代橡胶技术丛书——橡胶塑炼与混炼	39.0	2012-06
现代橡胶技术丛书——橡胶压延与挤出	48.0	2013-04
现代橡胶技术丛书——轮胎	48.0	2013-05
现代橡胶技术丛书——橡胶制品与杂品	58.0	2012-08
现代橡胶技术丛书——功能橡胶制品	48.0	2013-06
橡胶工业手册(第三版):试验与检验	298.0	2012-03
橡胶工业手册(第三版)——橡胶制品(上册)	298.0	2012-09
橡胶工业手册(第三版)——橡胶制品(下册)	298.0	2012-09
橡胶材料简明读本	38.0	2013-07
橡胶材料的选用	49.0	2010-09
橡胶技术问答——原料·工艺·配方篇	28.0	2010-07
橡胶技术问答——制品篇	38.0	2010-08
橡胶密封制品	45.0	2009-10
橡胶黏合应用技术	58.0	2012-10
橡胶品种与选用	65.0	2012-01
橡胶试验方法	120.0	2012-01
橡胶知识读本	36.0	2012-07
橡胶制品实用配方大全(第二版)	220.0	2004-02
橡胶加工简明读本	39.0	2013-08